特种设备作业人员安全技术培训考核统编教材

压力容器安全管理与操作

主　　编　张武平
副 主 编　罗誉国　马德利
编写人员　李德忠　杨永信　郑智申
　　　　　李如江　董西鼻
主　　审　麦　年　陈宝梅

中国劳动社会保障出版社

图书在版编目（CIP）数据

压力容器安全管理与操作/张武平主编. —北京：中国劳动社会保障出版社，2011
特种设备作业人员安全技术培训考核统编教材
ISBN 978-7-5045-9291-0

Ⅰ. ①压… Ⅱ. ①张… Ⅲ. ①压力容器-安全管理②压力容器-操作-安全技术 Ⅳ. ①TH49

中国版本图书馆 CIP 数据核字（2011）第 197993 号

中国劳动社会保障出版社出版发行
（北京市惠新东街1号 邮政编码：100029）
出版人：张梦欣
*
北京市艺辉印刷有限公司印刷装订 新华书店经销
850毫米×1168毫米 32开本 15.75印张 1插页 390千字
2011年10月第1版 2017年11月第11次印刷
定价：40.00元

读者服务部电话：（010）64929211/64921644/84626437
营销部电话：（010）64961894
出版社网址：http://www.class.com.cn

编委会

内容简介

本书共分11章。第一章简要描述我国行政法律法规体系的基本框架，着重介绍我国特种设备相关法律法规体系；第二至五章全面介绍了压力容器相关知识，分别讲述了压力容器基本知识、压力容器的结构、安全附件、常用介质及其危害等内容；第六至第十章介绍了压力容器管理与使用的安全要求，分别讲述了压力容器使用与管理、操作与维护保养、典型生产工艺设备安全操作要点等内容；第十一章介绍了压力容器事故原因的多样性与结果的严重性，分别讲述了压力容器发生事故的危害性和事故分析以及预防事故的措施。

本书依据国家现行行政法律法规、安全技术规范要求和具有爆炸危险的特种设备——压力容器特点，密切结合安全使用管理的实际，提出具有实际指导意义的安全技术要求，融理论与实践于一体，着重介绍了压力容器使用管理与安全操作的要求与基本做法。本书是压力容器管理、操作人员的培训教材，亦可作为从事压力容器安全监督管理、检验、设计、制造人员的参考用书。

前言

特种设备作业技术含量高，专业性强，如果引发安全生产事故，会造成人员伤亡、设备损毁，后果极为严重。特种设备作业事故大多发生在使用和操作环节，究其原因，一是作业人员的安全素质低，安全生产意识薄弱；二是违章作业、操作不当甚至无证作业；三是缺乏必备的安全生产知识技能；四是对设备缺乏维护和保养以及规章制度不健全，管理不善。

国务院令第 549 号《特种设备安全监察条例》规定："锅炉、压力容器、电梯、起重机械、客运索道、大型游乐设施、场（厂）内专用机动车辆的作业人员及其相关管理人员（以下统称特种设备作业人员），应当按照国家有关规定经特种设备安全监督管理部门考核合格，取得国家统一格式的特种作业人员证书，方可从事相应的作业或者管理工作。"

为了进一步落实上述规定，配合国家质量监督检验检疫总局依法做好特种设备作业人员的培训考核工作，培养生产一线工人和基层生产管理者的安全意识，传授必备的安全生产知识和操作技能，使他们掌握正确的操作方法，规范操作行为，养成良好的操作习惯，杜绝违章作业，我们组织了一批经验丰富、多年从事特种设备作业安全培训的有关专家编写了这套"特种设备作业人员安全技术培训考核统编教材"。本套教材第一批共 17 种，包括：《锅炉安全管理与操作》《锅炉水处理技术》《压力容器安全管理与操作》《气瓶安全管理与操作》《锅炉压力容器压力管道气瓶安全管理》《压力管道巡检与维护》《起重机械安全管理》

《流动式起重机》《桥门式起重机》《起重机械指挥司索》《场（厂）内机动车》《场（厂）内专用机动车安全管理》《电梯安全管理》《电梯司机》《电梯安装与维修》《特种设备焊接》《游乐设施安全操作与维修》。

本套教材针对特种设备作业人员各工种的安全技术培训考核，紧扣考核大纲和技能操作考核标准，具有科学性、实用性、适用性的特点，内容深入浅出、通俗易懂。本套教材反映了国家质量监督检验检疫总局关于全国特种设备作业人员培训考核的最新要求，是全国各有关行业、各类企业从事特种设备作业的劳动者，为掌握和提高有关特种设备作业知识与技能，提高自身安全素质，取得特种设备作业人员操作证的优秀培训教材。

本套教材在编写过程中，得到了北京市质量技术监督局、北京市特种设备检测中心、北京特种设备行业协会的大力支持；参与教材编写的行业专家和主编倾注了大量的心血，为教材的顺利出版作出了贡献。在此，我们表示衷心的感谢！同时，恳切希望广大读者提出宝贵的意见和建议，以便修订时加以完善。

编委会

2011 年 10 月

目录

第一章

特种设备安全监察法律法规概述

本章知识要点

简要描述我国行政法律法规体系的基本框架，着重介绍我国特种设备相关法律法规体系；使学员了解我国特种设备安全监察体制（包括特种设备安全监察行政体系和安全监察法律法规体系以及安全监察制度）；要求学员熟知 TSG R6001—2008《压力容器安全管理人员和操作人员考核大纲》中要求压力容器安全管理和操作人员应该掌握的法律法规的相关内容，重点掌握法规及规范的适用范围、名词术语、安全使用要求，以及压力容器安全管理和操作人员安全保障的基本要求和压力容器使用环节的法律责任等。

由于锅炉压力容器等特种设备具有发生泄漏或爆炸、造成人身伤害事故的危险性，世界上各主要工业发达国家一般都制定有专门的法律，建立了完善的法规体系进行规范和管理。对于锅炉压力容器等特种设备的安全法制工作，我国政府自改革开放以来十分重视，制定颁布了一系列相关的法律和有关特种设备安全监察的法规、规程及标准。1982 年 2 月 6 日国务院颁布了《锅炉压力容器安全监察暂行条例》，为我国建立锅炉压力容器等承压特种设备安全监察制度确立了依据，国内建立、健全了安全监察机构，之后陆续颁发了有关部门规章及其他规范性文件。我国目前还没有特种设备的专门法律，为了便于压力容器安全管理和操作人员学习和了解特种设备法律法规，首先介绍我国行政法律法规体系的基本框架。

第一节　我国行政法律法规体系的基本框架

我国行政法律法规体系主要包括宪法、法律、行政法规和地方性法规、规章及其他规范性文件等，基本框架分为 5 个层次。

1. 宪法

宪法是国家的根本大法，规定了国家的根本制度和根本任务，是人们行为的基本准则。在国家的法律法规体系中，宪法是整个法律体系的核心，具有最高的法律效力，是其他立法的根据，是依法治国的总章程。

《中华人民共和国宪法》于 1982 年 12 月 4 日由第五届全国人民代表大会第五次会议通过并公布实施。

2. 法律（基本法律、其他法律或一般法律）

法律是指由立法机关或国家机关制定，国家政权保证执行的行为规则的总和。

在我国法律是指由全国人民代表大会制定的基本法律，如《中华人民共和国刑法》《中华人民共和国合同法》等；由全国人民代表大会常务委员会制定的其他法律或一般法律，如《中华人民共和国劳动法》《中华人民共和国产品质量法》《中华人民共和国计量法》《中华人民共和国标准法》等。

3. 行政法规和地方性法规

行政法规是指中华人民共和国国务院根据全国人民代表大会常务委员会以及法律的授权，制定并颁布的具有法律约束力的规范性文件。行政法规一般有条例、办法、实施细则、规定等形式，如《特种设备安全监察条例》《国务院关于特大安全事故行政责任追究的规定》等。发布行政法规需要国务院总理签署国务院令。

地方性法规即地方立法机关制定或认可的，其效力不能及于全国，而只能在地方区域内发生法律效力的规范性法律文件。在我国地方性法规是指由各省、自治区、直辖市以及省政府所在的市和国务院批准的较大的市的人民代表大会及其常委会制定的规范性法律文件，它们不得与宪法、法律相抵触。

4. 规章

规章是指国家行政机关根据法律和行政法规的规定，在其职权范围内制定的关于行政管理的规范性文件，分为部门规章和地方政府规章。

部门规章是指国务院各部门、各委员会、审计署等根据宪法、法律和行政法规的规定及国务院的决定，在本部门的权限范围内制定和发布的调整本部门范围内的行政管理事项的规范性文件，如《锅炉压力容器压力管道特种设备安全监察行政处罚规定》等。

地方政府规章是指省、自治区、直辖市人民政府以及省政府所在地的市和国务院批准的较大的市的人民政府，根据法律、行政法规和本省、自治区、直辖市的地方性法规所制定的规章，属于本行政区域具体行政管理的事项。

5. 其他规范性文件

其他规范性文件是指行政机关及被授权组织为实施法律和执行政策，在法定权限内制定的除行政法规或规章以外的决定、命令等具有普遍性行为规则的总称，属于具有普遍约束力的一般性规范文件，如安全技术规范等。

第二节　特种设备安全监察行政法律法规体系

2003 年，国务院在《锅炉压力容器安全监察暂行条例》的基础上，制定颁布了《特种设备安全监察条例》，并于 2003 年 6

月1日起施行。几年来，这部法规对于加强特种设备的安全管理，防止和减少事故，保障人民群众生命、财产安全发挥了重要作用。2009年1月24日国务院颁布了《关于修改〈特种设备安全监察条例〉的决定》，《特种设备安全监察条例》根据该决定做相应的修订，并于2009年5月1日起施行。

《特种设备安全监察条例》是一部关于我国特种设备安全监督管理的专门行政法规，它规定了特种设备设计、制造、安装、改造、维修、使用、检验检测全过程安全监察的基本制度，逐步完善了特种设备的安全监察体制，为加强特种设备安全管理奠定了坚实的基础。经过多年努力和科学发展，我国建立、健全了适应我国国情的特种设备安全监察体制，包括特种设备安全监察行政体系、特种设备安全监察法律法规体系和特种设备安全监察的基本制度。

一、特种设备安全监察行政体系

1. 特种设备安全监察行政机构

我国特种设备安全监察实行分级监督管理的行政体制，特种设备的安全监察是政府行政管理活动的组成部分。按照《特种设备安全监察条例》的规定，国务院特种设备安全监督管理部门（国家质量监督检验检疫总局）负责全国特种设备的安全监察工作，县以上地方负责特种设备安全监督管理的部门（县以上地方质量技术监督局）对本行政区域内特种设备实施安全监察。省、自治区、直辖市质量技术监督部门受所在地政府的领导，同时接受国家质量监督检验检疫总局的业务指导，并对下级质量技术监督部门实行垂直领导，这就确立了我国的特种设备安全监察行政机构体系（见图1—1）。

国家质量监督检验检疫总局和地方质量技术监督部门是特种设备安全监察的行政执法主体，其内设的特种设备安全监察机构负责安全监察工作的具体实施。

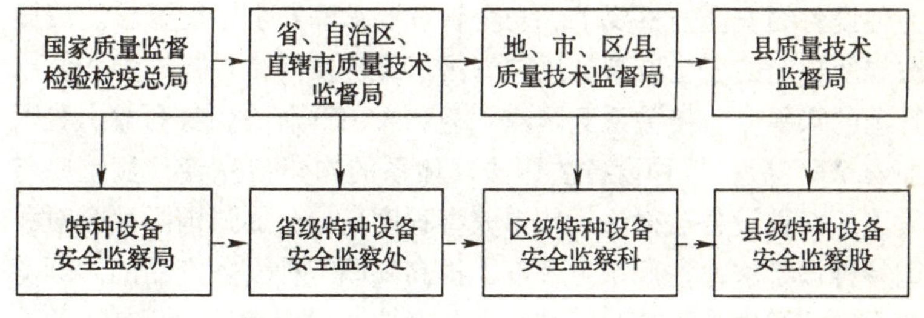

图 1—1　特种设备安全监察行政机构

2. 特种设备安全监督管理部门设立的检验检测机构

为适应特种设备安全监察工作的需要，国家质量监督检验检疫总局和地方质量技术监督部门分别设立了检验检测机构，主要包括中国特种设备检测研究院（隶属国家质量监督检验检疫总局）、省/自治区/直辖市特种设备检验机构（隶属省、自治区、直辖市质量技术监督局）、地/市/区/县特种设备检验机构（隶属地、市、区/县质量技术监督局）。在《特种设备安全监察条例》中规定：从事特种设备监督检验、定期检验、型式试验以及专门为特种设备生产、使用、检验检测提供无损检测服务的特种设备检验检测机构，应当经国务院特种设备安全监督管理部门核准。

这些检验检测机构在其所属的质量技术监督部门领导下工作，一方面接受特种设备安全监督管理部门依法进行的特种设备安全监察，另一方面经其授权从事特种设备监督检验、设计文件鉴定等行政许可工作，其地位具有双重性。在从事设备监督检验、设计文件鉴定时，对生产单位具有监督性质；在从事特种设备定期检验时，为社会提供专业检验技术服务。

二、特种设备安全监察法律法规体系

1. 特种设备安全监察法律法规体系的重要性

特种设备法律法规体系是特种设备安全法制建设的基础，是依法监督管理的必要前提。国家通过特种设备的法律法规，提出特种设备的安全监察要求、安全管理要求和安全性能要求。法律法规所规定的安全准则，反映着国家经济发展、科技进步和使用管理的水平，直接关系到国家利益和人民群众的切身利益。我国加入 WTO 后，特种设备法律法规体系的构建与完善日显重要与紧迫，特种设备法律法规体系完善程度高，会加强国际社会对我国特种设备法律法规认可程度，提高我国特种设备产品的国际竞争力，深层次地影响我国特种设备制造业的发展。

2. 我国特种设备安全监察法律法规体系的基本结构

近年来，随着我国特种设备安全监察管理工作的科学发展，形成并确立了适合我国国情的特种设备安全监察法律法规体系，包括与特种设备相关的法律、行政法规、规章、安全技术规范及安全技术规范引用的相关标准 5 个层次，如图 1—2 所示。

	TSG R6001—2008《压力容器安全管理人员和操作人员考核大纲》要求掌握的法律法规内容
法律（与特种设备相关） 基本法律：全国人民代表大会通过 其他法律或一般法律：全国人民代表大会常务委员会通过	其他法律或一般法律： 《中华人民共和国安全生产法》 《中华人民共和国节约能源法》
行政法规：国务院批准地方性法规：省级人民代表大会通过	行政法规： 《特种设备安全监察条例》 《国务院关于特大安全事故行政责任追究的规定》
规　章 部门规章：国家质量监督检验检疫总局制定颁布 地方规章：省级等政府针对本行政区域制定颁布	部门规章： 《特种设备作业人员监督管理办法》 《锅炉压力容器压力管道特种设备安全监察行政处罚规定》 《特种设备事故报告和调查处理规定》
安全技术规范（其他规范性文件）经有关组织或单位起草，通过审议，由国家质量监督检验检疫总局批准颁布	安全技术规范： 《固定式压力容器安全技术监察规程》 《超高压容器安全技术监察规程》 《简单压力容器安全技术监察规程》 《液化气体汽车罐车安全监察规程》 《锅炉压力容器使用登记管理办法》 《压力容器定期检验规则》 《安全阀安全技术监察规程》 《压力容器安装改造维修许可规则》
安全技术规范引用相关标准与特种设备相关的国家标准、行业标准及地方标准等	

图 1—2　特种设备法律法规体系

我国目前还没有特种设备的专项法律，只有由全国人民代表大会及全国人民代表大会常务委员会制定颁布的与特种设备相关的基本法律和其他法律或一般法律。

与特种设备相关的基本法律，如《中华人民共和国刑法》（1979 年 7 月 1 日第五届全国人民代表大会第二次会议通过，1997 年 3 月 14 日第八届全国人民代表大会第五次会议修订并于 1997 年 10 月 1 日起施行），其中第一百四十六条明确规定：生产不符合保障人身、财产安全的国家标准、行业标准的电器、压力容器、易燃易爆产品或者其他不符合保障人身、财产安全的国家标准、行业标准的产品，或者销售明知是以上不符合保障人身、财产安全的国家标准、行业标准的产品，造成严重后果的，处 5 年以下有期徒刑，并处销售金额 50% 以上两倍以下罚金；后果特别严重的，处 5 年以上有期徒刑，并处销售金额 50% 以上两倍以下罚金。

根据 TSG R6001—2008《压力容器安全管理人员和操作人员考核大纲》的要求，在图 1—2 中分别列举了压力容器安全管理和操作人员应该掌握的不同层次的特种设备法律法规，具体内容如下：

（1）与特种设备相关的法律（其他法律或一般法律）

《中华人民共和国安全生产法》《中华人民共和国节约能源法》。

（2）行政法规

《特种设备安全监察条例》《国务院关于特大安全事故行政责任追究的规定》。

（3）部门规章

《特种设备作业人员监督管理办法》《锅炉压力容器压力管道特种设备安全监察行政处罚规定》《特种设备事故报告和调查处理规定》。

（4）安全技术规范

《固定式压力容器安全技术监察规程》《超高压容器安全技术监察规程》《简单压力容器安全技术监察规程》《液化气体汽车罐车安全监察规程》《锅炉压力容器使用登记管理办法》《压力容器定期检验规则》《压力容器安装改造维修许可规则》《安全阀安全技术监察规程》。

三、特种设备安全监察的基本制度

经过多年的科学摸索和几代人的努力，我国在“企业全面负责，部门依法监管，检验机构把关，政府督促协调，社会广泛监督”的特种设备安全管理工作格局下，形成了特种设备安全监察的两个基本制度，即行政许可制度和监督检查制度。

1. 行政许可制度

特种设备行政许可制度包括对从事特种设备设计、制造、检验检测、安装、改造、维修、气体充装单位实施资格认可；特种设备使用前办理登记注册，并发使用登记证；特种设备管理和操作人员及检验检测人员上岗前考核发证，持证上岗；对在用的特种设备实施强制性定期检验和对生产过程（即设计、制造、安装、改造、维修）中的特种设备实施安全性能监督检验。

特种设备行政许可具体可分为以下10个方面的许可：

（1）设计许可

其包括对设计单位实施资格行政许可和对设备设计文件进行鉴定。通过对设计单位实施设计资格行政许可制度来控制设计的安全质量。

（2）制造许可

对特种设备及其安全附件、安全保护装置的制造单位实行制造资格许可证制度。国内制造厂商要取得制造资格许可，向我国境内出口的国外制造厂商也必须取得我国的制造资格许可。

（3）安装改造维修许可

对特种设备安装单位、改造单位和维修单位分别实施安装、改造和维修资格许可制度。

（4）特种设备使用许可

特种设备使用前应向特种设备安全监察部门办理使用登记后，方可投入使用。

（5）气体充装单位许可

所有气瓶和罐车的充装单位，必须取得特种设备安全监督管理部门的行政许可后才可以从事气瓶和罐车的充装作业。

（6）特种设备作业人员的许可

其包括对特种设备操作和管理人员施行资格考核制度。

（7）检验检测机构许可（核准）

对所有从事特种设备检验检测的机构（其中包括监督检验、定期检验、专项无损检测、型式试验和气瓶检验机构）实施行政许可。

（8）检验检测人员的许可

对从事特种设备监督检验、定期检验、型式试验、无损检测工作的相关人员施行资格考核制度。

（9）监督检验

对特种设备制造、安装、改造和重大维修过程施行监督检验。

（10）定期检验

对在用特种设备施行定期检验。

2. 监督检查制度

监督检查制度主要针对涉及特种设备安全的单位（机构）、人员活动和设备运行情况进行的监督检查，以消除特种设备安全隐患，尽力预防事故的发生。特种设备监督检查制度主要包括下列5项内容：

（1）执法检查制度

特种设备安全监察人员负责对特种设备生产、使用单位和检验检测机构进行现场执法检查，查处各类违法行为，督促企业消除不安全的隐患。

（2）强制检验制度

这项制度也属行政许可制度范畴。

（3）事故调查处理制度

特种设备发生事故，按事故类别，由相应特种设备安全监察部门组织对事故进行调查并提出处理意见。

（4）安全责任追究制度

特种设备生产单位、使用单位、检验检测机构、特种设备安全监督部门以及各级政府的相关人员，要认真履行其职责，对于失职、渎职等原因导致事故者，依法追究相应责任。

（5）安全状况公布制度

特种设备安全监督部门定期向社会公布特种设备安全状况，包括在用特种设备数量和特种设备事故的情况、特点、原因分析以及防范对策等。

第三节　特种设备安全监察法律法规简介

根据 TSG R6001—2008《压力容器安全管理人员和操作人员考核大纲》的要求，列举压力容器安全管理人员和操作人员应该掌握的不同层次的特种设备法律法规的相关条款内容。现摘条如下。其中楷体字部分是要求压力容器安全管理人员增加掌握的法律法规知识内容。

一、与特种设备相关的法律（其他法律或一般法律）

1.《中华人民共和国安全生产法》

2002 年 6 月 29 日第九届全国人民代表大会常务委员会第二十八次会议通过，自 2002 年 11 月 1 日起施行，共七章九十七条。

（1）总则

第二条 在中华人民共和国领域内从事生产经营活动的单位（以下统称生产经营单位）的安全生产，适用本法；有关法律、行政法规对消防安全和道路交通安全、铁路交通安全、水上交通安全、民用航空安全另有规定的，适用其规定。

第三条 安全生产管理，坚持安全第一、预防为主的方针。

第四条 生产经营单位必须遵守本法和其他有关安全生产的法律、法规，加强安全生产管理，建立、健全安全生产责任制度，完善安全生产条件，确保安全生产。

第五条 生产经营单位的主要负责人对本单位的安全生产工作全面负责。

第六条 生产经营单位的从业人员有依法获得安全生产保障的权利，并应当依法履行安全生产方面的义务。

第十三条 国家实行生产安全事故责任追究制度，依照本法和有关法律、法规的规定，追究生产安全事故责任人员的法律责任。

第十五条 国家对在改善安全生产条件、防止生产安全事故、参加抢险救护等方面取得显著成绩的单位和个人，给予奖励。

(2) 生产经营单位的安全生产保障

第十六条 生产经营单位应当具备本法和有关法律、行政法规和国家标准或者行业标准规定的安全生产条件；不具备安全生产条件的，不得从事生产经营活动。

第十七条 生产经营单位的主要负责人对本单位安全生产工作负有下列职责：

（一）建立、健全本单位安全生产责任制；

（二）组织制定本单位安全生产规章制度和操作规程；

（三）保证本单位安全生产投入的有效实施；

（四）督促、检查本单位的安全生产工作，及时消除生产安全事故隐患；

（五）组织制定并实施本单位的生产安全事故应急救援预案；

（六）及时、如实报告生产安全事故。

第二十一条 生产经营单位应当对从业人员进行安全生产教育和培训，保证从业人员具备必要的安全生产知识，熟悉有关的安全生产规章制度和安全操作规程，掌握本岗位的安全操作技能。未经安全生产教育和培训合格的从业人员，不得上岗作业。

第二十二条 生产经营单位采用新工艺、新技术、新材料或者使用新设备，必须了解、掌握其安全技术特性，采取有效的安全防护措施，并对从业人员进行专门的安全生产教育和培训。

第二十三条 生产经营单位的特种作业人员必须按照国家有关规定经专门的安全作业培训，取得特种作业操作资格证书，方可上岗作业。

特种作业人员的范围由国务院负责安全生产监督管理的部门会同国务院有关部门确定。

第二十八条 生产经营单位应当在有较大危险因素的生产经营场所和有关设施、设备上，设置明显的安全警示标志。

第三十条 生产经营单位使用的涉及生命安全、危险性较大的特种设备，以及危险物品的容器、运输工具，必须按照国家有关规定，由专业生产单位生产，并经取得专业资质的检测、检验机构检测、检验合格，取得安全使用证或者安全标志，方可投入使用。检测、检验机构对检测、检验结果负责。

涉及生命安全、危险性较大的特种设备的目录由国务院负责特种设备安全监督管理的部门制定，报国务院批准后执行。

第三十一条 国家对严重危及生产安全的工艺、设备实行淘汰制度。

生产经营单位不得使用国家明令淘汰、禁止使用的危及生产安全的工艺、设备。

第三十三条 生产经营单位对重大危险源应当登记建档，进行定期检测、评估、监控，并制定应急预案，告知从业人员和相关人员在紧急情况下应当采取的应急措施。

生产经营单位应当按照国家有关规定将本单位重大危险源及有关安全措施、应急措施报有关地方人民政府负责安全生产监督管理的部门和有关部门备案。

第三十六条 生产经营单位应当教育和督促从业人员严格执行本单位的安全生产规章制度和安全操作规程；并向从业人员如实告知作业场所和工作岗位存在的危险因素、防范措施以及事故应急措施。

第三十八条 生产经营单位的安全生产管理人员应当根据本单位的生产经营特点，对安全生产状况进行经常性检查；对检查中发现的安全问题，应当立即处理；不能处理的，应当及时报告本单位有关负责人。检查及处理情况应当记录在案。

第四十二条 生产经营单位发生重大生产安全事故时，单位的主要负责人应当立即组织抢救，并不得在事故调查处理期间擅离职守。

(3) 从业人员的权利和义务

第四十五条 生产经营单位的从业人员有权了解其作业场所和工作岗位存在的危险因素、防范措施及事故应急措施，有权对本单位的安全生产工作提出建议。

第四十六条 从业人员有权对本单位安全生产工作中存在的问题提出批评、检举、控告；有权拒绝违章指挥和强令冒险作业。

生产经营单位不得因从业人员对本单位安全生产工作提出批评、检举、控告或者拒绝违章指挥、强令冒险作业而降低其工资、福利等待遇或者解除与其订立的劳动合同。

第四十七条 从业人员发现直接危及人身安全的紧急情况时，有权停止作业或者在采取可能的应急措施后撤离作业场所。

生产经营单位不得因从业人员在前款紧急情况下停止作业或

者采取紧急撤离措施而降低其工资、福利等待遇或者解除与其订立的劳动合同。

第四十九条 从业人员在作业过程中，应当严格遵守本单位的安全生产规章制度和操作规程，服从管理，正确佩戴和使用劳动防护用品。

第五十条 从业人员应当接受安全生产教育和培训，掌握本职工作所需的安全生产知识，提高安全生产技能，增强事故预防和应急处理能力。

第五十一条 从业人员发现事故隐患或者其他不安全因素，应当立即向现场安全生产管理人员或者本单位负责人报告；接到报告的人员应当及时予以处理。

(4) 安全生产的监督管理

第六十四条 任何单位或者个人对事故隐患或者安全生产违法行为，均有权向负有安全生产监督管理职责的部门报告或者举报。

(5) 生产安全事故的应急救援与调查处理

第七十条 生产经营单位发生生产安全事故后，事故现场有关人员应当立即报告本单位负责人。

单位负责人接到事故报告后，应当迅速采取有效措施，组织抢救，防止事故扩大，减少人员伤亡和财产损失，并按照国家有关规定立即如实报告当地负有安全生产监督管理职责的部门，不得隐瞒不报、谎报或者拖延不报，不得故意破坏事故现场、毁灭有关证据。

第七十五条 任何单位和个人不得阻挠和干涉对事故的依法调查处理。

(6) 法律责任

第八十一条 生产经营单位的主要负责人未履行本法规定的安全生产管理职责的，责令限期改正；逾期未改正的，责令生产经营单位停产停业整顿。

生产经营单位的主要负责人有前款违法行为，导致发生生产安全事故，构成犯罪的，依照刑法有关规定追究刑事责任；尚不够刑事处罚的，给予撤职处分或者处两万元以上二十万元以下的罚款。

生产经营单位的主要负责人依照前款规定受刑事处罚或者撤职处分的，自刑罚执行完毕或者受处分之日起，五年内不得担任任何生产经营单位的主要负责人。

第八十二条 生产经营单位有下列行为之一的，责令限期改正；逾期未改正的，责令停产停业整顿，可以并处两万元以下的罚款：

（一）未按照规定设立安全生产管理机构或者配备安全生产管理人员的；

（二）危险物品的生产、经营、储存单位以及矿山、建筑施工单位的主要负责人和安全生产管理人员未按照规定经考核合格的；

（三）未按照本法第二十一条、第二十二条的规定对从业人员进行安全生产教育和培训，或者未按照本法第三十六条的规定如实告知从业人员有关的安全生产事项的；

（四）特种作业人员未按照规定经专门的安全作业培训并取得特种作业操作资格证书，上岗作业的。

第九十条 生产经营单位的从业人员不服从管理，违反安全生产规章制度或者操作规程的，由生产经营单位给予批评教育，依照有关规章制度给予处分；造成重大事故，构成犯罪的，依照刑法有关规定追究刑事责任。

第九十一条 生产经营单位主要负责人在本单位发生重大生产安全事故时，不立即组织抢救或者在事故调查处理期间擅离职守或者逃匿的，给予降职、撤职的处分，对逃匿的处十五日以下拘留；构成犯罪的，依照刑法有关规定追究刑事责任。

第九十三条 生产经营单位不具备本法和其他有关法律、行政法规和国家标准或者行业标准规定的安全生产条件，经停产停业整顿仍不具备安全生产条件的，予以关闭；有关部门应当依法吊销其有关证照。

2.《中华人民共和国节约能源法》

2007 年 10 月 28 日第十届全国人民代表大会常务委员会第三十次会议修订通过，自 2008 年 4 月 1 日起施行，共七章八十七条。

(1) 总则

第四条 节约资源是我国的基本国策。国家实施节约与开发并举、把节约放在首位的能源发展战略。

第八条 国家鼓励、支持节能科学技术的研究、开发、示范和推广，促进节能技术创新与进步。

国家开展节能宣传和教育，将节能知识纳入国民教育和培训体系，普及节能科学知识，增强全民的节能意识，提倡节约型的消费方式。

(2) 节能管理

第十六条 国家对落后的耗能过高的用能产品、设备和生产工艺实行淘汰制度。淘汰的用能产品、设备、生产工艺的目录和实施办法，由国务院管理节能工作的部门会同国务院有关部门制定并公布。

生产过程中耗能高的产品的生产单位，应当执行单位产品能耗限额标准。对超过单位产品能耗限额标准用能的生产单位，由管理节能工作的部门按照国务院规定的权限责令限期治理。

对高耗能的特种设备，按照国务院的规定实行节能审查和监管。

第十七条 禁止生产、进口、销售国家明令淘汰或者不符合强制性能源效率标准的用能产品、设备；禁止使用国家明令淘汰的用能设备、生产工艺。

(3) 合理使用与节约能源

第二十六条 用能单位应当定期开展节能教育和岗位节能培训。

第五十一条 公共机构采购用能产品、设备，应当优先采购列入节能产品、设备政府采购名录中的产品、设备。禁止采购国家明令淘汰的用能产品、设备。

(4) 节能技术进步

第五十八条 国务院管理节能工作的部门会同国务院有关部门制定并公布节能技术、节能产品的推广目录，引导用能单位和个人使用先进的节能技术、节能产品。

(5) 法律责任

第六十九条 生产、进口、销售国家明令淘汰的用能产品、设备的，使用伪造的节能产品认证标志或者冒用节能产品认证标志的，依照《中华人民共和国产品质量法》的规定处罚。

第七十条 生产、进口、销售不符合强制性能源效率标准的用能产品、设备的，由产品质量监督部门责令停止生产、进口、销售，没收违法生产、进口、销售的用能产品、设备和违法所得，并处违法所得一倍以上五倍以下罚款；情节严重的，由工商行政管理部门吊销营业执照。

第七十一条 使用国家明令淘汰的用能设备或者生产工艺的，由管理节能工作的部门责令停止使用，没收国家明令淘汰的用能设备；情节严重的，可以由管理节能工作的部门提出意见，报请本级人民政府按照国务院规定的权限责令停业整顿或者关闭。

二、行政法规

1.《特种设备安全监察条例》

中华人民共和国国务院令第 373 号，《特种设备安全监察条例》已于 2003 年 2 月 19 日经国务院第 68 次常务会议通过。中华人民共和国国务院令第 549 号，《国务院关于修改〈特种设备安全监察条例〉的决定》已于 2009 年 1 月 14 日经国务院第 46

次常务会议通过，自2009年5月1日起施行，共八章一百零三条。

(1) 用语含义

压力容器是指盛装气体或者液体，承载一定压力的密闭设备，其范围规定为最高工作压力大于或者等于0.1 MPa（表压），且压力与容积的乘积大于或者等于2.5 MPa·L的气体、液化气体和最高工作温度高于或者等于标准沸点的液体的固定式容器和移动式容器；盛装公称工作压力大于或者等于0.2 MPa（表压），且压力与容积的乘积大于或者等于1.0 MPa·L的气体、液化气体和标准沸点等于或者低于60℃液体的气瓶；氧舱等。

特种设备包括其所用的材料、附属的安全附件、安全保护装置和与安全保护装置相关的设施。

(2) 总则

第二条 本条例所称特种设备是指涉及生命安全、危险性较大的锅炉、压力容器（含气瓶，下同）、压力管道、电梯、起重机械、客运索道、大型游乐设施和场（厂）内专用机动车辆。

前款特种设备的目录由国务院负责特种设备安全监督管理的部门（以下简称国务院特种设备安全监督管理部门）制定，报国务院批准后执行。

第三条 （部分）特种设备的生产（含设计、制造、安装、改造、维修，下同）、使用、检验检测及其监督检查，应当遵守本条例，但本条例另有规定的除外。

军事装备、核设施、航空航天器、铁路机车、海上设施和船舶以及矿山井下使用的特种设备、民用机场专用设备的安全监察不适用本条例。

第五条 特种设备生产、使用单位应当建立健全特种设备安全、节能管理制度和岗位安全、节能责任制度。

特种设备生产、使用单位的主要负责人应当对本单位特种设备的安全和节能全面负责。

特种设备生产、使用单位和特种设备检验检测机构，应当接受特种设备安全监督管理部门依法进行的特种设备安全监察。

第九条 任何单位和个人对违反本条例规定的行为，有权向特种设备安全监督管理部门和行政监察等有关部门举报。

特种设备安全监督管理部门应当建立特种设备安全监察举报制度，公布举报电话、信箱或者电子邮件地址，受理对特种设备生产、使用和检验检测违法行为的举报，并及时予以处理。

特种设备安全监督管理部门和行政监察等有关部门应当为举报人保密，并按照国家有关规定给予奖励。

(3) 特种设备的生产

第十四条 （部分）锅炉、压力容器、电梯、起重机械、客运索道、大型游乐设施及其安全附件、安全保护装置的制造、安装、改造单位，以及压力管道用管子、管件、阀门、法兰、补偿器、安全保护装置等（以下简称压力管道元件）的制造单位和场（厂）内专用机动车辆的制造、改造单位，应当经国务院特种设备安全监督管理部门许可，方可从事相应的活动。

第十七条 （部分）锅炉、压力容器、起重机械、客运索道、大型游乐设施的安装、改造、维修以及场（厂）内专用机动车辆的改造、维修，必须由依照本条例取得许可的单位进行。

第二十一条 锅炉、压力容器、压力管道元件、起重机械、大型游乐设施的制造过程和锅炉、压力容器、电梯、起重机械、客运索道、大型游乐设施的安装、改造、重大维修过程，必须经国务院特种设备安全监督管理部门核准的检验检测机构按照安全技术规范的要求进行监督检验；未经监督检验合格的不得出厂或者交付使用。

第二十二条 （部分）移动式压力容器、气瓶充装单位应当经省、自治区、直辖市的特种设备安全监督管理部门许可，方可从事充装活动。

(4) 特种设备的使用

第二十三条 特种设备使用单位，应当严格执行本条例和有关安全生产的法律、行政法规的规定，保证特种设备的安全使用。

第二十五条 特种设备在投入使用前或者投入使用后30日内，特种设备使用单位应当向直辖市或者设区的市的特种设备安全监督管理部门登记。登记标志应当置于或者附着于该特种设备的显著位置。

第二十九条 特种设备出现故障或者发生异常情况，使用单位应当对其进行全面检查，消除事故隐患后，方可重新投入使用。

特种设备不符合能效指标的，特种设备使用单位应当采取相应措施进行整改。

第三十八条 锅炉、压力容器、电梯、起重机械、客运索道、大型游乐设施、场（厂）内专用机动车辆的作业人员及其相关管理人员（以下统称特种设备作业人员），应当按照国家有关规定经特种设备安全监督管理部门考核合格，取得国家统一格式的特种作业人员证书，方可从事相应的作业或者管理工作。

第三十九条 特种设备使用单位应当对特种设备作业人员进行特种设备安全、节能教育和培训，保证特种设备作业人员具备必要的特种设备安全、节能知识。

特种设备作业人员在作业中应当严格执行特种设备的操作规程和有关的安全规章制度。

第四十条 特种设备作业人员在作业过程中发现事故隐患或者其他不安全因素，应当立即向现场安全管理人员和单位有关负责人报告。

(5) 监督检查

第五十一条 特种设备安全监督管理部门根据举报或者取得的涉嫌违法证据，对涉嫌违反本条例规定的行为进行查处时，可以行使下列职权：

（一）向特种设备生产、使用单位和检验检测机构的法定代表人、主要负责人和其他有关人员调查、了解与涉嫌从事违反本条例的生产、使用、检验检测有关的情况；

（二）查阅、复制特种设备生产、使用单位和检验检测机构的有关合同、发票、账簿以及其他有关资料；

（三）对有证据表明不符合安全技术规范要求的或者有其他严重事故隐患、能耗严重超标的特种设备，予以查封或者扣押。

第五十八条 特种设备安全监督管理部门对特种设备生产、使用单位和检验检测机构进行安全监察时，发现有违反本条例规定和安全技术规范要求的行为或者在用的特种设备存在事故隐患、不符合能效指标的，应当以书面形式发出特种设备安全监察指令，责令有关单位及时采取措施，予以改正或者消除事故隐患。紧急情况下需要采取紧急处置措施的，应当随后补发书面通知。

(6) 事故预防和调查处理

第六十一条 （部分）有下列情形之一的，为特别重大事故：

（一）特种设备事故造成30人以上死亡，或者100人以上重伤（包括急性工业中毒，下同），或者1亿元以上直接经济损失的；

（二）压力容器、压力管道有毒介质泄漏，造成15万人以上转移的。

第六十二条 （部分）有下列情形之一的，为重大事故：

（一）特种设备事故造成10人以上30人以下死亡，或者50人以上100人以下重伤，或者5 000万元以上1亿元以下直接经济损失的；

（二）压力容器、压力管道有毒介质泄漏，造成5万人以上15万人以下转移的。

第六十三条 （部分）有下列情形之一的，为较大事故：

（一）特种设备事故造成 3 人以上 10 人以下死亡，或者 10 人以上 50 人以下重伤，或者 1 000 万元以上 5 000 万元以下直接经济损失的；

（二）锅炉、压力容器、压力管道爆炸的；

（三）压力容器、压力管道有毒介质泄漏，造成 1 万人以上 5 万人以下转移的。

第六十四条　（部分）有下列情形之一的，为一般事故：

（一）特种设备事故造成 3 人以下死亡，或者 10 人以下重伤，或者 1 万元以上 1 000 万元以下直接经济损失的；

（二）压力容器、压力管道有毒介质泄漏，造成 500 人以上 1 万人以下转移的。

第六十五条　特种设备安全监督管理部门应当制定特种设备应急预案。特种设备使用单位应当制定事故应急专项预案，并定期进行事故应急演练。

压力容器、压力管道发生爆炸或者泄漏，在抢险救援时应当区分介质特性，严格按照相关预案规定程序处理，防止二次爆炸。

第六十六条　（部分）特种设备事故发生后，事故发生单位应当立即启动事故应急预案，组织抢救，防止事故扩大，减少人员伤亡和财产损失，并及时向事故发生地县以上特种设备安全监督管理部门和有关部门报告。

（7）法律责任

第八十条　未经许可，擅自从事移动式压力容器或者气瓶充装活动的，由特种设备安全监督管理部门予以取缔，没收违法充装的气瓶，处 10 万元以上 50 万元以下罚款；有违法所得的，没收违法所得；触犯刑律的，对负有责任的主管人员和其他直接责任人员依照刑法关于非法经营罪或者其他罪的规定，依法追究刑事责任。

移动式压力容器、气瓶充装单位未按照安全技术规范的要求进行充装活动的，由特种设备安全监督管理部门责令改正，处2万元以上10万元以下罚款；情节严重的，撤销其充装资格。

第八十三条 （部分）特种设备使用单位有下列情形之一的，由特种设备安全监督管理部门责令限期改正；逾期未改正的，处2 000元以上2万元以下罚款；情节严重的，责令停止使用或者停产停业整顿：

（一）特种设备投入使用前或者投入使用后30日内，未向特种设备安全监督管理部门登记，擅自将其投入使用的；

（二）未依照本条例第二十六条的规定，建立特种设备安全技术档案的；

（三）未依照本条例第二十七条的规定，对在用特种设备进行经常性日常维护保养和定期自行检查的，或者对在用特种设备的安全附件、安全保护装置、测量调控装置及有关附属仪器仪表进行定期校验、检修，并做出记录的；

（四）未按照安全技术规范的定期检验要求，在安全检验合格有效期届满前1个月向特种设备检验检测机构提出定期检验要求的；

（五）使用未经定期检验或者检验不合格的特种设备的；

（六）特种设备出现故障或者发生异常情况，未对其进行全面检查、消除事故隐患，继续投入使用的；

（七）未制定特种设备事故应急专项预案的；

（八）特种设备不符合能效指标，未及时采取相应措施进行整改的。

特种设备使用单位使用未取得生产许可的单位生产的特种设备或者将非承压锅炉、非压力容器作为承压锅炉、压力容器使用的，由特种设备安全监督管理部门责令停止使用，予以没收，处2万元以上10万元以下罚款。

第八十六条 特种设备使用单位有下列情形之一的，由特种设备安全监督管理部门责令限期改正；逾期未改正的，责令停止使用或者停产停业整顿，处2 000元以上2万元以下罚款：

（一）未依照本条例规定设置特种设备安全管理机构或者配备专职、兼职的安全管理人员的；

（二）从事特种设备作业的人员，未取得相应特种作业人员证书，上岗作业的；

（三）未对特种设备作业人员进行特种设备安全教育和培训的。

第八十七条 发生特种设备事故，有下列情形之一的，对单位，由特种设备安全监督管理部门处5万元以上20万元以下罚款；对主要负责人，由特种设备安全监督管理部门处4 000元以上2万元以下罚款；属于国家工作人员的，依法给予处分；触犯刑律的，依照刑法关于重大责任事故罪或者其他罪的规定，依法追究刑事责任：

（一）特种设备使用单位的主要负责人在本单位发生特种设备事故时，不立即组织抢救或者在事故调查处理期间擅离职守或者逃匿的；

（二）特种设备使用单位的主要负责人对特种设备事故隐瞒不报、谎报或者拖延不报的。

第九十条 特种设备作业人员违反特种设备的操作规程和有关的安全规章制度操作，或者在作业过程中发现事故隐患或者其他不安全因素，未立即向现场安全管理人员和单位有关负责人报告的，由特种设备使用单位给予批评教育、处分；情节严重的，撤销特种设备作业人员资格；触犯刑律的，依照刑法关于重大责任事故罪或者其他罪的规定，依法追究刑事责任。

2.《国务院关于特大安全事故行政责任追究的规定》

2001年4月21日中华人民共和国国务院令第302号公布，自公布之日起施行，共二十四条。

第二条 （部分）特大安全事故肇事单位和个人的刑事处罚、行政处罚和民事责任，依照有关法律、法规和规章的规定执行。

第三条 特大安全事故的具体标准，按照国家有关规定执行。

第十三条 （部分）对未依法取得批准，擅自从事有关活动的，负责行政审批的政府部门或者机构发现或者接到举报后，应当立即予以查封、取缔，并依法给予行政处罚；属于经营单位的，由工商行政管理部门依法相应吊销营业执照。

三、部门规章

1.《特种设备作业人员监督管理办法》

国家质量监督检验检疫总局令第70号，经2004年12月24日国家质量监督检验检疫总局局务会议审议通过，自2005年7月1日起施行，共五章四十一条。

（1）总则

第二条 锅炉、压力容器（含气瓶）、压力管道、电梯、起重机械、客运索道、大型游乐设施、场（厂）内机动车辆等特种设备的作业人员及其相关管理人员统称特种设备作业人员。特种设备作业人员作业种类与项目目录见本办法附件。

从事特种设备作业的人员应当按照本办法的规定，经考核合格取得《特种设备作业人员证》，方可从事相应的作业或者管理工作。

第五条 特种设备生产、使用单位（以下统称用人单位）应当聘（雇）用取得《特种设备作业人员证》的人员从事相关管理和作业工作，并对作业人员进行严格管理。

特种设备作业人员应当持证上岗，按章操作，发现隐患及时处置或者报告。

（2）考试和审核发证程序

第八条 特种设备作业人员考试和审核发证程序包括：考试报名、考试、领证申请、受理、审核、发证。

第十条 申请《特种设备作业人员证》的人员应当符合下

列条件：

（一）年龄在18周岁以上；

（二）身体健康并满足申请从事的作业种类对身体的特殊要求；

（三）有与申请作业种类相适应的文化程度；

（四）有与申请作业种类相适应的工作经历；

（五）具有相应的安全技术知识与技能；

（六）符合安全技术规范规定的其他要求。

作业人员的具体条件应当按照相关安全技术规范的规定执行。

第十一条 用人单位应当加强作业人员安全教育和培训，保证特种设备作业人员具备必要的特种设备安全作业知识、作业技能和及时进行知识更新。没有培训能力的，可以委托发证部门组织进行培训。

作业人员培训的内容按照国家质检总局制定的相关作业人员培训考核大纲等安全技术规范执行。

(3) 证书使用及监督管理

第二十条 用人单位应当加强对特种设备作业现场和作业人员的管理，履行下列义务：

（一）制定特种设备操作规程和有关安全管理制度；

（二）聘用持证作业人员，并建立特种设备作业人员管理档案；

（三）对作业人员进行安全教育和培训；

（四）确保持证上岗和按章操作；

（五）提供必要的安全作业条件；

（六）其他规定的义务。

第二十一条 特种设备作业人员应当遵守以下规定：

（一）作业时随身携带证件，并自觉接受用人单位的安全管理和质量技术监督部门的监督检查；

（二）积极参加特种设备安全教育和安全技术培训；

（三）严格执行特种设备操作规程和有关安全规章制度；

（四）拒绝违章指挥；

（五）发现事故隐患或者不安全因素应当立即向现场管理人员和单位有关负责人报告；

（六）其他有关规定。

第二十二条 《特种设备作业人员证》每2年复审一次。持证人员应当在复审期满3个月前，向发证部门提出复审申请。复审合格的，由发证部门在证书正本上签章。对在2年内无违规、违法等不良记录，并按时参加安全培训的，应当按照有关安全技术规范的规定延长复审期限。

复审不合格的应当重新参加考试。逾期未申请复审或考试不合格的，其《特种设备作业人员证》予以注销。

跨地区从业的特种设备作业人员，可以向从业所在地的发证部门申请复审。

第二十四条 任何单位和个人不得非法印制、伪造、涂改、倒卖、出租或者出借《特种设备作业人员证》。

（4）罚则

第二十九条 申请人隐瞒有关情况或者提供虚假材料申请《特种设备作业人员证》的，不予受理或者不予批准发证，并在1年内不得再次申请《特种设备作业人员证》。

第三十条 有下列情形之一的，应当吊销《特种设备作业人员证》：

（一）持证作业人员以考试作弊或者以其他欺骗方式取得《特种设备作业人员证》的；

（二）持证作业人员违章操作或者管理造成特种设备事故的；

（三）持证作业人员发现事故隐患或者其他不安全因素未立即报告造成特种设备事故的；

（四）持证作业人员逾期不申请复审或者复审不合格且不参加考试的；

（五）考试机构或者发证部门工作人员滥用职权、玩忽职守、违反法定程序或者超越发证范围考核发证的。

违反前款第（一）、（二）、（三）、（四）项规定的，持证人3年内不得再次申请《特种设备作业人员证》；违反前款第（二）、（三）项规定，造成特大事故的，终身不得申请《特种设备作业人员证》。

第三十一条 有下列情形之一的，责令用人单位改正，并处1 000元以上3万元以下罚款：

（一）违章指挥特种设备作业的；

（二）作业人员违反特种设备的操作规程和有关的安全规章制度操作，或者在作业过程中发现事故隐患或者其他不安全因素未立即向现场管理人员和单位有关负责人报告，用人单位未给予批评教育或者处分的。

第三十二条 非法印制、伪造、涂改、倒卖、出租、出借《特种设备作业人员证》，或者使用非法印制、伪造、涂改、倒卖、出租、出借《特种设备作业人员证》的，处1 000元以下罚款；构成犯罪的，依法追究刑事责任。

第三十六条 作业人员未取得《特种设备作业人员证》上岗作业，或者用人单位未对特种设备作业人员进行安全教育和培训的，按照《特种设备安全监察条例》第七十七条的规定对用人单位予以处罚。（注：修改后的《特种设备安全监察条例》为第八十六条）。

2.《锅炉压力容器压力管道特种设备安全监察行政处罚规定》

国家质量监督检验检疫总局令第14号，经2001年12月29日国家质量监督检验检疫总局局务会审议通过，自2002年3月1日起施行，共十八条。

(1) 适用范围

第二条 国家质量监督检验检疫总局和各地质量技术监督部门对特种设备设计、制造、安装、充装、检验、修理、改造、维修保养、化学清洗等违法行为实施行政处罚，应当遵守本规定。

(2) 与安全使用相关的罚则

第三条 应当取得设备设计、制造、安装、充装、检验、修理、改造、维修保养、化学清洗许可，而未取得相应许可擅自从事有关活动的，责令其停止违法行为；属非经营性活动的，处一千元以下罚款；属经营性活动，有违法所得的，处违法所得一倍以上三倍以下，最高不超过三万元的罚款，没有违法所得的，处一万元以下罚款。

实行生产许可证管理的设备未取得生产许可证的，按照《工业产品质量责任条例》等有关规定处罚。

第五条 应当履行设备制造、安装、修理、改造安全质量监督检验程序而未按照规定履行的，责令改正；属非经营性活动的，处一千元以下罚款；属经营性活动，有违法所得的，处违法所得一倍以上三倍以下，最高不超过三万元的罚款，没有违法所得的，处一万元以下罚款。

第七条 使用设备有下列违法行为之一的，责令改正，属非经营性使用行为的，处一千元以下罚款；属经营性使用行为的，处一万元以下罚款：

（一）未取得设备制造（组焊）许可证的；

（二）委托没有取得相应许可的单位或个人进行安装、修理、改造、维护保养、化学清洗、检验的；

（三）未经批准自行进行安装、修理、改造、检验的；

（四）未办理使用（托管）注册登记手续的；

（五）超过检验有效期或检验不合格的；

（六）气瓶及其他移动式压力容器不按规定进行充装的；

（七）未按规定进行维修保养的；

（八）未按规定办理停用、报废手续的；

（九）已经报废或者非承压设备当承压设备的。

第九条 使用无相应有效证件的人员进行设备操作、检验等活动的，责令改正，并处一万元以下罚款。

第十一条 制造、销售、使用等环节违反规定，责令其对设备进行必要的技术处理；设备存在事故隐患，无修理、改造价值的，予以判废、监督销毁。

第十二条 违反设备设计、制造、安装、使用、检验、修理、改造等有关法律、法规规定，造成事故的，依据有关规定进行处理；构成犯罪的，依法追究刑事责任。

第十六条 被检查者对行政处罚不服的，可以依法提请行政复议或者行政诉讼。

3.《特种设备事故报告和调查处理规定》

经2009年5月26日国家质量监督检验检疫总局局务会议审议通过，2009年7月3日总局第115号令予以公布施行，共七章四十九条。

(1) 总则

第一条 为了规范特种设备事故报告和调查处理工作，及时准确查清事故原因，严格追究事故责任，防止和减少同类事故重复发生，根据《特种设备安全监察条例》和《生产安全事故报告和调查处理条例》，制定本规定。

第二条 特种设备制造、安装、改造、维修、使用（含移动式压力容器、气瓶充装）、检验检测活动中发生的特种设备事故，其报告、调查和处理工作适用本规定。

(2) 事故定义、分级和界定

第六条 本规定所称特种设备事故，是指因特种设备的不安全状态或者相关人员的不安全行为，在特种设备制造、安装、改造、维修、使用（含移动式压力容器、气瓶充装）、检验检测活动中造成的人员伤亡、财产损失、特种设备严重损坏或者中断运行、人员滞留、人员转移等突发事件。

第七条 按照《特种设备安全监察条例》的规定，特种设备事故分为特别重大事故、重大事故、较大事故和一般事故。

(3) 事故报告

第十条 发生特种设备事故后，事故现场有关人员应当立即向事故发生单位负责人报告；事故发生单位的负责人接到报告后，应当于1小时内向事故发生地的县以上质量技术监督部门和有关部门报告。

情况紧急时，事故现场有关人员可以直接向事故发生地的县以上质量技术监督部门报告。

第十二条 报告事故应当包括以下内容：

（一）事故发生的时间、地点、单位概况以及特种设备种类；

（二）事故发生初步情况，包括事故简要经过、现场破坏情况、已经造成或者可能造成的伤亡和涉险人数、初步估计的直接经济损失、初步确定的事故等级、初步判断的事故原因；

（三）已经采取的措施；

（四）报告人姓名、联系电话；

（五）其他有必要报告的情况。

第十三条 质量技术监督部门逐级报告事故情况，应当采用传真或者电子邮件的方式进行快报，并在发送传真或者电子邮件后予以电话确认。

特殊情况下可以直接采用电话方式报告事故情况，但应当在24 h内补报文字材料。

第十四条 报告事故后出现新情况的，以及对事故情况尚未报告清楚的，应当及时逐级续报。

续报内容应当包括：事故发生单位详细情况、事故详细经过、设备失效形式和损坏程度、事故伤亡或者涉险人数变化情况、直接经济损失、防止发生次生灾害的应急处置措施和其他有必要报告的情况等。

自事故发生之日起30日内，事故伤亡人数发生变化的，有关单位应当在发生变化的当日及时补报或者续报。

(4) 事故调查与事故处理

第十八条 发生特种设备事故后，事故发生单位及其人员应当妥善保护事故现场以及相关证据，及时收集、整理有关资料，为事故调查做好准备；必要时，应当对设备、场地、资料进行封存，由专人看管。

因抢救人员、防止事故扩大以及疏通交通等原因，需要移动事故现场物件的，负责移动的单位或者相关人员应当做出标志，绘制现场简图并做出书面记录，妥善保存现场重要痕迹、物证。有条件的，应当现场制作视听资料。

事故调查期间，任何单位和个人不得擅自移动事故相关设备，不得毁灭相关资料、伪造或者故意破坏事故现场。

第二十八条 事故调查组有权向有关单位和个人了解与事故有关的情况，并要求其提供相关文件、资料。有关单位和个人不得拒绝，并应当如实提供特种设备及事故相关的情况或者资料，回答事故调查组的询问，对所提供情况的真实性负责。

事故发生单位的负责人和有关人员在事故调查期间不得擅离职守，应当随时接受事故调查组的询问，如实提供有关情况或者资料。

第三十条 事故调查组根据事故的主要原因和次要原因，判定事故性质，认定事故责任。

事故调查组根据当事人行为与特种设备事故之间的因果关系以及在特种设备事故中的影响程度，认定当事人所负的责任。当事人所负的责任分为全部责任、主要责任和次要责任。

当事人伪造或者故意破坏事故现场、毁灭证据、未及时报告事故等，致使事故责任无法认定的，应当承担全部责任。

第三十四条 依照《特种设备安全监察条例》的规定，省级质量技术监督部门组织的事故调查，其事故调查报告报省级人民政府批复，并报国家质检总局备案；市级质量技术监督部门组织的事故调查，其事故调查报告报市级人民政府批复，并报省级质量技术监督部门备案。

国家质检总局组织的事故调查，事故调查报告的批复按照国务院有关规定执行。

第三十六条 质量技术监督部门及有关部门应当按照批复，依照法律、行政法规规定的权限和程序，对事故责任单位和责任人员实施行政处罚，对负有事故责任的国家工作人员进行处分。

第三十七条 事故发生单位应当落实事故防范和整改措施。防范和整改措施的落实情况应当接受工会和职工的监督。

事故发生地质量技术监督部门应当对事故责任单位落实防范和整改措施的情况进行监督检查。

第三十九条 事故调查的有关资料应当由组织事故调查的质量技术监督部门立档永久保存。

立档保存的材料包括现场勘察笔录、技术鉴定报告、重大技术问题鉴定结论和检测检验报告、尸检报告、调查笔录、物证和证人证言、直接经济损失文件、相关图纸、视听资料、事故调查报告、事故批复文件等。

(5) 法律责任

第四十四条 发生特种设备特别重大事故，依照《生产安全事故报告和调查处理条例》的有关规定实施行政处罚和处分；构成犯罪的，依法追究刑事责任。

第四十五条 发生特种设备重大事故及其以下等级事故的，依照《特种设备安全监察条例》的有关规定实施行政处罚和处分；构成犯罪的，依法追究刑事责任。

第四十六条 发生特种设备事故，有下列行为之一，构成犯罪的，依法追究刑事责任；构成有关法律法规规定的违法行为的，依法予以行政处罚；未构成有关法律法规规定的违法行为的，由质量技术监督部门等处以4 000元以上2万元以下的罚款：

（一）伪造或者故意破坏事故现场的；

（二）拒绝接受调查或者拒绝提供有关情况或者资料的；

（三）阻挠、干涉特种设备事故报告和调查处理工作的。

四、安全技术规范

1.《固定式压力容器安全技术监察规程》TSG R0004—2009

国家质量监督检验检疫总局2009年8月31日颁布，自2009年12月1日起实施，共九章。

说明：对于需要掌握的有关压力容器材料、设计、制造、安装、改造与维修、安全附件、定期检验的知识内容，见本教材其他相应章节的要求；压力容器类别划分方法（规程附件A）见本教材其他相应章节的知识内容。

(1) 总则

1.2　固定式压力容器

固定式压力容器是指安装在固定位置使用的压力容器（以下简称压力容器，注1—1）。

注1—1：对于为了某一特定用途、仅在装置或者场区内部搬动、使用的压力容器，以及移动式空气压缩机的储气罐按照固定式压力容器进行监督管理。

1.3　适用范围

本规程适用于同时具备下列条件的压力容器：

(1) 工作压力大于或者等于0.1 MPa（注1—2）；

(2) 工作压力与容积的乘积大于或者等于2.5 MPa·L（注1—3）；

(3) 盛装介质为气体、液化气体以及介质最高工作温度高于或者等于其标准沸点的液体（注1—4）。

其中，超高压容器应当符合《超高压容器安全技术监察规程》的规定，非金属压力容器应当符合《非金属压力容器安全技术监察规程》的规定，简单压力容器应当符合《简单压力容器安全技术监察规程》的规定。

注1—2：工作压力是指压力容器在正常工作情况下，其顶部可能达到的最高压力（表压力）。

注1—3：容积是指压力容器的几何容积，即由设计图样标注的尺寸计算（不考虑制造公差）并且圆整。一般应当扣除永久连接在压力容器内部的内件的体积。

注1—4：容器内介质为最高工作温度低于其标准沸点的液体时，如果气相空间的容积与工作压力的乘积大于或者等于2.5 MPa·L时，也属于本规程的适用范围。

1.4　适用范围的特殊规定

压力容器使用单位应当参照本规程使用管理的有关规定，负责本规程规定范围内压力容器的安全管理。

1.4.1　只需要满足本规程总则、设计、制造要求的压力容器

本规程适用范围内，容积大于或者等于25 L的下列压力容器，只需要满足本规程第1、3、4章的规定：

(1)《简单压力容器安全技术监察规程》不适用的移动式空气压缩机的储气罐；

(2) 深冷装置中非独立的压力容器、直燃型吸收式制冷装置中的压力容器、铝制板翅式热交换器、空分装置中冷箱内的压力容器；

(3) 无壳体的套管热交换器、螺旋板热交换器、钎焊板式热交换器；

(4) 水力自动补气气压给水（无塔上水）装置中的气压罐，消防装置中的气体或者气压给水（泡沫）压力罐；

(5) 水处理设备中的离子交换或者过滤用压力容器、热水锅炉用膨胀水箱；

(6) 电力行业专用的全封闭式组合电器（如电容压力容器）；

（7）橡胶行业使用的轮胎硫化机以及承压的橡胶模具；

（8）机器设备上附属的蓄能器。

1.4.2 只需要满足本规程总则、设计和制造许可要求的压力容器容积大于1 L并且小于25 L，或者内直径（对非圆形截面，指截面内边界的最大几何尺寸，例如矩形为对角线，椭圆为长轴）小于150 mm的压力容器，只需要满足本规程总则和3.1、4.1.1的规定，其设计、制造按照相应产品标准的要求。

1.4.3 只需满足总则和制造许可要求的压力容器

容积小于或者等于1 L的压力容器，只需要满足本规程总则和4.1.1的规定，其设计、制造按相应产品标准的要求。

1.6 压力容器范围的界定

本规程适用的压力容器，其范围包括压力容器本体和安全附件。

1.6.1 压力容器本体

压力容器的本体界定在下述范围内：

（1）压力容器与外部管道或者装置焊接连接的第一道环向接头的坡口面、螺纹连接的第一个螺纹接头端面、法兰连接的第一个法兰密封面、专用连接件或者管件连接的第一个密封面；

（2）压力容器开孔部分的承压盖及其紧固件；

（3）非受压元件与压力容器的连接焊缝。

压力容器本体中的主要受压元件，包括壳体、封头（端盖）、膨胀节、设备法兰，球罐的球壳板，换热器的管板和换热管，M36以上（含M36）的设备主螺柱以及公称直径大于或者等于250 mm的接管和管法兰。

1.6.2 安全附件

压力容器的安全附件包括直接连接在压力容器上的安全阀、爆破片装置、紧急切断装置、安全联锁装置、压力表、液位计、测温仪表等。

1.8 与技术标准、管理制度的关系

本规程规定了压力容器的基本安全要求，有关压力容器的技术标准、管理制度等，不得低于本规程的要求。

(2) 使用管理

6.1 压力容器使用登记

压力容器的使用单位，在压力容器投入使用前或者投入使用后30日内，应当按照要求到直辖市或者设区的市的质量技术监督部门（以下统称使用登记机关）逐台办理使用登记手续。登记标志的放置位置应当符合有关规定。

6.2 使用单位的责任

使用单位应当对压力容器的安全管理负责，并且配备具有压力容器专业知识，熟悉国家相关法律、法规、安全技术规范和标准的工程技术人员作为安全管理人员负责压力容器的安全管理工作。

6.3 压力容器的安全管理

压力容器使用单位的安全管理工作主要包括以下内容：

(1) 贯彻执行本规程和压力容器有关的安全技术规范；

(2) 建立、健全压力容器安全管理制度，制定压力容器安全操作规程；

(3) 办理压力容器使用登记，建立压力容器技术档案；

(4) 负责压力容器的设计、采购、安装、使用、改造、维修、报废等全过程管理；

(5) 组织开展压力容器安全检查，至少每月进行一次自行检查，并且做出记录；

(6) 实施年度检查并且出具检查报告；

(7) 编制压力容器的年度定期检验计划，督促安排落实特种设备定期检验和事故隐患的整治；

(8) 向主管部门和当地质量技术监督部门报送当年压力容器数量和变更情况的统计报表，压力容器定期检验计划的实施情况，存在的主要问题及处理情况等；

(9) 按照规定报告压力容器事故，组织、参加压力容器事故的救援、协助调查和善后处理；

(10) 组织开展压力容器作业人员的教育培训；

(11) 制定事故救援预案并且组织演练。

6.4 压力容器技术档案

压力容器的使用单位应当逐台建立压力容器技术档案并且由其管理部门统一保管。技术档案应当包括以下内容：

(1) 特种设备使用登记证；

(2) 压力容器登记卡；

(3) 本规程4.1.4规定的压力容器设计制造技术文件和资料；

(4) 压力容器年度检查、定期检验报告，以及有关检验的技术文件和资料；

(5) 压力容器维修和技术改造的方案、图样、材料质量证明书、施工质量证明文件等技术资料；

(6) 安全附件校验、修理和更换记录；

(7) 有关事故的记录资料和处理报告。

6.5 压力容器操作规程

压力容器的使用单位应当在工艺操作规程和岗位操作规程中，明确提出压力容器安全操作要求。操作规程至少包括以下内容：

(1) 操作工艺参数（含工作压力、最高或者最低工作温度）；

(2) 岗位操作方法（含开、停车的操作程序和注意事项）；

(3) 运行中重点检查的项目和部位，运行中可能出现的异常现象和防止措施，以及紧急情况的处置和报告程序。

6.6 作业人员

压力容器的安全管理人员和操作人员应当持有相应的特种设备作业人员证。压力容器使用单位应当对压力容器作业人员定期进行安全教育与专业培训并且做好记录，保证作业人员具备必要的压力容器安全作业知识、作业技能，及时进行知识更新，确保作业人员掌握操作规程及事故应急措施，按章作业。

6.7　日常维护保养

压力容器使用单位应当对压力容器及其安全附件、安全保护装置、测量调控装置、附属仪器仪表进行日常维护保养，对发现的异常情况，应当及时处理并且记录。

6.8　年度检查

压力容器使用单位应当实施压力容器的年度检查，年度检查至少包括压力容器安全管理情况检查、压力容器本体及运行状况检查和压力容器安全附件检查等。对年度检查中发现的压力容器安全隐患要及时消除。

年度检查工作可以由压力容器使用单位的专业人员进行，也可以委托有资格的特种设备检验机构进行。

6.9　异常情况处理

6.9.1　应急措施和报告

压力容器发生以下异常现象之一时，操作人员应当立即采取紧急措施，并且按照规定的报告程序，及时向有关部门报告：

(1) 工作压力、介质温度或者壁温超过规定值，采取措施仍不能得到有效控制；

(2) 主要受压元件发生裂缝、鼓包、变形、泄漏、衬里层失效等危及安全的现象；

(3) 安全附件失灵、损坏等不能起到安全保护的情况；

(4) 接管、紧固件损坏，难以保证安全运行；

(5) 发生火灾等直接威胁到压力容器安全运行；

(6) 过量充装；

(7) 液位异常，采取措施仍不能得到有效控制；

(8) 压力容器与管道发生严重振动，危及安全运行；

(9) 真空绝热压力容器外壁局部存在严重结冰、介质压力和温度明显上升；

（10）其他异常情况。

6.9.2　隐患处理

压力容器使用单位应当对出现故障或者发生异常情况的压力容器及时进行检验，消除事故隐患；对存在严重事故隐患，无改造、维修价值的压力容器，应当及时予以报废，并且办理注销手续。

6.10　超设计使用年限使用的压力容器

对于已经达到设计使用年限的压力容器，或者未规定设计使用年限，但是使用超过20年的压力容器，如果要继续使用，使用单位应当委托有资格的特种设备检验检测机构对其进行检验（必要时按照本规程7.7的要求进行合于使用评价），经过使用单位主要负责人批准后，方可继续使用。

6.11　压力容器的采购、停用、过户、移装

使用单位不得采购报废的压力容器。压力容器的停用、过户、移装，应当严格按照检验、使用登记的有关规定办理。

停止使用2年后重新复用的压力容器以及外单位移装或者本单位移装的压力容器、使用前应当按照定期检验的有关规定进行检验，并且进行耐压试验。

6.12　水质要求

以水为介质产生蒸汽的压力容器，应当做好水质管理和监测，没有可靠的水处理措施，不得投入运行。

6.13　装卸连接装置要求

需要在移动式压力容器和固定式压力容器之间进行装卸作业的，其连接装置应当符合以下要求：

（1）压力容器与装卸管道或者装卸软管有可靠的连接方式；

（2）有防止装卸管道或者装卸软管拉脱的联锁保护装置；

（3）所选用装卸管道或者装卸软管的材料与介质及低温工况相适应，装卸软管的公称压力不得小于装卸系统工作压力的2倍，其最小爆破压力大于4倍的公称压力；

（4）充装单位和使用单位对装卸软管必须每半年进行1次水压试验，试验压力为1.5倍的公称压力，试验结果要有记录和试验人员的签字。

6.14　应急救援

压力容器发生事故有可能造成严重后果或者产生重大社会影响的使用单位，应当制定应急救援预案，建立相应的应急救援组织机构，配置与之适应的救援装备，并且适时演练。

2.《超高压容器安全技术监察规程》TSG R0002—2005

国家质量监督检验检疫总局2005年11月8日颁布，自2006年1月1日起实施，共八章七十一条。

说明：对于需要掌握的有关超高压容器材料、安全附件、定期检验的知识内容，见本教材其他相应章节的要求。

（1）术语含义

主要受压元件：系指筒体、端盖、卡箍、螺塞、堵头等承受压力载荷作用的元件。

爆破安全系数：系指容器理论爆破压力除以容器的设计压力所得的数值。

自增强处理：系指通过超压或者超应变处理，在厚壁压力容器中产生对强度有利的残余应力的一种方法。

（2）总则

第二条　本规程是超高压容器安全的基本要求。超高压容器的生产（含设计、制造、安装、改造、维修）、使用、检验检测及其监督检查，应当遵守《特种设备安全监察条例》的有关规定，并且满足本规程的要求。

第三条　适用范围：

1. 设计压力大于或者等于100 MPa（表压，不含液体静压），且设计压力与容积的乘积大于或者等于2.5 MPa·L的气体、最高工作温度高于或者等于标准沸点的液体的超高压容器；

2. 超高压容器与外部管道或者装置用螺纹连接的第一个螺

纹接头、法兰连接的第一个法兰密封面、专用连接件或者管件连接的第一个密封面；

3. 超高压容器开孔部分的承压盖及其紧固件；

4. 超高压容器所用的爆破片（帽）、压力表、测温表等安全附件。

(3) 制造

第三十条 超高压容器制造单位应当持有国家质检总局颁发的A1级压力容器范围的特种设备制造许可证，并且按照批准的品种范围制造。

第四十一条 超高压容器出厂时，制造单位应当向用户提供以下技术文件和资料：

(1) 竣工图样（如果在原蓝图上修改，应当有修改人、技术审核人确认标志)、技术条件和设计计算书；

(2) 产品质量证明书；

(3) 爆破片（帽）装置等安全附件的使用说明书；

(4) 产品安全质量监督检验证书；

(5) 设计、安装、使用说明书。

第四十三条 超高压容器的制造过程，必须经国家质检总局核准的检验检测机构按照本规程的要求进行监督检验，未经监督检验或监督检验不合格的，不得出厂或者交付使用。

(4) 使用与管理

第四十四条 超高压容器使用单位，应当使用符合本规程要求的超高压容器。超高压容器投入使用前，使用单位应当核对是否附有竣工图样、设计计算书、产品质量证明书、产品安全质量监督检验证书、安装及使用说明书、安全附件使用说明书等文件。

第四十五条 超高压容器使用单位的主要负责人，必须对超高压容器的安全全面负责。超高压容器使用单位应当建立健全的超高压容器安全管理制度、安全责任制度和安全操作规程，制定超高压容器事故应急措施和救援预案，按照规定办理使用登记。

第四十六条　超高压容器的使用单位，必须建立包括以下内容的超高压容器安全技术档案：

（1）超高压容器档案卡（见规程附件4）；

（2）超高压容器设计计算书、竣工图样、产品质量证明书、产品安全质量监督检验证书、使用维护说明等技术文件和资料；

（3）超高压容器定期检验和定期自行检查的记录；

（4）超高压容器日常生产记录；

（5）超高压容器及其安全附件、测量调控装置及有关附属仪器仪表的日常维护保养记录；

（6）超高压容器维修记录和质量证明文件；

（7）超高压容器运行故障和事故记录及处理报告。

第四十七条　超高压容器使用单位应当对超高压容器进行经常性日常维护保养，以及定期自行检查，并做出记录。

第四十八条　超高压容器使用单位，应当对超高压容器作业人员及其相关管理人员（以下简称超高压容器作业人员）进行超高压容器安全教育和培训，保证超高压容器作业人员具备必要的超高压容器安全作业知识。

超高压容器作业人员应当按照《特种设备作业人员监督管理办法》规定，经考核合格取得《特种设备作业人员证书》，在作业中应当严格执行超高压容器的操作规程和有关的安全管理制度。

第四十九条　超高压容器内部有压力时，不得进行任何维修、紧固或者拆卸工作。超高压容器需要维修时，使用单位应当委托具有超高压容器制造许可证或者具有超高压容器维修许可资格的单位承担。

修理单位应保证超高压容器的安全使用要求，并出具质量证明文件。

3.《简单压力容器安全技术监察规程》TSG R0003—2007

国家质量监督检验检疫总局2007年1月24日颁布，自2007年7月1日起实施，共七章五十条。

说明：对于需要掌握的有关简单压力容器材料、安全附件的知识内容，见本教材其他相应章节的要求。

（1）总则

第二条 本规程所称的简单压力容器是指结构简单、危险性较小的压力容器。

第三条 本规程适用于同时满足以下条件的简单压力容器：

（一）容器由筒体和平封头、凸形封头（不包括球冠形封头），或者由两个凸形封头组成；

（二）筒体、封头和接管等主要受压元件的材料为碳素钢、奥氏体不锈钢；

（三）设计压力小于或者等于1.6 MPa；

（四）容积小于或者等于1 000 L；

（五）工作压力与容积的乘积大于或者等于2.5 MPa·L，并且小于或者等于1 000 MPa·L；

（六）介质为空气、氮气和医用蒸馏水蒸发而成的水蒸气；

（七）设计温度大于或者等于－20℃，最高工作温度小于或者等于150℃；

（八）非直接火焰的焊接容器。

第四条 本规程也适用与简单压力容器相连接的以下连接件：

（一）与外部管道或者装置用螺纹连接的第一个螺纹接头、法兰连接的第一个法兰密封面、专用连接件或者管件连接的第一个密封面；

（二）简单压力容器开孔部分的承压盖及其紧固件；

（三）非受压元件与简单压力容器本体连接的焊接接头；

（四）所用的安全阀、爆破片（帽）、压力表、水位计、测温仪表等安全附件。

（2）设计

第十四条 从事简单压力容器设计的单位应当具备A1级、A2级、C级、D1级或者D2级中的任一项压力容器设计资格。

(3) 制造

第二十一条 简单压力容器制造单位应当具备A1级、A2级、C级、D1级或者D2级中的任一项压力容器制造资格。

(4) 检验检测

第四十一条（部分）简单压力容器在制造过程中，应当由取得监督检验资格的特种设备检验检测机构进行监督检验；未经监督检验合格的简单压力容器产品不得出厂或者交付使用。

(5) 使用管理

第四十三条 使用单位负责简单压力容器使用的安全管理。符合本规程范围的简单压力容器，不需要办理使用登记手续。在推荐使用寿命内的简单压力容器，不需要按《压力容器定期检验规则》进行定期检验。

第四十四条 使用单位应当建立设备安全管理档案，对简单压力容器进行定期保养、检查并且记录存档，发现异常情况时，应当及时请特种设备检验检测机构进行检验。

第四十五条 达到推荐使用寿命的简单压力容器应当报废，如需继续使用的，使用单位应当报特种设备检测机构按《压力容器定期检验规则》进行定期检验。

第四十六条 简单压力容器发生事故，事故发生单位应当迅速采取有效措施，组织抢救，防止事故扩大，并且按照《锅炉压力容器压力管道特种设备事故处理规定》的要求进行报告和处理。不得隐瞒、拖延不报或者谎报。

第四十七条 符合本规程适用范围的简单压力容器，如果数量较少，可以按《压力容器安全技术监察规程》和相关标准进行设计、制造，按本规程进行使用管理。

第四十八条 符合本规程的有关定义和范围，但材料为铝或者铝合金的简单压力容器，应当按照JB/T 4734—2002《铝制焊接容器》和相关标准进行设计、制造，按本规程进行使用管理。

4.《液化气体汽车罐车安全监察规程》

劳部发［1994］262号文件，自1995年1月1日起实施，共七章八十一条。

说明：对于有关汽车罐车设计、制造、定期检验与修理改造、安全附件与颜色标记的知识内容，见本教材其他相应章节的要求。

(1) 术语含义

主要受压元件：指罐体的筒体、封头、人孔盖、凸缘、螺栓和公称直径大于等于250 mm的接管。

低温型汽车罐车：指运输液氧、液氮、液氢、液氩、液态二氧化碳等介质，罐体为钢制且其外部有绝热层和受压外套的汽车罐车。

安全附件：指爆破片装置、紧急切断装置、导静电装置、安全阀、压力表、液面计、温度计。

汽车罐车：指罐体和底盘两部分的组合。

(2) 总则

第二条 本规程适用于运输最高工作压力大于等于0.1 MPa、设计温度不大于+50℃的液化气体、且为钢制罐体的汽车罐车。

本规程不适用于罐体为有色金属材料和非金属材料制造的汽车罐车。

本规程所指的汽车罐车包括罐体固定在汽车底盘上的单车式汽车罐车和半挂式汽车罐车，罐体可为裸式、有保温层或绝热层形式。

(3) 使用与运输

第四十一条 汽车罐车的使用、装卸单位，应根据本规程及省级劳动、公安、交通部门的有关规定，结合本单位的具体情况，制定相应的安全操作规程和管理制度，并对操作、运输和管理等有关人员进行安全技术教育。

第四十二条 汽车罐车的使用单位，应按JT 3130《汽车危险货物运输规则》的有关规定办理准运证，并按车辆管理部门的规定，办理汽车罐车牌照。

汽车罐车的使用单位，应按劳动部颁发的《压力容器使用登记管理规则》（注：变更为国家质量监督检验检疫总局发《锅炉压力容器使用登记管理办法》）的规定，携带有关资料到省级劳动部门办理使用登记手续并领取《液化气体汽车罐车使用证》。

第四十三条 汽车罐车的押运员和驾驶员应熟悉其所运输介质的物理、化学性质和安全防护措施，了解装卸的有关要求，具备处理故障和异常情况的能力。

汽车罐车押运员必须经培训和考核合格，由省级劳动部门颁发《汽车罐车押运员证》。

汽车驾驶员必须先取得公安机关颁发的《机动车驾驶执照》，再经汽车罐车安全驾驶、使用培训、考核合格，由省级劳动部门颁发《汽车罐车准驾证》后，才有驾驶液化气体汽车的资格。

第四十四条 汽车罐车的使用单位，必须有本单位的持证押运员和驾驶员，并为押运员、驾驶员配备专用的防护用具和工作服装，专用检修工具和必要的备品、备件等。

第四十五条 使用单位必须认真贯彻执行本规程并按汽车罐车使用说明书的要求，制定并认真贯彻执行汽车罐车日常检查和维护保养制度，经常检查安全附件（包括安全阀、爆破片、压力表、液面计、温度计、紧急切断装置、管接头、人孔、管道阀门、导静电装置等）性能，有无泄漏、损伤等；按汽车日常检修和保养要求对汽车底盘及其走行部分进行检查和修理及时排除故障，保证性能完好。同时，应保持汽车罐车干净和漆色完好。

第四十六条 改变汽车罐车的使用条件（介质、温度、压力、用途等）时，由使用单位提出申请，经省级以上（含省级）锅炉压力容器安全监察机构同意后，由有资格的单位更换安全附件、重新涂漆和标志。经检验单位内、外部检验合格后，由使用单位按本规程第四十二条的规定办理汽车罐车使用证。

第四十七条 随车必带的文件和资料包括：

(1) 汽车罐车使用证；

(2) 机动车驾驶执照和汽车罐车准驾证；

(3) 押运员证；

(4) 准运证；

(5) 汽车罐车定期检验报告复印件；

(6) 液面计指示刻度与容积的对应关系表；在不同温度下，介质密度、压力、体积对照表；

(7) 运行检查记录本；

(8) 汽车罐车装卸记录。

第四十八条 汽车罐车装卸单位应具备下述条件，方可从事装卸作业：

(1) 有熟悉汽车罐车运输与装卸安全技术管理人员负责汽车罐车装卸安全技术工作，有经过专业培训考核合格的操作人员；

(2) 有汽车罐车的装卸作业管理制度；

(3) 有符合防火或防毒、防爆规定的专用场地，并有足够数量的防护用具和备件；

(4) 装卸设备和管线实施定期检验制度，装卸管道有可靠的连接方式，装卸软管的额定工作压力不低于装卸系统最高工作压力的4倍；

(5) 必须有经计量部门检验并出具合格证书或定期检验证书的计量设备；

(6) 必须有专人负责装卸前的检查和记录，并建立档案备查；

(7) 根据生产过程中的火灾危险和介质毒害程度，设置必要的排气、通风、泄压、防爆、阻止回火、导除静电、紧急排放和自动报警以及消防等设施。

第四十九条　充装前充装单位应进行检查，发现有下列情况之一，不得充装：

（1）汽车罐车使用证或准运证已超过有效期；

（2）汽车罐车未按规定进行定期检验；

（3）汽车罐车漆色或标志不符合本规程的规定；

（4）防护用具、服装、专用检修工具和备品、备件没有随车携带；

（5）随车必带的文件和资料不符合本规程的规定或与实物不符；

（6）首次投入使用或检修后首次使用的汽车罐车，如对罐体介质有置换要求的，不能提供置换合格分析报告单或证明文件；

（7）余压不符合本规程的规定；

（8）罐体或安全附件、阀门等有异常。

第五十条　汽车罐车的装卸作业应符合下列要求：

（1）按本规程第49条的规定，进行充装前的检查；

（2）按指定位置停车，关闭汽车发动机并用手闸制动。有滑动可能时，应加防滑块；

（3）易燃介质作业现场严禁烟火，且不得使用易产生火花的工具和用品；

（4）作业前应接好安全地线，管道和管接头连接必须牢靠，对于充装介质不允许与空气混合的应排净空气；

（5）汽车罐车作业人员应相对稳定，且经培训和考核合格。装卸作业时，操作人员、司机和押运员均不得离开现场。在正常装卸作业时，不得随意起动车辆；

（6）新制造的汽车罐车或检修后首次充装的汽车罐车，充装易燃、易爆介质前必须经抽真空处理，或充氮置换处理，要求真空度不得低于650 mm汞柱，或罐体内气体含氧量不得大于3%，且必须由处理单位出具证明文件；

(7) 汽车罐车充装量不得超过允许的最大充装质量。充装时必须有液面计、流量计、地磅或其他计量装置。严禁超装。充装完毕必须复查充装质量或液位，如有超装必须立即妥善处理，否则严禁驶离充装单位；

(8) 装卸完毕应按本章第五十一条规定填写装卸记录，并妥善保存；

(9) 汽车罐车到站后，应及时卸液。卸液前必须对汽车罐车各附件进行检查，无异常情况方可卸液。单车式汽车罐车不得兼作储罐使用。汽车罐车不得直接向气瓶灌装；

(10) 液氨、液化石油气及其他易燃、易爆介质，卸液时不得用空气加压；液化气体卸液，不得采用蒸汽等可引起罐内温度迅速升高的方法升压卸液，采用热水升温卸液时，水温不得超过45℃；

(11) 装卸作业完成后，应立即按汽车罐车使用说明书或操作规程关闭紧急切断阀和阀门；

(12) 汽车罐车卸液不得把介质完全排净，必须留有不少于最大充装质量0.5%或100 kg的余量，且余压不低于0.1 MPa；

(13) 凡遇有下列情况之一，禁止装卸作业：

①介质易燃、易爆的汽车罐车，遇有雷雨天气或附近有明火时；

②周围有易燃、易爆或有毒介质泄漏时；

③罐体内压力异常时。

低温型汽车罐车的装卸作业还应符合由制造厂提供的使用维护说明书的有关规定。

第五十一条 装卸完后，应填写装卸记录并进行下列各项工作：

(1) 按汽车罐车使用说明书或操作规程的要求，关闭紧急切断阀和阀门；

(2) 检查各密封面有无泄漏；

(3) 核查罐体内介质的压力（充装后不得超过当时环境温度下介质的饱和蒸汽压力）或余压；

(4) 检查罐体充装质量（不得超过规定的充装质量）或余量；

(5) 分离汽车罐车与装卸装置的所有连接件；

(6) 装卸记录（二联）由押运员负责送达卸液单位；

(7) 驾驶员必须亲自确认汽车罐车与装卸装置的所有连接件已经妥善分离，才准起动车体。

第五十二条 汽车罐车行驶时，应遵守下列规定：

(1) 必须严格遵守国家交通管理法规的规定。行驶时按汽车罐车的设计限速行驶，保持与前车的距离，严禁违章超车，并按指定路线行驶；

(2) 押运员必须随车押运；

(3) 不准拖带挂车，不得携带其他危险品，严禁其他人搭乘；

(4) 车上禁止吸烟；

(5) 通过隧道、涵洞、立交桥等必须注意标高并减速行驶。

第五十三条 汽车罐车停放的要求：

(1) 不得停靠在机关、学校、厂矿、桥梁、仓库和人员稠密等地方；

(2) 停车位置应通风良好，停车地点附近不得有明火；

(3) 停车检修时应使用不产生火花的工具，不得有明火作业；

(4) 途中停车如果超过6 h，应按当地公安部门指定的安全地点或有《道路危险货物运输中转许可证》的专用停车场停放；

(5) 途中发生故障，维修时间长或故障程度危及安全时，应立即将汽车罐车转移到安全场地，并由专人看管，方可进行维修；

(6) 重新行车前应对全车进行认真检查，遇有异常情况应妥善处理，达到要求后方可行车；

(7) 停车时驾驶员和押运员不得同时离开车辆。

5.《锅炉压力容器使用登记管理办法》

国家质量监督检验检疫总局发国质检锅（2003）207 号文件，自 2003 年 9 月 1 日起实施，共五章三十八条。

(1) 总则

第二条 （部分）使用下列锅炉压力容器应当办理使用登记：

《压力容器安全技术监察规程》《超高压容器安全技术监察规程》《医用氧舱安全管理规定》适用范围内的固定式压力容器、移动式压力容器（铁路罐车、汽车罐车、罐式集装箱）和氧舱。

第三条 使用锅炉压力容器的单位和个人（以下统称使用单位）应当按照本办法的规定办理锅炉压力容器使用登记，领取《特种设备使用登记证》（以下简称使用登记证）。未办理使用登记并领取使用登记证的锅炉压力容器不得擅自使用。

军事装备、核设施、航空航天器、铁路机车、海上设施和船舶使用的锅炉压力容器不适用本办法。

第四条 锅炉压力容器使用登记证在锅炉压力容器定期检验合格期间内有效。

(2) 使用登记

第六条 每台锅炉压力容器在投入使用前或者投入使用后 30 日内，使用单位应当向所在地的登记机关申请办理使用登记，领取使用登记证。

使用单位使用租赁的锅炉压力容器，除移动式压力容器外，均由产权单位向使用地登记机关办理使用登记证，交使用单位随设备使用。

第七条 （部分）使用单位申请办理使用登记应当按照下列规定，逐台向登记机关提交锅炉压力容器及其安全阀、爆破片和紧急切断阀等安全附件的有关文件：

（一）安全技术规范要求的设计文件、产品质量合格证明、安装及使用维修说明、制造、安装过程监督检验证明；

（二）进口锅炉压力容器安全性能监督检验报告；

（三）锅炉压力容器安装质量证明书；

（四）移动式压力容器车辆走行部分和承压附件的质量证明书或者产品质量合格证以及强制性产品认证证书；

（五）锅炉压力容器使用安全管理的有关规章制度。

第八条 （部分）办理机器设备附属的且与机器设备为一体的压力容器。使用登记只需提交前条第（一）、（二）项文件。

第十三条 使用单位应当将使用登记证悬挂在锅炉房内或者固定在压力容器本体上（无法悬挂或者固定的除外），并在锅炉压力容器的明显部位喷涂使用登记证号码。

(3) 变更登记

第十五条 锅炉压力容器安全状况发生变化、长期停用、移装或者过户的，使用单位应当向登记机关申请变更登记。

第十六条 锅炉压力容器安全状况发生下列变化的，使用单位应当在变化后30日内持有关文件向登记机关申请变更登记：

（一）锅炉压力容器经过重大修理改造或者压力容器改变用途、介质的，应当提交锅炉压力容器的技术档案资料、修理改造图纸和重大修理改造监督检验报告；

（二）压力容器安全状况等级发生变化的，应当提交压力容器登记卡、压力容器的技术档案资料和定期检验报告。

第十七条 锅炉压力容器拟停用1年以上的，使用单位应当封存锅炉压力容器，在封存后30日内向登记机关申请报停，并将使用登记证交回登记机关保存。

重新启用应当经过定期检验，经检验合格的持定期检验报告向登记机关申请启用，领取使用登记证。

第十八条 在登记机关行政区域内移装锅炉压力容器的，使用单位应当在移装完成后投入使用前向登记机关提交锅炉压力容器登记文件和移装后的安装监督检验报告，申请变更登记。

第十九条 移装地跨原登记机关行政区域的，使用单位应当持原使用登记证和登记卡向原登记机关申请办理注销。原登记机关应当在登记卡上做注销标记并向使用单位签发《锅炉压力容器过户或者异地移装证明》。

移装完成后，使用单位应当在投入使用前或者投入使用后30日内持《锅炉压力容器过户或者异地移装证明》、标有注销标记的登记卡、锅炉压力容器登记文件以及移装后的安装监督检验报告，向移装地登记机关申请变更登记，领取新的使用登记证。

第二十条 锅炉压力容器需要过户的，原使用单位应当持使用登记证、登记卡和有效期内的定期检验报告到原登记机关办理使用登记证注销手续。

原登记机关应当注销使用登记证，并在登记卡上做注销标记，向原使用单位签发《锅炉压力容器过户或者异地移装证明》。

第二十一条 原使用单位应当将《锅炉压力容器过户或者异地移装证明》、标有注销标志的登记卡、历次定期检验报告以及登记文件全部移交锅炉压力容器新使用单位。

第二十二条 锅炉压力容器只过户不移装的，新使用单位应当在投入使用前或者投入使用后30日内持全部移交文件向原登记机关申请变更登记，领取使用登记证。

原使用单位办理使用登记证注销和新使用单位办理变更登记可以同时在登记机关进行。

第二十三条 锅炉压力容器过户并在原登记机关行政区域内移装的，新使用单位应当在投入使用前或者投入使用后30日内持全部移交文件和移装后的安装监督检验报告向原登记机关申请变更登记，领取使用登记证。

第二十四条 锅炉压力容器过户并跨原登记机关行政区域移装的，新使用单位应当在投入使用前或者投入使用后30日内持全部移交文件和移装后的安装监督检验报告向移装地登记机关申请变更登记，领取使用登记证。

第二十五条 变更登记，原有的注册代码保持不变。

第二十七条 使用锅炉压力容器有下列情形之一的，不得申请变更登记：

（一）在原使用地未办理使用登记的；

（二）在原使用地未进行定期检验或定期检验结论为停止运行的；

（三）在原使用地已经报废的；

（四）擅自变更使用条件进行过非法修理改造的；

（五）无技术资料和铭牌的；

（六）存在事故隐患的；

（七）安全状况等级为4、5级的压力容器或者使用时间超过20年的压力容器。

第二十八条 锅炉压力容器报废时，使用单位应当将使用登记证交回登记机关，予以注销。

(4) 监督管理

第三十五条 压力容器定期检验后，检验机构应当按照《压力容器安全状况等级划分及说明》的规定，确定压力容器安全状况等级。

安全状况等级为4级的固定式压力容器，一般不得继续使用。使用单位无法立即更换或者修理的，应当持定期检验报告、安全等级划分证明和使用登记证，向登记机关申请临时监控使用。准予监控使用的，登记机关应当在使用登记证上注明“临时监控使用”字样和期限，限期更换或者修理。

安全状况等级为4、5级的移动式压力容器或者安全状况等级为5级的固定式压力容器，应当予以注销，解体后报废。

6.《压力容器定期检验规则》TSG R7001—2004

国家质量监督检验检疫总局2004年6月23日颁布，自2004年9月23日起施行，共六章五十四条，附4个附件。

（1）总则

第二条 本规则适用于TSG R0004—2009《固定式压力容器安全技术监察规程》（以下简称《容规》）适用范围的压力容器年度检查和定期检验。其中在用汽车罐车、铁路罐车和罐式集装箱（以下简称罐车）的定期检验，除符合本规则正文的有关要求外，还应当遵守规则附件一《移动式压力容器定期检验附加要求》的规定。

在用医用氧舱（以下简称医用氧舱）的定期检验应当按本规则附件《医用氧舱定期检验要求》进行。

小型制冷装置中压力容器的定期检验按照本规则附件二《小型制冷装置中压力容器定期检验专项要求》进行，长管拖车的定期检验按照本规则附件三《长管拖车定期检验专项要求》进行。

第三条 年度检查是指为了确保压力容器在检验周期内的安全而实施的运行进程中的在线检查，每年至少一次。固定式压力容器的年度检查可以由使用单位的压力容器专业人员进行，也可以由国家质量监督检验检疫总局（以下简称国家质检总局）核准的检验检测机构（以下简称检验机构）持证的压力容器检验人员进行。

第四条 压力容器定期检验工作包括全面检验和耐压试验。

（一）全面检验是指压力容器停机时的检验。全面检验由检验机构进行。其检验周期为：

1. 安全状况等级为1、2级的，一般每6年一次；

2. 安全状况等级为3级的，一般3~6年一次；

3. 安全状况等级为4级的，其检验周期由检验机构确定。

压力容器安全状况等级的评定按本规则第五章进行。

（二）耐压试验是指压力容器全面检验合格后，所进行的超过最高工作压力的液压试验或者气压试验。每两次全面检验期间内，原则上应当进行一次耐压试验。

当全面检验、耐压试验和年度检查在同一年度进行时，应当依次进行全面检验、耐压试验和年度检查，其中全面检验已经进行的项目，年度检查时不再重复进行。

对无法进行或者无法按期进行全面检验、耐压试验的压力容器，按照《容规》第138条规定执行。

第五条 （部分）压力容器一般应当于投用满3年时进行首次全面检验。

第七条 有以下情况之一的压力容器，全面检验合格后必须进行耐压试验：

（一）用焊接方法更换受压元件的；

（二）受压元件焊补深度大于1/2壁厚的；

（三）改变使用条件，超过原设计参数并且经过强度校核合格的；

（四）需要更换衬里的（耐压试验应当于更换衬里前进行）；

（五）停止使用2年后重新复用的；

（六）从外单位移装或者本单位移装的；

（七）使用单位或者检验机构对压力容器的安全状况有怀疑的。

第九条 使用单位必须于检验有效期满30日前申报压力容器的定期检验，同时将压力容器检验申报表报检验机构和发证机构。检验机构应当按检验计划完成检验任务。

第十条 使用单位应当与检验机构密切配合，按本规则的要求，做好停机后的技术性处理和检验前的安全检查，确认符合检验工作要求后，方可进行检验，并在检验现场做好配合工作。

（2）年度检查

第十一条 压力容器年度检查包括使用单位压力容器安全管理情况检查、压力容器本体及运行状况检查和压力容器安全附件检查等。

检查方法以宏观检查为主，必要时进行测厚、壁温检查和腐蚀介质含量测定、真空度测试等。

第十二条 年度检查前，使用单位应当做好以下各项准备工作：

（一）压力容器外表面和环境的清理；

（二）根据现场检查的需要，做好现场照明、登高防护、局部拆除保温层等配合工作，必要时配备合格的防噪声、防尘、防有毒有害气体等防护用品；

（三）准备好压力容器技术档案资料、运行记录、使用介质中有害杂质记录；

（四）准备好压力容器安全管理规章制度和安全操作规范，操作人员的资格证；

（五）检查时，使用单位压力容器管理人员和相关人员到场配合，协助检查工作，及时提供检验人员需要的其他资料。

第十三条 检查前检查人员应当首先全面了解被检压力容器的使用情况、管理情况，认真查阅压力容器技术档案资料和管理资料，做好有关记录。

压力容器安全管理情况检查的主要内容如下：

（一）压力容器的安全管理规章制度和安全操作规程，运行记录是否齐全、真实，查阅压力容器台账（或者账册）与实际是否相符；

（二）压力容器图样、使用登记证、产品质量证明书、使用说明书、监督检验证书、历年检验报告以及维修、改造资料等建档资料是否齐全并且符合要求；

（三）压力容器作业人员是否持证上岗；

（四）上次检验、检查报告中所提出的问题是否解决。

第十四条 进行压力容器本体及运行状况检查时，除非检查人员认为必要，一般可以不拆保温层。

第十五条 压力容器本体及运行状况的检查主要包括以下内容：

（一）压力容器的铭牌、漆色、标志及喷涂的使用证号码是否符合有关规定；

（二）压力容器的本体、接口（阀门、管路）部位、焊接接头等是否有裂纹、过热、变形、泄漏、损伤等；

（三）外表面有无腐蚀，有无异常结霜、结露等；

（四）保温层有无破损、脱落、潮湿、跑冷；

（五）检漏孔、信号孔有无漏液、漏气，检漏孔是否畅通；

（六）压力容器与相邻管道或者构件有无异常振动、响声或者相互摩擦；

（七）支撑或者支座有无损坏，基础有无下沉、倾斜、开裂，紧固螺栓是否齐全、完好；

（八）排放（疏水、排污）装置是否完好；

（九）运行期间是否有超压、超温、超量等现象；

（十）罐体有接地装置的，检查接地装置是否符合要求；

（十一）安全状况等级为 4 级的压力容器的监控措施执行情况和有无异常情况；

（十二）快开门式压力容器安全联锁装置是否符合要求。

第十六条 （部分）安全附件的检验包括对压力表、液位计、测温仪表、爆破片装置、安全阀的检查和校验（其中安全阀校验要求见 TSG ZF001—2006《安全阀安全技术监察规程》）。

注：对安全附件的要求见本教材其他相关章节。

第十九条 年度检查工作完成后，检验人员根据实际检查情况出具检查报告，做出下述结论：

（一）允许运行，系指未发现或者只有轻度不影响安全的缺陷；

（二）监督运行，系指发现一般缺陷，经过使用单位采取措施后能保证安全运行，结论中应当注明监督运行需解决的问题及完成期限；

（三）暂停运行，仅指安全附件的问题逾期仍未解决的情况。问题解决并且经过确认后，允许恢复运行；

（四）停止运行，系指发现严重缺陷，不能保证压力容器安全运行的情况，应当停止运行或者由检验机构持证的压力容器检验人员做进一步检验。

年度检查一般不对压力容器安全状况等级进行评定，但如果发现严重问题，应当由检验机构持证的压力容器检验人员按本规则第五章的规定进行评定，适当降低压力容器安全状况等级。

(3) 全面检验

第二十条 检验前应当审查以下资料：

（一）设计单位资格，设计、安装、使用说明书，设计图样，强度计算书等；

（二）制造单位资格，制造日期，产品合格证，质量证明书[对低温液体（绝热）压力容器，还包括封口真空度、真空夹层泄漏率检验结果、静态蒸发率指标等]，竣工图等；

（三）大型压力容器现场组装单位资格，安装日期，竣工验收文件；

（四）制造、安装监督检验证书，进口压力容器安全性能监督检验报告；

（五）使用登记证；

（六）运行周期内的年度检查报告；

（七）历次全面检验报告；

（八）运行记录、开停车记录、操作条件变化情况以及运行中出现异常情况的记录等；

（九）有关维修或者改造的文件，重大改造维修方案，告知文件，竣工资料，改造、维修监督检验证书等。

本条（一）至（五）款的资料在压力容器投用后首次检验时必须审查，在以后的检验中可以视需要查阅。

第二十一条 全面检验前，使用单位做好有关的准备工作，检验前现场应当具备以下条件：

（一）影响全面检验的附属部件或者其他物体，应当按检验要求进行清理或者拆除；

（二）为检验而搭设的脚手架、轻便梯等设施必须安全牢固（对离地面3 m以上的脚手架设置安全护栏）；

（三）需要进行检验的表面，特别是腐蚀部位和可能产生裂纹性缺陷的部位，必须彻底清理干净，母材表面应当露出金属本体，进行磁粉、渗透检测的表面应当露出金属光泽；

（四）被检容器内部介质必须排放、清理干净，用盲板从被检容器的第一道法兰处隔断所有液体、气体或者蒸汽的来源，同时设置明显的隔离标志。禁止用关闭阀门代替盲板隔断；

（五）盛装易燃、助燃、毒性或者窒息性介质的，使用单位必须进行置换、中和、消毒、清洗，取样分析，分析结果必须达到有关规范、标准的规定。取样分析的间隔时间，应当在使用单位的有关制度中做出规定。盛装易燃介质的，严禁用空气置换；

（六）人孔和检查孔打开后，必须清除所有可能滞留的易燃、有毒、有害气体。压力容器内部空间的气体含氧量应当在18%～23%（体积比）之间。必要时，还应当配备通风、安全救护等设施；

（七）高温或者低温条件下运行的压力容器，按照操作规程的要求缓慢地降温或者升温，使之达到可以进行检验工作的程度，防止造成伤害；

（八）能够转动的或者其中有可动部件的压力容器，应当锁住开关，固定牢靠。移动式压力容器检验时，应该采取措施防止移动；

（九）切断与压力容器有关的电源，设置明显的安全标志。检验照明用电不超过24 V，引入容器内的电缆应当绝缘良好，接地可靠；

（十）如果需现场射线检测时，应该隔离出透照区，设置警示标志；

（十一）全面检验时，应当有专人监护，并且有可靠的联络措施；

（十二）检验时，使用单位压力容器管理人员和相关人员到场配合，协助检验工作，负责安全监护。

(4) 耐压试验

第二十七条 全面检验合格后方允许进行耐压试验。耐压试验前，压力容器各连接部位的紧固螺栓，必须装配齐全，紧固妥当。耐压试验场地应当有可靠的安全防护设施，并且经过使用单位技术负责人和安全部门检查认可。耐压试验过程中，检验人员与使用单位压力容器管理人员到试验现场进行检验。检验时不得进行与试验无关的工作，无关人员不得在试验现场停留。

(5) 安全状况等级评定

第三十七条 安全状况等级根据压力容器的检验结果综合评定，以其中项目等级最低者，作为评定级别。

需要维修改造的压力容器，按维修改造后的复检结果进行安全状况等级评定。

经过检验，安全附件不合格的压力容器不允许投入使用。

第四十九条 需进行缺陷安全评定的大型关键性压力容器，不按本规则进行安全状况等级评定，应当根据安全评定的结果确定其安全状况等级。安全评定的程序按《容规》第139条的规定办理。

附件一

《移动式压力容器定期检验附加要求》

1. 总则

（一）本附加要求是在《压力容器定期检验规则》基础上，

对移动式压力容器，包括汽车罐车、铁路罐车和罐式集装箱等（以下简称罐车）定期检验提出的附加要求。

（二）本附加要求适用于运输最高工作压力大于等于0.1 MPa、设计温度不高于50℃的液化气体、低温液体的钢制罐体（罐体为裸式、保温层或绝热层形式）在用罐车的定期检验。

（三）在用罐车的定期检验分为年度检验、全面检验和耐压试验。

（1）年度检验，每年至少一次。

（2）全面检验，罐车的全面检验周期按表1—1规定。

表1—1　　　　罐车全面检验周期

安全状况等级	罐车名称		
	汽车罐车	铁路罐车	罐式集装箱
1~2级	5年	4年	5年
3级	3年	2年	2.5年

有以下情况之一的罐车，应该做全面检验：

1）新罐车使用1年后的首次检验；

2）罐体发生重大事故或停用1年后重新使用的；

3）罐体经重大修理或改造的。

（3）耐压试验，每6年至少进行一次。

本附加要求的各检验项目应当由具有相应检验资格的检验机构，并且由取得相应检验资格证书的压力容器检验人员进行。检验合格后，检验机构应该在使用登记证上标注检验合格标志，同时在IC卡中写入检验数据。

2. 年度检验

罐车资料审查

（1）罐车随车文件

1）罐车使用登记证；

2）罐车准运证（必要时）；

3）罐车运输许可证（必要时）；

4）罐车驾驶资格证和押运员证（必要时）；

5）罐车定期检验报告；

6）液面计指示刻度与容积的对应关系表和在不同温度下，介质密度、压力、体积对照表。

（2）罐车技术文件及资料

1）产品合格证；

2）产品质量证明书；

3）罐车总图、罐体部件竣工图；，

4）制造监督检验证书或进口产品安全性能监督检验证书；

5）罐体强度计算书；

6）安全附件制造许可证，质量证明文件；

7）罐车历次定期检验报告，重点查阅上次检验报告中提出的问题是否已解决或有无防范措施。

附件二

《小型制冷装置压力容器定期检验专项要求》

1. 总则

（一）本专项要求适用于以氨为制冷剂，单台储氨器容积不大于5 m^3且总容积不大于10 m^3的小型制冷装置中压力容器的定期检验，包括全面检验和耐压试验。

小型制冷装置压力容器主要包括冷凝器、储氨器、低压循环储氨器、氨液分离器、中间冷却器、集油器、油分离器等。

（二）小型制冷装置压力容器的年度检查按照本规则第二章的有关规定执行。全面检验按照本专项要求执行，其中符合本规则第七条（一）、（二）项规定的压力容器，应该进行耐压试验，耐压试验应当满足本规则第四章的要求。

2. 全面检验前的准备工作

（一）检验人员应该审查以下资料：

（1）设计单位资格、设计、安装、使用说明书，主要受压元件设计图样，强度计算书等；

（2）制造单位资格、产品合格证书、质量证明书、监督检验证书等；

（3）安装资料、安装日期，竣工验收文件、安装监督检验证书等；

（4）有关维修或者改造的文件，重大改造维修方案，告知文件，竣工资料，改造、维修监督检验证书等；

（5）使用登记证；

（6）设备的运行记录；

（7）氨液充装时间及氨液成分检查记录；

（8）运行周期内的年度检查报告和历次全面检验报告；

（9）安全附件校验记录；

（10）使用单位安全操作规程、安全管理规章制度、应急预案。

（二）使用单位应该确保检验现场具备以下条件：

（1）进行现场环境氨浓度检测，不得超过国家标准允许值；

（2）检验现场保持整洁，做好检验与非检验区域的隔离与安全防护，不能有影响检验的各种杂物，不得有威胁到检验人员人身安全的因素；

（3）根据检验方案搭设安全、牢固、便于检验的脚手架；

（4）根据检验方案拆除压力容器待检部位保温层，将焊缝及焊缝两侧、受检表面清理干净，清除影响检测的涂层、锈、油污等，采用不产生火花的清除方式；

（5）检验全过程符合动火、消防和应急预案的有关要求；

（6）使用单位压力容器管理人员必须到现场配合检验工作；

（7）如果需要进入容器内部检验，还需要符合本规则第三章的有关要求。

（三）使用单位应当建立健全压力容器安全管理规章制度和

应急预案，各项应急措施应当落实到位，要求配备的应急抢险设备、器材应当齐全、完好。

3. 安全状况等级评定和全面检验周期

（一）根据检验结果，按照本规则第五章的有关规定进行安全状况等级评定。

需要维修改造的压力容器，按照维修改造后的复检结果进行安全状况等级评定。

安全附件不合格的压力容器不允许投入使用。

（二）压力容器的全面检验周期为：

(1) 安全状况等级为1、2、3级的，一般每3年进行一次全面检验；

(2) 安全状况等级为4级的，其检验周期由检验机构确定；

(3) 安全状况等级为5级的，不得使用。

（三）安全状况等级为4级的压力容器，其总监控使用时间不得超过3年。

在监控使用期满前，使用单位应当对缺陷进行处理提高其安全状况等级，否则不得继续使用。

附件三

《长管拖车定期检验专项要求》

1. 总则

（二）本专项要求适用于正常环境温度下（-40～60℃）使用、公称工作压力（标记工作压力）不大于30 MPa、公称水容积（单只气瓶）为500～3 000 L、用于运输表1—2中规定气体的在用长管拖车年度检查和定期检验。

长管拖车包括气瓶、附件（包括端塞、阀门、管路、快装接头等）、安全附件、气瓶固定装置（框架或捆绑带）、车辆部分等部件。

本专项要求不适用于长管拖车车辆部分的检验。

（三）年度检查和定期检验周期如下：

(1) 年度检查，每年至少1次，选择在适当时机进行；

(2) 按照所充装介质不同，定期检验周期见表1—2；

表1—2　　定期检验周期

介质类别	充装介质	定期检验周期（年）	
		首次定期检验	定期检验
A	天然气（煤层气）、氢气	3	5
B	氮气、氦气、氩气、氖气、空气	4	6

(3) 定期检验用声发射检测替代外测法水压试验时，充装A类介质的长管拖车定期检验周期为3年，充装B类介质的长管拖车定期检验周期为4年。

（四）有下列情形之一的长管拖车，应当提前进行定期检验：

(1) 发现有严重腐蚀、损伤或者对其安全使用有怀疑的；

(2) 充装介质中，腐蚀成分含量超过相关标准规定的；

(3) 发生交通、火灾等事故，造成对安全使用有影响的；

(4) 停用时间超过1年，启用前；

(5) 年度检查发现问题，而且影响安全使用的。

（五）当年度检查、定期检验在同一年度进行时，应当依次进行定期检验、年度检查，其中定期检验已经进行的项目，年度检查时不再重复进行。

（六）年度检查可由使用单位或者制造单位进行，定期检验应当由国家质检总局核准的具备长管拖车定期检验专项资格的检验机构进行。

（七）使用单位或者制造单位应当对从事年度检查的人员进行专项培训，了解长管拖车设计、制造、改造、维修、使用、检验方面的基础知识，熟悉本单位长管拖车的使用状况并且掌握有关法规、技术规范和标准。

（八）长管拖车使用单位应当与检验机构密切配合，按照本专项要求做好检验前的准备工作。

2. 年度检查

（一）年度检查包括资料审查、长管拖车运行状况检查、安全附件检查和泄漏检查等，必要时进行测厚、介质中腐蚀成分含量的测定。

（二）年度检查前，使用单位应当做好以下准备工作：

（1）将外表面有碍检查的杂物清除干净；

（2）准备好长管拖车安全管理资料、技术档案资料、运行管理资料；

（3）长管拖车的年度检查，在卸压后进行。

（三）资料审查。

其主要包括安全管理资料审查、技术档案资料审查和运行状况资料审查。

（1）安全管理资料审查

1）使用登记证；

2）安全管理规章制度、安全操作规程；

3）危险品车辆驾驶员证和押运员上岗证。

（2）技术档案资料审查

1）首次年度检查时，查阅产品质量证明书、长管拖车竣工总图、长管拖车使用说明书、气瓶监检证书、气瓶强度计算书等出厂技术文件；

2）历次年度检查和定期检验报告；

3）改造、维修资料等。

（3）运行状况资料审查

1）充装记录；

2）日常运行维护记录，交通、火灾事故记录；

3）充装介质的分析报告，腐蚀性介质的残液分析报告等。

（四）长管拖车本体及其运行状况检查。

其主要包括气瓶及其附件、气瓶固定装置检查等。

（1）气瓶检查

1）逐只核实拖车产品铭牌、气瓶制造标志；

2）逐只检查气瓶外部，检查是否存在裂纹、腐蚀、油漆剥落、凹陷、变形、鼓包和机械损伤等；

3）使用木槌或者重约 250 g 的铜锤轻击瓶壁，逐只对气瓶进行音响检查。

（2）附件检查

1）气瓶端塞的检查，包括有无变形、裂纹或者其他机械损伤；

2）管路和阀的检查：

a. 金属管路有无变形、裂纹、凹陷、扭曲或者其他机械损伤；

b. 阀门是否锈蚀、变形、泄漏，开闭是否正常；

c. 排污装置是否完好、通畅；

d. 软管两端接头的连接是否牢固可靠，软管外观有无破裂、鼓包、折皱、老化现象；

e. 气动阀门有无损伤，是否处于常闭状态。

3）快装接头的检查，包括检查有无锈蚀、变形、裂纹和其他损坏。

（3）气瓶固定装置安全状况检查

1）气瓶与前后两端支撑立板的连接是否松动，气瓶是否发生转动；

2）框架有无裂纹、凹陷、扭曲或者其他机械损伤；

3）框架与拖车底盘连接是否牢固可靠；

4）捆绑带是否有损伤、腐蚀，紧固连接螺栓是否腐蚀、松动、弯曲变形，螺母、垫片、缓冲垫是否齐全、完好。

（五）安全附件检查。

（1）压力表、测温仪表、安全阀的检查及校验，执行《压力容器定期检验规则》及相关安全技术规范的规定。

（2）爆破片装置检查：

1）爆破片是否超过产品说明书规定的使用条件；

2）爆破片表面是否有腐蚀、皱折、划伤和其他非正常变形等；

3）爆破片装置有无渗漏；

4）爆破片使用过程中是否存在未超压爆破或者超压未爆破的情况；

5）与爆破片夹持器相连的放空管是否通畅，放空管内是否存水（或者冰），防水帽、防雨片是否完好。

（3）易熔塞易熔合金使用条件是否超过产品说明书的规定，是否有易熔合金挤出、渗漏的情况。

（4）导静电装置检查：

1）检查瓶体、管路、阀门与导静电带接地端的电阻是否超过10 Ω；

2）检查导静电带安装是否正确。

（六）整车泄漏性试验。

上述检查项目完成后，应当对长管拖车所有密封面进行泄漏性检查，检查所用介质为氮气或者充装气体，压力为气瓶公称工作压力的0.8~1.0倍。

（七）年度检查工作完成后，检查人员根据实际检查情况出具检查报告，做出下述结论：

（1）允许使用，系指未发现或者只有轻度不影响安全的缺陷，或者发现的缺陷和问题已经解决或者进行处理，并且经过确认，能够保证安全运行；

（2）不允许使用，系指发现的缺陷和问题未经解决或处理，或者发现严重缺陷不能保证长管拖车安全运行，应当停止使用或者报请长管拖车定期检验机构进行定期检验。

3. 定期检验

（一）定期检验前，使用单位、检验机构、制造单位应当做好以下准备工作：

使用单位按照本要求“二（二）”的规定做好准备工作，将长管拖车及其相关技术档案资料一并运送至检验机构。

4. 定期检验结果评定

（一）在定期检验过程中，检验人员应当分别给出长管拖车各项的检验结果。检验全部结束后，给出长管拖车综合检验结论。

（二）气瓶存在以下缺陷的，不允许继续使用：

（1）气瓶内外表面裂纹未消除或经打磨后剩余壁厚小于最小允许壁厚；

（2）气瓶表面均匀腐蚀面积大于28 cm^2（或长径为60 mm）且剩余壁厚小于最小允许壁厚，或者单个存在点腐蚀且剩余壁厚小于最小允许壁厚的75%，或者存在线腐蚀且剩余壁厚小于最小允许壁厚；

（3）气瓶表面存在机械损伤且剩余壁厚小于最小允许壁厚；

（4）气瓶存在凹陷，凹陷最大深度与气瓶直径之比大于0.7%或者凹陷直径与气瓶直径之比大于20%；

（5）气瓶存在鼓包；

（6）气瓶遭受火焰损害，且未对材质进行重新评定的；

（7）超声检测发现以下缺陷：

1）横波检测时存在回波幅度大于或者等于横波检测对比试块中人工缺陷回波的缺陷；

2）纵波检测时存在指示尺寸大于或者等于“四（二）3”中规定的缺陷。

（8）瓶口内、外螺纹存在以下缺陷（情况）：

1）瓶口内、外螺纹存在裂纹或裂纹性缺陷，存在严重腐蚀或其他严重机械损伤；

2）对于锥形螺纹瓶口，有效螺纹长度小于规定的最小有效螺纹长度；

3）对于直螺纹瓶口，有效啮合螺纹数小于6个。

(9) 气瓶端塞存在以下缺陷（情况）：

1）端塞螺纹存在裂纹或裂纹性缺陷，存在严重腐蚀，端塞变形或存在其他机械损伤；

2）对于锥形螺纹端塞，有效螺纹长度小于规定的最小有效螺纹长度；

3）对于直螺纹端塞，有效啮合螺纹数小于6个；

4）端塞与排污管焊缝存在裂纹或者裂纹性缺陷。

(10) 气瓶水压试验存在以下情况：

1）保压期间，瓶体出现渗漏、变形或压力回降现象（因试验装置或瓶口泄漏造成的压力回降除外）；

2）容积残余变形率超过6%，并且最小剩余壁厚小于最小设计壁厚；

3）容积残余变形率超过10%。

（三）管路、阀门发现存在以下缺陷，不允许继续使用：

(1) 金属管路存在扭曲、明显变形、裂纹、凹陷或者其他严重机械损伤；

(2) 软管未进行更换；

(3) 管路、排污装置堵塞；

(4) 阀门变形、锈蚀、泄漏，开闭不灵活；

(5) 管路系统整体水压试验不合格。

（四）安全附件发现存在以下缺陷（情况），不允许继续使用：

(1) 压力表、测温仪表、安全阀未按期校验；

(2) 易熔塞有明显挤出、渗漏；

(3) 导静电装置安装错误、连接松动或者导静电带接地端的电阻超过10 Ω、接地导体不正确。

（五）气瓶固定装置（框架或捆绑带）发现存在以下缺陷，不允许继续使用：

（1）气瓶两端与支撑板、支撑板与框架的连接松动，气瓶发生转动；

（2）框架存在裂纹、凹陷、扭曲或者其他机械损伤；

（3）框架与拖车底盘连接松动，紧固件损坏；

（4）捆绑带有损伤、严重腐蚀，紧固连接螺栓损坏。

（六）气瓶气密性试验和整车气密性试验发现泄漏的，不允许继续使用。

（七）检验人员综合以上各项检验结果，给出综合检验结论，综合检验结论分为允许使用和不允许使用两种。综合结论为允许使用的，应该按照“一（三）2”的规定确定下次定期检验周期。

（1）各项检验结果不存在影响安全使用的缺陷（情况）或经修理或更换，确认影响安全使用的缺陷（情况）已消除，综合检验结论为允许使用；

（2）各项检验结果存在影响安全使用的缺陷（情况）时，综合检验结论为不允许使用。

5. 附则

（一）长管拖车中不允许使用的气瓶，长管拖车使用单位和检验机构应当书面通知使用登记机构，并且在气瓶瓶肩部位上打“报废”字样钢印，拆除与该气瓶连接的端塞、阀门、连接管路。

（二）定期检验过程中，长管拖车的拆装和维修工作，应当由具有长管拖车制造或者改造、维修资格的单位进行。

（三）年度检查报告的格式应当符合本专项要求附表的规定，定期检验报告的格式应当符合本专项要求附表的规定。

7.《压力容器安装改造维修许可规则》TSG R3001—2006

国家质量监督检验检疫总局2006年6月21日颁布，自2006

年10月1日起施行，共五章二十八条。

（1）总则

第二条 本规则所称压力容器，是指《条例》适用范围的压力容器，但不适用于以下压力容器：

（一）移动式压力容器（限安装）；

（二）制冷装置中的压力容器；

（三）非金属材料制造的压力容器；

（四）真空下工作的压力容器（不含夹套压力容器）；

（五）正常运行最高工作压力小于0.1 MPa的压力容器（包括在进料或出料过程中需要瞬时承受压力大于或者等于0.1 MPa的压力容器，不包括消毒、冷却等工艺过程中需要短时承受压力大于或者等于0.1 MPa的压力容器）；

（六）机器上非独立的承压部件（包括压缩机、发电机、泵、柴油机的气缸或承压壳体等，但不含造纸、纺织机械的烘缸、压缩机的辅助压力容器）；

（七）无壳体的套管换热器、波纹板换热器、空冷式换热器、冷却排管等。

需在现场完成最后环焊缝焊接工作的压力容器和整体需在现场组焊的压力容器，不属于压力容器安装许可范围。

医用氧舱的安装、改造、维修许可按照《医用氧舱安全管理规定》进行。

第三条 本规则所称压力容器的安装、改造、维修工作包括以下内容：

（一）安装，压力容器整体就位、整体移位安装的活动；

（二）改造，对压力容器主要受压元件进行更换、增减和其他变更（注），导致压力容器参数、介质和用途等安全技术性能指标改变的活动；

（三）维修，对压力容器和主要受压元件进行修理，不导致压力容器参数、介质和用途等安全技术性能指标改变的活动。

注：其他变更，是指压力容器设计条件、使用条件变更导致主要受压元件、安全附件的几何尺寸（形状）、材料发生改变。

第四条 凡是在我国境内从事本规则适用范围的压力容器安装、改造、维修工作的单位，应当取得国家质量监督检验检疫总局（以下简称国家质检总局）或者省级质量技术监督局颁发的《特种设备安装改造维修许可证》（以下简称许可证）。

压力容器安装改造维修许可资格分为1、2级。取得1级许可资格的单位允许从事压力容器安装、改造和维修工作，取得2级许可资格的单位允许从事压力容器维修工作。

取得压力容器制造许可资格的单位（A3级注明仅限球壳板压制和仅限封头制造者除外），可以从事相应制造许可范围内的压力容器安装、改造、维修工作，不需要另取压力容器安装改造维修许可资格。

取得GC1级压力管道安装许可资格的单位，或者取得2级（含2级）以上锅炉安装资格的单位可以从事1级许可资格中的压力容器安装工作，不需要另取压力容器安装许可资格。

（2）监督管理

第十九条 压力容器安装、改造、维修单位在进行安装、改造、维修施工时应当履行以下义务：

（一）在安装、改造、维修施工前，应当按照《条例》要求规定，书面告知当地质量技术监督部门；

（二）自觉接受当地质量技术监督部门的安全监察工作，积极配合压力容器监督检验机构（以下简称监督机构），按照《条例》和有关检验规则等安全技术规范的规定所实施的监督检验工作；

（三）发现压力容器受压元（部）件存在安全性能问题，应当停止施工，并且及时向当地质量技术监督部门报告，在有关问题得到解决后方可继续施工；

（四）对安装、改造、维修施工质量负责，并且及时记录、收集、整理压力容器安装、改造、维修施工质量记录，妥善保存相关压力容器技术资料和相应见证材料。应当按照《条例》规定，在验收后30日内将有关技术资料完整移交给压力容器使用单位存档。

8.《安全阀安全技术监察规程》TSG ZF001—2006

国家质量监督检验检疫总局2006年10月27日颁布，自2007年1月1日起施行，共九条。

(1) 术语含义

安全阀：一种自动阀门，它不借助任何外力而利用介质本身的力来排出额定数量的流体，以防止压力超过额定的安全值。当压力恢复正常后，阀门再行关闭并阻止介质继续流出。

直接载荷式安全阀：一种靠直接的机械加载装置如重锤、杠杆加重锤或弹簧来克服由阀瓣下介质压力所产生作用力的安全阀。

整定压力：安全阀在运行条件下开始开启的预定压力，是在阀门进口处测量的表压力。在该压力下，在规定的运行条件下由介质压力产生的使阀门开启的力同使阀瓣保持在阀座上的力相互平衡。

排放压力：整定压力加超过压力。

回座压力：安全阀排放后其阀瓣重新与阀座接触，即开启高度变为零时的进口静压力。

开启高度：阀瓣离开关闭位置的实际升程。

卡阻：安全阀阀瓣在开启或者关闭中产生的卡涩现象。

(2) 适用范围

第二条 本规程适用于《条例》所规定的锅炉、压力容器和压力管道等设备（以下简称设备）上所用的最高工作压力大于或者等于0.02 MPa的安全阀。

第三条 安全阀的材料、设计、制造、检验、安装、使用、校验和维修等，应当严格执行本规程。

（3）制造

第四条　（部分）安全阀制造单位应当取得《特种设备制造许可证》。国家质量监督检验检疫总局（以下简称国家质检总局）统一管理境内、外安全阀制造许可工作，并且颁发特种设备制造许可证，制造许可证的有效期为4年。获得《特种设备制造许可证》的制造单位，应当按照TSG D2001—2006《压力管道元件制造许可规则》附件B的要求在其制造的产品上使用“许可标记”和许可证号。

（4）使用及校验

第七条　从事使用中的安全阀校验的单位应当具有与校验工作相适应的校验技术负责人、技术人员，以及校验装置、仪器和场地。

安全阀使用单位具备安全阀校验能力，向省级质量技术监督部门告知后，可以自行进行安全阀的校验工作。没有校验能力的使用单位，应当委托有安全阀校验资格的检验检测机构进行。

进行在用设备检验，安全阀使用单位自行进行安全阀校验时，应当将校验报告提交负责该设备检验的检验检测机构。

从事使用中的安全阀的运行维护、拆卸检修、校验工作的人员应当取得《特种设备作业人员证》。

复习思考题

选择题：

1.《中华人民共和国安全生产法》中规定，生产经营单位的________对本单位的安全生产工作全面负责。

A. 安全管理人员　　B. 安全管理部门

C. 主要负责人　　D. 操作人员

2.《中华人民共和国安全生产法》中规定，生产经营单位的主要负责人对本单位安全生产工作负有下列哪些职责：________

A. 建立、健全本单位安全生产责任制

B. 组织制定本单位安全生产规章制度和操作规程

C. 组织制定并实施本单位的生产安全事故应急救援预案

D. 以上都是

3.《中华人民共和国安全生产法》中规定，生产经营单位有下列哪些行为，责令限期改正；逾期未改正的，责令停产停业整顿，可以并处两万元以下的罚款：________

A. 未按照规定设立安全生产管理机构或者配备安全生产管理人员的

B. 危险物品的生产、经营、储存单位以及矿山、建筑施工单位的主要负责人和安全生产管理人员未按照规定经考核合格的

C. 特种作业人员未按照规定经专门的安全作业培训并取得特种作业操作资格证书，上岗作业的

D. 以上都是

4.《中华人民共和国安全生产法》中规定，生产经营单位有下列哪些行为，责令限期改正；逾期未改正的，责令停止建设或者停产停业整顿，可以并处五万元以下的罚款；造成严重后果，构成犯罪的，依照刑法有关规定追究刑事责任：________

A. 安全设备的安装、使用、检测、改造和报废不符合国家标准或者行业标准的

B. 未对安全设备进行经常性维护、保养和定期检测的

C. 使用国家明令淘汰、禁止使用的危及生产安全的工艺、设备的

D. 以上都是

5.《中华人民共和国节约能源法》中规定，使用国家明令淘汰的用能设备或者生产工艺的，由________责令停止使用，没收国家明令淘汰的用能设备；情节严重的，可以由________提出意见，报请本级人民政府按照国务院规定的权限责令停业整顿或

者关闭。

A. 技术监督部门　　　B. 安全生产部门

C. 管理节能工作　　　D. 计量部门

6.《中华人民共和国节约能源法》中规定，用能单位未按照规定配备、使用能源计量器具的，由产品质量监督部门责令限期改正；逾期不改正的，处________罚款。

A. 五千元以上　　　B. 一万元以上五万元以下

C. 一万元以下　　　D. 五万元以上

7.《特种设备安全监察条例》中规定，特种设备生产、使用单位应当建立、健全特种设备________制度。

A. 安全管理

B. 节能管理

C. 岗位安全、节能责任

D. 以上都是

8.《特种设备安全监察条例》中规定，特种设备使用单位对在用特种设备应当至少________进行一次自行检查，并作出记录。特种设备使用单位在对在用特种设备进行自行检查和日常维护保养时发现异常情况的，应当及时处理。

A. 每周　　　B. 每季度

C. 每月　　　D. 每年

9.《特种设备安全监察条例》中规定，有下列情形之一的，为一般事故：

(1) 特种设备事故造成________人以下死亡，或者________人以下重伤，或者1万元以上________万元以下直接经济损失的；

(2) 压力容器、压力管道有毒介质泄漏，造成________人以上1万人以下转移的。

A. 3　　　B. 10

C. 500　　　D. 1 000

10.《特种设备安全监察条例》中规定，未经许可，擅自从事移动式压力容器或者气瓶充装活动的，由特种设备安全监督管理部门予以取缔，没收违法充装的气瓶，处________万元以上________万元以下罚款；有违法所得的，没收违法所得；触犯刑律的，对负有责任的主管人员和其他直接责任人员依照刑法关于非法经营罪或者其他罪的规定，依法追究刑事责任。

移动式压力容器、气瓶充装单位未按照安全技术规范的要求进行充装活动的，由特种设备安全监督管理部门责令改正，处______万元以上______万元以下罚款；情节严重的，撤销其充装资格。

A. 2　　B. 5

C. 10　　D. 50

11.《特种设备安全监察条例》中规定，特种设备使用单位使用未取得生产许可的单位生产的特种设备或者将非承压锅炉、非压力容器作为承压锅炉、压力容器使用的，由特种设备安全监督管理部门责令停止使用，予以没收，处________万元以上________万元以下罚款。

A. 2　　B. 5

C. 10　　D. 50

12.《特种设备安全监察条例》中规定，特种设备存在严重事故隐患，无改造、维修价值，或者超过安全技术规范规定的使用年限，特种设备使用单位未予以报废，并向原登记的特种设备安全监督管理部门办理注销的，由特种设备安全监督管理部门责令限期改正；逾期未改正的，处________万元以上________万元以下罚款。

A. 2　　B. 5

C. 20　　D. 50

13.《特种设备安全监察条例》中规定，特种设备使用单位有下列情形之一的，由特种设备安全监督管理部门责令限期改正；逾期未改正的，责令停止使用或者停产停业整顿，处2 000元以上2万元以下罚款：________

A. 未依照本条例规定设置特种设备安全管理机构或者配备专职、兼职的安全管理人员的

B. 从事特种设备作业的人员，未取得相应特种作业人员证书，上岗作业的

C. 未对特种设备作业人员进行特种设备安全教育和培训的

D. 以上都是

14.《国务院关于特大安全事故行政责任追究的规定》中规定，________均有权向有关地方人民政府或者政府部门报告特大安全事故隐患，有权向上级人民政府或者政府部门举报地方人民政府或者政府部门不履行安全监督管理职责或者不按照规定履行职责的情况。

A. 安全管理人员　　B. 安全管理部门

C. 主要负责人　　D. 任何单位和个人

15.《特种设备作业人员监督管理办法》中，特种设备作业人员应当遵守以下哪些规定：________

A. 严格执行特种设备操作规程和有关安全规章制度

B. 拒绝违章指挥；

C. 发现事故隐患或者不安全因素应当立即向现场管理人员和单位有关负责人报告

D. 以上都是

16.《特种设备作业人员监督管理办法》中规定，有下列哪些情形的，应当吊销《特种设备作业人员证》：________

A. 持证作业人员以考试作弊或者以其他欺骗方式取得《特种设备作业人员证》的

B. 持证作业人员违章操作或者管理造成特种设备事故的

C. 持证作业人员发现事故隐患或者其他不安全因素未立即报告造成特种设备事故的

D. 以上都是

17.《锅炉压力容器压力管道特种设备安全监察行政处罚规定》中规定，使用设备有下列哪些违法行为的，责令改正，属非经营性使用行为的，处一千元以下罚款；属经营性使用行为的，处一万元以下罚款：________

A. 委托没有取得相应许可的单位或个人进行安装、修理、改造、维护保养、化学清洗、检验的

B. 未办理使用（托管）注册登记手续的

C. 超过检验有效期或检验不合格的

D. 未按规定办理停用、报废手续的

E. 已经报废或者非承压设备当承压设备的

F. 以上都是

18.《锅炉压力容器压力管道特种设备安全监察行政处罚规定》中规定，使用无相应有效证件的人员进行设备操作、检验等活动的，责令改正，并处________罚款。

A. 1 000 元以下　　B. 5 000 元以下

C. 1 万元以下　　D. 5 万元以下

19.《锅炉压力容器压力管道特种设备事故处理规定》中规定，移动式压力容器、特种设备异地发生事故后，业主或者聘用人员应当立即报告当地质量技术监督行政部门，并同时报告________。

A. 设备使用注册登记的技术监督行政部门

B. 安全生产部门

C. 检验单位

D. 消防部门

20.《固定式压力容器安全技术监察规程》中规定，本规程适用于同时具备下列条件的压力容器：

(1) 工作压力大于或者等于________ MPa（注 1—2）；

(2) 工作压力与容积的乘积大于或者等于________ MPa · L

(注1—3)；

(3) 盛装介质为气体、液化气体以及介质最高工作温度高于或者等于其标准沸点的液体（注1—4)。

A. 0.1　　　　B. 1.0

C. 2.0　　　　D. 2.5

21.《固定式压力容器安全技术监察规程》中规定，压力容器的本体界定在下述范围内：________

A. 压力容器与外部管道或者装置焊接连接的第一道环向接头的坡口面、螺纹连接的第一个螺纹接头端面、法兰连接的第一个法兰密封面、专用连接件或者管件连接的第一个密封面

B. 压力容器开孔部分的承压盖及其紧固件

C. 非受压元件与压力容器的连接焊缝

D. 以上都是

22.《固定式压力容器安全技术监察规程》中规定，压力容器使用单位的安全管理工作主要包括以下内容：________

A. 建立、健全压力容器安全管理制度，制定压力容器安全操作规程

B. 办理压力容器使用登记，建立压力容器技术档案

C. 负责压力容器的设计、采购、安装、使用、改造、维修、报废等全过程管理

D. 以上都是

23.《固定式压力容器安全技术监察规程》中规定，压力容器的使用单位，应当在工艺操作规程和岗位操作规程中，明确提出压力容器安全操作要求。操作规程至少包括________

A. 操作工艺参数（含工作压力、最高或者最低工作温度)

B. 岗位操作方法（含开、停车的操作程序和注意事项)

C. 运行中重点检查的项目和部位，运行中可能出现的异常现象和防止措施，以及紧急情况的处置和报告程序

D. 以上都是

24.《固定式压力容器安全技术监察规程》中规定，对于已经达到设计使用年限的压力容器，或者未规定设计使用年限，但是使用超过________年的压力容器，如果要继续使用，使用单位应当委托有资格的特种设备检验检测机构对其进行检验（必要时按照本规程 7.7 的要求进行合于使用评价），经过使用单位主要负责人批准后，方可继续使用。

A. 8　　B. 10

C. 20　　D. 25

25.《超高压容器安全技术监察规程》适用范围中规定：设计压力大于或者等于________ MPa（表压，不含液体静压），且设计压力与容积的乘积大于或者等于________ MPa · L 的气体、最高工作温度高于或者等于标准沸点的液体的超高压容器。

A. 10　　B. 100

C. 2.0　　D. 2.5

26.《超高压容器安全技术监察规程》中规定，超高压容器内部有压力时，不得进行任何维修、紧固或者拆卸工作。超高压容器需要维修时，使用单位________承担。

A. 应当委托具有压力容器制造许可证的单位

B. 应当委托具有压力容器维修许可资格的单位

C. 应当委托具有超高压容器制造许可证或者具有超高压容器维修许可资格的单位

D. 可自行

27.《简单压力容器安全技术监察规程》中规定，本规程适用于同时满足以下条件的简单压力容器：

（1）容器由筒体和平封头、凸形封头（不包括球冠形封

头），或者由两个凸形封头组成；

（2）筒体、封头和接管等主要受压元件的材料为碳素钢、奥氏体不锈钢；

（3）设计压力小于或者等于________MPa；

（4）容积小于或者等于________L；

（5）工作压力与容积的乘积大于或者等于________MPa·L，并且小于或者等于1 000 MPa·L；

（6）介质为空气、氮气和医用蒸馏水蒸发而成的水蒸气；

（7）设计温度大于或者等于 -20℃，最高工作温度小于或者等于________℃；

（8）非直接火焰的焊接容器。

A. 1.6　　B. 2.5

C. 150　　D. 1 000

28.《液化气体汽车罐车安全监察规程》中规定，本规程适用于运输最高工作压力大于等于________MPa、设计温度不大于________℃的液化气体、且为钢制罐体的汽车罐车。

A. 0.1　　B. 1.0

C. 50　　D. 60

29.《液化气体汽车罐车安全监察规程》中规定，液氨、液化石油气及其他易燃、易爆介质，卸液时不得用________加压；液化气体卸液，不得采用________等可引起罐内温度迅速升高的方法升压卸液，采用________升温卸液时，水温不得超过________℃。

A. 热水　　B. 蒸汽

C. 空气　　D. 60

E. 45

30.《锅炉压力容器使用登记管理办法》中规定，每台锅炉压力容器在投入使用前或者投入使用________日内，使用单位应当向所在地的登记机关申请办理使用登记，领取使用登记证。

A. 前10　　B. 前30

C. 后10　　D. 后30

31.《锅炉压力容器使用登记管理办法》中规定，锅炉压力容器拟停用________以上的，使用单位应当封存锅炉压力容器，在封存后________内向登记机关申请报停，并将使用登记证交回登记机关保存。

A. 半年　　B. 一年

C. 一周　　D. 30日

32.《压力容器定期检验规则》中规定，压力容器一般应当于投用满________年时进行首次全面检验。

A. 1　　B. 2

C. 3　　D. 6

33.《压力容器定期检验规则》中规定，使用单位必须于检验有效期满________日前申报压力容器的定期检验，同时将压力容器检验申报表报检验机构和发证机构。

A. 10　　B. 20

C. 30　　D. 60

34.《压力容器定期检验规则》中规定，压力容器定期检验时须切断与压力容器有关的电源，设置明显的安全标志。检验照明用电不超过________V，引入容器内的电缆应当绝缘良好，接地可靠。

A. 24　　B. 36

C. 72　　D. 110

35.《移动式压力容器定期检验附加要求》中规定，有以下情况之一的罐车，应该做全面检验：

(1) 新罐车使用________年后的首次检验；

(2) 罐体发生重大事故或停用________年后重新使用的；

(3) 罐体经重大修理或改造的。

A. 1　　B. 2

C. 3　　　　　　　　　D. 6

36. 《小型制冷装置压力容器定期检验专项要求》中规定，本专项要求适用于以氨为制冷剂，单台储氨器容积不大于________m^3且总容积不大于________m^3的小型制冷装置中压力容器的定期检验，包括全面检验和耐压试验。

A. 1　　　　　　　　　B. 5

C. 10　　　　　　　　 D. 50

37. 《长管拖车定期检验专项要求》中规定，有下列情形之一的长管拖车，应当提前进行定期检验：________

A. 充装介质中，腐蚀成分含量超过相关标准规定的

B. 发生交通、火灾等事故，造成对安全使用有影响的

C. 停用时间超过 1 年，启用前

D. 以上都是

38. 《压力容器安装改造维修许可规则》中规定，压力容器安装改造维修许可资格分为 1、2 级。取得 1 级许可资格的单位允许从事压力容器________工作，取得 2 级许可资格的单位允许从事压力容器________工作。

A. 安装　　　　　　　　B. 改造

C. 维修　　　　　　　　D. 安装、改造和维修

39. 《安全阀安全技术监察规程》中规定，本规程适用于《条例》所规定的锅炉、压力容器和压力管道等设备（以下简称设备）上所用的最高工作压力大于或者等于________ MPa 的安全阀。

A. 0.01　　　　　　　　B. 0.02

C. 0.1　　　　　　　　 D. 1.0

第二章

压力容器基本知识

本章知识要点

本章重点介绍了压力容器的基本知识。要求学员在了解压力容器相关基本常识的基础上重点掌握压力、温度、介质、压力容器、压力容器分类、压力容器界限等基本概念以及压力容器钢材的选用要求和相关载荷对容器的影响等。

压力容器属于承压类特种设备，广泛应用于工业、农业、科研、国防、医疗卫生、文教体育和人民生活等各个方面。压力容器不仅数量多，增长速度快，而且逐渐趋向容量大型化和结构复杂化。压力容器的安全问题之所以特别重要，主要是因为它既是工业生产中广泛使用的设备，与人们生产和生活密切相关，又是容易发生事故，而且往往是灾难事故的特殊设备。作为压力容器管理和操作等相关方面的人员，保证压力容器安全运行是最基本的职责。

为了帮助压力容器相关管理和操作人员提高理论知识和实际操作水平，本章将较详细地讲解一些与压力容器有关的基本知识。

第一节　压力容器简介

一、压力

垂直作用在物体表面上的力叫做压力。当力一定时，受力面积越小，压力作用效果越明显。当人们在泥路上步行时，两脚常会陷得很深，如果在路面上铺一块木板，人从木板上走，两脚就不会下陷。由此可见，是否会陷入路面不仅与路面承受的压力大小有关，而且与受力面积有关；当受力面积一定时，压力越大，压力作用效果越明显。为便于分析比较，把垂直作用于物体的单位面积上的压力叫做压强。

在国际标准单位制中，用 F 表示压力，单位是牛顿（简称牛，N）；用 p 表示压强，单位是帕斯卡（简称帕，Pa）；用 S 表示受力面积，单位是平方米（简称平米，m^2）。三者之间有如下关系：

$$p\text{（压强）}=F\text{（压力）}/S\text{（受力面积）} \qquad (2—1)$$

常用基本单位换算关系如下：

1 帕斯卡 = 1 牛顿/米^2，即 1 Pa = 1 N/m^2

1 兆帕（MPa）= 145 磅/英寸^2（psi）= 10. 2 千克力/厘米^2（kgf/cm^2）= 10 巴（bar）= 9. 8 大气压（atm）

1 巴（bar）= 0. 1 兆帕（MPa）= 0. 987 大气压（atm）

1 大气压（atm）= 0. 101 325 兆帕（MPa）= 1. 033 3 千克力/厘米^2（kgf/cm^2）= 1. 013 3 巴（bar）

1 千克力/厘米^2（kgf/cm^2）= 9. 8 × 10^4 Pa

在工程实际计算中常常按照 1 kgf/cm^2 ≈ 0. 1 MPa 来进行换算。

压力与压强是两个概念不同的物理量，但是，在压力容器或一般工程技术上，人们习惯于将压强称为压力。因此，在未加说明时，本书中以后所说的压力实际上就是压强。

由于我国多年来大力推行国际单位制，为贯彻采用国际单位制的有关法令，本教材所采用的单位（除特别注明外）一律采用国际单位，并对重要参数同时标注公制单位的数据。

1. 大气压力

地球的周围被厚厚的空气包围着，这些空气被称为大气层。

空气可以像水那样自由地流动，同时它也受重力作用。因此，空气的内部向各个方向都有压强，这个压强被称为大气压力。它和所处的海拔高度、纬度及气象状况有关。由于地球表面被一层厚厚的大气所包裹，大气受地心的吸引产生重力，所以，包围在地球外面的大气层对地球表面及其上的物体便产生了压力，即所谓大气压。大气层越厚，压力就越大；反之就越小。所以，大气压力不是恒定不变的，高山上的大气压就比海平面上的小。为了方便计算，通常将海平面上的大气压力1.033 25 千克力/厘米^2（相当于0.1 MPa，MPa读做兆帕，兆为百万单位）或760 mm高的汞柱称为1个标准大气压，或一个物理大气压。1个标准大气压的值，记为1 atm。

通常，为方便起见，也有将1个标准大气压定义为100 kPa的，记为1 bar。故现在提到标准大气压，也可以指100 kPa。

工程上为了计算方便，把1千克力/厘米^2（0.098 MPa≈0.1 MPa）的压力称为1个工程大气压。它与标准大气压之间的换算关系为：

1工程大气压≈1标准大气压 = 1.013 × 10^5帕斯卡 = 760 mm汞柱 = 10.336 m水柱（4℃时）

2. 绝对压力、表压力与负压力

容器内介质（液体或气体）的压力高于周围大气压时，介质处于正压状态；若低于周围大气压时，则介质处于负压状态。容器内介质的实际压力或者说介质（液体、气体或蒸气）所处空间的所有压力之和称为绝对压力，用符号“$p_{绝}$”来表示。用各种压力表测量容器介质的压力所得到的表上的压力数值称为表压力，用“$p_{表}$”表示。

当容器内介质的压力与周围大气压力相同时，容器上的压力表的指针应指在零位。

当容器内介质的压力大于大气压力时，压力表的指针才会转动，表上才有读数。此时压力表的读数就是容器内介质压力超出大气压力的部分，即表压力，简称表压（$p_{表}$）。表压力 = 绝对压力 - 大气压力 >0。

当容器内介质的压力小于大气压力时，压力表上的指针所指示的读数即为介质的压力低于大气压力的部分，称为负压力或真空，简称负压（真空表压力）。负压力 = 绝对压力 - 大气压力 < 0。

绝对压力、表压力及大气压力三者之间的关系为：

$$p_{绝} = p_{表} + p_{大气} \tag{2—2}$$

由上式可知，只有当表压力是负数时，绝对压力才有可能小于大气压力，而出现负压力（$p_{负}$）。

$$p_{负} = p_{大气} - p_{绝} \tag{2—3}$$

人们通常所说的容器压力或介质压力均指表压力。

压力容器中的压力是通过压力表来测量的。压力表上所指示的压力被称为“表压力”，它是表示容器内部流体压力超过周围大气压力的压力差值。容器内部的绝对压力应是压力表上显示的压力与周围大气压力之和。

二、温度

温度是用来表示物体冷热程度的物理量。从分子运动论观点看，温度是物体分子平均运动动能的标志，是大量分子热运动的集合表现，含有统计学意义。温度可以通过物体随温度变化的某些特性来间接测量，而用来量度物体温度数值的标尺叫温标。它规定了温度的读数起点（零点）和测量温度的基本单位。目前国际上用得较多的温标有摄氏温标（℃）、华氏温标（F）、热力学温标（K）和国际实用温标。

分子运动越快，物体越热，即温度越高；分子运动越慢，物体越冷，即温度越低。当以数值表示温度时，即称之为温度度数。大气层中气体的温度是气温，是气象学常用名词。它直接受日照所影响，日照越多，气温越高。

为了量度温度的大小，人们创造了温标。温标就是按照一定的测量标准来划分的温度标志，就像测量物体的长度要用长度标尺一样，是一种人为的规定，或者叫做一种单位制。

1740 年瑞典人摄氏（Celsius）提出在标准大气压下，把水的冰点规定为 0 度，水的沸点规定为 100 度。根据水这两个固定温度点来对玻璃水银温度计进行分度。两点间做 100 等分，每一份称为 1 摄氏度，记作 1℃。

1714 年德国人法勒海特（Fahrenheit）以水银为测温介质，制成玻璃水银温度计，把冰、水、氯化铵和氯化钠的混合物的熔点定为 0 度，以 0°F 表示，把冰的熔点定为 32°F，把水的沸点定为 212°F，在 32～212 的间隔内均分 180 等分，每一份为 1 华氏度，记作“1°F”。

摄氏温度与华氏温度的换算公式：

$$°F=\frac{9}{5}℃+32，或℃=\frac{5}{9}（°F-32） \qquad (2—4)$$

式中 °F——华氏温度；

℃——摄氏温度。

而开尔文则创立了把 -273.15℃作为零度的温标，叫做热力学温标、开式温标或绝对温标，用热力学温标表示的温度叫热力学温度或绝对温度。

摄氏温度与开尔文温度（绝对温度）的换算公式：

$$K=℃+273.15 \qquad (2—5)$$

式中 K——开尔文温度；

℃——摄氏温度。

测量温度的方法很多，按照测量体是否与被测介质接触，可分为接触式测温法和非接触式测温法两大类。

接触式测温法的特点是测温元件直接与被测对象接触，两者之间进行充分的热交换，最后达到热平衡，这时感温元件的某一物理参数的量值就代表了被测对象的温度值。这种方法的优点是直观可靠，缺点是感温元件影响被测温度场的分布，接触不良等都会带来测量误差，另外，温度太高和腐蚀性介质对感温元件的性能和寿命会产生不利影响。

非接触式测温法的特点是感温元件不与被测对象相接触，而是通过辐射进行热交换，故可以避免接触式测温法的缺点，具有较高的测温上限。此外，非接触式测温法热惯性小，可达0.001 s，故便于测量运动物体的温度和快速变化的温度。由于受物体的发射率、被测对象到仪表之间的距离以及烟尘、水汽等其他介质的影响，这种方法的测温误差较大。

三、压力容器的概念

所谓容器，通常的说法是由曲面构成，用于盛装物料的空间构件。广义上理解，凡是承受流体介质压力的密闭壳体都可称为压力容器。按照 GB 150—1998《钢制压力容器》的规定，设计压力低于 0.1 MPa 的容器属于常压容器，而设计压力高于0.1 MPa 的容器则属于压力容器。通俗地讲，就是化工、炼油、医药、食品等生产所用的各种设备外部的壳体都属于容器。不言而喻，所有承受压力的密闭容器称为压力容器，或者称为受压容器。从安全角度看，压力容器的压力、容积和介质特性是与安全相关的最为密切的3个重要参数。

四、压力容器的压力源

容器所盛装的，或在容器内参加反应的物质，称之为工作介质。常用压力容器的工做介质是各种压缩气体或液体。压力来源可以分为两类，一类是介质的压力在容器外产生或提高，另一类是介质的压力在容器内产生或提高。

1. 在容器外产生或提高的介质压力

容器的介质压力产生于容器外时，其压力源一般是气体压缩机或蒸汽锅炉。

压缩机是用机械方法来提高气体压力的一种机器。压缩机主要有容积型（活塞式、螺杆式、转子式、滑片式等）和速度型（离心式、轴流式、混流式等）两类。容积型气体压缩机是通过缩小气体的体积，增加气体的密度来提高气体压力的。而速度型气体压缩机则是通过增加气体的流速，使气体的动能转变为势能来提高气体压力的。工作介质为压缩气体的压力容器，其可能达到的最高压力为气体压缩机出口气体的压力（气体在容器内温度大幅度升高或产生其他物理化学变化使压力升高的情况除外）。

蒸汽锅炉是利用燃料燃烧时放出的热量将水加热蒸发而产生水蒸气的一种设备。由于在相同压力下水蒸气的体积是饱和水的1 000多倍，例如，在1个绝对大气压力下，1 kg饱和水的体积是1.043 L，而加热为水蒸气后的体积则是1 725 L，约增大1 700倍。因为锅炉是密闭的，汽包（或锅筒）的体积有限，随着水不断受热蒸发，蒸汽密度不断增加，压力也随之增大。工作介质为水蒸气的压力容器，其可能达到的最高压力为锅炉出口处的蒸汽压力。

2. 在容器内产生或提高的介质压力

容器的介质压力产生于容器内时，其原因有：容器内介质的聚集状态发生改变；气体介质在容器内受热，温度急剧升高；介质在容器内发生体积增大的化学反应等。

由于介质的聚集状态发生改变而产生或提高压力的，一般是由于液态或固态物质在容器内受热（如周围环境温度升高、容器内其他物料发生放热化学反应等），蒸发或分解为气体，体积剧烈膨胀，但因受到容器容积的限制，气体密度大为增加，因而在容器内产生压力或使原有的气体压力增加。例如，二氧化硫，当温度低于 -10.1℃（标准沸点）时，它在密闭容器内的蒸气压力低于大气压力，而当温度升高至60℃时，呈液态的二氧化硫便大量蒸发，其蒸气压力即升高到1.08 MPa。又如氨，在0℃时的饱和蒸气压力为0.42 MPa，温度为50℃时，压力即升高至2.01 MPa。再如高分子聚合物固态聚甲醛，受热后“解聚”变为气态，体积约增大1 065倍，在密闭容器内也会产生很高的气体压力。

由于气体介质在容器内受热而产生或显著提高压力的情况一般是少见的。只有因特殊原因，气体在容器内吸收了大量的热量，温度大幅度升高时压力显著提高的情况才会发生。例如，有些储装易于发生聚合反应的气体容器（如某些碳氢化合物储罐），在合适条件下单分子气体可以局部发生聚合反应，产生大量的聚合热，使容器内的气体受热，在温度大幅度上升的同时，容器内介质的压力急剧提高。

由于介质在容器内发生体积增大的化学反应而致使压力升高的例子较多。例如，用碳化钙加水经化学反应生成乙炔气体，由于体积大为增加，在密闭的容器内会产生较高的压力。又如电解水制取氢和氧的反应，因为1 m^3的水可以分解成1 240 m^3的氢气和620 m^3的氧气，体积约增大2 000 倍，在密闭的容器内会产生很高的压力。

在常见的压力容器中，气体压力在容器外增大的较多，在容器内增大的较少。但后者危险性较大，对压力控制的要求也更严格。

五、压力容器界限

本书讨论的压力容器，主要是指涉及生命安全、危险性较大的监察范围之内的压力容器。

1. 我国压力容器的界限范围

TSG R0004—2009《固定式压力容器安全技术监察规程》（以下简称《容规》）对其做了明确划分。其范围包括压力容器本体和安全附件。从安全管理的角度，《容规》规定同时具备下列3 个条件的容器称为压力容器：

（1）工作压力（p_W）大于或者等于0.1 MPa（表压力）；

（2）工作压力与容积的乘积大于或者等于2.5 MPa · L；

（3）盛装介质为气体、液化气体以及介质最高工作温度高于或者等于其标准沸点的液体。

2. 划分压力容器的界限应考虑的因素

划分压力容器的界限应考虑的因素主要包含事故发生的可能性与事故危害性的大小两个方面。目前，国际上对压力容器的界限范围尚无完全统一的规定。一般说来，压力容器发生爆炸事故时，其危害性大小与工作介质的种类、介质状态、工作压力及容器的容积等因素有关。

由于压力容器中的介质常常包括很多对人体具有各种危害性质的介质，如果相关的压力容器出现事故而造成这些介质外泄，将对周围人们的身体健康造成严重的威胁。因此，我国通过制定GBZ 230—2010《职业性接触毒物危害程度分级》、GB 50160—2008《石油化工企业设计防火规范》及GB 50016—2006《建筑设计防火规范》，颁布《危险化学品名录》等方式对相关介质进行分类、规范并严格管理。

由于液体的可压缩性极小，因此，工作介质是液体的压力容器，在容器爆破时其瞬间所释放的能量小，所带来的危害也小。而由于气体具有很大的压缩性，因此，工作介质是气体的压力容器，在容器爆破时其瞬间所释放的能量大，所带来的危害也大。

例如，容积为10 m^3，工作压力为11个绝对大气压的压力容器，如果盛装的介质为空气，则容器爆破时所释放的能量约为13.3×10^6 J。如果盛装的是水，则容器爆破时所释放的能量仅为21.6×10^2 J，约为前者的1/6 200倍。由此可见，工作介质为液体时，即使容器爆破，其危害性也是比较小。所以，一般都不把这类介质为液体的压力容器列入监察的压力容器范围内。值得注意的是，这里所说的液体，是指常温下的液体，不包括最高工作温度高于其标准沸点（即标准大气压下的沸点）的液体和液化气体。因为，这些介质虽然在容器中由于压力较高而绝大部分呈液态（实际上是气液并存的饱和状态），但当容器爆破时，容器内压力下降，这些饱和液体会立即气化，体积急剧膨胀，所释放出来的能量也很大。所以，从工作介质的状态来划分压力容器的界限范围时，它应包括介质为气体、水蒸气、工作温度高于其标准沸点的饱和液体和液化气体的容器。

划分压力容器的界限，除了考虑工作介质的种类、介质状态以外，还应考虑容器的工作压力和容积这两个因素。一般说来，工作压力越高，容积越大，容器储存的能量就越大，爆破时释放出来的能量也越大，所以事故的危害性也就大。但压力和容积的划分不像工作介质那样有一个比较明确的界限，都是人为地规定一个比较合适的下限值。例如，工作压力的下限值规定为 1 个大气压（0.098 MPa，表压）。至于压力容器的容积应如何规定才合适却很难说，所以有些国家不是单独规定容积的下限值，而是以容器的工作压力和容积的乘积达到某一规定数值作为下限条件。

六、对压力容器的基本要求

对压力容器最基本的要求是在确保安全的前提下有效运行，保证生产的持续和稳定。这就需要压力容器必须具备生产工艺所要求特性的使用性能，安全可靠、易于制造安装、结构先进、维修方便、经济合理等。因此，压力容器至少应保证以下性能：

1. 强度

强度是指容器在限定的压力条件下材料抵抗破裂或过量塑性变形的能力。如果容器设计时强度不足，筒体在压力作用下就会产生塑性变形，导致直径增大、壁厚变薄，最后导致容器破裂失效。

2. 刚度

刚度是指容器或容器的受压部件在限定的载荷条件下抵抗弹性变形的能力。与强度不同，容器或容器的受压部件刚度不足不会发生破裂和过量的塑性变形，但是，却会由于弹性变形过大丧失正常的工作能力。例如，容器法兰和接管法兰由于刚度不足而变形可能导致密封垫片发生泄漏，致使密封结构失效。

3. 稳定性

稳定性是容器在外载荷的作用下保持其几何形状不发生改变的性能。常见的例子是薄壁圆筒在外压作用下，有可能会突然压瘪，使容器丧失工作能力。

4. 耐久性

耐久性是指容器的使用寿命。一般的压力容器设计使用寿命为10年，对于重要的压力容器可以按照20年来进行设计。容器的设计使用年限与容器的实际使用年限是不同的。如果维修保养比较好，实际使用年限有可能比设计使用年限长很多。压力容器的实际使用年限取决于容器的疲劳、腐蚀或腐蚀速率等。

5. 密封性

压力容器的密封不但指可拆连接处（如反应器搅拌轴密封处）的密封，而且也包括各种母材和焊缝的致密程度。对易燃、毒性程度为高度危害和极度危害介质的容器，其密封性能要求更加严格。对盛装这类介质的容器不但要求采用可靠的密封结构，还要求进行整体气密性试验，而且对制造和检验有更多、更高、更严格的要求。

七、压力容器在工业生产中的应用

压力容器作为一种应用于有压流体的储存、运输和热量传导等多种用途的密闭容器，具有广泛的用途（见图2—1）。从工业到民用、从军事到城镇公共事业，压力容器与社会发展和人民生活密切相关。例如，化学工业、炼油、制药、炸药、油脂、化肥、食品工业、皮革、水泥、冶金、涂料、合成树脂、合成橡胶、塑料、合成纤维、造纸、深海探测器、潜水舱、火力发电站、航空、深冷、运输储罐、原子能发电等，一旦压力容器出现事故，对人们生命、健康和财产的损失和社会安定的影响都将难以估量。所以，切实保障压力容器的运行安全，是每一位压力容器管理人员和操作人员以及相关工作者的基本职责。

图2—1 石油化工厂的压力容器

压缩空气是一种使用最为普遍的动力源。它可以带动气锤、风铲、风镐、风动砂轮、铆钉枪等风动机械和风动工具进行金属加工、矿山开采、挖掘隧道、铆接桥梁等。还可以用于喷砂、喷漆、搅拌、输送物料等。因此，在机械制造、交通运输、建筑、采矿、化工、冶金及国防工业等许多部门中都大量使用着压缩空气，特别是煤矿，由于风动设备在使用中不会产生火花，可以防止瓦斯爆炸，因而压缩空气的使用就更为普遍。压缩空气主要来源于空气压缩机，空压机的一套辅助设备（如气体冷却器、油水分离器、储气罐等）也都是压力容器。有些对于干燥度和清洁度要求比较高的压缩空气，还要有干燥和过滤装置，这些装置也是压力容器。

压力容器在工业生产中的应用是极为普遍的，尤其是在化学工业中，几乎每一个工艺过程都离不开压力容器，而且它还常常是生产中的主要设备。

压力容器除了用于工业生产外，还用于基本建设、医疗卫生、地质勘探、文教体育等与国民经济相关的各部门。

第二节　压力容器的主要工艺参数

压力容器的工艺参数是按照生产的工艺要求确定的，是进行压力容器设计和安全操作的主要依据。压力容器主要的工艺参数是压力、温度、介质和容积。也有人将压力、温度和直径作为工艺参数。

一、压力

这里主要讨论压力容器工作介质的压力，即压力容器工作时所承受的主要载荷。压力容器运行时的压力是通过压力表来测量的，压力表上所显示的压力值为表压力。在各种压力容器的安全技术规范中，经常出现工作压力、最高工作压力和设计压力等概念，现将其定义分述如下。

1. 工作压力

工作压力也称操作压力，是指容器顶部在正常工艺操作时的压力（即不包括液体静压力）。

2. 最高工作压力

最高工作压力是指容器顶部在工艺操作过程中可能产生的最大表压力（即不包括液体静压力）。

内压容器的最高工作压力是指容器在正常工作过程中，其顶部可能出现的最高压力；真空容器的最高工作压力是指容器在正常工作过程中，其顶部可能出现的最高真空度；外压容器的最高工作压力是指容器在正常工作过程中，其顶部可能出现的最大内外压差。容器如果处于压缩机系统中安全阀下游，设备的最高工作压力应取安全阀的开启压力；如果处于压缩机系统中安全阀上游，设备的最高工作压力应取安全阀开启压力加上设备至安全阀在最大流量下的压力降。

在确定设备最高工作压力时，除考虑正常操作工况外，还应考虑开停车工况、改变进料工况和预期实际操作可能波动的工况，以及系统附加条件（如系统压力变化、安全阀在系统中的相对位置对设备最高工作压力的影响等情况）。

3. 设计压力

设计压力是指设定的容器顶部的最高压力。一般取设计压力等于或略高于最高工作压力，由于考虑问题的角度不一样，不同安全技术规范对设计压力的选取原则可能会略有差异。

《容规》规定容器的设计压力应略高于容器在使用过程中的最高工作压力。装有安全装置的容器，其设计压力不得小于安全装置的开启压力或爆破片的爆破压力。

《钢制石油化工压力容器设计规定》（下称《设计规定》）规定容器的设计压力应略高于或等于最高工作压力。针对不同的情况，《设计规定》提出了以下几种确定设计压力的方法。

（1）当容器上装有安全泄放装置时，取安全泄放装置的开启压力作为设计压力。

（2）当单个容器上无安全泄放装置，而在工艺系统中装有安全泄放装置时，可根据容器在系统中的工作情况，以最高工作压力增加适当裕度作为设计压力。裕度取值并无明文规定，但多数设计者往往取最高工作压力的 1.05 ~ 1.1 倍作为设计压力。

（3）当容器内为爆炸性介质时，容器的设计压力根据介质特性、爆炸前的瞬时压力，爆破膜的破坏压力以及爆破膜的排放面积与容器中气相容积之比等因素做特殊考虑。爆破膜的实际爆破压力与额定爆破压力之差，应在 ±5% 范围之内。实际上，对于这种工况，国内设计多取最高工作压力的 1.15 ~ 1.3 倍作为设计压力。

（4）对装有液化气体的容器应根据充装系数和可能达到的最高温度确定设计压力。

（5）外压容器，应取不小于在正常工作过程中任何时间内可能产生的最大内外压力差为设计压力。

（6）真空容器，按外压容器设计，当装有安全控制装置时，取最大内外压力差的1.25倍或0.1 MPa（1 kgf/cm^2）两者中的较小者为设计压力；当未装安全控制装置时，设计压力取0.1 MPa（1 kgf/cm^2）；对带有夹套的真空容器，按上述原则再加夹套内压力作为设计压力。

《容规》对盛装液化气体容器的设计压力，根据不同情况做出以下3条具体规定：

（1）盛装临界温度≥50℃的液化气体的容器，如有可靠的保冷措施，其最高工作压力应为所盛装气体在可能达到的最高工作温度下的饱和蒸气压力；如无保冷措施，其最高工作压力不得低于50℃时的饱和蒸气压力。

（2）盛装临界温度<50℃的液化气体的容器，如有可靠的保冷措施，其最高工作压力不得低于试验实测的最高温度下的饱和蒸气压力；没有试验实测温度数据或没有保冷措施的容器，其最高工作压力不得低于所充装的介质在规定的最大充装量时，温度为50℃的气体压力。

（3）盛装混合液化石油气的容器，在无保冷措施情况下，其50℃时的饱和蒸气压力低于异丁烷在50℃时的饱和蒸气压时，取50℃时异丁烷的饱和蒸气压力；如高于50℃时异丁烷的饱和蒸气压、小于或者等于丙烷50℃饱和蒸气压力时，取50℃时丙烷的饱和蒸气压力；如高于50℃时丙烷的饱和蒸气压力时，取50℃时丙烯的饱和蒸气压力。当有保冷设施时，取相应可能达到的最高工作温度下异丁烷、丙烷及丙烯的饱和蒸气压力。

二、温度

1. 介质温度

介质温度是指容器内工作介质的温度，可以用测温仪表测得。

2. 设计温度

压力容器的设计温度不同于其内部介质可能达到的温度，是容器在正常工作情况下，设定的元件金属温度。我国压力容器有关规范对设计温度的选取有如下规定：

（1）当容器的各个部位在工作过程中可能产生不同温度时，可取预计的不同温度作为各相应部位的设计温度。

（2）对有内保温的容器，应做壁温计算或以工作条件相似容器的实测壁温作为设计温度，并需在容器壁上设置测温点或涂以超温显示剂。

（3）对于储存液化气体（如液氨、液氯、液化石油气等介质）的容器，其设计温度一般为50℃，这是由于液化气体容器内的工作压力仅取决于环境温度，而我国环境极端温度一般不会超过50℃。

这里值得注意的是，只有当壳壁或元件金属的温度低于-20℃时，才按最低温度确定设计温度。除此之外，设计温度一律按最高温度选取。

凡介质骤然气化会造成急剧降温者，最低工作温度宜考虑因安全阀起跳等原因产生最低工作温度的情况。对于可能出现负压操作的设备应同时给出可能达到的负压值，以便设备专业设计人员进行负压校核。壳体的金属温度仅由大气环境气温条件所确定的设备，其最低工作温度可按该地区气象资料，取历年来月平均最低气温的最低值。任何情况下，金属表面的温度不得超过钢材的允许使用温度，当设备的最高（或最低）工作温度接近所选材料允许使用温度极限时，应结合具体情况慎重选取设备的最高（或最低）工作温度，以免增加投资或降低安全性。

3. 试验温度

狭义地理解，试验温度是指压力试验时，壳体的金属温度。金属温度是指压力容器元件沿截面厚度方向的温度平均值。但是，试验条件下的环境温度也是一个不容忽视的大问题。

由于绝大多数的压力试验均采用“洁净水”来进行，所以，应注意防冻问题，对于碳素钢、16MnR和正火15MnVR制压力容器在液压试验时，液体介质的温度不得低于5℃；其他低合金钢制压力容器，液体温度不得低于15℃。如果由于板厚等因素造成材料无延性转变温度升高，则需相应提高液体温度。其他材料制压力容器液压试验温度应按设计图样规定。铁素体钢制低温压力容器在液压试验时，液体温度应高于壳体材料和焊接接头两者夏比冲击试验的规定温度的高值再加20℃。当采用可燃性液体进行液压试验时，试验温度必须低于可燃性液体的闪点，试验场地附近不得有火源，且应配备适用的消防器材。

《容规》中规定：压力试验时，试验温度应当比容器器壁金属无延性转变温度高30℃，或者按照相关标准规定执行，如果由于板厚等因素造成材料无延性转变温度升高，则需相应提高试验温度。

三、介质

简单地说，介质就是媒介物，是系统借助于传递热量、力、载荷等的媒介物。它是在生产过程中所消耗的那种不作原料使用，也不进入产品，产品生产时又需要消耗能源的工作物质。例如，工业水、压缩空气、氧气、氮气、氩气、保护气等。

介质的主要物理和化学性质有临界温度、临界压力、可燃性、毒性、比热、饱和压力、化学稳定性、绝缘性、密度和黏度等。介质与相关材料的相容性也是压力容器设计时需要重点考虑的方面。

介质的性质直接影响相关设备或装置的性能、安全和经济性等。结合设备或装置的特点合理地选择介质，才能保证设备或装置能经济、安全地运行，因此，了解介质的基本性质是十分必要的。本书将在第五章中介绍对压力容器操作者有严重威胁的毒性介质和易燃易爆介质的特性及安全防护要点。

四、容积

容积是指容器所能容纳物体的体积。固体的容积单位与体积单位相同，而液体和气体的容积单位一般用升、毫升、立方米、立方厘米等来表示。例如，长方体容器的容积＝长×宽×高（指容器内部的长宽高）；圆柱体的容积 = 内底半径 × 圆周率 × 内高。

由于压力容器的实际容积常因为一些不规则的几何形状而不能准确计算，而通过用水来计量的方式，可以很容易做到方便、准确；又由于常见的压力容器强度试验多采用水压试验的方法，因此，常常称压力容器的容积为水容积。

由于结构的原因，对于换热容器，一般是以换热面积为单位（m^2）。换热面积是以换热管外径为基准，扣除伸入管板内的换热管长度后，计算所得到的管束外表面积；对于 U 形管换热器，一般不包括 U 形弯管段的面积。

第三节　压力容器的分类

由于压力容器的形式繁多，在生产工艺过程中作用多样、用途广泛，所以，依据不同的指标，压力容器可有许多分类方法，常用的有以下几种。

一、按压力分类

按所承受压力（p）的高低，压力容器可分为低压、中压、高压、超高压 4 个等级。具体划分如下：

1. 低压容器：$0.1 \leqslant p < 1.6$ MPa；
2. 中压容器：$1.6 \leqslant p < 10$ MPa；
3. 高压容器：$10 \leqslant p < 100$ MPa；
4. 超高压容器：$p \geqslant 100$ MPa。

压力容器破坏时所造成的危害大小，并不仅仅取决于压力的高低，容积的大小、介质的状态（气态或液态）和性质（是否易燃、易爆及毒性程度）、温度高低、材料的强度和塑性、工艺性能以及结构特点，甚至包括容器周围的环境特点等都直接或者间接地决定了容器破坏的危害程度，因此，认为高压容器就一定比中、低压容器危险的观点是很片面的。

二、按壳体承压方式分类

按壳体承压方式不同，压力容器可分为内压（壳体承受内部介质的压力）容器和外压（壳体承受外部介质的压力）容器两大类。

这两类容器是截然不同的，其差别首先反映在设计原理上，内压容器的壁厚是根据强度计算确定的，而外压容器的设计则主要考虑稳定性问题。其次，反映在安全性上，外压容器的数量和破坏几率都远远小于内压容器，因此，本书将重点介绍内压容器。

三、按设计温度分类

按设计温度（t）的高低，压力容器可分为低温容器（$t \leq -20℃$）、常温容器（$-20℃ < t < 450℃$）和高温容器（$t \geq 450℃$）。

四、从安全技术管理角度分类

从安全技术管理分类的角度，压力容器可分为固定式容器和移动式容器两大类。

1. 固定式容器

这类容器有固定的安装和使用地点，工艺条件和使用操作人员也比较固定，容器一般不会单独装设，而是用管道与其他设备相连，如合成塔、蒸球、管壳式余热锅炉、热交换器、分离器等。固定式容器一般可以理解为除了用于运输储存气体的盛装容器以外的所有容器。我国固定式压力容器主要遵循的安全技术法规有 TSG R0004—2009《固定式压力容器安全技术监察规程》。

2. 移动式容器

移动式容器属于储运容器，如气瓶、汽车罐车、铁路罐车等。它的主要用途是盛装和运送有压力的气体和液化气体。容器在气体制造厂充气，然后运送到用气单位。这类容器的特殊性是没有固定的使用地点，一般也没有专职的使用操作人员，使用环境经常变换，管理难度大，因而也比较容易发生事故。我国移动式压力容器主要遵循的安全技术法规有《气瓶安全监察规程》《液化气体汽车罐车安全监察规程》等。

五、按压力容器在生产工艺过程中的作用原理分类

按生产工艺过程中的作用原理，压力容器可分为反应容器、换热容器、分离容器和储存容器。

1. 反应容器（R）

反应容器是指主要用来完成介质的物理、化学反应的容器。常用的如反应器、反应釜、发生器、分解锅、分解塔、聚合釜、高压釜、合成塔、变换炉、蒸煮锅、蒸球等都属于反应容器。许多反应容器内工作介质发生化学反应的过程，往往伴随着放热或吸热的过程。为了保持一定的反应温度，常常需要装设一些附属装置，如加热或冷却装置、搅拌装置等。

2. 换热容器（E）

换热容器主要是用于完成介质的热量交换的压力容器，以达到生产工艺过程中所需要的将介质加热或冷却的目的。常用的如蒸煮锅、消毒器、冷却器、水洗塔、管壳式废热锅炉、热交换器、冷却器、冷凝器、蒸发锅、加热器、硫化锅、消毒锅、蒸压釜、蒸煮器、染色器等。

3. 分离容器（S）

分离容器主要是用于完成介质的流体压力平衡和气体净化分离等的压力容器。常用的如分离器、净化器、回收塔、洗涤塔、过滤器、缓冲器、集油器、干燥塔等。

4. 储存容器（C，其中球罐代号B）

储存容器主要是用于盛装生产用的原料气体、液体、液化气体等压力容器。常用的如储罐、压力缓冲器、储槽、槽车、气瓶、罐车等都属于这类容器。由于工作介质在容器内一般不发生化学或物理性质的变化，不需要装设供传热或传质用的内部工艺装置（内件），所以储存容器的内部结构比较简单。

在实际生产过程中，有一些容器往往具有多种不同的作用原理或用途。在这种情况下，容器应归属于作为主要作用原理或用途的一类。例如，合成氨厂的二氧化碳水洗塔，既有冷却原料气的作用（换热），又有从原料气中溶解分离出二氧化碳的作用（分离），但它的主要作用是后者，所以它应归属于分离容器。

六、从安全综合管理角度分类

为了在压力容器设计、制造、检验、使用中对安全要求不同的压力容器有区别地进行安全技术管理和监督检查，《固定式压力容器安全技术监察规程》根据容器的压力高低、容积大小、介质的危害程度以及在生产过程中的重要作用，将压力容器划分为三类。其中，涉及的几个基本概念如下：

1. 介质分组

压力容器的介质包括气体、液化气体以及最高温度高于或者等于标准沸点的液体。

（1）第一组介质

毒性程度为极度危害级、高度危害级的化学介质，易爆介质，液化气体。

（2）第二组介质

除第一组介质以外的介质。

2. 介质危害性

介质危害性是指压力容器在生产过程中因事故致使介质与人体大量接触，发生爆炸或者因经常泄漏引起职业性危害的严重程度，用介质毒性程度和爆炸危害程度表示。

3. 毒性程度

综合考虑急性毒性、最高容许浓度和职业性慢性危害等因素，极度危害（Ⅰ级）最高容许浓度小于0.1 mg/m^3；高度危害（Ⅱ级）最高容许浓度0.1～1.0 mg/m^3；中度危害（Ⅲ级）最高容许浓度1.0～10 mg/m^3；轻度危害（Ⅳ级）最高容许浓度≥10 mg/m^3。

4. 易爆介质

指气体或者液体的蒸气、薄雾与空气混合形成的爆炸混合物，并且其爆炸下限小于10%，或者爆炸上限与下限的差值大于或者等于20%的介质。

介质毒性程度和爆炸危险性的确定按照HG 20660—2000《压力容器中化学介质毒性危害和爆炸危害程度分类》确定。HG 20660—2000中没有列入的，由设计单位参照GB 5044—85《职业性接触毒物危害程度分级》的原则，决定介质组别。

在实际生产过程中，生产性毒物常以气体、蒸气、雾、烟或粉尘的形式存在，污染环境，从而对人体产生毒害。工业毒物进入人体的通道一般有3种：呼吸道、皮肤和消化道。其中最主要的是经呼吸道，其次是皮肤，经消化道的较少。

七、其他分类方法

1．按容器的壁厚有薄壁容器（壁厚不大于容器内径的1/10）和厚壁容器之分。

2．按壳体的几何形状有球形容器、圆筒形容器、圆锥形容器之分。

3．按制造方法有焊接容器、锻造容器、铆接容器、铸造容器及各式组合制造容器之分。

4．按结构材料有钢制容器、铸铁容器、有色金属容器和非金属容器之分。

5．按容器的放置形式有立式容器、卧式容器之分。

第四节　压力容器常用的钢材

制造压力容器的材料种类较多，有金属材料和非金属材料，黑色金属和有色金属等，但目前绝大多数的压力容器是钢制的。

钢材是钢锭、钢坯或钢材通过压力加工制成所需要的各种形状、尺寸和性能的材料。由于压力容器是在承压状态下工作的，有些容器在承压的同时还要承受高温或腐蚀介质的作用，工作条件较差，易产生变形、腐蚀和疲劳等；此外，在制造压力容器时，为了获得所需的几何形状，钢材还需弯卷、冲压、焊接等冷热成形加工，因而产生加工残余应力及缺陷。所以，压力容器要比其他一般的机械设备容易损坏。为了保证压力容器安全运行，了解常见金属材料的性能以及钢材的选用要求是一项重要的工作。

一、压力容器钢材的选用要求

制造压力容器的钢材应能适应容器的操作条件（如温度、压力、介质特性等），并有利于容器的加工制造和产品质量保证。具体选用时，重点应考虑钢材的力学性能、工艺性能和耐腐蚀性。

1. 力学性能

(1) 强度

金属材料在外力作用下抵抗永久变形和断裂的能力称为强度。按外力作用的性质不同，主要有屈服强度、抗拉强度、抗压强度、抗弯强度等，工程常用的是屈服强度和抗拉强度，这两个强度指标可通过拉伸试验进行测量。

强度是衡量零件本身承载能力（即抵抗失效能力）的重要指标。强度是机械零部件首先应满足的基本要求。机械零件的强度一般可以分为静强度、疲劳强度（弯曲疲劳和接触疲劳等）、断裂强度、冲击强度、高温和低温强度等项目。

物体的原子间存在着的相互作用力称为内力，这是物体所固有的。当对物体施加外力时，在物体内部将引起附加的内力，这一附加内力会随着外力的加大而相应地增加。把物体单位面积上所承受的附加内力称为应力。对于某一种材料来说，所能承受的应力有一定的限度，超过了这个限度，物体就会破坏，这一限度就称为强度。因此，也可以将物体的强度简单说成能承受外力和内力作用而不被破坏的能力。

对于压力容器用钢材的强度，以常温及工作温度下的抗拉强度和屈服极限表示其短时强度性能，而以蠕变极限和持久强度来表示其长时高温强度性能。通常，抗拉强度和屈服极限是评价材料强度的两个最重要的指标。

上述强度参数都是通过试验得出的，其含义分别解释如下。

1）抗拉强度。钢材试样在拉伸试验中，拉断前所能承受的最大载荷值，其所对应的应力即为该材料的抗拉强度。用 R_m 来表示，单位为 MPa。

2）屈服极限（又称屈服强度）。钢材试样在拉伸过程中，拉力不增加（甚至有所下降），还继续显著变形时的最小应力即为该材料的屈服极限。用 R_e 来表示，单位为 MPa。

3）蠕变极限。常温条件下金属材料受外力作用时，如应力小于屈服极限，仅会发生弹性变形（外力消除能恢复原状的变形）；如应力达到屈服极限时，除发生弹性变形外，金属材料还会产生一定的塑性变形（外力消除不能恢复原状）。但在高温条件下则不然，金属材料即使受到小于屈服极限的应力，也会随着时间的延长而缓慢地产生塑性变形，且时间越长，累积的塑性变形量越大，这种现象就称为“蠕变”。由此可见，材料的蠕变现象在温度高到一定程度时才会出现。大量试验表明，材料的蠕变温度与材料的熔点有关。以绝对温度计，蠕变温度约为熔点温度的 25% ~35%。铅、锡等金属在室温下即有蠕变现象；碳钢在约 35℃时开始出现蠕变现象；合金钢出现蠕变的温度在 400℃以上。蠕变极限是指在一定温度和恒定拉力负荷下，试样在规定的时间间隔内的蠕变变形量或蠕变速度不超过某规定值时的最大应力。例如，在《设计规定》中采用的“σ_n^t”，是指在 t℃条件下，经过 10 万小时后总变形量为 1% 的蠕变极限。

4）持久强度。试样在给定温度条件下，经过规定时间发生断裂的应力。对于压力容器来讲，失效的形式主要是破坏而不是变形，所以，持久强度能更好地反映高温元件失效特点。持久强度是指在《设计规定》中用“σ_D^t”表示，即 t℃下，经过 10 万小时而断裂的应力。

（2）塑性

金属材料在载荷作用下断裂前发生的不可逆永久变形的能力称为塑性。压力容器在制造过程中要经受弯卷、冲压等成形加工，要求用于制造压力容器的钢材具有较好的塑性。由于塑性好的钢材在破坏以前一般都会产生较明显的塑性变形，不但易于发现，且可松弛局部应力而避免断裂。

评定材料塑性的指标包括伸长率（δ：试样拉断后的总伸长与原长比值的百分数）和断面收缩率（ψ：试样拉断后，断口面积缩减值与原截面积比值的百分数）。

伸长率可用下式确定：

$$\delta = [(L_1 - L_0)/L_0] \times 100\% \tag{2—6}$$

式中　L_1——试样拉断后的长度，mm；

L_0——试样原始长度，mm。

断面收缩率可用下式确定：

$$\psi = [(F_0 - F_1)/F_0] \times 100\% \tag{2—7}$$

式中　F_1——试样拉断后断口处的截面积，mm^2；

F_0——试样初始截面积，mm^2。

δ 和 ψ 的值越大，则钢材的塑性越好。国内承压类特种设备材料的伸长率一般至少要求在10%以上。

（3）冲击韧度

金属材料在外加载荷作用下断裂时所消耗的能量大小称为冲击韧度或冲击吸收功。为了防止或减少压力容器发生脆性破坏（在较低的应力状态下发生无显著塑性变形的破坏），要求压力容器用钢材在使用温度下具有较好的韧性。评定材料韧性的指标是 a_K 值。a_K 值是一定尺寸和形状的试样在规定类型的试验机上受冲击负荷折断时，试样槽口处单位面积上所消耗的冲击功。

$$a_K = A_K/F \tag{2—8}$$

式中　A_K——冲击试验机的摆锤冲断试样时所做的功，J/cm^2；

F——试样槽口处的初始截面积，cm^2。

冲击韧度通常是在摆锤式冲击试验机上测定的。冲击试样受到摆锤的突然打击而断裂时，它的断裂过程是一个裂纹发生和发展的过程。在裂纹发展过程中，如果塑性变形能够发生在它的前面，就将阻止裂纹的长驱直入，当其继续发展时就需消耗更多的能量。因此，冲击吸收功的高低，决定于材料有无迅速塑性变形的能力。冲击吸收功高的材料，一般都有较高的塑性，但塑性指标较高的材料却不一定都有高的冲击吸收功。这是因为在静载荷下能够缓慢塑性变形的材料，在冲击载荷下不一定能迅速发生塑性变形。

由于冲击韧度是材料各项力学性能指标中对材料的化学成分、冶金质量、组织状态及内部缺陷等比较敏感的一个质量指标，而且也是衡量材料脆性转变和断裂特性的重要指标。所以，对压力容器用钢来说，冲击韧度是衡量其裂纹扩展阻力的重要指标之一。

(4) 硬度

硬度是指材料抵抗局部塑性变形或表面损伤的能力。硬度与强度有一定的对应关系。一般情况下，硬度较高的材料其强度也较高，所以，可以通过测试硬度来估算材料的强度。此外，硬度较高的材料耐磨性较好。工程上常用的硬度试验方法有布氏硬度（HB）法、洛氏硬度（HR）法、维氏硬度（HV）法、里氏硬度（HL）法等。

2. 工艺性能

压力容器的加工制造大多数是用钢板滚卷或冲压后焊接制成的，所以要求压力容器用钢要具有良好的工艺性能，即具有良好的冷塑性变形能力和可焊性。前者可以通过控制塑性指标得到保证；而可焊性是指钢材在规定的焊接工艺条件下，能否得到质量优良的焊接接头的性质。可焊性主要取决于钢材的含碳量（对碳钢）或碳当量（对合金钢）。在焊接过程中或焊接后易发生裂纹的钢材可焊性差。为了保证焊接质量，压力容器用钢需选用可焊性好的钢材。碳钢和普通低合金钢其含碳量分别小于0.3%和0.25%时，一般都具有良好的可焊性。对合金钢，特别是高强度合金钢由于加入了较多的合金元素，其可焊性与含碳量及合金元素的含量有关。目前常用碳当量 C_d（将钢中的碳含量与合金元素含量折算成相当的碳含量的总和）作为评价金属材料可焊性的指标。碳素钢及低合金结构钢的碳当量，可采用下式估算：

$$C_d = C + Mn/6 + (Cr + Mo + V)/5 + (Ni + Cu)/15 \quad (\%) \tag{2—9}$$

式中 C_d——碳当量,%；

C，Mn，…，C_u——钢中碳、锰……铜等成分含量,%。

经验表明，当 $C_d < 0.4\%$ 时，钢材的可焊性良好，焊接时可不预热；当 $C_d = 0.4\% \sim 0.6\%$ 时，钢材的淬硬倾向增大，焊接时需采用预热等技术措施；当 $C_d > 0.6\%$ 时，属于可焊性差或较难焊的钢材，焊接时需采用较高的预热温度和严格的工艺措施。

由于裂纹一直被认为是压力容器中不允许存在的最危险的缺陷。所以，控制材料的可焊性（特别是对合金钢），主要是防止产生焊接裂纹。不过，焊接裂纹产生的因素很多，除了碳当量这个主要因素外，焊缝金属中氢的含量、钢板厚度等也有较大的影响。

3. 耐腐蚀性

金属材料的耐腐蚀性（一般腐蚀，或称连续腐蚀）通常是根据腐蚀速度来评定的。在化工容器中，一般采用三级标准：金属在介质中的腐蚀速度小于0.1 mm/年时为耐蚀性良好；腐蚀速度为0.1～1 mm/年时为耐蚀性一般；腐蚀速度大于1 mm/年时为耐蚀性差。各种腐蚀介质对常用钢材的腐蚀速率可查阅腐蚀手册。

对于压力容器来说，一般连续腐蚀的现象是比较少见的，常见的是斑点腐蚀、麻坑腐蚀，而最严重、最危险的是晶间腐蚀和应力腐蚀。这些腐蚀不但与介质的种类有关，而且与使用条件

（温度、压力、含有杂质等）有更为密切的关系。例如，有些气体在常温下对材料没有腐蚀性，而在高温下却有严重腐蚀性；有些气体干燥时无腐蚀性，含有水分时有严重腐蚀性等。选用材料时，必须根据介质在正常操作条件下，甚至是在可能发生的最不利条件下的腐蚀性来进行考虑。

为了保证压力容器安全运行，《容规》和《设计规定》对压力容器金属材料的选用有明确的规定，在选用时应严格遵照执行。

二、压力容器常用钢材及其使用范围

1. 低碳钢

低碳钢中的含碳量在0.25%以下，还含有锰、硅、磷、硫等元素，合称五大元素。其中，磷、硫为有害的元素，其含量越低，钢材的质量越好。

低碳钢具有良好的塑性和韧性，便于进行各种冷热加工；可焊性良好，易于获得优质焊接接头。低碳钢价格便宜、经济性好，是压力容器中使用最普遍的材料，特别是热轧或正火状态供货的20号钢使用最为广泛。其他常用材料牌号还有Q235B、20R等。

2. 低合金高强度钢

在普通碳素钢中添加少量合金元素而成，其力学性能和工艺性能都较好。

低合金高强度钢的含碳量一般不大于0.25%，属于低碳低合金钢。主要依靠合金元素来强化钢材，改善和提高钢材性能。主要合金元素是锰或者锰和钼，其他合金元素还有钒、钛、铌、硼等。由于强度提高，可以使承压部件的壁厚显著减小。例如，16MnR与Q235B相比，钢中含锰量增加约1%，但是，在100℃时的许用应力水平却由113 MPa上升到了170 MPa，一般情况下，可以减少容器用材料30%~40%。

除了16MnR以外，15MnV、18MnMoNb等也常用于常温中、低压容器的制造。

3. 耐热钢

压力容器中采用的耐热钢主要是钼和铬钼热强钢，常用于制造需要承受高温的压力容器。例如，过热器、再热器、蒸气集箱、蒸气管道等。耐热钢除具有良好的常温力学性能和工艺性能外，还具有良好的高温性能，即在高温下具有足够的强度，有一定防止氧化和腐蚀的能力，又具有长期的组织稳定性。

耐热钢中的合金元素除铬、钼外，还有钒、钨、硼等，目前常见的钢种有 12CrMo、15CrMo、12Cr1MoV、12Cr2MoWVTiB 等。

4. 低温压力容器用钢

工作温度≤-20℃的压力容器属于低温容器。用做低温容器的钢材必须是镇静钢。为防止容器发生冷脆破裂，这些钢材必须满足在规定低温下的低温冲击韧度的要求。常见的低温压力容器用钢有 10MnDR、09Mn2VDR、06MnNbDR、09MnTiCuXtDR 等。

5. 不锈钢

不锈钢又被称为耐大气腐蚀的铬镍钢，主要由铬钢、铬镍钢组成。它们是以铁—碳合金为基础，加入各种合金元素所组成。其中主要是铬、镍两种元素。

铬镍钢中具有代表性的钢种是 18—8 不锈钢（含碳量在 0.14%以下、含铬约为 18%、含镍≥8%）。此钢种经过 1 100～1 200℃淬火后，其金相组织为奥氏体，在常温下无磁性，塑性良好，适宜各种冷加工，常用于耐腐蚀、耐热和低温方面使用。由于 18—8 不锈钢可以在较高温度下保持较高的强度，因此，在切削时刀具易磨损。

由于铬镍不锈钢含有大量的铬、镍合金元素，在元件表面易形成厚度大约为 100 埃的致密 Cr_2O_3 的保护膜，这层保护膜中富集了大量的 Cr，因而在很多介质中具有很好的耐腐蚀性。正是由于不锈钢具有很好的耐热性和耐腐蚀性，因而被广泛用于化工、石油、空气分离、食品和轻工等工业中。但是，在加工及使用过程中应注意防止铁离子污染、氯离子腐蚀以及避免材料在其“敏化温度区”长时间停留等。常见的压力容器用不锈钢有0Cr18Ni9、1Cr18Ni9、1Cr18Ni9Ti、2Cr18Ni9 和 1Cr18Ni11Nb 等。

压力容器常用的钢种和牌号很多，表 2—1 所列举的钢种和牌号仅是其中常用到的一小部分。

表 2—1　　压力容器常用钢种和牌号

钢材牌号	技术标准	使用压力（MPa）	使用温度（℃）	板厚（mm）
Q235—A · F	GB 912、GB 3274	≤0.6	0 ~ 250	≤12
Q235—A	GB 912、GB 3274	≤1.0	0 ~ 350	≤16
Q235—B	GB 912、GB 3274	≤1.6	0 ~ 350	≤20
Q235—C	GB 912、GB 3274	≤2.5	0 ~ 400	≤30
20R	GB 6654	不限	-20 ~ 475	6 ~ 100
16MnR	GB 6654	不限	-20 ~ 475	6 ~ 120
15MnVR	GB 6654	不限	-20 ~ 475	6 ~ 60
15MnVNR	GB 6654	不限	-20 ~ 475	6 ~ 60
18MnMoNbR	GB 6654	不限	-20 ~ 475	30 ~ 100

三、使用性能要求

使用性能要求主要包括以下几个方面：

1. 钢材应具有较高的强度，包括常温及使用温度下的强度。

2. 钢材应具有良好的塑性、韧性和较低的时效敏感性。

3. 钢材应具有较低的缺口敏感性。缺口敏感性是指在带有一定应力集中的缺口条件下，材料抵抗裂纹扩展的能力。容器上常常需要开孔并焊接管接头，这样就很容易造成应力集中，故要求钢材的缺口敏感性应低一些。

4. 钢材应具有良好的抗腐蚀性能及组织稳定性。

第五节　压力容器的应力及其对安全的影响

压力容器在运行过程中，一般都要承受各种载荷的作用。其中比较常见的是内（外）压载荷、自重载荷（包括内件、填料和介质）、附属设备及保温、管道、平台、扶梯等形成的重力载荷、支座等支撑件的反作用力、温度梯度或热膨胀量不同引起的作用力、压力波动造成的冲击载荷、风载荷、地震载荷和运输或吊装时的作用力等。每一种载荷都有可能造成容器器壁产生整体的或局部的变形，引起各种应力，对容器的安全运行造成破坏。

一、各种载荷所产生的应力

1. 由压力而产生的应力

容器在承载时器壁上应力的大小及性质都与容器安全运行密切相关。压力容器在内（外）压载荷作用下会产生应力。同样的载荷，例如，承受相等的内压力，不但在不同形状的壳体中产生大小不同的应力，而且在同一壳体的不同部位上所产生的应力的大小及性质也各不相同。

压力是压力容器最主要的载荷。受内压的容器，由于壳体在压力作用下要向外扩张，所以在器壁上总是要产生拉伸应力，这一应力又称为薄膜应力。确切地说，薄膜应力就是沿截面厚度均匀分布的应力成分，它等于沿所考虑截面厚度的应力平均值。由于薄膜应力存在于整个壁厚，一旦发生屈服就会出现整个壁厚的塑性变形。由压力而产生的应力则是确定容器壁厚的主要因素，对大多数容器来说往往是唯一的因素。

2. 由重量而产生的应力

压力容器本体具有一定的重量，通常称为容器的自重。此外，容器内的工作介质、工艺装置附件以及容器外的其他附加装置，如保温装置、衬里、管道、扶梯、平台等也有较大的重量。所有这些重量作用在器壁上也会使器壁产生应力。压力容器往往需要采用适当的支座来支撑或固定。如卧式容器常用的是鞍式支座，壳体横卧在两个支座上，由于重量的作用而在容器的器壁上产生弯曲应力。

3. 由温度而引起的应力

压力容器在运行过程中，由于温度变化也会引起应力。热胀冷缩是物体的固有特性，如果物体的温度发生了变化或存在温差需要热胀冷缩时，由于它受到相邻部分或其他物体的约束而不能自由地热胀冷缩，则此物体内部就会产生应力，这种应力称为温度应力。例如，厚壁容器壁内外温度不一致，如果内壁温度高于外壁，则内壁的膨胀就会受到外壁的约束而不能自由膨胀，这样就产生了温度应力（也可称为温差应力）。又如，具有衬里或由复合钢板制成的容器，由于材料的热膨胀系数不同也会产生温度应力。

4. 风载荷产生的应力

风是自然现象，露天工作的设备都会受到风载荷的作用。其影响因素主要有风速、设备实际迎风面积以及设备的结构特点等。例如，安装在室外的塔器，大多数是支撑式的，在风力作用下，塔体就会随风向发生弯曲变形，使迎风面产生拉伸应力，而背风面则产生压缩应力。

除上述载荷引起的应力外，还有地震等其他载荷使容器器壁产生相应的应力。

二、应力对容器安全的影响

不同的载荷使容器器壁产生的应力，或者由同一种载荷在容器各部位引起不同类型的应力，对容器安全的影响是不一样的。

1. 由压力产生的薄膜应力对安全的影响

由内压产生的薄膜应力均匀分布在容器壁的整个截面上，它使容器发生整体变形，且随着应力增大，容器变形加剧；当这一应力达到材料的屈服极限时，器壁即产生显著的塑性变形；若应力继续增大，容器则因过度的塑性变形而导致破裂。因其能直接导致容器的破坏，所以，是影响容器安全的最危险的一种应力。

2. 由温度变化或温差产生的应力对安全的影响

温度应力又称为热应力，它是由于构件受热不均匀或存在着温差，导致各处膨胀变形或收缩变形不一致并相互约束而产生的内应力。有些压力容器是在高温或低温的条件下运行的，这些容器或其部件在温度远高于或远低于常温时，如果它的热变形受到外部限制或本身温度分布不均匀，就会产生温度应力。这种应力有时可以达到很高的数值，造成容器产生过量的塑性变形，甚至断裂。

3. 局部应力对安全的影响

局部应力的特点是非对称性和存在于局部范围。有些应力只产生在容器的局部区域内，如容器的开孔部位、几何形状不连续部位等，也能引起容器变形，当应力值增大到材料的屈服极限时，局部地方还可能产生塑性变形，但由于相邻区域应力较低，材料处于弹性变形，使这局部地方的塑性变形受到制约而不能继续发展，应力将重新分布。一般温度应力和总体结构不连续处的弯曲应力就是这样一种应力。过大的局部应力使结构处于不安定的状态，特别是在交变载荷作用下，易产生裂纹，从而导致容器疲劳失效。

有些由应力集中而产生的局部应力，只局限在一个很小的区域内，因为这种应力衰减得快，在其周围附近会很快消失，因受到相邻区域的制约，基本上不会使容器产生任何重要变形。如容器壁上的小孔或缺口附近的应力集中就是这样一种应力。这种类型的应力虽不会直接导致容器破坏，但可使韧性较差的材料发生脆性破坏，也会使容器发生疲劳破坏，故对容器安全也有一定的影响。

降低局部应力的方法，可以通过设计更加合理的结构，以尽量减少结构本身的缺陷、均布载荷、减少制造缺陷以及操作过程中平缓的参数变化等来解决。

通过上述分析，不同应力对压力容器安全的影响虽然不同，其结果都有可能导致容器破坏。为了防止压力容器在使用过程中过早失效或发生破裂而导致破坏事故，对容器在各种载荷下可能产生的各类型的应力，都必须控制在允许范围内。要做到这一点，除需要设计人员精心设计外，操作人员认真操作、保持工况稳定、不超温和不超压也是十分重要的。

复习思考题

判断题：

1. 压力容器是指盛装气体或液体，承载一定压力、具有爆炸危险的密闭设备。（ ）

2. 压力容器用材料的强度是指容器在承受内部压力或其他外部载荷作用而不被破坏的能力。（ ）

3. 压力容器的材料主要有抗拉强度、屈服极限和塑性三个指标。（ ）

4. 压力容器的操作条件主要是指温度、压力和介质特性等。（ ）

5. 材料的工艺性能主要是指冷塑性变形能力和可焊性。（ ）

6. 在一般的化工容器中规定金属在介质中的腐蚀速率小于0.1 mm/年时为耐蚀性良好。（ ）

7. 对于压力容器来说，腐蚀主要是与介质有关。（ ）

8. 载荷对压力容器的影响主要是指由容器本体重量而产生的应力的影响。（ ）

9. 温差应力对压力容器的影响一般大于由容器本体重量而产生的应力的影响。（ ）

10. 温差应力和总体结构不连续都会造成应力集中。（ ）

11. 裂纹是压力容器中不允许存在的最危险的缺陷。 ( )

12. 焊接缺陷是压力容器中不允许存在的缺陷。 ( )

13. 压力容器用钢选用的碳钢和普通低合金钢含碳量不应大于0.25%。 ( )

14. 低温容器是指设计温度小于0℃的压力容器。 ( )

15. 压力容器中最严重、最危险的腐蚀类缺陷是裂纹。 ( )

16. 压力容器运行时的压力是通过压力表来测量的，压力表上所显示的压力值为绝对压力值。 ( )

17. 容器的设计温度就是其内部介质可能达到的最高温度。 ( )

18. 代号R表示反应类压力容器。 ( )

19. 与空气混合的爆炸下限小于10%的介质属于易燃介质。 ( )

20. 用于制造低温容器的钢材必须是镇静钢。 ( )

21. 应力腐蚀是压力容器低应力破坏的主要原因之一。 ( )

22. 常用硬度试验方法有布氏硬度（HB）法、洛氏硬度（HR）法、维氏硬度（HV）法等。 ( )

23. 冲击韧度是指材料在外加冲击载荷的作用下断裂时所消耗的能量大小。 ( )

24. 压力容器常用钢种有碳素钢、低合金钢、珠光体耐热钢、低温钢、不锈钢等种类。 ( )

25. 压力容器常见的腐蚀是化学腐蚀和电化学腐蚀。 ( )

第三章

压力容器的结构与制造

本章知识要点

本章简要介绍了压力容器的基本构成、各种结构形式的优点与制造特点，重点介绍了各类封头、法兰连接和密封结构、支座等结构原理及作用、制造特点等。

第一节　压力容器的基本构成

压力容器一般由筒体（又称壳体）、封头（又称端盖）、法兰、密封元件、开孔与接管（人孔、手孔、视镜孔、物料进出口接管、液位计、流量计、测温管、安全阀接管等）和支座以及其他各种内件所组成。压力容器的结构形式多种多样，主要根据容器的作用、工艺要求、加工设备和制造方法等因素确定。典型的圆筒形容器和球形容器如图 3—1、图 3—2 所示。

从图可知，容器的结构是由承受压力的壳体、连接件、密封元件和支座等主要部件组成。此外，作为一种生产工艺设备，有些压力容器，如用于化学反应、传热、分离等工艺过程的压力容器，其壳体内部还装有工艺所要求的内件。本书对内件不做专门介绍，而只介绍压力容器的其他部件。

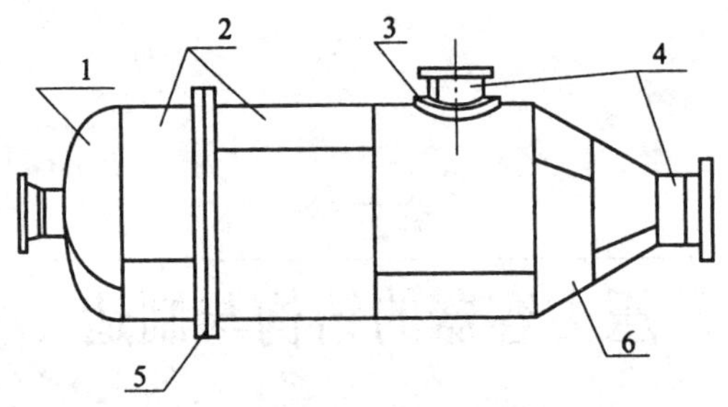

图 3—1 圆筒形容器

1—椭圆形封头 2—筒体 3—补强圈 4—接管 5—设备法兰 6—锥形封头

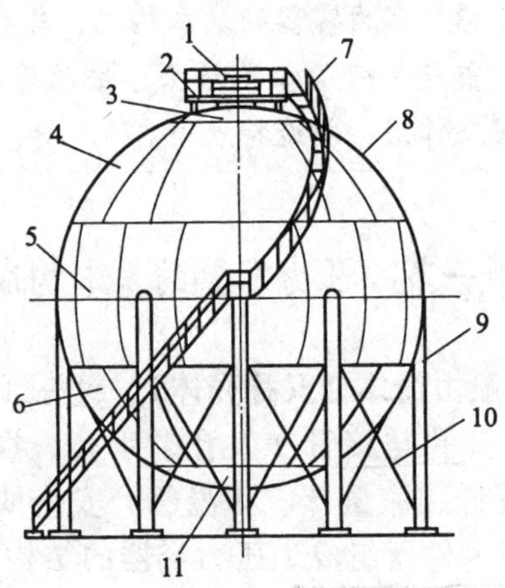

图 3—2 球形容器

1—顶盖 2—平台 3—北极板 4—北温带 5—赤道带
6—南温带 7—梯子 8—球体 9—支柱 10—拉杆 11—南极板

一、壳体

壳体是压力容器最主要的组成部分，是储存物料或完成化学反应所需要的压力空间，其形状有圆筒形、球形、锥形和组合形等数种，但最常用的是圆筒形和球形两种。

1. 圆筒形壳体

圆筒形壳体是使用最为普遍的一种压力容器。其形状特点是轴对称。由于圆筒体的表面是一个平滑的曲面，应力分布比较均匀，承载能力较高，且易于制造，便于内件的设置和装拆，因而获得广泛的应用。圆筒形壳体由一个圆柱形的筒体和两端的封头或端盖组成。

(1) 筒体

筒体直径较小时（一般 <500 mm)，可用无缝钢管制作；直径较大时，可用钢板在卷板机上先卷成圆筒，然后焊接而成。随着容器直径的增大，钢板需要拼接，因而筒体的纵焊缝条数增多。当壳体较长时，因受钢板尺寸的限制，需将两个或两个以上的筒体（此时每个筒体称为筒节）组焊成所需长度的筒体。为便于成批生产，筒体直径的大小已标准化，可按表 3—1、表 3—2中所示的公称直径选用（带括号的尺寸应尽量不采用）。对焊接筒体，表中公称直径（D_g）是指它的内径；而用无缝钢管制作的筒体，表中公称直径则是指它的外径。

表 3—1　　　　筒体的公称直径　　　　mm

300	(3 500)	400	(4 500)	500	(550)	600	(650)	700	800
900	1 000	(1 100)	1 200	(1 300)	1 400	(1 500)	1 600	(1 700)	1 800
(1 900)	2 000	(2 100)	2 200	(2 300)	2 400	2 600	2 800	3 000	3 200
3 400	3 600	3 800	4 000						

表 3—2　　　　管子的公称直径　　　　mm

筒体公称直径	159	219	273	325	377	426
所用钢管的公称直径	150	200	250	300	350	400

圆柱形筒体按其结构又可分为整体式和组合式两大类，其结构特点和应用范围见本章第二节。

(2) 封头与端盖

与筒体焊接连接而不可拆的部分称为封头，与筒体以法兰等连接而可拆的部分则称为端盖。根据几何形状不同，封头可分为半球形、椭圆形、碟形、有折边锥形、无折边锥形和平板形封头（亦称平盖）等数种。对于组装后不再需要开启的容器，如无内件或虽有内件而不需要更换、检修的容器，封头和筒体一般采用焊接连接形式，可有效地保证密封，且节省钢材和减少制造加工量。对需要开启的容器，封头（端盖）和筒体的连接应采用可拆式的，此时，在封头和筒体之间必须装置密封件。

各类封头的特点和应用范围详见本章第三节。

2. 球形壳体

如果容器壳体呈球形，称为球罐。其形状特点是中心对称，具有受力均匀的优点；在相同的壁厚条件下，球形壳体的承载能力最高，即在同样的内压下，球形壳体所需要的壁厚最薄（在不计腐蚀裕量前提下，仅为同直径、同材料圆筒形壳体壁厚的1/2）；在相同容积条件下，球形壳体的表面积最小。壳壁薄和表面积小，制造时可以节省钢材，如制造容积相同的容器，球形的要比圆筒形的节省约30% ~40%的钢材。此外，表面积小，对于需要与周围环境隔热的容器，还可以节省隔热材料或减少热的传导。所以，从受力状态和节约用材来说，球形是压力容器最理想的外形。

但是，球形壳体也存在某些不足：一是制造比较困难，工时成本较高，往往要采用冷压或热压成形法。对于小型球形壳体，可先冲压成两个半球，然后再组焊成一个整球，由于半球的冲压深度深，钢材变形量大，不仅需要大型的冲压设备，而且容易产生冲压裂纹和过大的局部壳壁减薄；对于大型球形壳体，往往需要先压制成若干个球瓣，然后再将众多的球瓣组对焊成一个整球，球瓣的成形和组焊都比较困难，容易发生过大的角变形和焊接残余应力，有的还会产生焊接裂纹；对于超大型的球形壳体，由于运输等原因，要先在制造厂压好球瓣，然后运到使用现场组装；由于施工条件差，质量更不易保证。二是球形壳体用于反应或传热容器时，既不便于在内部安装工艺内件，也不便于内部相互作用的介质的流动。

由于球形壳体存在上述不足，所以其使用受到一定的限制，一般只用于中、低压的储存容器，如液化石油气储罐、液氨储罐等。此外，有些用蒸汽直接加热的容器，为了减少热损失，有时也采用球形壳体，如造纸工艺中用于蒸煮纸浆的“蒸球”等。

其他形状的壳体，如锥形壳体，因为用得较少，故不做介绍。

二、连接件

压力容器中的反应、换热、分离等容器，由于生产工艺和安装检修的需要，封头和筒体需采用可拆连接结构时就要使用连接件。此外，容器的接管与外部管道连接也需要连接件。所以，连接件是容器及管道中起连接作用的部件，一般均采用法兰螺栓连接结构。

法兰通过螺栓起连接作用，并通过拧紧螺栓使垫片压紧而保证密封。在螺栓紧固件的使用中应用较广泛的是螺栓—螺母连接副的形式，应用较多的是有预紧力的连接方式，预紧力的连接可以提高螺栓连接的可靠性、防松能力及螺栓的疲劳强度，并且能增强螺栓连接的紧密性和刚度。在螺栓紧固件的连接使用中，没有预紧力或预紧力不够时，起不到真正的连接作用，一般称之为欠拧；过高的预紧力或者不可避免的超拧也会导致螺栓连接的失效。螺栓连接的可靠性是由预紧力来设计和判断的，螺栓紧固件的预紧力则多是采用力矩或转角的手段来达到的。

螺栓连接是压力容器使用中的重要连接方式之一，由于其具有施工简便、快捷，不需高级技工操作，质量容易保证等优点而得以普遍应用。

用于管道连接和密封的法兰叫管法兰，用于容器端盖和筒体连接后密封的法兰叫容器法兰。在高压容器中，用于端盖与筒体连接，并和筒体焊在一起的容器法兰又称为筒体端部。容器法兰按其结构分为整体式、活套式和任意式 3 种，其结构特点和应用范围见本章第四节。

三、密封元件

密封元件是可拆连接结构的容器中起密封作用的元件。在两个法兰或封头与筒体端部的接触面之间，借助于螺栓等连接件的压紧力而起密封作用。根据所用材料不同，密封元件分为非金属密封元件（如石棉橡胶板、橡胶O形环、塑料垫、尼龙垫等）、金属密封元件（如紫铜垫、软钢垫、铝垫等）和组合式密封元件（如铁皮包石棉垫、钢丝缠绕石棉垫等）。按截面形状不同又可分为平垫片、三角形与八角形垫片、透镜式垫片等。

不同的密封元件和不同的连接件相配合，就构成了不同的密封结构。用于压力容器的密封结构主要有平垫密封结构、双锥密封结构、伍德密封结构、卡扎里密封结构、楔形环密封结构、C形环密封结构、O形环密封结构、B形环密封结构等，是压力容器的一个相当重要的组成部分。其性能完善与否不但影响到整个容器的结构、质量和制造成本，而且关系到容器投产后能否正常运行。各种密封结构的密封机理、应用场合详见本章第五节。

四、接管、开孔及其补强结构

1. 接管

接管是压力容器与介质输送管道或仪表、安全附件管道等进行连接的附件。常用的接管有3种形式，即螺纹短管式、法兰短管式与平法兰式（见图3—3）。

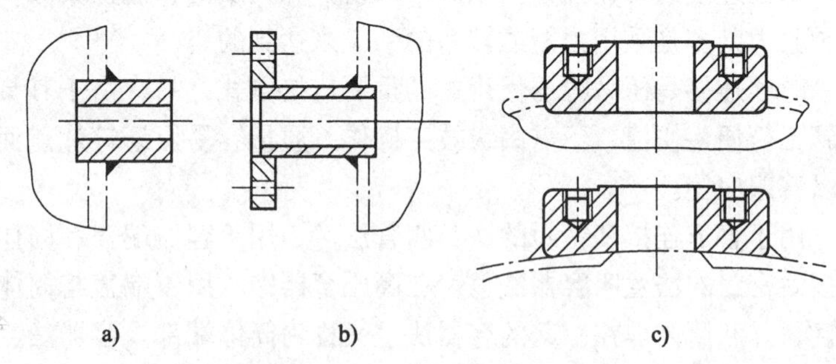

图3—3　接管形式示意图

a）螺纹短管式　b）法兰短管式　c）平法兰式

螺纹短管式接管是一段带有内螺纹或外螺纹的短管。短管插入并焊接在容器的器壁上（见图 3—3a）。短管螺纹用来与外部管件连接。这种形式的接管一般用于连接直径较小的管道，如接装测量仪表等。

法兰短管式接管一端焊有管法兰，一端插入并焊接在容器的器壁上（见图 3—3b）。法兰用来与外部管件连接。这种形式的接管在容器外面的一段短管要求有一定的长度，以便短管法兰与外部管件连接时能够顺利地穿进螺栓和上紧螺母，这段短管的长度一般不小于 100 mm。当容器外面有保温层时，或接管靠近容器本体法兰安装时，短管的长度要求更长一些。法兰短管式多用于直径稍大的接管。

平法兰式接管是法兰短管式接管除掉了短管的一种特殊形式。它实际上就是直接焊在容器开孔上的一个管法兰。不过它的螺孔与一般管法兰的孔不同，是一种带有内螺纹的不穿透孔。这种接管与容器的连接有贴合式和插入式两种形式（见图 3—3c）。贴合式接管有一面加工成圆柱状（或球状），与容器的外壁贴合，并焊接在容器开孔的外壁上，因而容器的孔可以开得小一些，但圆柱形的法兰面加工比较困难。插入式法兰接管两面都是平面，它插入到容器壁内表面并进行两面焊接。插入式接管加工比较简单，但不适宜用于容器内装有大直径部件（如塔板）的容器上。平法兰式接管的优点是它既可以作接口管与外部管件连接，又可以作补强圈，对器壁的开孔有补强作用，容器开孔不需另外再补强；缺点是装在法兰螺孔内的螺栓容易被碰撞而折断，而且一旦折断后要取出来则相当困难。

2. 开孔

为了便于检查、清理容器的内部，装卸、修理工艺内件及满足工艺的需要，一般压力容器都开设有手孔或人孔。手孔的大小要使人的手能自由通过，并考虑手上还可能握有装拆工具和供安装的零件。一般手孔的直径不小于 150 mm。对于内径

≥1 000 mm的容器，如不能利用其他可拆装置进行内部检验和清洗时，应开设人孔，人孔的大小应保证人能够进入。手孔和人孔的尺寸应符合有关标准的规定。手孔和人孔有圆形和椭圆形两种。椭圆孔的优点是容器壁上的开孔面积可以小一些，而且其短径可以放在容器的轴向上，从而降低了开孔对容器强度的削弱。对于立式圆筒形容器来讲，椭圆形人孔也适于人的进出。

手孔和人孔的封闭形式有内闭式和外闭式两种。内闭式的手孔或人孔，孔盖放在孔壁里面，用两个螺栓（手孔为一个螺栓）紧压并支撑在孔边的横杆上（又称压马）（见图 3—4）。这种形式多采用椭圆孔和带沟槽的孔盖，因为这样便于放置垫片和安装孔盖。内闭式人孔盖板的安装虽较困难，但密封性能较好，容器内介质的压力可以帮助压紧孔盖，有自紧密封的效果。特别是它可以防止因垫片等的失效而导致容器内介质的大量喷出，因而适用于工作介质为高温或有毒气体的容器。

外闭式手孔和人孔的结构一般就是一个带法兰的短管和一个平板形盖或稍压弯的不折边的球形盖，用螺栓或双夹螺栓紧固，盖上还焊有手柄。开启次数较多的人孔常采用铰接的回转盖（见图 3—5）。这种装置使用带有铰链的螺栓和带有缺口螺孔的法兰，孔盖用销钉与短管铰接，拧松螺母翻转螺栓后即可把整个孔盖绕销钉翻转，装卸都较为方便，更适用于装在高处的人孔结构。

3. 开孔补强结构

容器的筒体或封头开孔后，不但减小了容器壁的受力面积，削弱了容器器壁的强度，而且还因为开孔造成结构不连续而引起应力集中，使开孔边缘处的应力大大增加，这个局部峰值应力可以达到基本薄膜应力的 3 ~ 6 倍，再加上各种外载荷以及温度应力的影响等，很多失效常常就在开孔的边缘地带产生。为了补偿开孔处的薄弱部位，就需采取补强措施。开孔补强方法有整体补强和局部补强两种。前者采用增加容器整体壁厚的方式来提高承

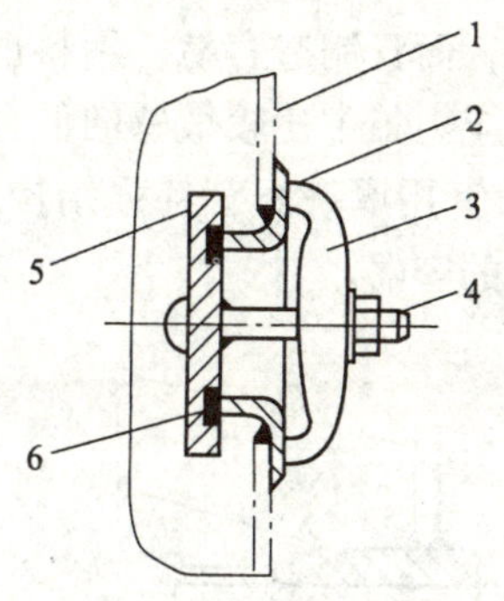

图 3—4 内闭式人孔

1—器壁 2—人孔圈 3—压马

4—螺栓 5—人孔盖 6—垫片

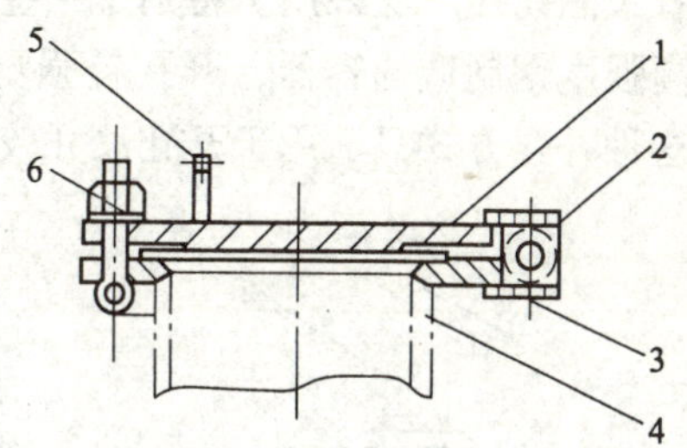

图 3—5 带回转盖的外闭式人孔

1—盖 2—铰接结构 3—法兰

4—短管 5—手柄 6—螺柱

载能力，这显然不合理；后者则采用在孔边增加补强结构来提高承载能力。

所谓开孔补强，就是采取适当增加壳体或接管壁厚的方法以降低应力集中系数。容器上的开孔补强一般均用局部补强法，其原理是等面积补强，即使补强结构在有效补强范围内（其计算请参看有关资料）所增加的截面积大于等于开孔所减少的截面积，局部补强常用的结构有补强圈、厚壁短管和整体锻造补强等数种。

（1）补强圈补强结构（见图 3—6）

它是在开孔的边缘焊一个加强圈，其材料与容器材料相同，厚度一般也相同，其外径约为孔径的两倍。加强圈一般贴合在容器外壁上，与壳体及接管焊接在一起，圈上有一个带螺纹的小孔，用做补强圈周围焊缝的气密性试验之用。

（2）厚壁短管补强结构（见图 3—7）

它是把与开孔连接的接管的一段管壁加厚，使这段接管除了承受管内压力所需的厚度外，还有很大一部分剩余厚度用来加强孔边。厚壁短管插入孔内，并高出容器壁的内表面，与容器壁内外表面焊接。厚壁短管的壁厚一般等于或稍大于器壁的厚度，插入长度约为壁厚的 3 ~ 15 倍。由于这种补强结构用以补强的金属都集中在孔边的局部应力最大的区域内，而且制造容易，用料也较省，因而被广泛采用。特别是一些对应力集中比较敏感的低合金高强度钢制造的容器，开孔补强更适宜用厚壁短管补强结构。但这种补强方式只适用于开孔尺寸较小的容器。

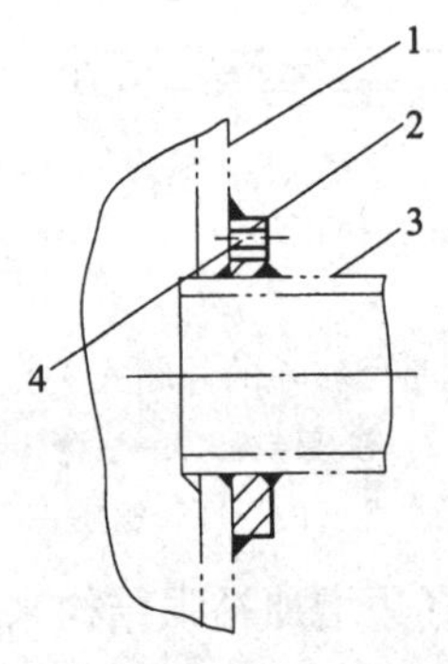

图 3—6　补强圈补强结构

1—容器壁　2—补强圈

3—短管　4—小孔

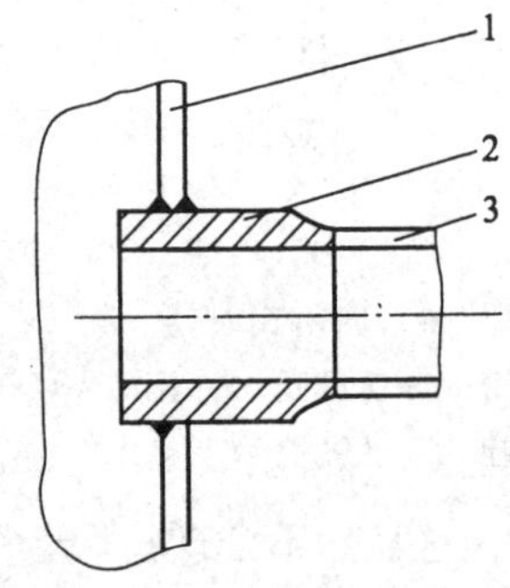

图 3—7　厚壁短管补强结构

1—容器壁　2—厚壁短管

3—连接管

（3）整体锻造补强结构（见图 3—8）

它是先把开孔与部分球壳锻造成一个整体，再车制成形后与壳体进行焊接。这种补强结构合理，使焊缝避开了孔边应力集中的地方，因而受力情况较好。但制造困难，成本较高，多用于高压或某些重要的容器上。

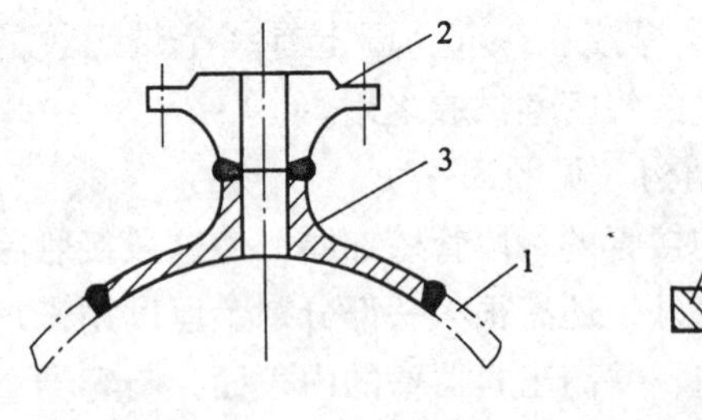

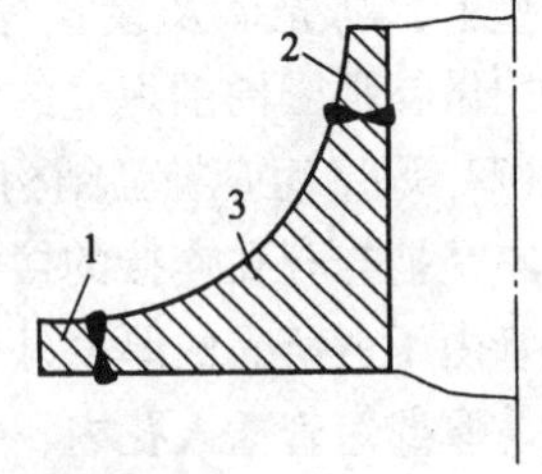

图 3—8　整体锻造补强结构

1—壳体　2—法兰或接管　3—补强结构

上述三种补强结构均可用于需开孔补强的容器，但容器上有些开孔是不需要补强的。这是因为，容器在设计时存在某些加强因素，如考虑钢板规格、焊缝系数而使容器壁厚加厚等因素，在多数情况下，取用的厚度已经多于实际需要，而多余的金属已经起到了补强的作用。所以当开孔较小而削弱程度不大，孔边应力集中程度在允许范围以内时，开孔处可以不另行补强。

五、支座

支座对压力容器起支撑和固定作用。用于圆筒形容器的支座，随圆筒形容器安装位置不同，有立式容器支座和卧式容器支座两类。此外，还有用于球形容器的支座。各种支座的结构形式和应用范围将在本章第六节介绍。

第二节　圆筒体结构

圆柱形筒体是压力容器主要的形式，由于其制造工艺简单、内件安装方便、承压性能较好，因此，应用广泛。圆柱形容器一般可分为整体式筒体和组合式筒体两种，或分为立式容器和卧式容器。由于容器的筒体不但存在与封头、法兰匹配的问题，而且卧式容器的支座标准也是按照容器的公称直径系列制定的，所以不但管子有公称直径（见表3—2），筒体也制定了公称直径系列（见表3—1）。

一、整体式筒体

整体式筒体的主要优点是结构简单、加工工序少、制造方便、生产效率以及自动化程度和材料利用率都较高。因此，一般中低压容器和部分高压容器大多采用这种形式。这种筒体结构有单层卷焊、整体锻造、锻焊、铸—锻—焊以及电渣重熔等5种结构形式，分别介绍如下。

1. 单层卷焊式筒体

它是用卷板机将钢板卷成圆筒，然后焊上纵焊缝制成筒节，再将若干个筒节组焊形成筒体，最后与封头或端盖组装成容器。通常情况下，单层卷焊式筒体最为常见，是应用最广泛的一种容器结构，具有如下一些优点：

（1）结构成熟，使用经验丰富，理论较完善；

（2）制造工艺成熟，工艺流程较简单，材料利用率高；

（3）便于利用调质（淬火加回火）处理等热处理方法，改善和提高材料的性能；

（4）开孔、接管及内件的装设容易处理；

（5）零件少，生产及管理均方便；

（6）使用温度无限制，可作为受热容器及低温容器。

但是，单层卷焊式筒体也存在某些缺陷，一是其壁厚往往受到钢材轧制和卷制能力的限制，我国目前单层卷焊筒体的最大壁厚一般≤120 mm；二是规格相同的压力容器产品，单层卷焊筒体所用钢板厚度最大，厚钢板各向性能差异大，且综合性能也不如薄板和中厚板，因此，产生脆性破坏的危险性增大；三是在壁厚方向上应力分布不均匀，材料利用不够合理。

由于存在上述特点，单层卷焊式筒体一般比较适合于中、低压的场合。随着冶金和压力容器制造技术的改进，单层卷焊结构的上述不足将逐步得到克服。

2. 整体锻造式筒体

它是最早采用且沿用至今的一种压力容器筒体结构形式。在钢坯上采用钻孔或热冲孔方法先开一个孔，加热后在孔中穿一心轴，然后在锻压机上进行锻压成形，最后再经过切削加工制成，筒体的顶、底部可和筒体一起锻出，也可分别锻出后用螺纹连接在筒体上，是没有焊缝的全锻制结构。如果容器较长，也可将筒体分几节锻出，中间用法兰连接。

整体锻造式筒体具有质量好、使用温度无限制的优点。因制造时去除了钢锭心部的比较疏松的组织，剩余部分经锻压加工后组织密实，质量更加可靠。但也存在一些缺点，如制造时需要有锻压、切削加工和起重设备等一整套大型设备；材料利用率较低；在结构上存在着与单层卷焊式筒体相同的缺点。因此，这种筒体结构常用于超高压且内径为 300 ~ 500 mm 的小型容器上。

3. 锻焊式筒体

它是在整体锻造式筒体的基础上，随着焊接技术的进步而发展起来的，是由若干个锻制的筒节和端部法兰组焊而成，所以，只有环焊缝而没有纵焊缝。与整体锻造式筒体相比，无需大型锻造设备，故容器规格可以增大，保持了整体锻造式筒体材质密实、质量好、使用温度没有限制等主要优点。因而常用于直径较大的高压容器，特别是在核容器上，这种结构也获得了广泛的应用。

4. 铸—锻—焊式筒体

它是随着铸造、锻造技术的提高和焊接工艺的发展而出现的一种新型的筒体。制造时，根据容器的尺寸，在特制的钢模中直接浇铸成一个空心八角形铸锭，钢模中心设有一活动式激冷柱塞，在钢水凝固过程中，可以更换柱塞以控制激冷速度，使晶粒细化。浇铸后切除冒口及两端，变热的铸锭在锻压机上锻造成筒节，经机加工和热处理后组焊成容器。这种制造工艺可大大降低金属消耗量，但制造工序较复杂。

5. 电渣重熔式筒体（或称电渣焊成形筒体）

它是近年发展起来的一种制造过程高度机械化、自动化的筒体结构形式。制造时，将一个很短的圆筒（称为母筒）夹在特制机床的卡盘上，利用电渣焊在母筒上连续不断地堆焊直至所需长度。熔化的金属形成一圈圈的螺圈条，经过冷却凝固而成为一体，其内外表面同时进行切削加工，以获得所要求的尺寸和表面粗糙度。这种筒体的制造无需大型工装设备，工时少，造价低，器壁内各部分的材质比较均匀，无夹渣与分层等缺陷，是一种很有前途的制造高压容器的工艺。

二、组合式筒体

组合式筒体大多采用薄板、中厚板或钢带制造。这些材料的性能，尤其是断裂韧性一般都优于厚板，且无延性转变温度也比较低；又由于包扎力等过盈量的周向压缩而形成的压缩预应力的缘故，使得在同样的壁厚条件下，这种结构的筒体有更好的安全裕度。这种结构又可分为多层板式结构和绕制式结构两大类。

1. 多层板式筒体结构

多层板式筒体包括多层包扎式、多层热套式、多层绕板式、螺旋包扎式等数种。这种筒体由数层或数十层紧密贴合的薄金属板构成，具有以下一些优点：一是可以通过制造工艺过程在层板间产生预应力，使壳壁上的应力沿壁厚分布比较均匀，壳体材料可以得到较充分的利用，壁厚可以稍薄；二是当容器的介质具有腐蚀性时，可以采用耐腐蚀的合金钢作内筒，用碳钢或其他强度较高的低合金钢作层板，能充分发挥不同材料的长处，节省贵重金属；三是当壳壁材料中存在有裂纹等严重缺陷时，缺陷一般不易扩展到其他各层；四是由于使用的是薄板，具有较好的抗裂性能，所以脆性破坏的可能性较小；五是在制造上不需要大型锻压设备。其缺点是：多层板厚壁筒体与锻制的端部法兰或封头的连接焊缝，常因两连接件的热传导情况差别较大而产生焊接缺陷，有时还会因此而发生脆断。由于多层板筒体在结构上和制造上都具有较多的优点，所以近年来制造的高压容器，特别是大型高压容器多采用这种结构，而且制造方法也在不断发展。

（1）多层包扎式

多层包扎式筒体是美国斯密思（A. O. Smith）公司于 1931 年首创的一种筒体结构形式，现已为许多国家所采用，是目前使用最广泛、制造和使用经验最为成熟的组合式筒体结构。其制造工艺是先用 15 ~ 25 mm 厚的钢板卷焊成内筒，然后再将 6 ~ 12 mm厚的层板压卷成两块半圆形或三块瓦片形，用钢丝绳或其他装置扎紧并点焊固定在内筒上，焊好纵缝并把其外表面修磨光滑，依次继续直至达到设计厚度为止。层板间的纵焊缝要相互错开一定角度，使其分布在筒节圆周的不同方位上。此外，筒节上开有一个穿透各层层板（不包括内筒）的小孔（称为信号孔、泄漏孔），用以及时发现内筒破裂泄漏，防止缺陷扩大。筒体的端部法兰过去多采用锻制件，近年来也开始采用多层包扎焊接结构。和其他结构形式相比，多层包扎式筒体生产周期长，制造中手工操作量大。但这些不足会随着技术的进步而不断得到改善。

（2）多层热套式

多层热套式筒体最早用于制造超高压反应容器和炮筒上。它是由几个用中等厚度（一般为20～50 mm）的钢板卷焊成的圆筒体套装而成，每个外层筒的内径均略小于套入的内层筒的外径，将外层筒加热膨胀后把内层筒套入，这样将各层筒依次套入，直至达到设计厚度为止。再将若干个筒节和端部法兰（端部法兰也可采用多层热套结构）组焊成筒体。早期制作这种筒体在设计中均应考虑套合预应力因素，以确保层间的计算过盈量（内筒外径大于外筒内径的数量），这就需要对每一层套合面进行精密加工，增加了加工上的困难。近年来工艺改进后对过盈量的控制要求较宽，套合面只需进行粗加工或只喷砂（或喷丸）处理而不经机加工，大大简化了加工工艺。筒体组焊成型后进行退火热处理，以消除套合应力和焊接残余应力。多层热套式筒体兼有整体式筒体和组合式筒体两者的优点，材料利用率较高，制造方便，无需其他专门工艺装备，发展应用较快。当然，多层热套式筒体也有其缺点，因其层数较少，使用的是中厚板，所以防脆断能力要差于多层包扎式。

（3）多层绕板式

多层绕板式筒体是在多层包扎式筒体的基础上发展而来的。它由内筒、绕板层、楔形板和外筒四部分组成。内筒一般用10～40 mm厚的钢板卷焊而成；绕板层则是用厚3～5 mm的成卷钢板构成，首先将成卷钢板的端部搭焊在内筒上，然后用专用的绕板机床将绕板连续地缠绕在内筒上，直至达到所需厚度为止。起保护作用的外筒厚度一般为 10 ~ 12 mm，是两块半圆形壳体，用机械方法紧包在绕板层外面，然后纵向焊接。由于绕板层是螺旋状的，因此，在绕板层与内、外筒之间均出现了一个底边高等于绕板厚度的三角形空隙区，为此在绕板层的始端与末端都得事先焊上一段较长的楔形板以填补空隙。故筒体只有内外筒有纵焊缝，绕板层基本上没有纵焊缝，省却需逐层修磨纵焊缝的工作，其材料利用率和生产自动化程度均高于多层包扎式结构。但受限于卷板宽度，筒节不能做得很长（目前最长的为 2. 2 m），且长筒体的环焊缝较多。我国于 1966 年就研制成多层绕板式容器，但由于受绕板机床能力和卷板宽度的制约，目前只能绕制外径为 400 ~ 1 000 mm 的筒节，且最大长度仅为 1 600 mm。

（4）螺旋包扎式

螺旋包扎式筒体是多层包扎式结构的改进型。多层包扎式筒体的层板层为同心圆式，随着半径的增加，每层层板的展开长度不同，因此，要求准确下料以保证装配焊接间隙，这不仅费时间而且费料。螺旋包扎式结构则有所改进，后者采用楔形板和填补板作为包扎的第一层。楔形板一端厚度为层板厚度的两倍，然后逐渐减薄至层板厚度，这样第一层就形成一个与层板厚度相等的台阶，使以后各层呈螺旋形逐层包扎。包扎至最后一层，可用与第一层楔形板方向相反的楔形板收尾，使整个筒节仍呈圆形。这种结构比多层包扎式下料工作量要少，并且材料利用率也有所提高。

2. 绕制式筒体结构

这种结构形式包括型槽绕带式和扁平钢带式两种。这种筒体是由一个用钢板卷焊而成的内筒和在其外面缠绕的多层钢带构成。它具有多层板筒体的一些优点，而且可以直接缠绕成所需长度的筒体，因而可以避免多层板筒体那样深而窄的环焊缝。

（1）型槽绕带式

型槽绕带式筒体制造时先用18～50 mm厚的钢板卷焊一个内筒并将内筒的外表面加工成可以与型槽钢带相互啮合的沟槽，然后缠绕上数层型槽钢带至所需厚度。钢带的始端和末端用焊接固定。由于型槽钢带的两面都带有凸凹槽（见图3—9），缠绕时钢带层之间及其和内筒之间均能互相啮合，使筒体能承受一定的轴向力。此外，在缠绕时一面用电加热钢带，一面拉紧钢带，并用辊子压紧和定向，缠绕后用空气和水冷却，使钢带收缩而对内层产生预应力。筒体的端部法兰也可以用同样方法绕成，并将外表面加工成圆柱形，然后在其外面热套上法兰箍。法兰也可以用同样方法绕成，并将外表面加工成圆柱形，然后在其外面热套上法兰箍。

型槽绕带式筒体适用于大型高压容器，此种结构一般用于直径600 mm以上，温度350℃以下，压力19.6 MPa（200 kgf/cm^2）以上的容器上。

这类产品制造时机械化程度、生产效率和材料利用率均较高，经长期使用证明，质量良好，安全可靠。但是，由于钢带形状复杂，尺寸公差要求很严，给轧钢厂的轧辊制造带来很大困难，若变换钢带材料就必须要重新设计、制造轧辊。况且钢带之间的啮合需要几个面同时贴紧，难以保证，带层之间总有局部啮合不良现象。筒壁开孔和搬运都比较困难，要小心避免外层钢带损坏。

（2）扁平钢带式

扁平钢带式筒体属我国首创，其全称应为扁平钢带倾角错绕式筒体，由内筒、绕带层和筒体端部三部分组成。内筒采用单层卷焊方式制作，其厚度一般为筒体总厚度的20%～25%，筒体端部一般为锻件，其上有30°锥面以便与钢带的始末端相焊。扁平钢带以倾角（钢带缠绕方向与筒体横断面之间的夹角，一般为26°～31°）错绕的方式缠绕于内筒上（见图3—10）。这样带层不仅加强了筒体的周向强度，同时也加强了轴向强度，克服了型槽绕带式筒体轴向强度不足的弱点。相邻层钢带交替采用左、右旋螺纹方向缠绕，使筒体中产生附加扭矩的问题得以消除，改善了受力状态。

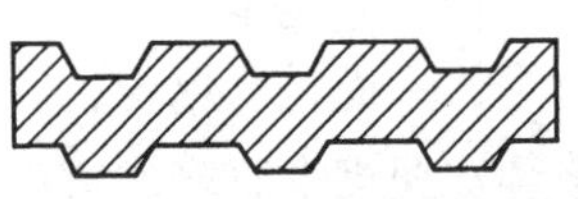

图 3—9　型槽钢带截面形状

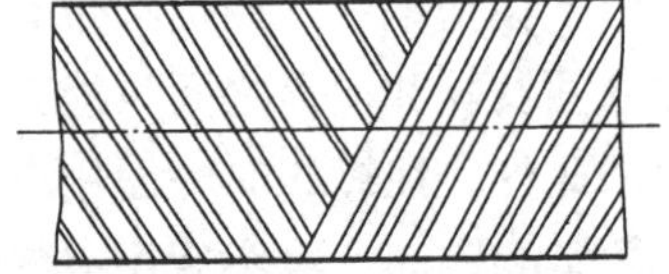

图 3—10　扁平钢带错绕示意图

这种筒体避免了深度焊缝，并且具有先漏后破，破坏时无碎片，事故危害性较小等优点。加之其具有材料来源广泛（一般为 80 mm × 4 mm 断面的扁平钢带），制造设备和制造工艺简易，生产周期短等特点，因而已在小型化肥厂中广为应用。不足之处是钢带之间的间隙在绕制过程中很难保持均匀；每条钢带距缠绕终端 300 mm 轴向长度，由于结构的原因无法施加预应力而只能浮贴于内筒或里层带钢带上，经多次爆破试验证实，这种结构的爆破压力低于其他形式的容器。故目前扁平钢带式筒体主要用于直径小于 1 000 mm，压力小于 31.36 MPa（320 kgf/cm^2），温度小于 200℃的容器上。

筒体结构的选择通常要考虑多种因素的综合作用：使用工况（温度、压力、介质特性）、材料规格、加工设备的能力、安全性、经济性等；而且，每一种结构形式也存在各自不同的优劣和适用范围，伴随着技术的进步，某种结构或形式也不是一成不变的。所以，压力容器筒体形式的选择，应结合具体条件综合分析、比较，选取具体条件下最适合的形式。

第三节　封　　头

封头按形状可以分为三类，即凸形封头、锥形封头和平板封头。其中平板封头在过去制造的高压容器上有所采用。但是，随着高压容器的大型化，用大型锻件加工制成的平板封头就显得特别笨重，因此，近年来制造的高压容器很少采用了。由于平板封头结构简单且主要用做压力容器人孔、手孔的盖板和高压容器的端盖，所以，本书介绍从略。锥形封头一般用于某些特殊用途的容器，而凸形封头在压力容器中被广泛采用，因此，在这里进行重点介绍。

一、凸形封头

凸形封头有半球形、碟形、椭圆形和无折边球形封头之分。

1. 半球形封头

半球形封头实际上就是一个半球体，直径较小的半球形封头可整体压制成形，直径较大的则由于其深度太大，整体压制困难，故采用数块大小相同的梯形球面板和顶部中心的一块圆形球面板（球冠）组焊而成。球冠的作用是把梯形球面板之间的焊缝间隔开，以保持一定的距离，避免应力集中。根据强度计算，半球形封头的壁厚都小于筒体壁厚。在实际使用中，常取半球形封头的厚度与圆筒体相同。从节省材料的观点和受力状态而言，在直径和承受压力相同的条件下，所需的厚度最小；封头容积相同时表面积最小，受力也最均匀，故半球形封头是最好的一种形式。但是由于其深度太大，加工制造困难，除用于压力较高、直径较大的储罐或其他特殊需要外，一般较少采用。

2. 碟形封头

碟形封头又称做带折边的球形封头（见图3—11a），由半径为 R_i 的球面、高度为 h 的圆筒形直边、半径为 r 的连接球面与直边的过渡区三部分组成。过渡区的存在使球面与圆筒体的连接由突然转折变为平滑过渡，改善了连接处的受力状况。而高度为 h 的圆筒形直边的设置是为了避免边缘应力叠加在封头与筒体的连接环焊缝上。碟形封头的深度与 R_i 和 r 有关，深度的大小直接影响到封头的制造难易和壁厚的厚薄：深度小虽较易加工制造，但过渡区的 r 变小，形状突变严重，因此而产生的局部应力导致封头壁厚也随之增大；若使 r 变大，形状突变平缓，因而产生的局部应力与封头壁厚随之减小，但加工制造较困难。

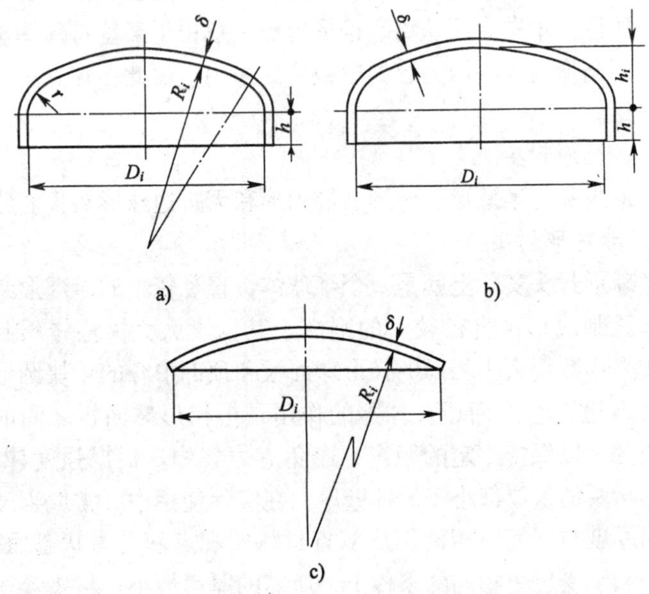

图 3—11　凸形封头示意图

a）碟形封头　b）椭圆形封头　c）球形封头

3. 椭圆形封头

椭圆形封头由半椭球体和圆筒体两部分组成（见图 3—11b）。高度为 h 的圆筒部分有如碟形封头的圆筒体，避免边缘应力叠加在封头与筒体的连接环焊缝上。由于封头的曲率半径是连续而均匀变化的，所以，封头上的应力分布也是连续而均匀变化的，受力状态比碟形封头好，但不如半球形封头。

椭圆形封头的深度 h_i 取决于椭圆形的长短轴之比，即封头的内直径与封头两倍深度之比（$D_i/2h_i$）：其比值越小，封头深度就越大，受力状态越好，需要的壁厚也小，但加工制造困难；比值越大，虽易于加工制造，但封头深度越小，越容易使受力状态变坏，需要的壁厚增大。一般取 $D_i/2h_i$ 不大于 2.6 为宜。$D_i/2h_i=h$ 的椭圆形封头称为标准椭圆形封头，是压力容器中最常用的一种封头形式。

4. 无折边球形封头

无折边球形封头是一块深度很小的球面体（球冠）（见图 3—11c），实际上就是为了减小深度而将半球形封头或碟形封头的大部分去掉，只取其上的球面体而成。其优点是结构简单、深度浅、容易制造、成本较低。但是，它与筒体的连接处存在明显的形状突变，导致很高的局部应力，这一应力往往是封头和筒体正常部位应力的几倍，受力状况差。因此，这种封头一般只用在直径较小、压力较低的容器上。为了保证封头和筒体连接处不遭到破坏，要求连接处角焊缝采用全焊透结构（见图 3—12）。

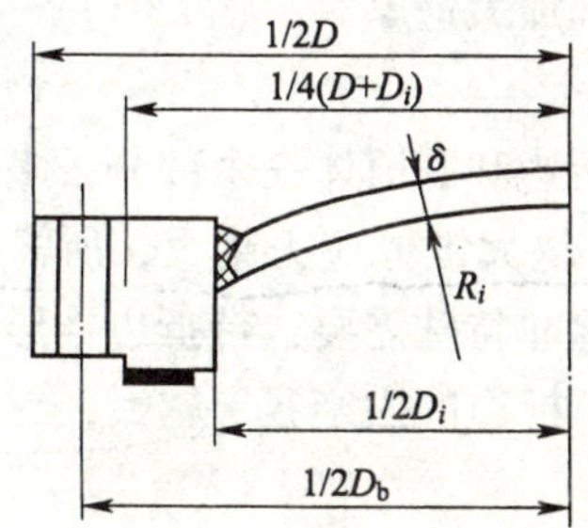

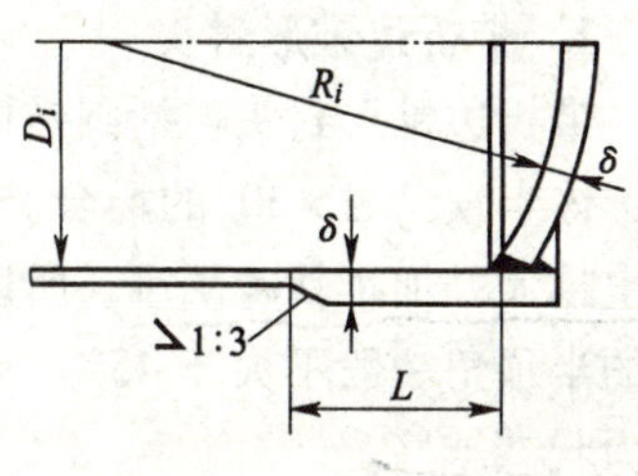

图 3—12　球形封头全焊透结构示意图

二、锥形封头

锥形封头有两种结构形式。一种是无折边锥形封头（见图 3—13a），另一种是带折边锥形封头（见图 3—13b、c）。

1. 无折边锥形封头

无折边锥形封头就是一段圆锥体。由于锥体与筒体直接连接，连接处壳体形状突变而形成不连续状态，产生较大的局部应力，这一应力的大小取决于锥体半顶角 α 的大小，α 角越大应力越大；反之则小。无折边锥形封头连接处的对接焊缝必须采用全焊透结构。

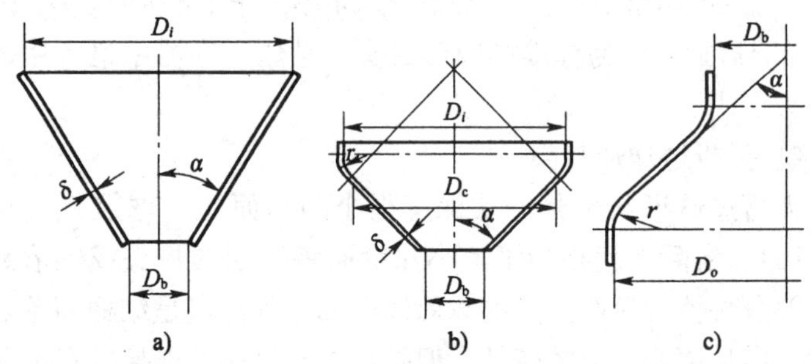

图 3—13　锥形封头示意图

a）无折边锥形封头　b）大端折边锥形封头　c）折边锥形封头

压力容器上采用无折边锥形封头时，多采用局部加强结构，加强结构的形式较多，既可以在锥形封头与筒体连接处附近焊加强圈，也可在封头与筒体连接处局部加大壁厚。

2. 带折边锥形封头

带折边锥形封头包括圆锥体、折边和圆筒体三个部分，多用于锥体半顶角 $\alpha>30°$ 的场合。因 α 越大锥体应力越大，所需壁厚也越大，加工就越困难。所以，除非特殊需要，带折边锥形封头的半顶角一般不大于 45°。此外，折边的内半径 r 越大，封头受力状态越好。

就受力状态而言，锥形封头较半球形、碟形、椭圆形封头都差，但是锥形封头由于其形状有利于流体流速的改变和均匀分布，有利于物料的排出，所以在压力容器上仍得到大量的应用，一般用于直径较小、压力较低的容器上。

第四节　法兰连接结构

一、法兰的连接与密封作用原理

法兰连接就是把垫片放在固定在两处管口上的一对法兰的中间，然后用螺栓拉紧使其接合起来，这是一种可拆卸的连接方式。法兰在容器与管道中起连接与密封作用，下面以螺栓连接的法兰为例说明其结构特点。

法兰就是连接管道和容器端部的圆环，上面开有若干螺栓孔。法兰的密封原理：在一对相组配的法兰之间装有垫片，通过拧紧螺栓把两片法兰连在一起并压紧垫片，使垫片表面产生塑性变形，从而阻塞了容器内介质向外流的通道，起到密封作用。

法兰连接的主要特点是拆卸方便、强度高、密封性能好。安装法兰时要求两个法兰保持平行、法兰的密封面不能碰伤，并且要清理干净。法兰所用的垫片，要根据设计规定选用。

二、法兰与筒体的连接形式

根据法兰与筒体的连接形式不同，容器法兰分为整体法兰、松式法兰和任意式法兰 3 种，下面具体介绍这种法兰的连接形式。

1. 整体法兰

法兰、法兰颈部与容器或接管三者有效地连接为一整体结构的法兰，称为整体法兰，其实物如图 3—14 所示。根据它与筒体的连接形式又可分为平焊法兰（见图 3—14a）和对焊法兰（见图 3—14b，亦称长颈法兰）两类，平焊法兰是将法兰环套在筒体外面，用填角焊与筒体连接的法兰。这种法兰因其结构简单，制造容易而使用广泛。但是因其刚度差，受力后容易产生变形和泄漏，有时还导致筒体弯曲，所以，一般只用于直径较小，压力、温度较低的低压容器上。对焊法兰是通过锥颈与筒体对焊连接的法兰。这种法兰因根部带有较厚的锥颈圈，不仅刚度较好，不易变形，而且法兰环通过锥颈与筒体对接，局部应力较平焊法兰大大降低，而强度增加。但这种法兰制造比较困难，所以仅在中压容器上采用。

2. 松式法兰

法兰未能有效地与容器或接管连接为一个整体，法兰环套在筒体外面但不与筒壁固定成整体的法兰，称为松式法兰。典型的松式法兰有活套法兰，如图 3—15 所示。

a)

b)

图 3—14　整体法兰实物图片

a）板式平焊法兰　b）带颈对焊法兰

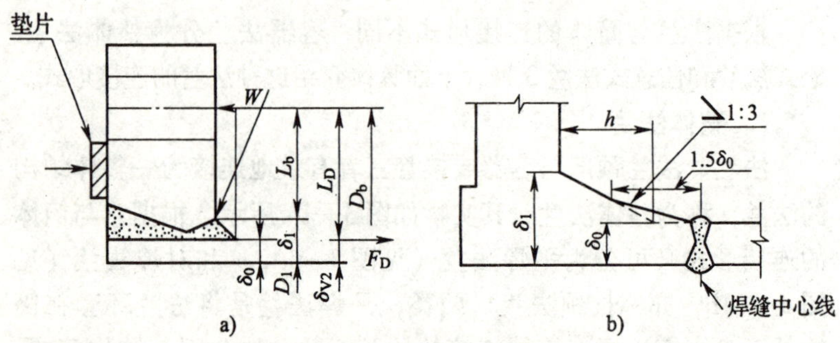

图 3—15　松式法兰示意图

这类法兰因与筒体没有刚性的联系，故拆卸、维修或更换均较方便，不会使筒壁产生附加应力，可用与筒体不同的材料制造。但其强度较低，对直径与压力相同的容器，松式法兰所需的厚度要比整体法兰大得多，所以，这类法兰一般只用于搪瓷或有色金属制造的低压容器上。

3. 任意式法兰

将法兰环开好坡口并事先镶在筒体上，然后再焊在一起的法兰称为任意式法兰，其结构类似整体法兰中的平焊法兰，但与筒体连接处未采用全焊透结构，故强度比后者差，常见的结构形式如图 3—16 所示，只用于直径较小的低压容器上。

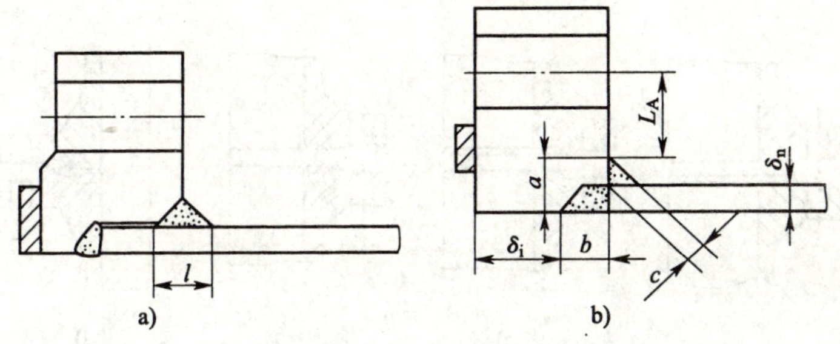

图 3—16 任意式法兰示意图

三、法兰密封面及垫片

防止流体泄漏的基本方法是在密封口增加流体的阻力。一般来说，在密封口流体的泄漏主要是密封面的泄漏和压紧面的泄漏两个方面。为此，可以采取在选择合理的密封结构、选用合适的法兰和垫片的材料的基础上，增加螺栓的预紧力，在安装过程中注意清理接触面的粗糙度等几个方面消除可能产生泄漏的原因。

法兰连接很少出现因强度不足而遭破坏的情况，而较常见的是由于密封不好而导致泄漏。因此，密封问题已成为法兰连接中的主要问题，而法兰密封面与垫片又直接影响到法兰的密封，有必要专门加以介绍。

1. 法兰密封面

法兰密封面即法兰接触面，简称法兰面。一般均需经过比较精密的加工，以保证足够的精度和粗糙度，才能达到预期的密封效果。常用的法兰密封面有平面型、凹凸型、榫槽型、自紧式等数种。

（1）平面型密封面（见图 3—17a）

它只有一个光滑的平面，为改善密封性能，常在密封面上车制出几道宽约 1 mm、深约 0.5 mm 的同心圆沟槽，如同锯齿。这种密封面结构简单，容易加工，但安装时垫片不易装正，紧固螺栓时也易挤出，一般用于低压、无毒介质的容器上。

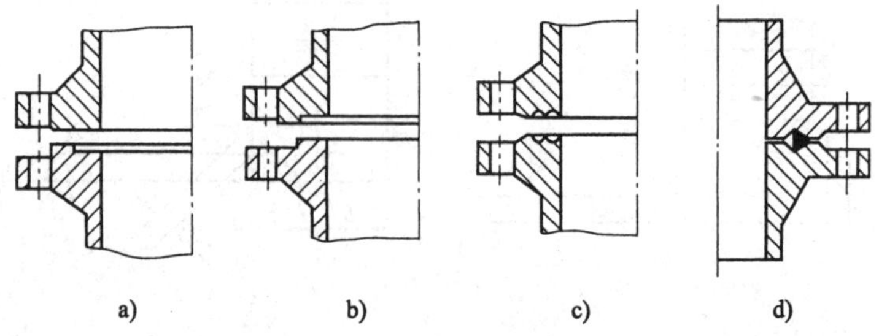

图 3—17　法兰密封面示意图

a）平面型　b）凹凸型　c）榫槽型　d）自紧式

（2）凹凸型密封面（见图 3—17b）

它的一对法兰的密封面分别为凹面和凸面，且凸面高度略大于凹面深度。安装时把垫片放在凹面上，因此容易装正，紧固螺栓时，垫片也不会挤出。其密封性能优于平面型，但加工较困难，一般用于中压容器上。

（3）榫槽型密封面（见图 3—17c）

它是在一对法兰的密封面上，将其中一个加工出一圈宽度较小的榫头，将另一个加工出与榫头相配合的榫槽，安装时垫片放在榫槽内。这种密封面因垫片被固定在榫槽内，不可能向两边挤出，所以密封性能更好。且垫片较窄，减轻了压紧螺栓的负荷。但这种密封面结构复杂，加工困难，且更换垫片比较费事，榫头也容易损坏。所以，一般只用于易燃或有毒的工作介质或工作压力较高的中压容器上。因其在氨生产设备上用得较多，所以又称为氨气密封面。

（4）自紧式密封面（见图 3—17d）

它是将密封面和垫片加工成特殊形状，承受内压后，垫片会自动紧压在密封面上确保密封效果，故称为自紧式密封面。这种密封面的接触面积小，垫片在内压作用下有自紧能力，密封性能好，减小了螺栓的紧力，也就减小了螺栓和法兰的尺寸。这种密封面结构适用于高压及压力、温度经常波动的容器上。

2. 垫片

法兰密封面即使经过精密的加工，法兰面之间也会存在微小的间隙，成为介质泄漏的通道。垫片的作用就是在螺栓的拴紧力作用下产生塑性变形，垫片表面上的比压达到一定数值后产生变形，并填满密封面上凹凸不平处，堵塞介质泄漏通道，从而达到密封的目的。

法兰连接所用的垫片有非金属软垫片、缠绕垫片、金属包垫片和金属垫片等多种（见图3—18）。非金属软垫片是用弹性较好的板材按法兰密封面的直径及厚度剪成一个圆环而成的。所用材料主要有橡胶板、石棉橡胶板和石棉板等，根据容器的工作压力、温度以及介质的腐蚀性来选用。一般低压、常温（≤100℃）和无腐蚀性的介质的容器多用橡胶板（经强硫化处理的硬橡胶工作温度可达200℃）；介质温度较高（对水蒸气＜450℃，对油类＜350℃）的中、低压容器通常用石棉橡胶板或耐油石棉橡胶板；一般的腐蚀介质的低压容器常采用耐酸石棉板；压力较高时则用聚乙烯板或聚四氟乙烯板。

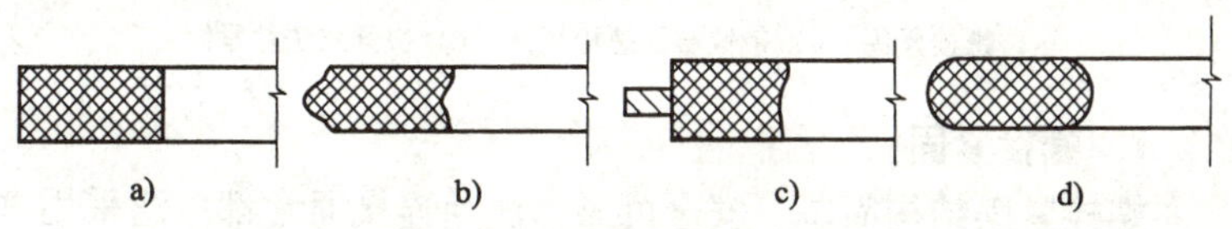

图3—18　垫片示意图

a）非金属软垫片　b）不带定位圈的缠绕垫片

c）带定位圈的缠绕垫片　d）金属包垫片

缠绕垫片是用石棉带与薄金属带（低碳钢带或合金钢带）相间缠绕制成。因为薄金属带有一定的弹性，而且是多道密封，所以密封性能较好。缠绕垫片最为适宜用于压力或温度波动较大，特别是直径较大的低压容器上，因为这种垫片直径再大也可以没有接口。

金属包垫片又称包合式垫片，是用薄金属板（一般是用白铁皮，介质有腐蚀性的用薄不锈钢板或铝板）内包石棉材料等卷制而成的圈环。这种垫片耐高温、弹性好，防腐能力强，有较好的密封性能。但制造较为费事，一般只用于直径较大、压力较高的低压容器或中压容器上。

四、法兰连接的紧固形式

法兰连接的紧固形式主要有螺栓紧固（见图 3—19a）、带铰链的螺栓紧固（见图 3—19b）和“快开式”法兰紧固（见图 3—19c）3 种。

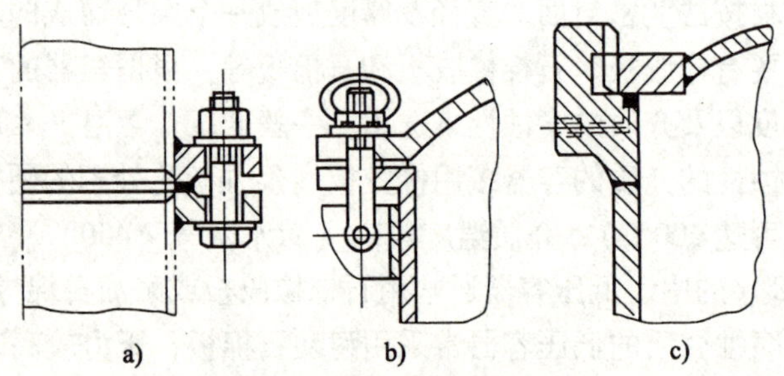

图 3—19 法兰螺栓紧固示意图

a）螺栓紧固 b）带铰链的螺栓紧固 c）快开式法兰紧固

1. 螺栓紧固

螺栓紧固结构简单、安全可靠，法兰连接通常都广泛采用这种紧固形式。但也存在拆装费时的弱点。所以，这种紧固形式只用于一些不经常拆卸的法兰连接。

2. 带铰链的螺栓紧固

若容器端盖常需开启，则用带铰链的螺栓紧固。因螺栓带有铰链，法兰上螺孔开有缺口，这种紧固形式拆卸时，不用从螺栓上卸下螺母，只要拧松后螺栓就可绕铰链轴从法兰边翻转下来。为了便于拆卸，螺母制成特殊的带有蝶形或环状的肩部。这种法兰紧固形式虽装卸方便省时，但法兰较厚时，若螺栓安放稍有不正，在容器运行时可能发生螺栓滑脱飞出的意外事故。这种紧固形式通常只用于压力较低、直径较小的容器法兰连接，多见于染料、制药等化工容器。

3. “快开式”法兰紧固

这是一种不用螺栓紧固的法兰连接结构，用于端盖需要频繁开闭的压力容器。这种紧固形式对形状比较特殊的法兰，与容器筒体连接的较厚法兰，中间有一条环形槽，槽外端部圈环内侧开有若干个齿形缺口；焊在端盖上的法兰较薄，其厚度略小于筒体法兰上环形槽的宽度，其外径略小于环形槽的内径。法兰外侧开有齿形缺口，节距与筒形法兰上齿形缺口节距相同。装配时把端盖法兰的缺口对齐筒体法兰上的齿，并放入环形槽内，然后转动端盖约一个槽齿的距离，使两者的齿相对齐，两个法兰即连接完毕。它的密封装置一般是在筒体法兰的密封面上加工出一条环形密封槽，装入整体式垫片，在密封槽的底部通入蒸汽或压缩空气，垫片即被压紧在端盖法兰的密封面上，达到密封的目的。直径较大的端盖，装配时要用机械传动减速装置来转动。这种法兰紧固形式可以减轻劳动强度，节省装卸时间，密封性能也较好。但使用时要注意安全，开盖前必须将容器内的压力泄尽。快开式结构作为经常启闭的装置，应设置安全联锁装置和相应功能的报警装置。

容器法兰及管法兰，螺栓及垫片等连接件的规格均已标准化，国家及有关部门均制定了有关标准，选用时可以查阅。

第五节　密 封 结 构

一、密封结构分类

按照密封机理的不同，密封结构可分为强制密封式和自紧密封式两大类。前者是通过紧固端盖与筒体端部的螺栓等连接件强制将密封面压紧来达到密封的（主要有平垫密封、卡扎里密封、八角垫密封等）目的；后者是利用容器内介质的压力使密封面产生压紧力来达到密封的（主要有双锥密封、伍德密封、O 形环密封、C 形环密封、B 形环密封、平垫自紧密封等）目的。

1. 强制式平垫密封

它的结构与一般法兰连接密封结构相同，由于工作压力较高，密封面一般都采用凹凸形或榫槽形，也有的在密封面上加工几道同心圆密封沟槽。这种密封形式结构简单，使用时间较长，经验比较成熟，垫片及密封面加工容易，多用于温度不高、直径较小、压力较低的容器上。

2. 自紧式平垫密封

它是依靠容器介质的压力作用在顶盖上压紧平垫片来实现的，其结构如图 3—20 所示。它减少了笨重而复杂的法兰螺栓连接结构，顶盖与筒体端部以螺纹连接，密封可靠。由于顶盖可以在一定范围内移动，所以在温度、压力波动时仍能保持良好的密封性能。这种结构的缺点是拆卸困难，对大直径容器拧紧其螺纹套筒也有困难，所以不宜用于大直径的高压容器。

二、几种常用的密封结构

1. 平垫密封

平垫密封分强制式和自紧式两种。对于平垫密封结构，当压力容器的压力较高时，直径变大，端盖和筒体法兰均需相应地增厚加大，而变得笨重，连接螺栓的规格也需加大，数量增多，造成加工和装配都不方便。所以，在大直径的高压容器上不宜采用平垫密封。此外，在温度较高（200℃以上）和压力、温度波动较大的工况条件下，平垫密封也不可靠。

平垫密封（见图 3—20）虽然结构简单，但需要有较大的紧固力，所以端盖和连接螺栓的尺寸都较大，为了减轻端盖与筒体端部连接螺栓的载荷，有些高压容器采用了带压紧环的平垫密封结构。这种密封形式是在平垫圈的上面装有一个压紧环和若干个压紧螺栓，垫圈下面装有托板。容器的密封是通过拧紧压紧螺栓加力于压紧环而压紧平垫片来实现的。从而具有端盖与筒体端部的连接螺栓可不承受垫圈的压紧力及垫圈易于预紧等优点。

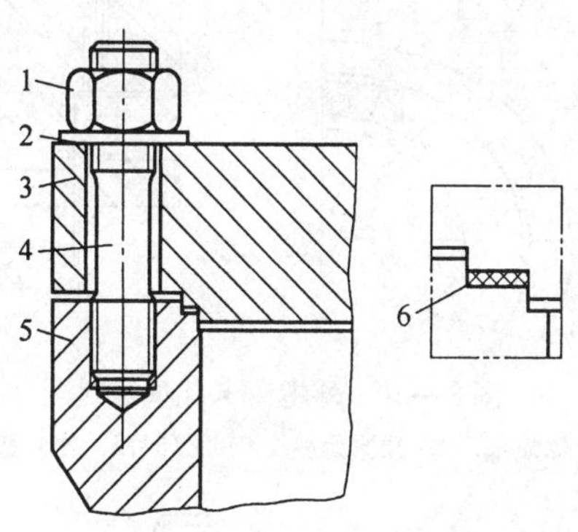

图 3—20 平垫密封示意图

1—主螺母 2—垫圈 3—平盖 4—主螺栓 5—筒体端部 6—平垫片

2. 卡扎里密封

这是一种强制式密封结构，有外螺纹卡扎里密封、内螺纹卡扎里密封和改良卡扎里密封 3 种形式。

（1）外螺纹卡扎里密封（见图 3—21）

外螺纹卡扎里密封用得最多，它的垫片是一个横断面呈三角形的软金属垫，由铜或铝制成。容器的筒体法兰与端盖用螺纹套筒连接，通过拧紧压紧螺栓加力于压紧环而压紧垫片来实现密封。这种结构的优点是省去了筒体端部与端盖的连接螺栓，拆卸方便，属于快拆结构；垫片的面积也可较小，因而所需压紧力及压紧螺栓的直径也较小；密封可靠。但结构复杂，密封零件多，且精度要求高，加工困难。这种密封结构常用于大直径、高压、温度波动较大、需经常装拆和要求快开式的压力容器。

（2）内螺纹卡扎里密封（见图 3—22a）

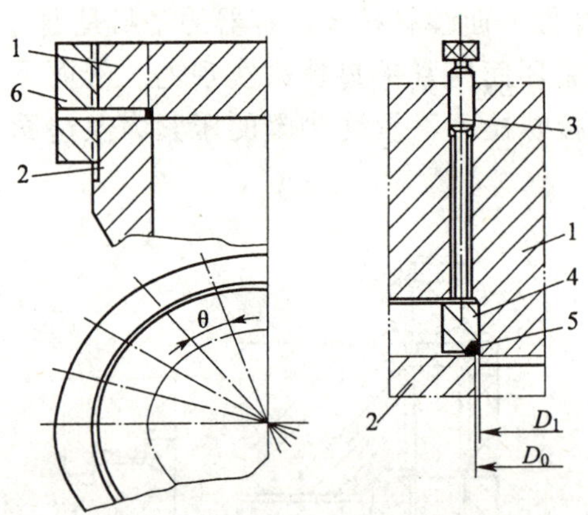

图 3—21　外螺纹卡扎里密封

1—平盖　2—筒体端部　3—顶紧螺栓　4—压环　5—密封垫　6—螺纹套筒

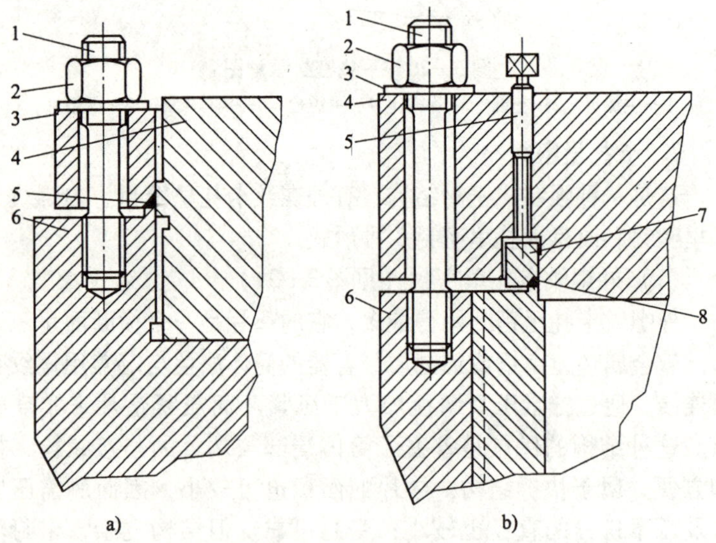

图 3—22　卡扎里密封

a）内螺纹卡扎里密封　b）改良卡扎里密封

1—螺栓　2—螺母　3—压环　4—平盖　5—密封垫　6—筒体端部

1—主螺栓　2—主螺母　3—垫圈　4—平盖　5—顶紧螺栓　6—筒体端部法兰　7—压环　8—密封垫

它的作用原理与外螺纹的基本相同，只是将带螺纹的端盖直接旋入带有内螺纹的筒体端部内。密封垫片置于端盖与筒体端部连接交界处，其上有压紧环，通过压紧螺栓使密封垫片的内侧面和底面分别与端盖侧面和筒体端部面紧密贴合实现密封。它比外螺纹卡扎里密封结构省略一个较难加工的螺纹套筒，结构更简单，但它的端盖需加厚，占据了较多的压力空间，螺纹易受介质腐蚀，装卸也不方便，工作条件差，一般只用于小直径的高压容器上。

（3）改良卡扎里密封（见图3—22b）

改良卡扎里密封结构不用螺纹套筒连接端盖与筒体，而改用螺栓连接，其他均与外螺纹卡扎里密封结构相同。这种密封结构没有显著的优点，所以很少采用。

3. 双锥密封

双锥密封结构（见图3—23），其双锥环套在端盖的凸台上，在双锥面和端盖、筒体端部的密封面之间放置有软金属垫。为了改善密封性能，在双锥面上还加工了2～3道半圆形沟槽。此外，端盖凸台的侧面（即与双锥环的套合面）铣有几条较宽的轴向槽，以便容器内介质的压力通过这些槽作用于双锥环的内侧表面。其密封的实现一是通过拧紧主螺栓产生的压紧力，压紧双锥面与筒体法兰和端盖的密封面；二是容器内介质的压力（自紧力）通过端盖凸台侧面的轴向槽作用于双锥环的内侧，也使双锥面与筒体法兰和端盖的密封面压紧。所以也有人将这种密封形式称为半自紧式密封结构。由于其结构简单、加工容易、密封性能良好及拆装较方便，在高压容器上获得了广泛的使用，是国内最为成熟的高压密封结构。它的缺点是端盖和连接螺栓尺寸较大。

4. 伍德密封

这是一种属于自紧式密封的组合式密封形式，如图3—24所示。其结构是由浮动端盖、四合环、压垫和筒体端部四大部分组成。密封时首先拧紧牵制螺栓，靠牵制环的支撑使浮动端盖上

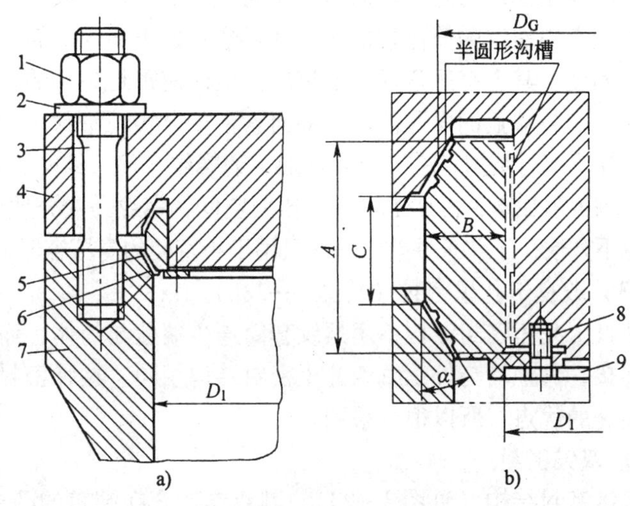

图 3—23　双锥密封结构

1—主螺母　2—垫片　3—主螺栓　4—平盖　5—双锥环
6—软垫片或金属丝　7—筒体端部　8—螺栓　9—托环

移，同时调整拉紧螺栓将压垫预紧而形成预密封，随着容器内介质压力的上升，浮动端盖逐渐向上移动，端盖与压垫之间以及压垫与筒体端部之间的压紧力也逐渐增加，从而达到密封的目的。压垫的外侧开有 1 ~ 2 道环形沟槽，使压垫具有弹性，能随着浮动端盖的上下移动而伸缩，使密封更加可靠。为便于从筒体内取出，四合环是由四块元件组成的圆环，又称压紧环。这种密封结构的密封性能良好，不受温度与压力波动的影响，且具有装卸方便，适用于要求快开式的压力容器；端盖与筒体端部不用螺栓连接，所以用料较少，重量较轻。但结构复杂，零件多而加工精度及组装要求均很高，浮动端盖占据高压空间太多等，以往多用于氮肥工业容器上，因为其存在上述不足，现已逐渐被其他密封形式所取代，但在一些直径不大，对密封有特殊要求（如压力、温度波动大）且要求快开式的高压容器仍有采用。

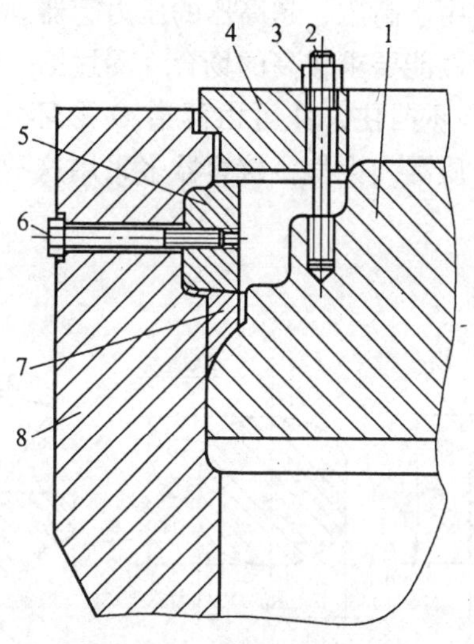

图 3—24　伍德密封结构

1—顶盖　2—牵制螺栓　3—螺母　4—牵制环　5—四合环
6—拉紧螺栓　7—压垫　8—筒体端部

5. O 形环密封

密封垫圈的横断面呈“O”形而得名，O 形环按照型号来分有八角垫和椭圆垫，按照材料来分有金属 O 形环和橡胶 O 形环两大类，用得多的是金属 O 形环密封。橡胶 O 形环因材料性能的限制，目前只用于常温或温度不高的场合。非自紧式 O 形环就是一个横断面为 O 形的金属环形管，属于强制式密封结构，适用于压力较低的容器，可以密封真空及盛有腐蚀性的液体或气体介质的容器。充气 O 形环是在环内充有压力为 3.92 ~ 4.9 MPa（40 ~ 50 kgf/cm^2）的惰性气体，以防止 O 形环在高温下失去金属弹性，高温下环内的惰性气体压力会随着温度的上升而增加 O 形环的回弹能力。此结构属于强制式密封，宜用于高温高压场合。自紧式 O 形环的内侧钻有若干个小孔，由于环内具有与容器内介质相同的压力，因而会向外扩大形成轴向自紧力。故属自紧式密封结构，适用于高压、超高压的压力容器。双道金属O形环则主要用于密封性能要求较高的场合，漏过第一道O形环的介质会被第二道O形环挡住，并可由两道O形环之间的通道导出，可以防止有害介质漏入大气，核容器多采用这种密封结构（见图3—25）。

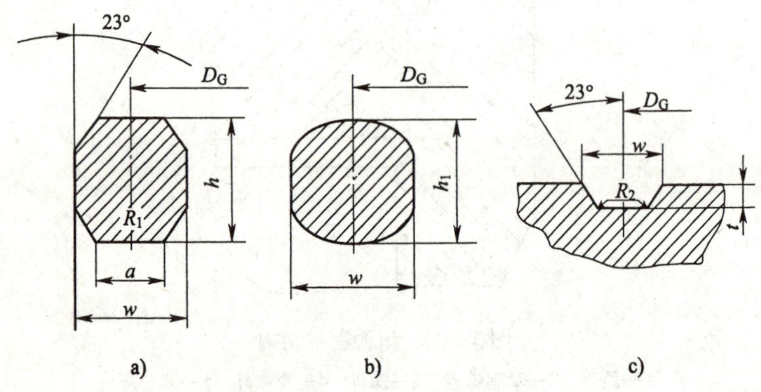

图3—25　O形环及环槽结构

a）八角垫　b）椭圆垫　c）环槽结构

压力容器的密封结构形式众多，以上只是介绍了其中使用得较多的几种，其他密封结构的密封原理基本相同，有兴趣的读者可自行查阅有关资料。

第六节　支　座

一、立式容器支座

在直立状态下工作的容器称为立式容器。其支座主要有悬挂式、支承式及裙式3种形式。

1. 悬挂式支座

俗称耳架，适用于中小型容器，在立式容器中应用广泛。其结构如图3—26a 所示。它是由两块筋板及一块垫板焊接而成，通过筋板或垫板与容器筒体焊在一起。底板用地脚螺栓固定在基础上。为了加大支座的反力分布在壳体上的面积，以避免因局部应力过大使壳壁凹陷，一般都在筋板和壳体之间放置垫板。悬挂式支座的形式、结构、尺寸、材料及安装要求详见 JB 1165—1981《悬挂式支座》标准。

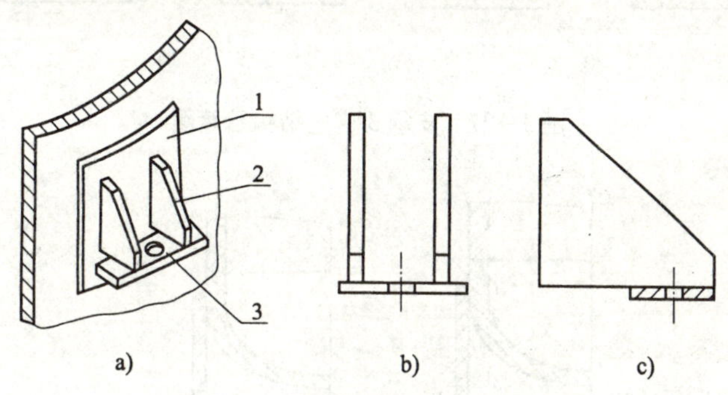

图 3—26　悬挂式支座结构示意图

a）悬挂式支座立体图　b）悬挂式支座主视图　c）悬挂式支座侧视图

1—垫板　2—筋板　3—支脚板

2. 支承式支座

支承式支座一般是由两块竖板及一块底板焊接而成（见图 3—27）。竖板的上部加工成和被支承物外形相同的弧度，并焊于被支承物上。底板搁在基础上并用地脚螺栓固定。当荷重≤4 t 时，由两块竖板加一块底板组成（见图 3—27a），当荷重 >4 t 时，还要在两块竖板的端部加一块倾斜支承板（见图 3—27b）。支承式支座的形式、结构、尺寸、材料及安装要求详见 JB 1166—1981《支承式支座》标准。

3. 裙式支座

裙式支座是由裙座、基础环、盖板和加强筋组成（见图 3—28），有圆筒形和圆锥形两种形式。常用于高大的立式容器。裙座上端与容器壁焊接，要求应为全焊透结构，下端与搁在基础上的基础环焊接，用地脚螺栓加以固定。为便于装拆，基础环上装

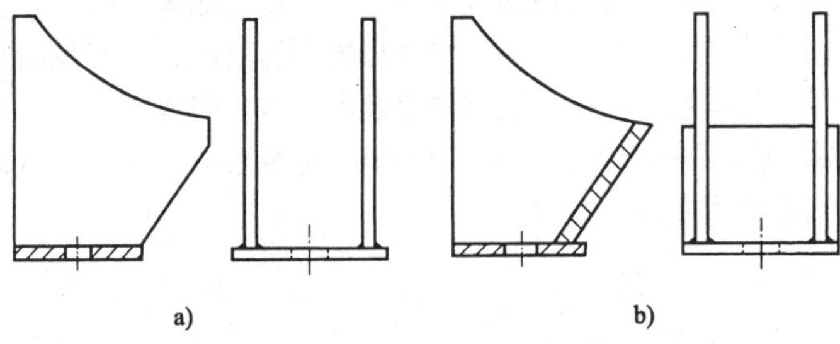

图 3—27　支承式支座结构示意图

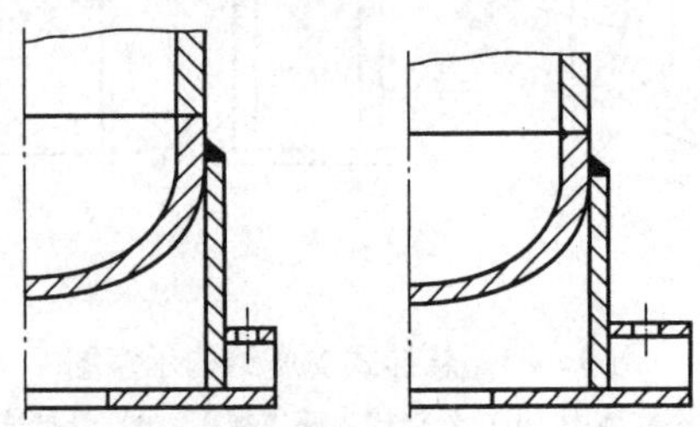

图 3—28　裙式支座结构示意图

设地脚螺栓处开成缺口，而不用圆形孔，盖板在容器装好后焊上，加强筋焊在盖板与基础环之间。为避免应力集中，裙座上端一般应焊在容器封头的直边部分，而不应焊在封头转折处，因此，裙座内径应和容器外径相同。

二、卧式容器支座

在水平状态下工作的容器称为卧式容器。其支座主要有鞍式、圈座式及支承式 3 类。

1. 鞍式支座

这是卧式容器使用最多的一种支座形式（见图 3—29a），一般由腹板、底板、垫板和加强筋组成。有的支座没有垫板，腹板则直接与容器壁连接。若带垫板则作为加强板使用，一是加大支座反力分布在壳体上的面积，对于大型薄壁卧式容器可以避免因局部应力过大而使壳壁凹陷；二是可以避免因支座与壳体材料差别大时进行异钢种焊接；三是对于壳体材料需进行焊后热处理的容器，可先将加强垫板焊在壳体上，在制造厂同时进行热处理，而在施工现场再将支座焊在加强垫板上，从而解决支座与壳体在使用现场焊接后难于进行热处理的矛盾。所以，加强垫板的材料应与容器壳体材料相同。

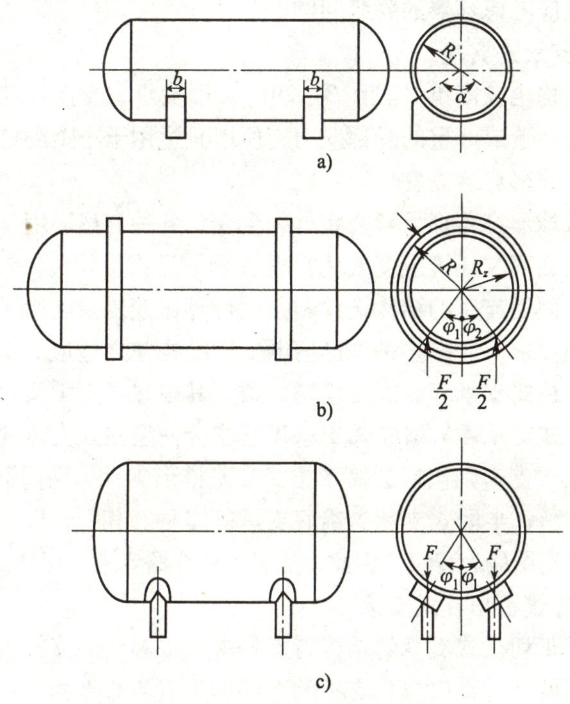

图 3—29　卧式容器支座结构示意图

a）鞍式支座　b）圈座　c）支承式支座

鞍座分为 A 型（轻型）和 B 型（重型），每种形式鞍座又分为固定式支座（代号 F，底板上开圆形螺栓孔）和滑动式支座（代号 S，在一侧底座要求开长圆形螺栓安装孔）。

此外，在设计、安装鞍式支座时要注意解决容器的热膨胀问题，要求支座的设置不能影响容器在长度方向的自由伸缩；在使用时要观察容器的膨胀情况。

2. 圈座

圈座的结构比较简单（见图 3—29b）。对于大直径薄壁容器，真空下操作的容器和需要两个以上支承的容器，一般均采用圈座支撑。压力容器采用圈座做支座时，除常温常压下操作的容器外，也应考虑容器的膨胀问题。

3. 支承式支座

其结构也较简单（见图 3—29c）。因支承式支座在与容器壳体连接处会造成严重的局部应力，所以只适用于小型卧式容器。

三、球形容器支座

一般球形容器都设置在室外，会受到各种自然环境（如风载荷、地震载荷及环境温度变化）的影响，且重量较大，外形又呈圆球状，因而支座的结构设计和强度计算比较复杂。为了满足不同的使用要求，应有多种球形容器支座结构与之适应。但总括起来可分为柱式支承和裙式支承两大类。其中柱式支承又可分为赤道正切柱式支承、V 型柱式支承和三柱合一型柱式支承 3 种主要类型。裙式支座则包括圆筒形裙式支座锥形支承、钢筋混凝土连续基础支承、半埋式支承、锥底支承等多种。其中，以赤道正切柱式支承使用最为普遍，因此，这里主要介绍赤道正切柱式支承。

1. 赤道正切柱式支承

赤道正切柱式支承的结构特点是由多根圆柱的支柱，均匀分布在球壳的赤道带部位，支柱的上端加工成与球壳相切或近似的形状并与球壳焊在一起。为了保证球壳的稳定性，必要时在支柱之间加设松紧可调的连接拉杆（见图 3—30b）。支柱与球壳连接结构如图 3—30a 所示。支柱上端的盖板有半球式和平板式两种，目前大多采用半球式盖板。支柱和球壳的连接又可分为有加强垫板式和无加强垫板式两种结构。加强垫板虽可增加球壳连接处的刚度，但由于加强垫板和球壳之间采用搭接焊，不仅增加了探伤的困难，而且当球壳采用低合金高强度钢时，在加强垫板与球壳焊接过程中易产生裂纹。因此，一般采用无垫板结构。支柱与球壳下部的连接结构可分为直接连接和托板连接两种形式，《球形储罐设计规定》中规定采用托板连接结构（见图3—30a），它有利于改善支撑和焊接条件。

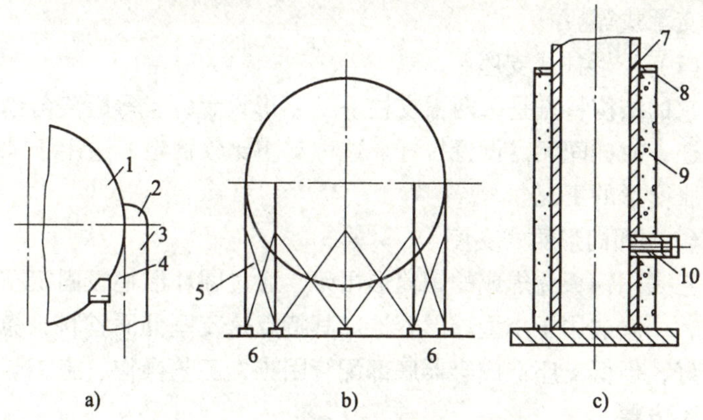

图3—30 球形容器支座结构

1—球壳 2—盖板 3—支柱 4—托板 5—拉杆
6—基础 7—支柱 8—隔热层挡板 9—防火隔热层 10—易熔塞排气口

支柱有整体式和分段式之别。整体式支柱主要用于常温球罐以及采用无焊接裂纹敏感性材料做壳体的球罐。支柱上端在球壳制造厂加工成与球壳外形相吻合的圆弧状，下端与底板焊好，然后运到现场和球壳焊接在一起。分段式支柱由上、下两段支柱组成。其上段与球壳赤道板的连接焊缝应在制造厂焊好并进行焊后热处理，上段支柱长度一般为支柱总长度的1/2。分段式支柱适用于低温球罐以及采用具有焊接裂纹敏感性材料做壳体的球罐。在常温球罐中，当希望改善支柱与球壳连接部位的应力状态时，也可采用分段式支柱。

对于储存易燃、易爆及液化石油气物料的球罐，每个支柱应设置易熔塞排气口及防火隔热层（见图3—30c）。

对需进行现场整体热处理的球形容器，因热处理时球壳受热膨胀，将引起支柱的移动，因此，要求支柱与基础之间应有相应的移动措施。支柱可采用无缝钢管或焊接钢管制造。

2．其他类型的支座

其他支座种类还有V形柱式、圆筒形裙式及钢筋混凝土连续基础支承式等。

（1）V形柱式支座

它的结构特点是每两根支柱呈V字形设置，且等距离与赤道带相连，故柱间无需设置拉杆。这种支座比较稳定，适用于承受热膨胀变形的工况。

（2）圆筒形裙式支座

它是用钢板卷焊成的圆筒形裙架，通过圆环形垫板固定在基础上，一般适用于小型球形容器。其特点是支座低而省料，稳定性较好，但低支座造成容器底部配管困难，工艺操作、施工与检修也不方便。

（3）钢筋混凝土连续基础支承式支座

它是将支座与基础设计成一个整体，即用钢筋混凝土制成圆筒形的连续基础，该基础的直径一般近似的等于球壳的半径。这种支座的特点是球壳重心低，支承稳定；支座与球壳接触面积大，载荷重量较大；但制造时对形状公差的要求较严。

复习思考题

判断题：

1．压力容器是由承受压力的壳体、连接件和支座等主要部件组成。（　）

2．圆筒形压力容器本体是由筒体、封头、法兰、接管等主要部件焊接组成的。（　）

3．快开门式法兰紧固因其拆卸方便，而被应用于端盖需要

频繁开闭的压力容器上。 （ ）

4. 压力容器设备法兰和接管法兰由于弹性变形过大而导致密封泄漏，是因强度不足而使密封结构失效所致。 （ ）

5. 压力容器的密封元件是指可拆连接处起密封作用的元件。它放在两个法兰或封头与筒体端部的接触面之间，借助于法兰等连接件的压紧力而起密封作用。 （ ）

6. 压力容器设备法兰和接管法兰的密封面与垫片是法兰连接中的主要元件。 （ ）

7. 常用法兰连接的强制密封垫片是在螺栓的拴紧力作用下产生塑性变形，以填充法兰密封面之间存在微小的间隙，来堵塞泄漏通道而达到密封的作用。 （ ）

8. 压力容器的密封结构可分为强制密封式和自紧密封式。强制密封式是通过紧固端盖与筒体端部的法兰等连接件强制将密封面压紧来达到密封的目的；而自紧密封式是利用容器内介质的压力使密封面产生压紧力来达到密封的目的。 （ ）

9. 球形压力容器的主要优点是应力小、受力均匀，同体积所用的表面积小，节约材料与投资。 （ ）

10. 压力容器的凸形封头中应用最多的是（椭）圆形封头。 （ ）

11. 修理更换压力容器受压元件时，选用的材料质量应高于原设计的材料质量。 （ ）

12. 法兰连接是压力容器上工艺、监视、安全附件等开孔最常用的连接形式。 （ ）

13. 法兰连接是借助螺栓作用，夹紧密封面之间的垫圈实现连接口的密封。 （ ）

14. 容器稳定性失效是指容器外载荷达到某一极限而发生形状突然性的改变，使容器丧失工作能力。 （ ）

15. 压力容器的密封性是指可拆连接处的密封性。 （ ）

第四章

压力容器安全附件

本章知识要点

本章介绍压力容器安全附件的原理、结构特点、安全技术要求、使用维护要求，着重要求学员了解各种安全附件结构的特点，理解实际操作中应关注的安全技术问题和要求。

由于压力容器是承压的密闭容器，运行时工艺参数（如温度、压力、液面等）需要通过测量仪表来显示，实现稳定工艺参数和维持正常化生产也需要控制各参数，同时，遇到超压时也需迅速卸压，以保证压力容器安全运行。因而，压力容器安全附件是保障压力容器设备安全运行必不可少的装置。压力容器安全阀、爆破片、压力表、液面计、温度计等都是压力容器的安全附件，也是压力容器得以安全和经济运行所必需的构成部分。压力容器操作人员通过对这些附件和仪表的监视和操作来实现和控制压力容器的运行。如果这些附件及仪表不齐全或不灵敏，就会直接影响压力容器的安全运行。合格的作业人员要会正确地操作和监视这些装置，应了解它们的结构、工作原理及其使用管理等方面的知识。

第一节 安 全 阀

安全阀是一种超压防护装置，它是压力容器应用最为普遍的重要安全附件之一。众所周知，安全阀的功能在于当压力容器内的压力超过某一规定值时，就自动开启迅速排放容器内部的过压气体，并发出声响，警告操作人员采取降压措施。当压力回复到允许值后，安全阀又自动关闭，使压力容器内压力始终低于允许范围的上限，不致因超压而酿成爆炸事故。

安全阀的优点是只排出压力容器内高于规定值的部分压力，当压力容器内的压力降到正常压力值时则自动关闭，使压力容器和安全阀重新工作，从而不会使压力容器一旦超压就得把全部介质排出而造成浪费和生产中断；安全阀的结构特点是使其安装和调整比较容易。

安全阀的缺点是密封性较差，即使是比较好的安全阀在正常的工作压力作用下，也难免会轻微地泄漏；由于弹簧等惯性作用，阀门的开启有滞后现象，因而泄压反应较慢；当介质不洁净时，阀芯和阀座会粘连，使安全阀达到开启压力而打不开或使安全阀不严密，没达到开启压力就已泄漏。

同时，安全阀对压力容器的介质有选择性，它适用于比较洁净的介质（如空气、水蒸气、水等），不宜用于有毒性的介质，更不适用于有可能发生剧烈化学反应而使容器压力急剧升高的介质。

一、安全阀的工作原理

安全阀主要由三部分组成：阀座、阀瓣和加载机构。阀座和座体有的是一个整体，有的组装在一起，与容器连通。阀瓣通常连带有阀杆，紧扣在阀座上。阀瓣上面是加载机构，用来调节载荷的大小。

当压力容器内的压力在规定的工作压力范围之内时，容器内介质作用于阀瓣上的压力小于加载机构施加在它上面的力，两者之差构成阀瓣与阀座之间的密封力，使阀瓣紧压着阀座，容器内气体无法排出。

当容器内压力超过规定的工作压力并达到安全阀的开启压力

时，介质作用于阀瓣的力大于加载机构加在它上面的力，于是阀瓣离开阀座，安全阀开启，容器内气体通过阀座排出。

如果压力容器的安全泄放量小于安全阀的排量，容器内压力逐渐下降，很快降回到正常工作压力，此时介质作用于阀瓣上的力小于加载机构施加在它上面的力，阀瓣紧压阀座，气体停止排出，压力容器保持正常的工作压力继续工作。

安全阀通过作用在阀瓣上的两个力的不平衡作用，使其启闭，以达到自动控制压力容器超压的目的。

二、安全阀的结构形式分类

1. 按加载机构分类

(1) 重锤杠杆式安全阀

重锤杠杆式安全阀是利用重锤和杠杆来平衡作用在阀瓣上的力，其结构如图 4—1 所示，通过调整重锤在杠杆上的位置或改变重锤的质量来调整校正安全阀的开启压力。重锤杠杆式安全阀主要由阀体、阀芯、阀座、阀杆、重锤、重锤固定螺钉等构件组成，有单杠杆式和双杠杆式之分。

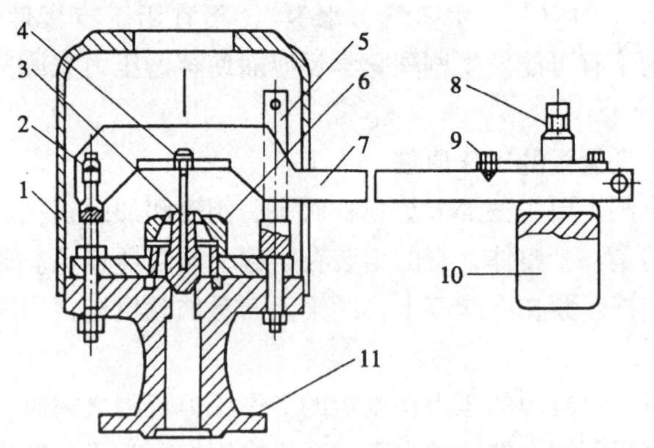

图 4—1 重锤杠杆式安全阀

1—阀罩 2—支点 3—阀杆 4—力点 5—导架 6—阀芯 7—杠杆 8—固定螺钉 9—调整螺钉 10—重锤 11—阀体

它是运用杠杆原理通过杠杆和阀杆将重锤的重力矩作用于阀芯，以平衡气体压力作用于阀芯上的力矩。当重锤的力矩小于气体压力的力矩时，阀芯被顶起离开阀座，安全阀开启，排气泄压；当重锤的力矩大于气体压力的力矩时，阀芯紧压在阀座上，安全阀关闭。重锤位置是可动的，可根据容器工作压力的大小来移动重锤在杠杆上的位置，以调整安全阀的开启压力，如图 4—2 所示。

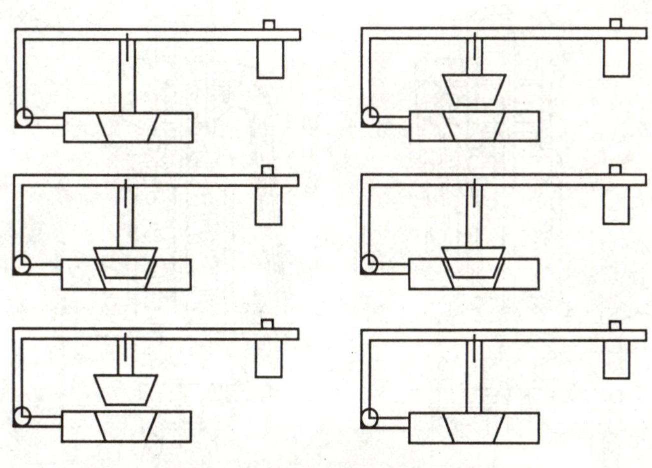

图 4—2　重锤杠杆式安全阀原理图

重锤杠杆式安全阀的特点是结构简单、调整容易且比较准确、所加载荷不会随阀瓣的升高而显著增大、动作与性能不太受高温的影响，但其同时具有部件比较笨重、重锤与阀体的尺寸不相称、阀的密封性能对振动较敏感、阀瓣回座时容易偏斜、回座压力比较低有的甚至要降到正常工作压力的 70% 才能保持密封等缺点，这对压力容器的持续正常运行是不利的。重锤杠杆式安全阀宜用于高温场合，特别是锅炉和高温容器上。

（2）弹簧式安全阀

弹簧式安全阀是利用弹簧被压缩的弹力来平衡作用在阀瓣上

的力，其结构如图 4—3 所示，通过调整螺母来调整安全阀的开启（整定）压力。

弹簧式安全阀主要由阀体、阀芯、阀座、阀杆、弹簧、弹簧压盖、调整螺钉、销子、外罩、提升手柄等构件组成（见图 4—3）。它是利用弹簧被压缩后的弹力来平衡气体作用在阀芯上的力。

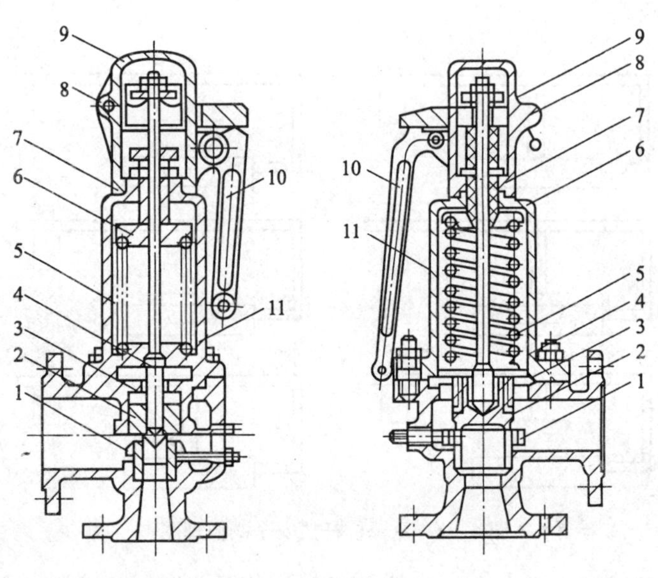

图 4—3　弹簧式安全阀

1—阀座　2—阀芯　3—阀盖　4—阀杆　5—弹簧　6—弹簧压盖　7—调整螺钉　8—销子　9—阀帽　10—提升手柄　11—阀体

阀芯离开阀座，安全阀开启，排气泄压；当气体作用在阀芯上的力小于弹簧的弹力时，阀芯紧压在阀座上，安全阀处于关闭状态，如图 4—4 所示。其开启压力的大小可通过调节弹簧的松紧度来实现。将调整螺钉拧紧，弹簧压缩量增大，作用在阀芯上的弹力也增大，安全阀开启压力就增高，反之则降低。

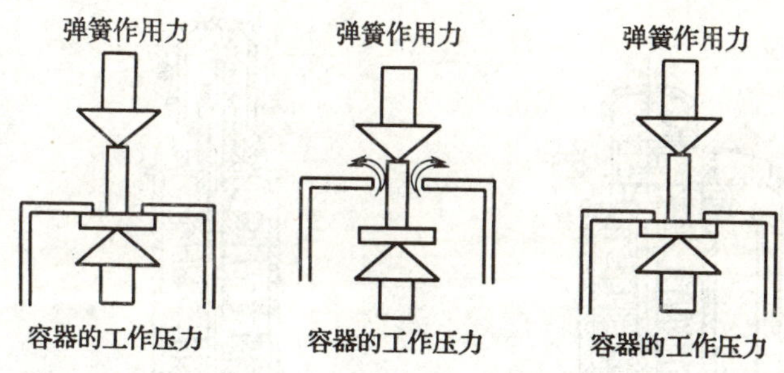

图 4—4　弹簧式安全阀原理图

弹簧式安全阀的特点是结构轻便紧凑、灵敏度比较高、安置方位不受限制、对振动不敏感，但其所加的载荷会随着阀的开启而发生变化，阀上的弹簧会由于长期受高温的影响而使弹力减小。弹簧式安全阀宜用于移动设备和介质压力脉动的固定式设备。

2. 按阀瓣开启高度分类

根据阀瓣开启高度的不同，安全阀分为全启式和微启式。

（1）全启式安全阀

如图 4—5 所示，安全阀开启时阀瓣开启高度 $h \geqslant d/4$（d 为流道最小直径）。阀瓣开启高度应使其帘面积（阀瓣升起时，在其密封面之间形成的圆柱或圆锥形通道面积）大于或等于流道面积（阀进口端到密封面间流道的最小截面积）。为增加阀瓣的开启高度，装设上下调节圈。装在阀瓣外面的上调节圈和阀座上的下调节圈在密封面周围形成一个很窄的缝隙，当开启高度不大时，气流两次冲击阀瓣，使它继续升高，开启高度增大后，上调节圈又迫使气流方向转弯向下，反作用力使阀瓣进一步开启。这种形式的安全阀灵敏度较高，调节圈位置很难调节适当。近年来制造的全启式安全阀普遍采用带反冲盘的结构，与阀瓣实现活动连接。

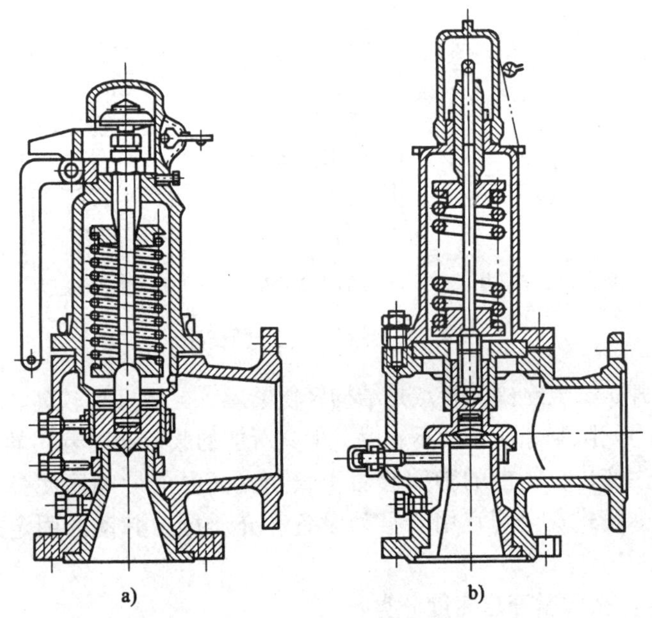

图 4—5　全启式安全阀

a）有提升手把及上下调节圈　b）无提升手把、有反冲盘及下调节圈

（2）微启式安全阀

阀瓣开启高度很小，$h=(1/40\sim1/20)\ d$。为了增加阀瓣开启高度，一般在阀座上装设一个调节圈，如图 4—6 所示。微启式安全阀的制造、维修、实验和调节比较方便，适用于排气量不大、要求不高的场合。

3. 按气体排放方式分类

安全阀按照气体排放的方式不同可以分为全封闭式、半封闭式和开放式。

（1）全封闭式安全阀

排气侧要求密封严密，阀所排出的气体全部通过排气管排放，介质不能向外泄漏。其主要用于介质为有毒、易燃气体的容器。

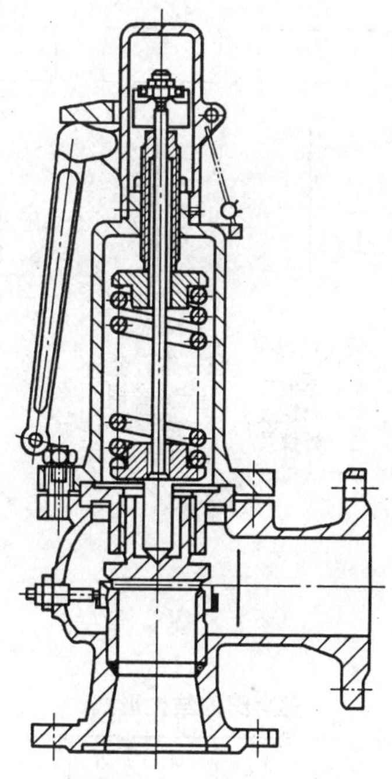

图 4—6　微启式安全阀

（2）半封闭式安全阀

排气侧不要求做气密试验，阀所排出的气体大部分通过排气管排放，一部分从阀道与阀杆之间的间隙中漏出。其适用于介质为不会污染环境的气体容器上。

（3）开放式安全阀

阀盖敞开，弹簧内室与大气相通，有利于降低弹簧的温度。其主要适用于介质为空气，以及对大气不造成污染的高温气体容器。

三、安全阀的型号规格及主要性能参数

1．安全阀的型号规格

根据阀门型号编制方法的规定，安全阀的型号由 6 个单元组成，其排列方式如下：

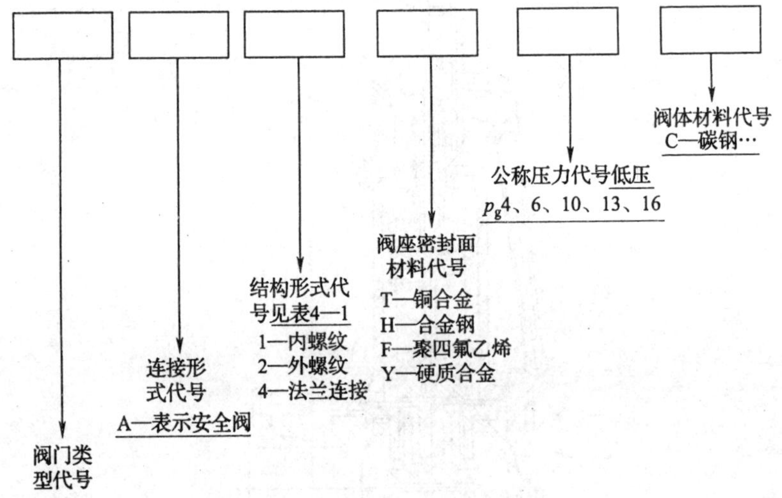

表 4—1　　　　　　　　安全阀的结构形式

<table>
<tr><td colspan="2">代号</td><td>0</td><td>1</td><td>2</td><td>3</td><td>4</td><td>5</td><td>6</td><td>7</td><td>8</td><td>9</td></tr>
<tr><td rowspan="4">安全阀</td><td rowspan="4">A</td><td colspan="9">弹簧式</td><td rowspan="4">脉冲式</td></tr>
<tr><td colspan="3">封闭</td><td>不封闭</td><td>封闭</td><td colspan="4">不封闭</td></tr>
<tr><td rowspan="2">带散热片全启式</td><td rowspan="2">微启式</td><td rowspan="2">全启式</td><td colspan="2">带扳手</td><td rowspan="2">微启式</td><td>带控制机构</td><td colspan="2">带扳手</td></tr>
<tr><td>双弹簧微启式</td><td>全启式</td><td>全启式</td><td>微启式</td><td>全启式</td></tr>
</table>

2. 主要性能参数

(1) 公称压力

安全阀与容器的工作压力应相匹配。由于弹簧的刚度不同和为了使安全阀规范化、系列化，把安全阀按工作压力分为几种级别。例如，低压用安全阀常按压力范围分为 5 级，公称压力用“p_g”表示，例如，p_g 4、p_g 6、p_g 10、p_g13、p_g16。向制造厂订货时，除了应注明产品型号、适用介质、工作温度外，还应注明工作压力级别。

（2）开启高度

开启高度是指安全阀开启时，阀芯离开阀座的最大高度。根据阀芯提升高度的不同，可将安全阀分为微启式和全启式两种：微启式安全阀的开启高度为阀座喉径的1/（20～40）；全启式安全阀的开启高度为阀座喉径的1/4以上。

（3）安全阀的排放量

安全阀的排放量一般都标记在它的铭牌上，要求排放量不小于容器的安全泄放量。该数据由阀门制造单位通过设计计算与实际测试确定。

四、安全阀的安全技术要求

1. 投入使用前安全阀的选用应符合下述原则

（1）安全阀的制造单位必须是国家定点的厂家和取得相应类别的制造许可证的单位。产品出厂应有合格证和技术文件。

（2）安全阀上应有标牌，标牌上应标明主要技术参数，例如，排放量、开启压力、回座压力等。

（3）安全阀的选用应根据容器的工艺条件和工作介质的特性，从容器的安全泄放量、介质的物理化学性质以及工作压力范围等方面考虑。

（4）安全阀的排放量是选用安全阀的最关键参数，安全阀的排放量必须不小于压力容器的安全泄放量。因为只有这样，才能保证容器在超压时，安全阀能及时开启，把介质排出降压，避免容器内压力继续升高。

（5）对于工作压力低、工作温度较高而又无振动的容器可选用杠杆式安全阀，当然也可以用弹簧式安全阀。对于一般中高压容器宜用弹簧式安全阀。

（6）从封闭机构来看，对高压容器、大型容器以及安全泄放量较大的中、低压容器最好选用全启式安全阀。对于操作压力要求绝对平稳的容器，应选用微启式安全阀。

（7）对盛装有毒、易燃或污染环境的介质的容器应选用封闭式安全阀。

（8）选用安全阀时，还要注意它的工作压力范围，不要把公称压力很低的安全阀用在压力很高的容器上，也不要把公称压力很高的安全阀用在压力很低的容器上。

2. 投入使用安全阀的要求

（1）对易燃介质或毒性程度为极度、高度或中度危害介质的压力容器，应在安全阀的排出口设导管，将排放介质引至安全地点，并进行妥善处理，不得直接排入大气。有毒介质的排放应导入封闭系统；易燃易爆介质的排放最好引入火炬，如排入大气则必须引至远离明火和易燃物且通风良好处，排放管应可靠接地，以导除静电。

（2）移动式压力容器安全阀的开启压力应为罐体设计压力的 1.05 ~ 1.10 倍，安全阀的额定排放压力不得高于罐体设计压力的 1.2 倍，回座压力不应低于开启压力的 0.8 倍。

（3）杠杆式安全阀应有防止重锤自由移动的装置和限制杠杆越出的导架；弹簧式安全阀应有防止随便拧动调整螺钉的铅封装置；静重式安全阀应有防止重片飞脱的装置。

（4）安全阀安装应符合以下几点要求：

1）安全阀应垂直安装，并应装设在压力容器液面以上气相空间部分，或装设在与压力容器气相空间相连的管道上。

2）压力容器与安全阀之间的连接管和管件的通孔，其截面积不得小于安全阀的进口截面积，其接管应尽量短而直。

3）压力容器一个连接口上装设两个或两个以上的安全阀时，该连接口入口的截面积应至少等于这些安全阀的进口截面积总和。

4）安全阀与压力容器之间一般不宜装设截止阀门。为实现安全阀的在线校验，可在安全阀与压力容器之间装设爆破片装置。对于盛装毒性程度为极度、高度、中度危害介质，易燃介质，腐蚀、黏性介质或贵重介质的压力容器，为便于安全阀的清洗与更换，经使用单位主管压力容器安全的技术负责人批准，并制定可靠的防范措施，方可在安全阀与压力容器之间装设截止阀门。压力容器正常运行期间截止阀必须保证全开（加铅封或锁定），截止阀的结构与通径应不妨碍安全阀的安全泄放。对于盛装易燃、易爆、有毒或黏性介质的容器，为便于安全阀更换、清洗，可装一只截止阀，但截止阀的流通面积不得小于安全阀的最小流通面积，并且要有可靠的措施和严格的制度，以保证在运行中截止阀全开。

5）安全阀装设位置应便于检查和维修。

6）安装在室外露天环境下的安全阀，要有防止冬季阀内水分冻结的可靠措施。

7）装有排气管的安全阀，排气管的最小截面积应大于安全阀的出口截面积，排气管应尽可能短而直，并且不得装设阀门。

8）安装杠杆式安全阀时，必须使其阀杆保持铅垂位置。所有进气管、排气管连接法兰的螺栓必须均匀上紧，以免阀体产生附加应力，破坏阀体的同心度，影响安全阀的正常动作。

（5）新安全阀在安装之前，应根据使用情况进行调试后，才准安装使用。

3. 安全阀使用中的检查

（1）安全阀的调整

安全阀在安装前应进行水压试验和气密性试验，合格后才能进行调整校正。校正、调整分两步进行，一是在气体试验台上，通过调节施加在阀瓣上的载荷来初步确定安全阀的开启压力。杠杆式安全阀调节重锤位置，弹簧式安全阀调节弹簧压缩量。安全阀的开启压力一般应为容器最高工作压力的 1.05 ~ 1.10 倍。对压力较低的低压容器，可调节到比工作压力高一个大气压，但不得超过容器的设计压力。二是在容器上，通过调整安全阀调节圈与阀瓣的间隙，来精确地确定排放压力和回座压力。如在开启压力下仅有泄漏声而不起跳或虽起跳但压力下降后有剧烈振动和“蜂鸣”声，则是间隙偏大。如果是回座压力过低，则是间隙过小。校正调整后的安全阀应进行铅封。

（2）安全阀的维护

欲使安全阀动作灵敏可靠和密封性能良好，必须加强日常维护检查。安全阀应经常保持清洁，防止阀体弹簧等被油垢脏物粘满或被锈蚀，还应经常检查安全阀的铅封是否完好，温度过低时有无冻结的可能性，检查安全阀是否有泄漏。对杠杆式安全阀，要检查其重锤是否松动或被移动等。如发现缺陷，要及时校正或更换。

（3）安全阀有下列情况之一时，应停止使用并更换：

1）安全阀的阀芯和阀座密封不严且无法修复；

2）安全阀的阀芯与阀座粘死或弹簧严重腐蚀、生锈；

3）安全阀选型错误。

4. 安全阀的定期检验

《固定式压力容器安全技术监察规程》规定，安全附件（含安全阀）要实行定期检验制度，每年至少检验一次。定期检验工作包括清洗、研磨、试验、校正和铅封。拆卸进行校验有困难的应采用现场校验（在线校验）。

五、安全阀常见故障及其排除方法

安全阀出现故障时应及时排除，以确保其灵敏可靠。安全阀常见的故障有以下几种。

1. 阀门泄漏

设备在正常压力下，阀瓣与阀座密封面间发生超过允许程度的渗漏。其原因和排除方法为：

（1）脏物落在密封面上。可使用提升扳手将阀门开启几次，把脏物冲去。

（2）密封面损伤。应根据损伤程度，采用研磨或车削后研磨的方法加以修复。

（3）由于装配不当或管道载荷等原因使零件的同心度遭到破坏。应重新装配或排除管道附加的载荷。

（4）整定压力降低，与设备正常工作压力太接近，以致密封面的比压力过低。应根据设备强度条件对整定压力进行适当的调整。

（5）弹簧松弛从而使整定压力降低引起阀门泄漏。这可能是由于高温或腐蚀等原因所造成的，应根据原因采取更换弹簧、甚至调换阀门等措施；如果是由于调整不当所引起，则必须把调整螺杆适当拧紧。

2. 阀门振荡

阀门振荡即阀瓣频繁启闭。其可能原因及排除方法为：

（1）安全阀排放功能过大。应当选择额定排放量尽可能接近设备必须排放量的安全阀或限制阀瓣开启高度。

（2）由于进口管道太小或阻力太大致使安全阀排量不足，从而引起振荡。应使进口管内径不小于阀门进口通径或减小进口管道阻力。

（3）排放管道阻力过大，造成排放时产生过大的背压。应降低管道阻力。

（4）弹簧刚度过大。应改用刚度较小的弹簧。

（5）调节圈调节不当，使回座压力过高。应重新调整调节圈位置。

（6）安全阀形式选择不当。应更换安全阀。

3. 安全阀启闭不灵活

（1）调节圈调整不当，致使安全阀开启过程拖长或回座迟缓。应重新加以调整。

（2）内部运动零件卡阻，可能是由于装配不当、脏物混入或零件腐蚀等原因造成。应查明原因并清除。

（3）排放管道阻力过大产生较大的背压。应减小排放管道的阻力。

4. 安全阀不在规定的初始整定压力下开启

安全阀调整好以后，其实际开启压力相对整定值有一定的偏差。整定压力偏差：当整定压力小于0.5 MPa时为±0.014 MPa；当整定压力大于或等于0.5 MPa时为±3%整定压力。超出这个范围为不正常。造成开启压力值变化的原因有：

（1）由于工作温度变化引起的，例如，安全阀在常温下调整而用于高温时，开启压力常常有所降低，可以通过适当旋紧螺杆来调节。如果是属于选型不当致使弹簧腔室温度过高时，则应调换适当型号（例如带散热器）的安全阀。

（2）由于弹簧腐蚀所引起的，应调换弹簧。

（3）由于背压变动而引起的，当背压变化较大时，应选用背压平衡式波纹管安全阀。

（4）由于内部活动零件卡阻，应检查并消除。

5. 安全阀不能保证完全开启

（1）弹簧刚度太大。应装设刚度较小的弹簧。

（2）阀座和阀瓣上协助阀瓣开启的机构设置不当。正确调整调节圈，必要时更换其他结构形式的安全阀。

（3）阀瓣在导向套中的摩擦增加。检查同轴度与间隙。

6. 排放管道振动

若排放管道振动，应减少管道弯头或紧固管道。

第二节 爆破片

爆破片又称防爆膜、防爆片，是一种断裂型的泄压装置，它利用膜片的断裂来泄压，泄压后爆破片不能继续有效使用，压力容器也被迫停止运行。

一、爆破片的特点

1. 与安全阀相比，爆破片有以下特点：

（1）适于浆状、有黏性、腐蚀性工艺介质。如果采用安全阀作为安全泄压装置，经过长期运行，这些杂质或结晶体就会积聚在阀芯上，可能使阀芯与阀座产生较大的黏结力，或者堵塞阀门的通道，减少气体对阀芯的作用面积，使安全阀不能按规定的压力开启而失去作用，这种情况下安全阀的安全性能并不可靠，故应装设爆破片。

（2）惯性小，可对急剧升高的压力迅速做出反应。若容器内的压力由于化学反应或其他原因迅猛上升，装置安全阀难以及时排除过高的压力。这样的压力容器常因操作不当，例如，投料数量错误、原料质量不纯、反应速度控制不严、温度过高等造成压力骤增，在这种情况下，其上装置安全阀一般是难以及时泄放压力的，故应采用爆破片。

（3）在发生火灾或其他意外时，在主泄压装置打开后，可用爆破片作为附加泄压装置。

（4）严密无泄漏，适用于盛装昂贵或有毒介质的压力容器。如容器内的介质为剧毒气体或不允许微量泄漏气体，用安全阀难以保证这些气体不泄漏时应采用爆破片。

（5）规格型号多，可用各种材料制造，适应性强。

（6）便于维护、更换。

2. 但爆破片作为泄压装置也有其局限性，主要表现在：

（1）当爆破片爆破时，工艺介质损失较大，所以常与安全阀串联使用以减少工艺介质的损失。

（2）不宜用于经常超压的场合。

（3）爆破特性受温度及腐蚀介质的影响。

（4）一般拉伸型爆破片的工作压力不宜接近其规定的爆破压力，当承受的压力为循环压力时尤甚。

二、爆破片的结构形式

爆破片主要由一块很薄的膜片和一副夹盘所组成，夹盘用埋头螺钉将膜片夹紧，然后装在容器的接口管法兰上。通常所说的爆破片已经包括了夹盘等部件，所以也称为爆破片组合件。常用的爆破片组合件有 4 种形式：

1．拉伸型爆破片（见图 4—7a）特点是爆破压力较稳定，并且可以在很大的压力范围内使用。

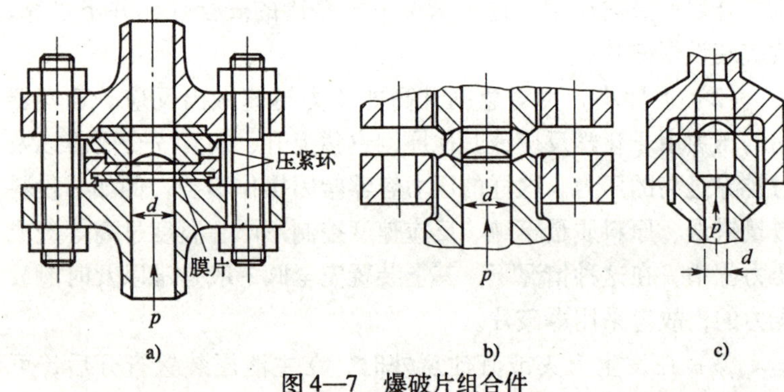

图 4—7　爆破片组合件

a）拉伸型爆破片　b）透镜垫和锥形夹盘形式的爆破片　c）螺纹接头夹盘

2．利用透镜垫和锥形夹盘形式的爆破片（见图 4—7b）可适用于高压场合。

3．螺纹接头夹盘（见图 4—7c）是通过螺纹套管和垫圈将膜片压紧，但膜片容易偏置，因而使用可靠性差。

4．爆破帽又称防爆帽，是一种断裂破坏型的一次性使用的安全泄压装置。爆破帽为端部封闭，短管上有一处薄弱断面，爆破帽结构剖面如图 4—8 所示。当容器内部压力达到爆破帽断裂的压力时，爆破帽就在此薄弱断面处破坏。其功用与爆破片类似，主要用在高压、超高压容器上。

图 4—8　断裂破坏性爆破帽

三、爆破片的特点

由于爆破片的自身特点，在一些情况下应优先选用爆破片作为泄压装置。

1. 工作介质为不洁净气体的压力容器

在石油化工生产过程中，有些气体往往混杂有黏性（如煤焦油）或粉状的物质，或者容易产生结晶体，对于这样的一些气体，如果采用安全阀作为安全泄压装置，则这些杂质或结晶体就会在长期的运行过程中积聚在阀瓣上，使阀座产生较大的黏结力，或者堵塞阀的通道，减少气体对阀瓣的作用面积，使安全阀不能按规定的压力开启，失去安全阀泄压装置应有的作用。在这种情况下，安全泄压装置应采用爆破片。

2. 由于物料的化学反应可能使压力迅速上升的压力容器

有些反应容器由于容器内的物料发生化学反应产生大量气体，使容器内的压力升高。这样的压力容器常常由于操作不当，例如，投料的数量有误，原料不纯，反应速度控制不当等，因而发生压力骤增。在这种情况下，如果采用安全阀作为安全泄压装置，一般是难以及时泄放压力的，容器内的压力将急剧增加。这种容器的安全泄压装置就必须采用爆破片。

3. 工作介质为剧毒气体的压力容器

盛装剧毒气体的压力容器，其安全泄压装置也应该采用爆破片，而不宜用安全阀，以免污染环境。

4. 介质为强腐蚀介质的压力容器

盛装强腐蚀介质的压力容器的安全泄漏装置也选用爆破片。若选用安全阀，由于介质腐蚀作用，使阀瓣与阀座关闭不严，产生泄漏，或使阀瓣与阀座黏结，不能及时打开，使容器爆破。

四、对爆破片的要求

对爆破片有以下的要求：

（1）爆破片应选用持有国家质量监督检验检疫总局颁发的

制造许可证的单位生产的合格产品。

（2）爆破片的选用必须符合压力容器的设计需要。

（3）对易燃介质或毒性程度为极度、高度或中度危害介质的压力容器应在爆破片的排出口装设导管，将排放介质引至安全地点，并进行安全处理，不得直接排入大气。

（4）爆破片装置应进行定期更换，对于超过最大设计爆破压力而未爆破的爆破片应立即更换；在苛刻条件下使用的爆破片装置应每年更换，一般爆破片装置应在2～3年内更换（制造单位明确可延长使用寿命的除外）。

五、爆破片的维护

爆破片在使用期间不需要特殊维护，但需要定期检查爆破片、夹持器及泄放管道。

（1）对爆破片主要检查表面有无伤痕、腐蚀、变形，有无异物附在其上。必要时可用溶剂和水进行清洗，如果发现有腐蚀性应及时更换。

（2）对夹持器、真空托架，要检查腐蚀情况，接触表面有无损伤、异物。

（3）对泄放管道的检查包括：是否通畅，有无腐蚀，固定处是否牢固。还要检查拦截爆破片碎片装置的情况。

（4）所有爆破片都有一定的工作期限（寿命）。许多因素都会影响爆破片的寿命，如容器工作压力与爆破压力之比、工作温度、压力的波动情况、爆破片的材料、工艺介质的腐蚀性、大气温度等。目前，爆破片的使用寿命还不能用公式计算，只有根据各自的使用条件来决定。在设备运转一定时间后，取出爆破片，重新做爆破试验，这样积累相当数据后，根据情况决定使用期限。

（5）由于物理、化学因素的作用，爆破片的爆破压力会逐渐降低，因此，在正常使用条件下，即使不破裂，也应定期（一般是1年1次）予以更换。对于超压未爆的爆破片应立即更换。

（6）工厂应储存一定数量的备件，以便在定期检查时能及时更换。备件在库房中保管时要注意防腐蚀、防变形，避免高温、低温、高湿的影响。

第三节　压　力　表

压力容器以及需要控制压力的设备都必须装压力表。在压力容器上装压力表是为了测量容器内介质的压力，操作人员根据压力表所指示的压力进行操作，将压力控制在允许范围内。如果压力表不准或失灵，安全阀也同时失灵的话，则压力容器将可能发生事故。因此，压力表准确与否直接关系到容器的安全，未装置压力表或压力表损坏的压力容器是不准运行的。

压力表有液柱式、弹性元件式、活塞式和电量式四大类。目前，单弹簧管式压力表广泛用于压力容器中。这种压力表具有结构坚固、不易泄漏、准确度较高、安装使用方便、测量范围较宽、价格低廉的优点。

一、压力表的结构和工作原理

1. 单弹簧管式压力表

单弹簧管式压力表是利用弹簧弯管在内压力作用下变形的原理制成的，根据其变形量的传递机构可分为扇形齿轮式和杠杆式两种。带有扇形齿轮传动机构的单弹簧管压力表的结构如图 4—9 所示。

弹簧弯管（又叫波登管）是一根横断面呈椭圆形或扁平形的中空弯管（一般用无缝黄铜管制成，只有用于压力为 15 ~ 20 MPa的压力表才用不锈钢、铬钒钢等无缝钢管来制造）。

压力表主要靠弯管的作用来表示压力的大小，它的一端牢固地焊在支座上，另一端为自由端，当容器内有压力的气流进入弹簧弯管内时，由于内压的作用，椭圆形截面的弯管就有膨胀成圆

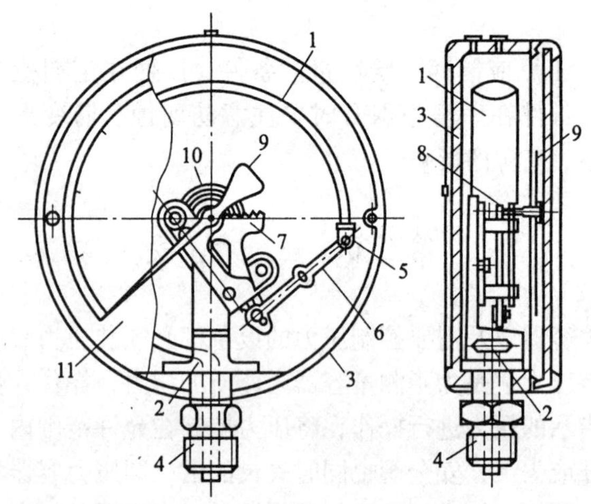

图 4—9　带扇形齿轮的单弹簧管压力表

1—弹簧弯管 2—支座　3—表壳　4—带绞轴的塞子　5—带铰轴的塞子　6—拉杆　7—扇形齿轮　8—小齿轮　9—指针　10—游丝　11—刻度盘

形的趋势，从而使弯管向外伸展，发生角位移变形，弯管内的压力越高，变形也越大。弹簧弯管的自由端通过拉杆与扇形齿轮相连，扇形齿轮又与小齿轮相咬合，在小齿轮的轴上装有指针和游丝。游丝是为了消除扇形齿轮与小齿轮之间的间隙而装设的。这样当弹簧管向外伸展时，通过拉杆带动扇形齿轮，因为扇形齿轮的支点比较靠近拉杆这一端，所以只要弹簧弯管带着拉杆稍微移动，扇形齿轮就要做较大的摆动。又因为中心轴上小齿轮齿数较少，而扇形齿轮相当于一个齿数很多的大齿轮，所以当扇形齿轮做小量摆动时，小齿轮就做较大的转动，从而使中心轴和指针也就跟着转动，由指针转动后的位置，在刻度盘上就可以直接读出所测的压力值。

带有杠杆传动机构的单弹簧管压力表的结构如图 4—10 所示。它的工作原理是：弹簧弯管的自由端通过拉杆带动弯曲杠杆，从而转动指针。这种弹簧管压力表可得到更高的准确度，而且耐震，但指针只能在90°的范围内转动。

2. 波纹平膜式压力表

波纹平膜式压力表常用于工作介质具有腐蚀性的容器中，其结构如图4—11所示。它的弹性元件是波纹形的平面薄膜，而薄膜紧夹在上法兰与下法兰之间，两个法兰分别与接头及表壳相连，当薄膜下面通入压力时，薄膜受压向上凸起，并通过销柱、拉杆、齿轮传动机构来带动指针，从而直接在刻度盘上显示出被测的压力值。这种压力表的薄膜中心的最大挠度不能超过1.5~2 mm，所以要用较高的传动比。其灵敏度和准确度都比较低，也不能用于较高的压力，一般应小于3 MPa，它对振动和冲击不太敏感，更主要是它可以在薄膜底面用抗腐蚀金属制成保护膜，所以能用来测定具有腐蚀性介质的压力，因此，在许多化工容器中经常采用。

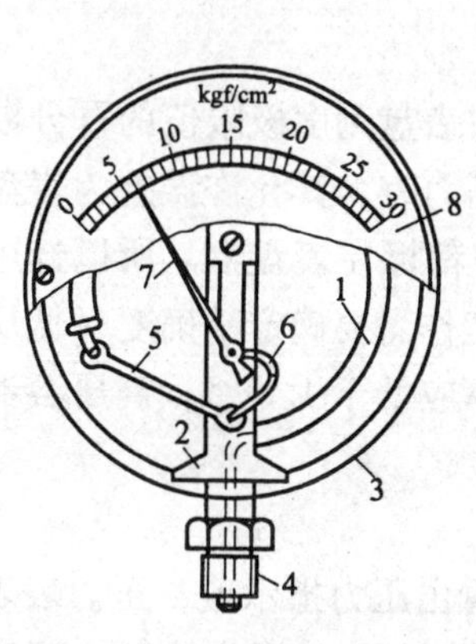

图4—10 带杠杆的单弹簧管压力表

1—弹簧弯管 2—支座 3—表壳 4—接头 5—拉杆 6—弯曲杠杆 7—指针 8—刻度盘

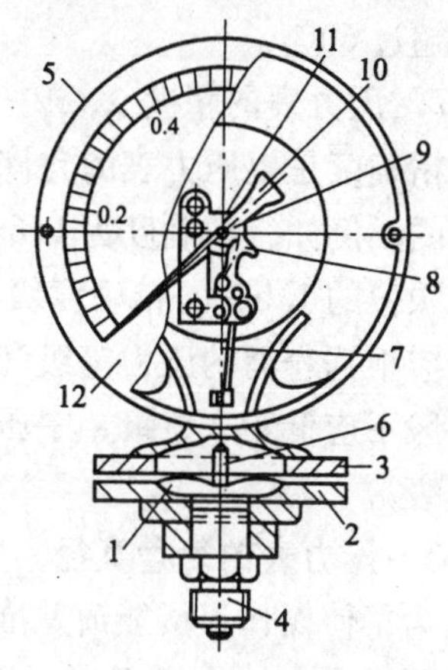

图4—11 波纹平膜式压力表

1—平面薄膜 2—下法兰 3—上法兰 4—接头 5—表壳 6—销柱 7—拉杆 8—扇形齿轮 9—小齿轮 10—指针 11—游丝 12—刻度

二、压力表的选用

1. 压力表的量程

装在压力容器上的压力表，其量程应与容器的工作压力相适应。压力表的最大量程最好选用为容器工作压力的2倍，最小不能小于1.5倍，最大不能大于3倍。因为压力表的量程越大，同样精确度的压力表，其允许误差的绝对值也越大，肉眼观察的偏差也越大，所以如果压力容器选用量程过大的压力表，就会影响压力读数的准确性。如果压力表的量程过小，容器的工作压力接近或等于压力表的刻度极限值，又会使弹簧弯管经常处于极大的变形状态下，因而容易产生永久变形，导致压力表的误差增大。同时，压力表的量程过小，万一压力容器超压，还会使指针越过最高量程达到零位，使操作人员产生错觉而误以为容器内无压力造成更大的事故。所以，从压力表的寿命与维护方面来要求，压力表的使用压力范围不应超过刻度极限的70%，在波动压力下不应超过60%。

2. 压力表的精度

精确度是以压力表的允许误差占表盘刻度极限值的百分数来表示的，例如，精确度为1.6级的压力表，其允许误差为表盘刻度极限值的1.6%，精确度级别一般都标在表盘上。所以选用压力表应根据容器的压力等级和实际工作需要确定精确度（低压容器一般不应低于2.5级；中压容器不应低于1.6级；高压容器应为1级）。

3. 压力表的表盘直径

为了使操作人员能清楚准确地看出压力指示值，压力表表盘直径不能太小，一般不应小于100 mm。如果压力表距离观察地点较远，表盘直径还应增大，距离超过2 m时，表盘直径最好不小于150 mm；距离越过5 m时，不要小于250 mm。

4. 被测介质的性质

压力表所用的材质不能与压力容器内的介质发生物理化学反应，同时应与被测介质的温度高低、黏度大小、脏污程度、易燃易爆特性等有关。即选用压力表必须与压力容器的介质相适应。例如，盛装氨或含硫化氢介质的容器，不得选用钢质压力表；介质温度高于150℃时，应选用银焊压力表；氧气用的压力表，严禁油压校验和接触高温。

三、压力表的安装

1. 应便于操作人员观察，压力表应安装在最醒目的地方，并要有足够的照明。压力表的接管应直接与压力容器本体相连接，同时要注意避免辐射热、低温（冻结）及振动的影响。装在高处的压力表应稍微向前倾斜（但倾斜角≤30°）。

2. 应便于更换和校验。为便于装卸和校验压力表，压力表与容器之间应装设三通旋塞，旋塞应装在垂直的管段上，并要有开启标志和锁紧装置，以便校对与更换。

3. 应注意高温介质的影响。工作介质为高温蒸汽的压力容器，例如，锅炉房内的分汽缸、热水器等，这类容器压力表的接管上要装有一段弯管，使蒸汽在这一段弯管内冷凝，以避免高温蒸汽直接进入压力表内的弹簧管中，使表内元件过热变形而影响压力表的精确度。

4. 应注意腐蚀介质的影响。若容器内工作介质对压力表零件材料具有腐蚀作用，则应在弹簧管式压力表与容器的连接管路上装置充填有液体的隔离装置，充填液不应与工作介质起化学反应或生成物理混合物。因限于操作条件不能采取这种装置时，则应选用抗腐蚀的压力表，如波纹平膜式压力表等。

5. 安装的压力表必须是经过法定检定单位校验合格的压力表，其中包括新购置的压力表、使用需要定期校验和维修的压力表都必须校验合格，并有铅封标示和检定合格证书，且应注明下次校验日期。

6. 压力表表盘上应有警戒红线。每一个压力表最好固定用于相同压力的容器上，这样可以根据容器的最高许用压力在压力表的刻度盘上画出警戒红线。不应把表示容器最高许用压力的警戒红线涂画在压力表的玻璃上，以免玻璃转动使操作人员产生错觉，造成事故。

四、压力表的维护

在压力容器运行中，应加强对压力表的及时维护和检查。压力容器的操作人员对压力表的维护应做好以下几点工作：

1. 压力表应保持洁净，表盘上的玻璃要明亮清晰，使表盘内指针指示的压力值能清楚易见，表盘玻璃破碎或表盘刻度模糊不清的压力表应停止使用。

2. 压力表的连接管要定期吹洗，以免堵塞，特别是对用于较多的油垢或其他黏性物质的气体的压力表连接管。要经常检查压力表的指针的转动与波动是否正常，检查连接管上的旋塞是否处于全开状态。

3. 压力表必须定期校验，每半年至少经计量部门校验一次。校验完毕应认真填写校验记录和校验合格证并加以铅封。如果容器在正常运行中发现压力表指示不正常或有其他可疑迹象时应立即检验校正。

4. 氧用压力表禁油脱脂。与氧接触设备、管道上安装的压力表必须禁油，新安装的压力表须进行脱脂处理。

五、压力表的更换

压力表有下列情况之一时，应停止使用并更换：

1. 有限止钉的压力表，在无压力时，指针不能回到限止钉处；无限止钉的压力表，在无压力时，指针距零位置的数值超过压力表的允许误差。

2. 表盘封面玻璃破裂或表盘刻度模糊不清。

3. 封印损坏或超过校验有效期限。

4. 表内弹簧管泄漏或压力表指针松动。

第四节　液　位　计

液位（面）计是用来测量液化气体或物料的液位、流量、装量、投料量等的一种计量仪表。例如，计量罐、中间罐、储罐、球罐、液化气体汽车罐车、铁路罐车等都需装设液位计。压力容器操作人员根据其指示的液位高低来调节或控制充装量，从而保证容器内介质的液位始终在正常范围内，不发生因超装过量而导致的事故或由于投料过量而造成物料反应不平衡的现象。历年来，由于液位计失灵或未按规定安装液位计，或操作人员不认真操作，导致压力容器充装或投料过量的事故是很多的。所以，每个压力容器操作人员及容器管理人员均须重视这个问题，严格监视液位或投料量；同时，必须按规定安装液位计，并保证其准确、灵敏、可靠。

一、液位计的形式及结构

1. 玻璃管式液位计（见图 4—12）

玻璃管式液位计的结构简单，由上阀体、下阀体、玻璃管和放水阀等构件组成。安装维修方便，通常用在工作压力0. 6 MPa和介质为非易燃易爆或无毒的容器中。

用于容器上的玻璃管式液位计有定型产品，玻璃管的公称直径为 15 mm 和 25 mm 两种。玻璃管直径过小易产生毛细管现象，液位显示会与实际液位稍有偏差。液位计玻璃管的中心线与上、下阀体的垂直中心应互相重合，否则在安装和使用中玻璃管容易坏。液位计应有防护罩，防止玻璃管损坏时介质外溢造成事故。防护罩最好用较厚的耐温钢化玻璃板制成，将玻璃管罩住，但不应影响观察液位。防护罩也有用铁皮制作的，为了便于观察液位，在防护罩的前面应开有宽度大于 12 mm、长度与玻璃管可见长度相等的缝隙，并在防护罩后面留有较宽的缝隙，以便光线射入，使压力容器操作人员清晰地看到液位。

2. 玻璃板式液位计（见图 4—13）

这种液位计主要由上阀体、下阀体、框盒、平板玻璃等构件组成。具有读数直观、结构简单、价格便宜的优点。由于要求其耐压故不能做得太长。大型储罐安装液位计时，就需要把几段玻璃板连接起来使用，安装检修不太方便。但由于板式液位计比管

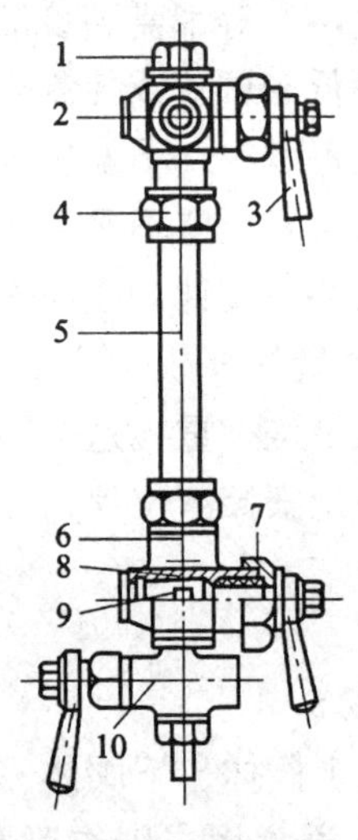

图 4—12　旋塞玻璃管式液位计

1—玻璃管盖　2—上阀体　3—手柄
4—玻璃管螺母　5—玻璃管　6—下阀体
7—封口螺母　8—填料　9—塞子　10—放水阀

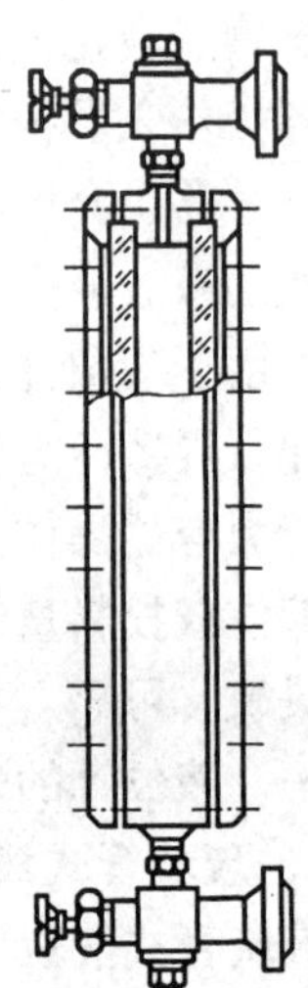

图 4—13　双面玻璃板式液位计

式液位计耐压高，安全可靠性好，所以凡介质是易燃、剧毒、有毒、压力和温度较高的容器，采用板式液位计比较安全。双面玻璃板液位计尺寸见表 4—2。

表 4—2　　双面玻璃板液位计尺寸　　mm

液位计节数	公称长度 L		透光尺寸 $L_1 \times B$		透光长度 L_2		液位计总重（kg）	
	p_g（MPa）							
	16	40	16	40	16	40	16	40
1	530	500	340×18	264×18	304	264	25.5	30.8
2	890	830	340×18	264×18	672	602	44.0	54.7
3	1 260	1 170	340×18	264×18	1 040	940	32.9	79.0
4	1 630	1 510	340×18	264×18	1 408	1 278	81.9	103

3. 浮球液位计（见图 4—14）

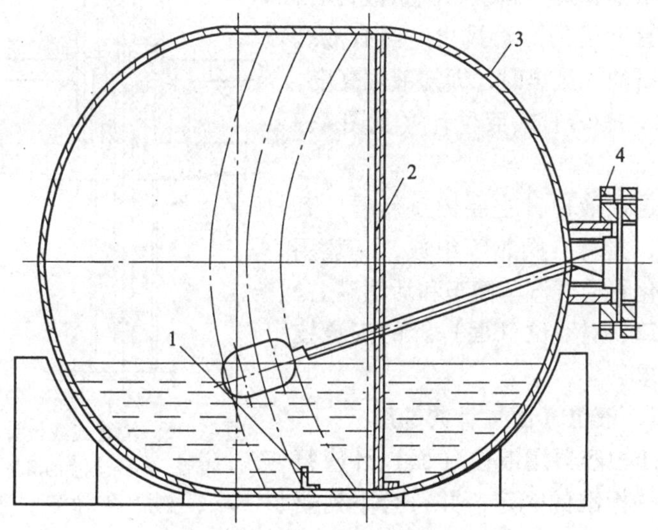

图 4—14　浮球磁力式液位计

1—避振装置　2—导向杆　3—储罐　4—液位计

浮球液位计又称浮球磁力式液位计，其工作原理是当容器内液位升降时，以浮球为感受元件，带动连杆结构通过一对齿轮使互为隔绝的一组门形磁钢转动，并带动指针，使得刻度盘上指示出容器内的充装量。多安装在各类液化气体汽车槽车和油品汽车槽车上，它具有以下优点：

（1）结构简单，动作可靠，精度较高，安装维护方便，耐振动、耐磨损、耐压、耐高温和耐腐蚀。

（2）表盘指示直观，读数清晰、准确可靠。

（3）由于内部传动机构与表盘及指针互为隔绝，因而这种液位计的密封性能极好。

4. 滑管式液位计（见图 4—15）

这种液位计主要由套管、带刻度的滑管、阀门和护罩等组成，一般用于液化石油气汽车槽车、铁路槽车和地下储罐。测量液位时，将带有刻度的滑管拔出，当有液态液化石油气流出时，即知液位高度。

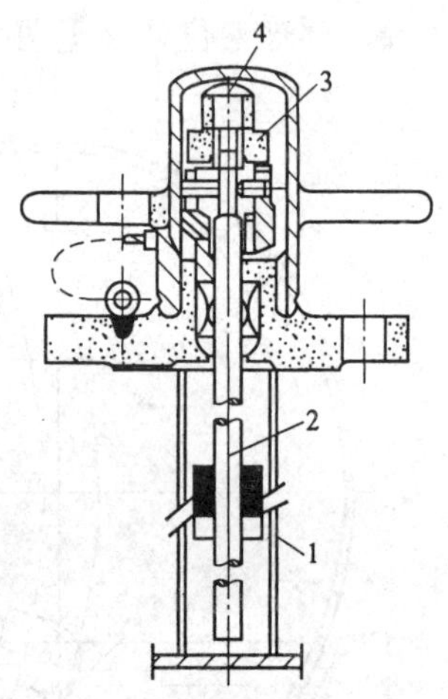

图 4—15 滑管式液位计
1—套管 2—带刻度的滑杆
3—阀门 4—护罩

5. 旋转管式液位计（见图 4—16）

这种液位计主要由旋转管、刻度盘、指针、阀芯等组成，一般用于液化石油气汽车槽车和活动罐上。

二、对液位（面）计的安全技术要求

1. 液位（面）计的选用

压力容器用液位（面）计应符合有关标准的规定，并符合下列要求：

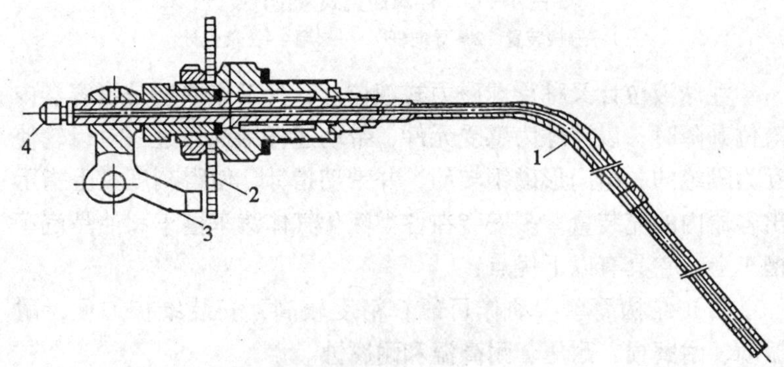

图 4—16 旋转管式液位计
1—旋转管 2—刻度盘 3—指针 4—阀芯

（1）应根据压力容器的介质、最高工作压力和温度正确选用。

（2）在安装使用前，低、中压容器用液位（面）计，应进行1.5倍液面公称压力的液压试验；高压容器的液位（面）计，应进行1.25倍液面公称压力的液压试验。

（3）盛装零度以下介质的压力容器，应选用防霜液位（面）计。

（4）寒冷地区室外使用的液位（面）计，应选用夹套型或保温型结构的液位（面）计。

（5）用于易燃、毒性程度为极度、高度危害介质的液化气体压力容器上，应采用板式玻璃液位计或自动液位指示器，并应有防止泄漏的保护装置。液化石油气液位计使用的电器部分应符合安全规定，必须达到防爆隔爆要求，并且安全可靠。

（6）要求液面指示平稳的，不应采用浮子（标）式液位（面）计。

（7）移动式压力容器不得使用玻璃板式液位（面）计。液化气体槽车上使用的液位计，为了防止碰撞、减少外露尺寸和确保安全可靠，液位计应置于槽车罐体内部，例如，槽车上经常采用磁力式液位计、拉杆式液位计、浮球式液位计等。

（8）液位计要求结构简单、安全可靠，测量数据准确、精度要高，液位指示明显醒目，操作维修方便；对于大型容器或储存危害程度较大的介质的容器，液位计除采用直接式外，还应装设能够进行数字传递的远程控制、遥控遥测及自动化液位测定装置，例如，采用带导线束或钢带的浮子式液位计，测量液位精确，采用超声波液位计时，操作简单，测量速度快，精度高，误差不大于±5 mm。此外，还有的容器增加了液位报警器，当液位达到或超过警戒线时，能做到自动报警，使操作人员迅速采取措施，预防了事故的发生。

2. 液位（面）计的安装

液位（面）计应安装在便于观察的位置，并有防爆、照明装置。如液位（面）计的安装位置不便于观察，则应增加其他辅助设施。通常情况下，当液位计的液位距离操作地面高于2 m

或大型容器采用多段连接的板式液位计时，为了便于观察与操作，应按规定位置安装操作平台或工作梯。大型压力容器还应有集中控制的设施和报警装置。液位（面）计上最高和最低安全液位，应做出明显的标志。如安装完毕并经调校后，应在刻度表盘上用红色油漆画出最高、最低液位的警戒红线。

3. 液位（面）计的维护管理

压力容器运行操作人员应加强对液位（面）计的维护管理，使其保持完好和清晰。操作人员要经常巡回检查，保持液位计的清洁，谨防泄漏，特别在冬季，要防止液位计冻堵和产生假液位。玻璃板或玻璃管内要定期擦洗或冲洗。排放液位计内的有毒、剧毒、易燃易爆介质时，要采用引出管将介质排放至安全地带妥善处理。使用单位应对液位（面）计实行定期检修制度，可根据实际情况，规定检修周期，但不应超过压力容器内外部检修周期。

4. 液位（面）计的更换

液位（面）计有下列情况之一时，应停止使用并更换：

（1）超过检修周期；

（2）玻璃板（管）有裂纹，破碎；

（3）阀件固死；

（4）出现假液位；

（5）液位（面）计指示模糊不清。

第五节　温　度　计

压力容器在操作运行中，对温度的控制一般都比压力控制更严格，因为温度对工业生产中的大部分反应物料或储运介质的压力升降具有决定性作用。特别是容器内的物料或反应物会由于温度的变化而发生质量上的变化，如果超过了工艺所规定的温度，就可能生产出不合格的产品而造成经济损失。所以压力容器操作人员应根据测温仪表所反映的数据来对容器工况进行调整。

一、温度仪表的形式与结构

压力容器上常用的温度计有玻璃温度计、压力式温度计、热电偶温度计等。压力容器中需要测量的温度范围相当广，从摄氏零下一百多度至零上近千度。故备有多种类型测温仪表满足不同范围的测温要求，见表4—3。

表4—3　　各类测温仪表测温范围

类别	作用原理	测温范围（℃）
膨胀式温度计	物体受热后的热膨胀	－80～700
压力式温度计	液体、气体、蒸汽在密封系统中受热产生压力或体积变化	－60～550
热电偶温度计	利用物体的热电性能	－50～160
电阻温度计	利用导体或半导体受热后的电阻值变化	－50～650

1. 玻璃温度计

（1）玻璃温度计的原理与结构

玻璃温度计是根据水银、酒精、甲苯等液体具有热胀冷缩的物理性质制成的。在工业锅炉中使用最多的是水银玻璃温度计。

水银玻璃温度计由测温包、毛细管和分度标尺等部分组成，一般有内标式和外标式两种。内标式水银温度计的标尺分格刻在置于膨胀毛细管后面的乳白色玻璃板上。该板与温包一起封在玻璃保护外壳内，根据安装位置的需要，具有细而直或弯成90°、135°或180°等数种的尾部，以便观察。工业用温度计的尾端长度一般在85～1 000 mm，直径是7～10 mm，装入标尺的玻璃套管的标准长度和直径分别等于220 mm和18 mm，如图4—17所示。当测量温度值的上限达350℃以上时，应该用石英管取代水银温度计的玻璃管，同时在石英管内的水银面上方充入高压惰性气体（氮气等）。当温度值下降到低于－30℃时，通常用有机液体（如酒精、戊烷等）代替水银。

电接点水银温度计是在水银玻璃温度计内插入两根导线组成，当温度达到规定值时，水银即接通电路，带动控制系统动作，对温度进行调节或使信号装置发生声光警报。

（2）玻璃温度计的优缺点

水银玻璃管温度计的优点是测量范围大（-30~500℃），精度较高，结构简单，价格便宜等。缺点是易破碎，示值不够明显，不能远距离观察。

2. 压力式温度计

（1）压力式温度计的原理与结构

压力式温度计是根据温包里的气体或液体因受热而改变压力的性质制成的。一般分为指示式与记录式两种。前者可直接从表盘上读出当时的温度数值，后者有自动记录装置，可记录出不同时间的温度数值。压力式温度计由温包、毛细管、游丝、小齿轮、扇形齿轮、连杆、弹簧管、指针等零件组成，如图 4—18 所示。

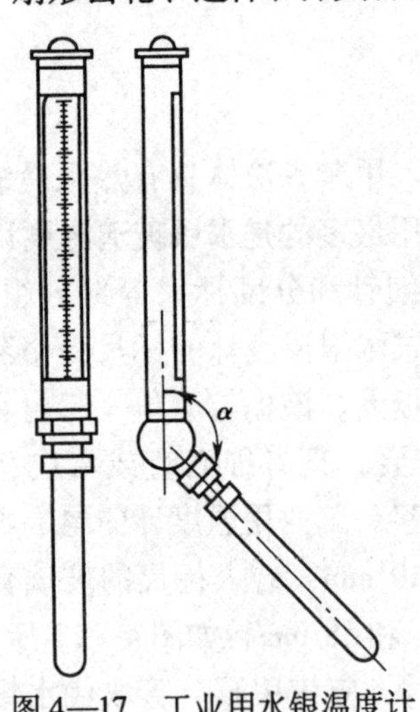

图 4—17　工业用水银温度计

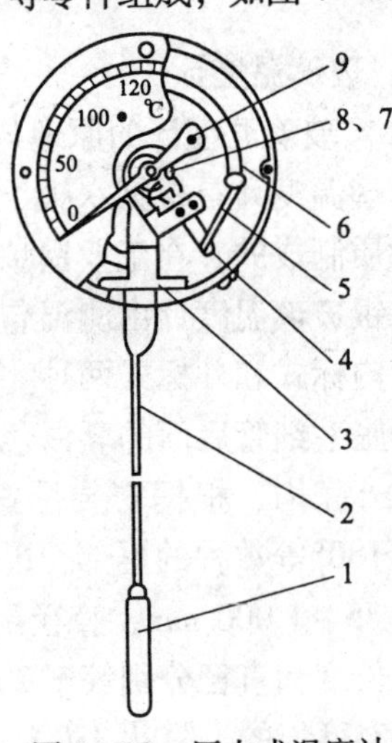

图 4—18　压力式温度计

1—温包　2—毛细管　3—支撑座
4—扇形齿轮　5—连杆　6—弹簧杆
7—小齿轮　8—游丝　9—指针

温包内装有易挥发的碳氢化合物液体。测量温度时，温包内的液体受热蒸发，并且沿着金属软管内的毛细管传到表头。表头的构造和弹簧管式压力表相同，表头上的指针发生偏转的角度大小与被测介质的温度高低成正比，即指针在刻度盘上的读数等于被测介质的温度值。

（2）压力式温度计的适用范围及优缺点

压力式温度计适用于远距离测量非腐蚀性气体、蒸汽或液体的温度，被测介质压力不超过 6.0 MPa，温度不超过 400℃。它的优点是温度指示部分可以离开测点，使用方便。缺点是精度较低，金属软管容易损坏，且不易修复。

3. 热电偶温度计

（1）热电偶温度计的原理与结构

热电偶温度计是利用两种不同金属导体的接点受热后产生热电势的原理制成的测量温度的仪表。其主要由热电偶、补偿导线和电器测量仪（检流计）三部分组成，如图 4—19 所示。用两根不同的导体或半导体（热电极）*ab* 和 *ac* 的一端互相焊接，形成热电偶的工作端（热端）。将它插入被测介质中以测量温度，热电偶的自由端（冷端）*b*、*c* 分别通过导线与测量仪表相连接。当热电偶的工作端与自由端存在温度差时，则 *b*、*c* 两点之间产生了热电势，因而补偿导线上就有电流通过，而且温差越大，所产生的热电势和导线上的电流也越大。通过观察测量仪表上指针偏转的角度，就可直接读出所测介质的温度值。常用的普通铂铑—铑热电偶（WRLL 型）最高测量温度为 1 600℃；普通铂铑—铂热电偶（WRLB 型）最高测量温度为 1 400℃；普通镍铬—镍硅热电偶（WREU 型）最高测量温度为 1 100℃。

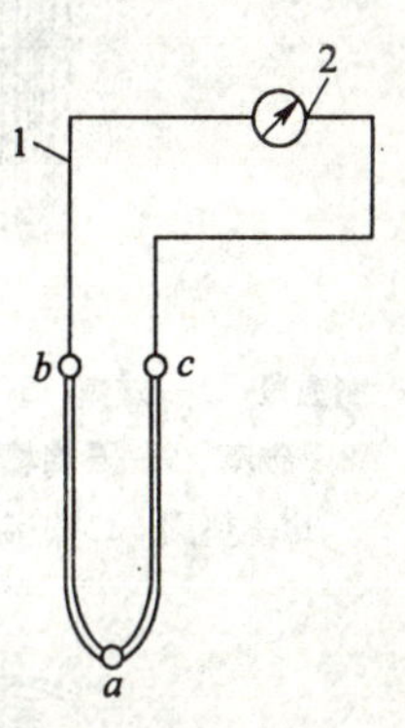

图 4—19　热电偶温度计示意图

1—补偿导线　2—测量仪表

常见的普通金属热电偶和贵重金属热电偶的内部结构如图4—20、图4—21所示。

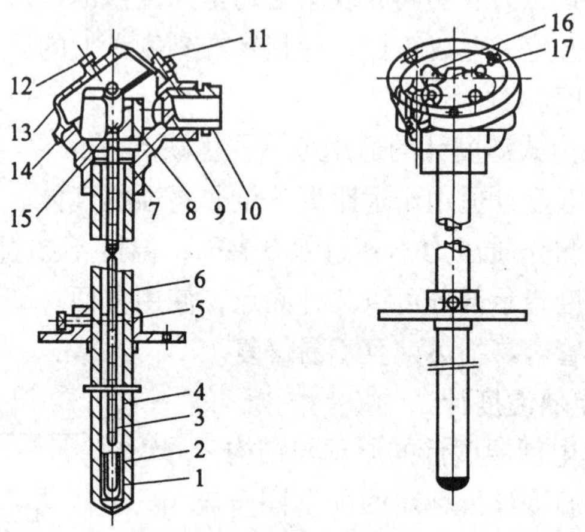

图4—20　普通金属热电偶

1—测温段　2—磁帽　3—磁柱　4—保护套　5—法兰 6—保护管　7—头部外壳　8—磁座　9—石棉填料　10—填料函　11—螺钉　12—链环　13—盖子　14—垫圈　15—接线柱　16—导线固定螺钉　17—热电偶固定螺钉

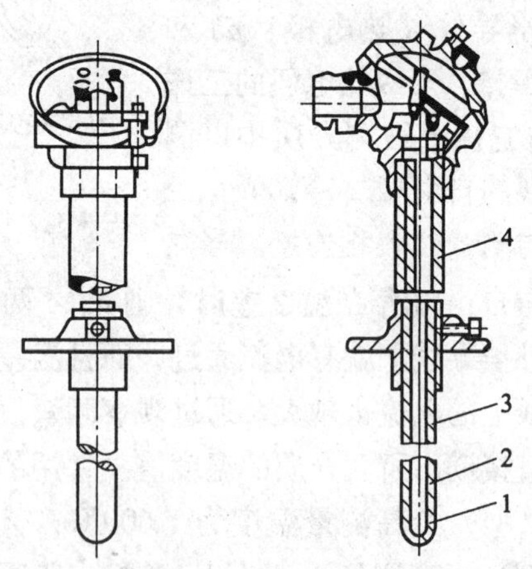

图4—21　贵重金属热电偶

1—工作段　2—磁管　3—磁保护管　4—钢保护管

（2）热电偶温度计的优缺点

热电偶温度计的优点是灵敏度高，测量范围大，无须外接电源，便于远距离测量和自动记录等。缺点是需要补偿导线，安装费较贵。

4. 热电阻温度计

利用金属、半导体的电阻随温度变化的特性，可制成热电阻温度计。通过测量其电阻值，即可得到被测温度的数值。它由测量元件热电阻和电气测量仪表组成。

（1）热电阻

热电阻有两类，一是用金属丝绕成的电阻，称测温电阻，如铂电阻（见图4—22）、铜电阻（见图4—23）等；二是由半导体制成的电阻，称半导体热敏电阻，如图4—24所示。

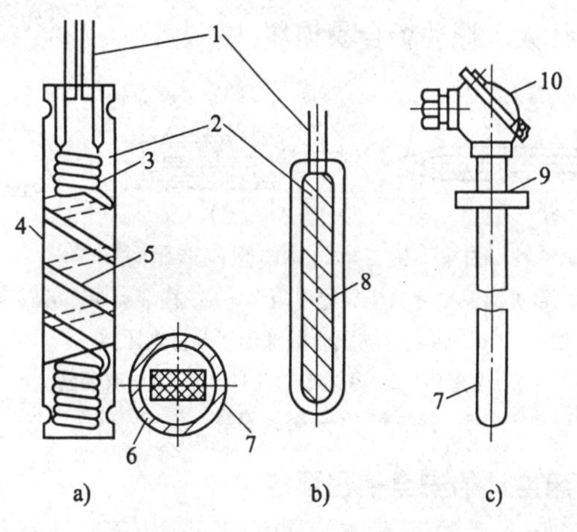

图4—22　铂电阻构造示意图

a）用云母片作骨架　b）用石英玻璃柱作骨架　c）外形图

1—引出线　2—铂丝　3—锯齿形云母骨架　4—保护用云母片

5—银绑带　6—铂电阻横断面　7—保护套管

8—石英骨架　9—连接法兰　10—连接盒

(2) 电气测量仪表

与热电阻匹配的电气测量仪表，用于测量热电阻的电阻值。电阻值随温度而变化，将此值作为信号输入测量仪表进行测量，即可获得被测物体的温度值。不同热电阻的电阻值与温度的对应关系已通过实验获得，因此，在测量仪表上可以直接显示出被测介质的温度值。工业上常用的测量仪表有比率计和自动平衡电桥等。其优点是精度较高，便于远距离测量和自动记录，既能测高温又能测低温，其测温范围通常为 -200 ~650℃。缺点是维护工作量较热电偶温度计大，振动场合易损坏。

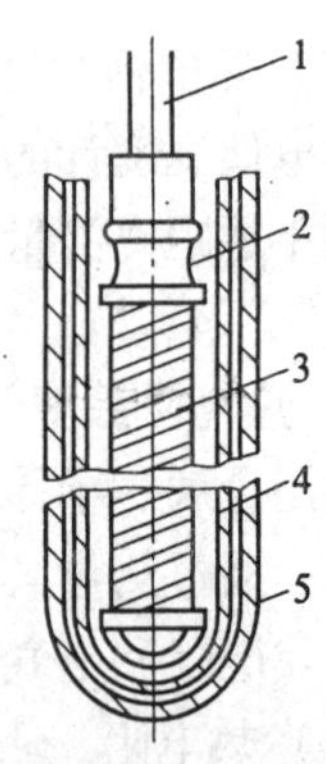

图 4—23 铜电阻构造示意图

1—引出线 2—塑料骨架 3—铜线 4—内保护套管 5—外保护套管

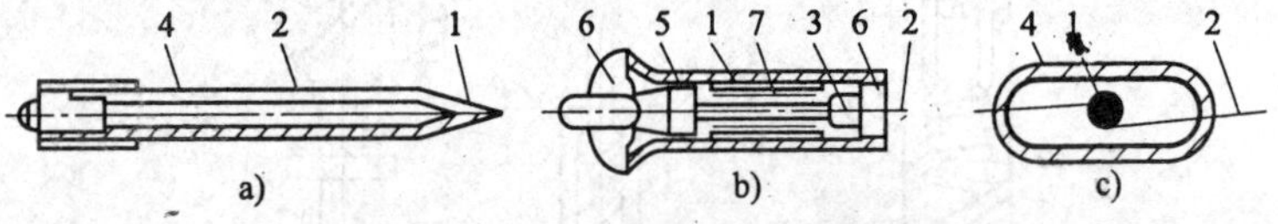

图 4—24 半导体电阻构造示意图

a）带玻璃保护管的半导体电阻体 b）柱形半导体电阻体

c）带密封玻璃管的球形半导体电阻体

1—电阻体 2—引出线 3—导体 4—玻璃管

5—保护管 6—密封函料 7—锡箔

二、对温度计的安全使用要点

1. 应选择合适的测温点，使测温点的情况具有代表性，并尽可能减少外界因素（如辐射散热等）的影响。其安装位置要便于操作人员观察，并配备防爆照明装置。

2. 温度计的温包应尽量伸入压力容器或紧贴于容器器壁上，同时露出容器的部分应尽可能短些，确保能测准容器内介质的温度。用于测量蒸气和物料为液体的温度时，温包的插入深度不应小于 150 mm，用于测量空气或液化气体的温度时，插入深度不应小于 250 mm。

3．对于压力容器内介质的温度变化剧烈的工况，进行温度测量时应考虑到滞后效应，即温度计的读数来不及反映容器内温度变化的真实情况。为此，除选择合适的温度计形式外，还应注意安装的要求。如用导热性强的材料做温度计保护套管，在水银温度计套管中注油，在电阻式温度计保护套管中充填金属屑等，以减少传热的阻力。

4．温度计应安装在便于工作、不受碰撞、减少振动的地点。安装内标式玻璃温度计时，应有金属保护套，保护套的连接要求端正。对于充注液体的压力式温度计，安装时其温包与指示部位应在同一水平面上，以减少由于液体静压力引起的误差。

5．新安装的温度计应经国家计量部门鉴定合格。使用中的温度计应定期进行校验，误差应在允许的范围内。在测量温度时不宜突然将其直接置于高温介质中。

第六节　紧急切断阀

紧急切断阀是一种通常装设在液化石油气储罐或液化气体汽车槽车、铁路槽车的气、液出口管道上的安全装置，当管道及其附件破裂、误操作或容器附近发生火灾事故时，为了防止事故蔓延和扩大，需立即紧急关闭阀门，以迅速切断气源，杜绝事故的继续发生，此时紧急切断阀应立即启动。

一、分类

1．按切断方式分

紧急切断阀按其切断方式分为油压式、气压式、电动式和机械式 4 种类型。

（1）油压式

油压式紧急切断装置由手摇油泵、紧急切断阀和油管路等组成。紧急切断阀借助手摇油泵，给系统工作介质加压使阀开启。油压式紧急切断阀是利用油泵将油压送到紧急切断阀的上部油缸中，把油缸中的活塞压下，通过活塞杆带动阀芯下降而开启阀门，液化石油气通过紧急切断阀流出。当发生事故需要紧急切断时，即需要关闭时，打开手摇油泵的泄压阀或油路上的泄压阀，卸掉系统压力，即把油缸中的油放出，活塞在弹簧作用下向上移动，从而带动阀芯向上运动关闭阀门，达到紧急切断的目的。同时，紧急切断阀的上部还装有易熔合金塞，发生火灾时由于温度急剧升高，易熔合金迅速熔化，使油缸中的油漏出而关闭阀门。这种紧急切断装置安全可靠，操作灵活，可以远距离操纵。它可以安装在储罐和槽车上。站用紧急切断装置的手摇油泵可设在仪表间、压缩机室或距储罐 15 m 以外的地方。

站用和车用手摇油泵的构造，分别如图 4—25、图 4—26 所示。

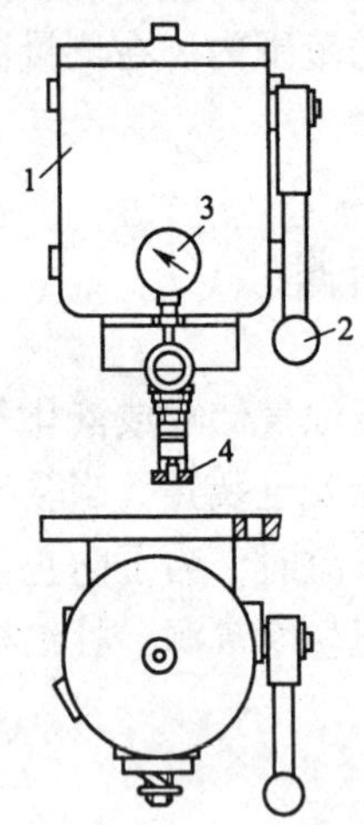

图 4—25　站用手摇油泵构造

1—外套　2—手柄

3—压力表　4—油路接管

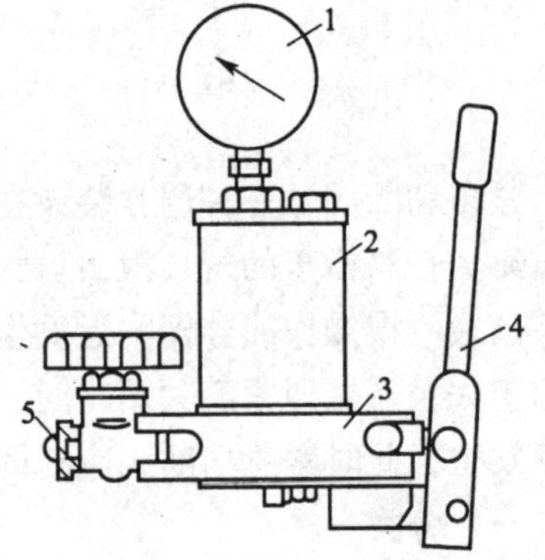

图 4—26　车用手摇油泵构造

1—压力表　2—油杯　3—阀体

4—手柄　5—油路接管

（2）气压式

气压式紧急切断阀则是利用压缩空气压入阀内，使阀开启，事故发生时放掉压缩空气使阀门自行关闭。其构造原理与油压式相似。在寒冷地区使用时，要考虑压缩空气系统的防冻。

（3）电动式

电动式紧急切断阀的作用原理是通电时，由于电磁阀吸引使阀门开启，断电时阀门即自行关闭。这种阀门必须具有良好的耐压和防爆性能。

（4）机械式

机械式紧急切断阀能通过传动机构使阀门开启或关闭，结构简单。操作方便，但操纵系统（钢索）易受损，只能近距离操作。目前只在某些固定槽车上使用。

所有紧急切断阀的断物料的时间，应在 10 s 内完成。

2. 按安装方法分

紧急切断阀按安装方法可分为内置式和外装式两种。内置式紧急切断阀主要由阀盖、油缸、O 形密封圈、弹簧和阀座等部分组成，如图 4—27 所示，通常安装在储罐（凸缘）上。外置式紧急切断阀由阀座、阀瓣、弹簧、油缸、活塞、导油管、外壳等部件组成，如图 4—28 所示，安装于接管上。

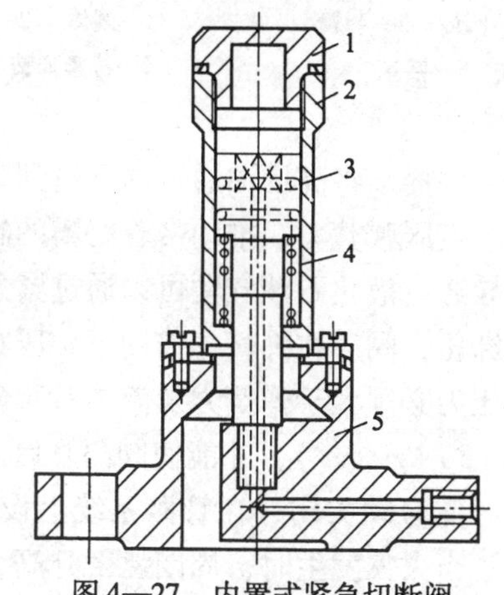

图 4—27　内置式紧急切断阀

1—阀盖　2—油缸　3—O 形密封圈　4—弹簧　5—阀座

二、液化气体槽车上的紧急切断阀

液化气体槽车上专用的紧急切断阀由阀体、凸轮、油缸、弹簧等部件组成，如图4—29、图4—30所示。安装时应根据槽车的特点，做成135°角接式，并带有过流关闭装置。其构造如图4—31所示。

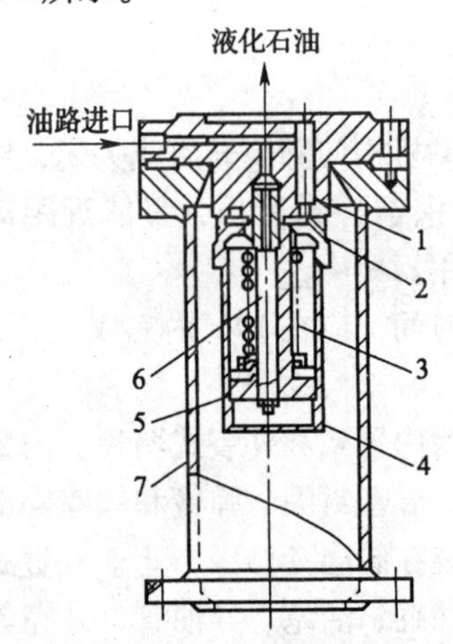

图4—28　外置式紧急切断阀

1—阀座　2—阀瓣　3—弹簧　4—油缸　5—活塞　6—导油管　7—外壳

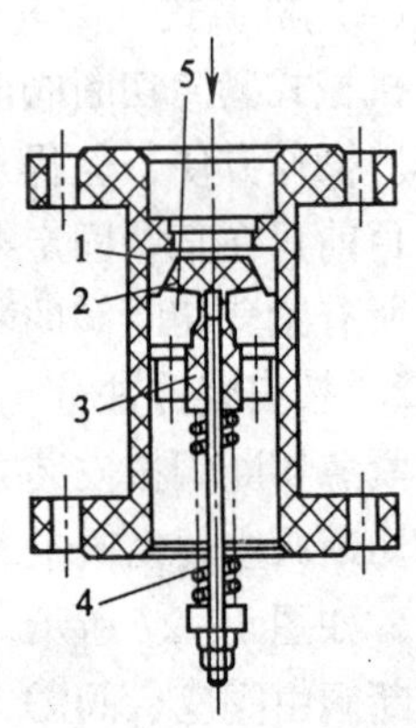

图4—29　车用紧急切断阀

1—阀体　2—凸轮　3—油缸　4—拉紧弹簧　5—油路接口管

正常工作时，手摇泵将高压油通过油管送到紧急切断阀上部的油孔进入油缸，克服弹簧力，推动带着阀瓣的缸体移动，阀瓣离开阀座，油路导通，液化石油气便可以通过紧急切断阀，当发生事故时，使油卸压，阀瓣在弹簧力作用下，压在阀座上，通路关闭。高压油的压力必须大于弹簧力及液体对阀瓣作用力之和即不小于3.0 MPa（30 kgf/cm^2），才能使阀门开启。为了使紧急切断阀在发生火灾时能自动关闭，在管路系统上设置易熔合金塞，如图4—32所示。当火灾发生时，周围温度升高，使易熔合金塞熔化，油泄出后，油压降低，紧急切断阀即自动关闭。易熔塞的

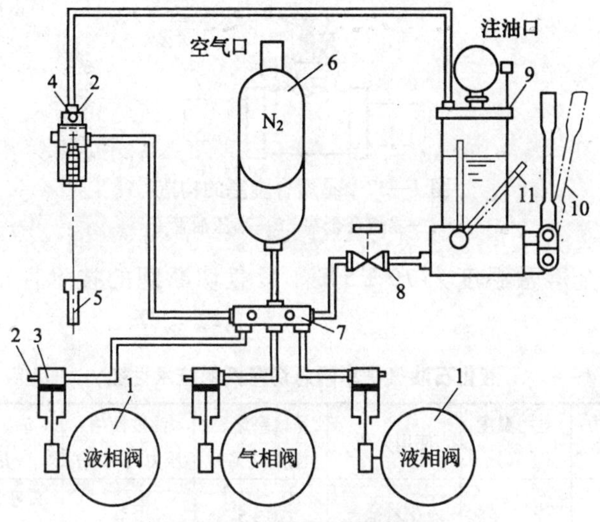

图 4—30　紧急切断装置

1—液相阀　2—易熔塞 3—工作油缸　4—拉阀
5—拉阀手柄　6—皮囊蓄能器　7—分配缸　8—阀门
9—手摇泵　10—加压手柄　11—卸压手柄

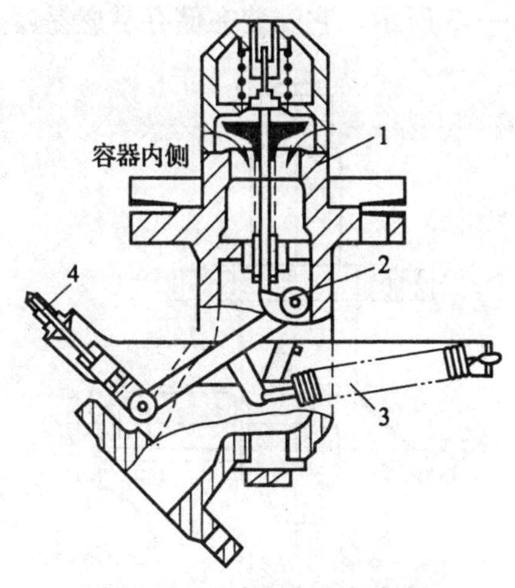

图 4—31　车用紧急切断阀

1—阀体　2—凸轮　3—拉紧弹簧　4—操作手柄

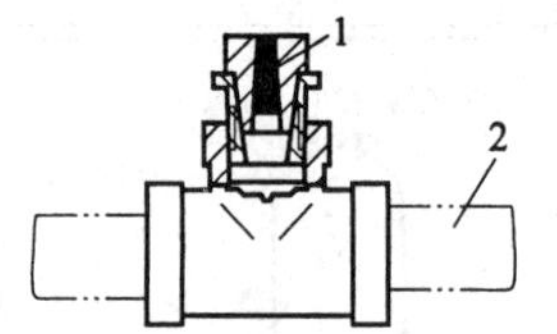

图 4—32　易熔合金塞的构造

1—易熔合金塞　2—高压油管

易熔合金熔融温度为 70 ± 5℃。紧急切断阀的技术性能见表 4—4。

表 4—4　　液化石油气槽车紧急切断阀的技术性能

设计压力（MPa）	适用温度（℃）	使用介质	易熔塞熔融温度（℃）	油缸使用压力（MPa）	油缸使用介质
1.8	-40 ~ +50	液化石油气	70 ± 5	3.0	2 号定子油 13 号机械油

三、过流阀

过流阀也是一种安全装置，由阀体、阀瓣、阀杆和弹簧等部件组成，如图 4—33 所示。它安装在储存易燃易爆介质储罐的液

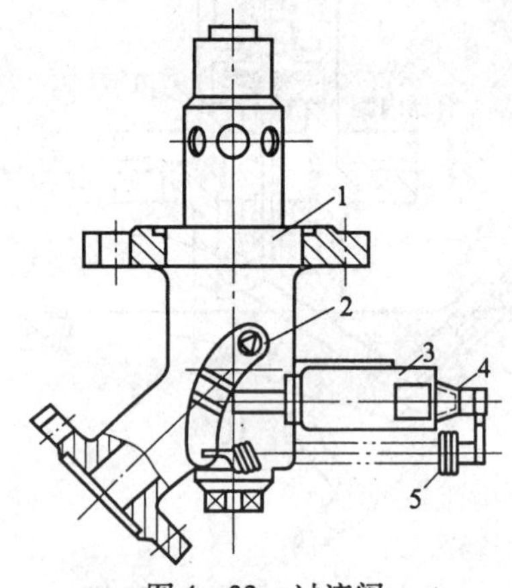

图 4—33　过流阀

1—阀体　2—阀瓣　3—阀杆　4—小孔　5—弹簧

相出口管处，当管道正常工作时，通过规定的流量，过流阀打开。当管道或附件破裂或其他原因造成介质在管内流速急增时，阀门自行关闭，以防止管内介质大量流出。从而避免因介质与管壁剧烈摩擦而产生的静电火花导致事故的发生。

第七节　快开门式压力容器的安全装置及其安全联锁装置

对于生产工艺需要频繁开闭的压力容器，常采用“快开式”的法兰紧固连接结构。本书前面章节中已对其结构进行了描述，这里不再介绍。虽然这种结构的法兰紧固形式可以减轻劳动强度，节省频繁开闭的装卸时间，密封性能也较好，但使用时要注意安全，要求设备升压前必须将端盖关闭到位且密封好，开盖前必须将容器内的压力泄尽。因此，快开式结构作为经常启闭的装置，应设置安全联锁装置和相应功能的报警装置。

以蒸压釜为例，介绍快开门式压力容器的安全联锁装置。

一、蒸压釜主要部件

(1) 釜体装置

其主要由筒体和釜体法兰焊接而成，是主要受压元件。法兰内圆周上均布若干个与釜盖法兰相啮合的牙齿；釜体底部铺设供蒸养小车行走的轨道；外侧布置若干个用于进、排汽、排水以及安装仪表、阀门的管座和接管，如图 4—34 所示。

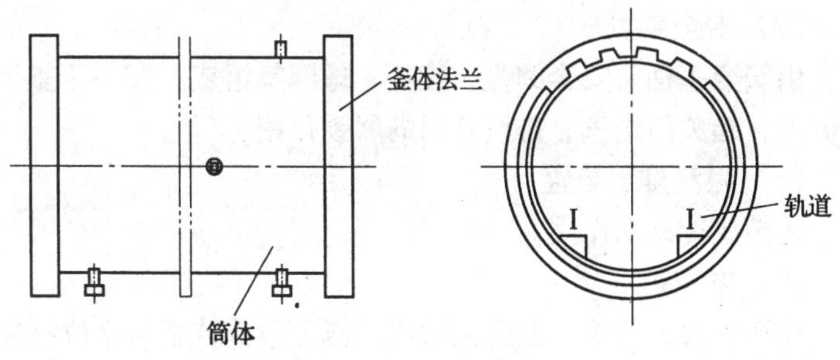

图 4—34　釜体装置

（2）釜盖装置

主要由釜盖法兰和球形封头焊接而成，是主要受压元件。通过吊柄和销轴悬吊于摆动装置的拉杆上。釜盖既能随摆动装置一起摆动，也可绕自己中心轴自由转动。釜盖法兰外圆周上的牙齿与釜体法兰上的牙齿相啮合，起开、关蒸压釜作用，如图 4—35 所示。

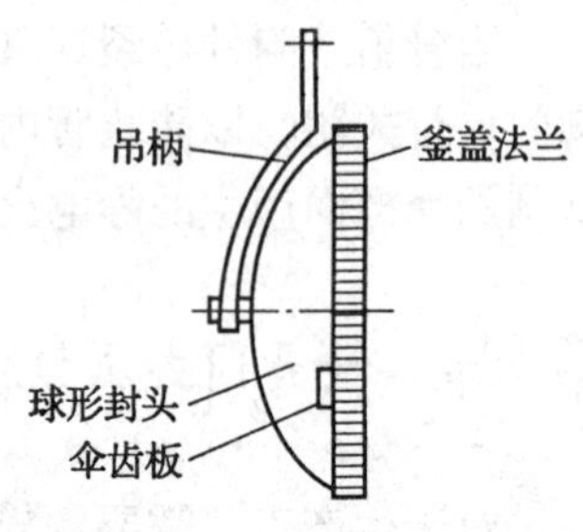

图 4—35　釜盖装置

（3）摆动装置

由主轴、悬臂梁、支撑板等组成，起悬吊和摆动釜盖装置作用。

（4）手摇减速器

固定于釜体法兰侧面，通过伞齿轴与釜盖法兰上的伞齿板啮合，带动釜盖绕其中心轴回转，使釜体法兰和釜盖法兰上牙齿啮合或脱开。

（5）支座

用于支撑釜体。每个蒸压釜有一个固定支座，若干个活动支座。

（6）保温层

由保温材料、骨架和护板等组成，防止蒸压釜使用的热量散失和改善劳动条件。

（7）安全装置

由安全手柄、安全圆盘、接杆、球阀等组成。安装于釜体装置侧面，起关门送汽、排汽开门的联锁作用。

（8）阻汽排水装置

起排放冷凝水作用。

（9）电控箱

包括压力记录仪、温度记录仪、压力报警装置和水位报警装置等，保证蒸压釜的安全使用。

二、蒸压釜安全附件

蒸压釜的安全附件包括安全阀、压力表、温度计、釜盖开启关闭的安全联锁装置、阻汽排水装置和冷凝水液位计等。

三、釜盖开启关闭安全联锁装置的工作原理

蒸压釜釜盖开启关闭安全联锁装置的作用是起关盖与进汽、排放余汽与开盖的安全联锁作用。防止关盖不到位就送汽升压及余汽未排净就开盖的恶性事故发生。1988 年我国发生的一起釜盖爆炸事故就是因为没有釜盖开启关闭安全联锁装置，釜盖关闭不到位就送汽升压而造成的。国外也曾发生过类似事故。

釜盖开启关闭安全联锁装置的工作原理如下：

1．如图 4—36a 所示，当釜盖完全关闭时，把安全手柄由垂直位置转向水平位置，安全圆盘上圆弧部分与釜盖上限位块缺口处吻接，锁死釜盖无法打开。由于安全手柄转动了 90°，其接杆转动了安装在釜体上的球阀，使球阀完全关闭，此时方可送汽升压。如果釜盖没有关闭到位，则安全手柄无法转向水平位置，此时球阀处于打开状态，如若送汽升压，蒸汽可通过球阀从弯管喷出，向操作人员发出警告。

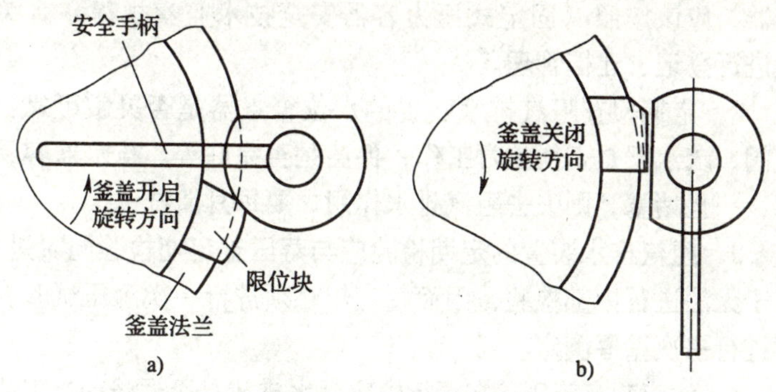

图 4—36 釜盖开启关闭安全联锁装置的工作原理

a）釜盖关闭位置 b）釜盖打开位置

2．如图 4—36b 所示，需要打开釜盖时，必须先把安全手柄由水平位置转向垂直位置，球阀随之打开排放余汽；此时，安全圆盘上弓形缺口处于垂直位置，釜盖上的限位块方可通过，釜盖才能开启。

四、使用釜盖开启关闭安全联锁装置时应注意的问题

釜盖开启关闭安全联锁装置是蒸压釜重要的安全附件之一，使用时应注意以下问题：

1．开启关闭釜盖，安全手柄要转动到位。

2．定期检查，确保灵敏可靠，损坏和不起作用的安全装置应及时检修或更换。

3．定期检查球阀是否与安全手柄接杆同步转动。

4．不可随便拆卸安全装置，没有安全装置的蒸压釜不可运行。

五、使用与管理阻汽排水装置时应注意的问题

目前国产蒸压釜和进口蒸压釜所使用的阻汽排水装置多为排水罐。该罐与蒸压釜底部接管连接，罐上装有疏水器、排污阀、水位警报装置等。这种阻汽排水装置在使用与管理时应注意以下问题：

1．阻汽排水装置既是一个安全附件，又是一个独立的压力容器，应该按照《固定式压力容器安全技术监察规程》有关规定进行登记、建档管理。

2．定期检查阻汽排水装置的水位警报器是否灵敏可靠，排污阀、疏水器是否能正常工作，保温是否完好等。疏水器容易堵塞，一旦堵塞，则失去阻汽排水作用，要每月清洗一次。

3．阻汽排水装置的定期检验应与蒸压釜定期检验同时进行。由于无法进行内部检验，因而每三年必须进行一次耐压试验，每年进行一次壁厚测定。

4．注意观察蒸压釜在运行中冷凝水排放是否通畅，当发生冷凝水排放受阻，釜内上下温度差大于40℃，蒸压釜严重上拱变形时，应采取紧急措施排放冷凝水，如措施无效，应立即停釜。

第八节 液化气体槽（罐）车导静电装置

液化气体槽（罐）车运输和装卸过程中，由于介质的特性易产生静电而导致火灾事故。因此，必须设置消除静电装置，及时消除运输途中、装卸工程中产生的静电，以保证安全。液化气体槽（罐）车设有接地链，同时接地链与罐体、管路相连通，可将静电导入大地。同时槽（罐）车上还设有接地线，接地线与装卸柱地线相接，用来消除装卸过程中产生的静电。要求槽（罐）车设置的接地链、接地线的接地电阻，以及与罐体管路、阀门和车辆底盘之间连接等处的电阻不应超过 10 mΩ。在停车和装卸作业时，必须接地良好，严禁使用铁链。装卸操作时，连接罐体和地面设备的接地导线，截面积应不小于 5.5 cm^2。液化石油气汽车槽车结构如图 4—37 所示。

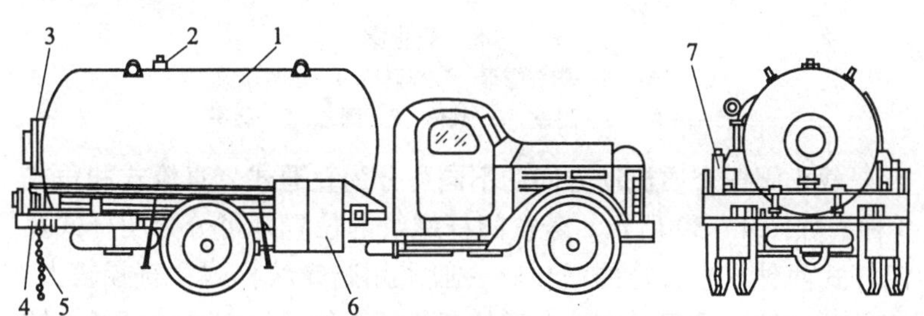

图 4—37 液化石油气汽车槽车

1—罐体 2—安全阀 3—人孔、液位计 4—后保险杠
5—接地链 6—阀门箱 7—灭火器

第九节 常 用 阀 门

阀门是压力容器及其设备中不可缺少的配套件。压力容器运行中，操作人员通过操作各种阀门，实现对生产工艺系统中的控

制和调节。压力容器及其管道上常用的阀门除已做介绍的安全阀外，还有截止阀、闸阀、止回阀、减压阀和紧急切断阀等。

一、截止阀

截止阀由阀芯、阀座、阀体、阀杆、填料、填料盖、手轮等构件组成，如图 4—38 所示。

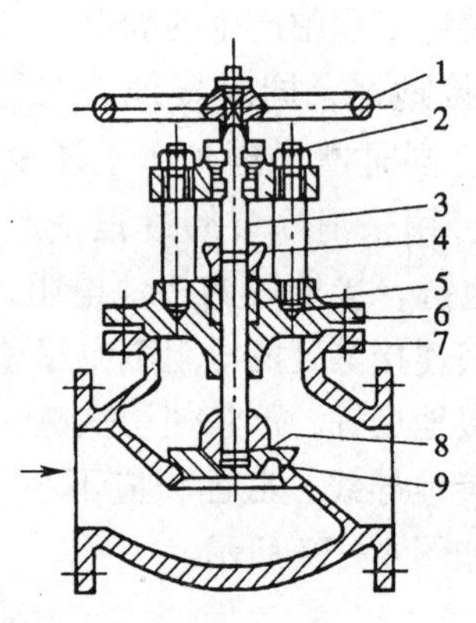

图 4—38　截止阀

1—手轮　2—阀杆螺母　3—阀杆　4—填料压盖
5—填料　6—阀盖　7—阀体　8—阀芯　9—阀座

截止阀按介质流动方向的不同可分为直通式、直流式和角式 3 种，如图 4—39 所示。若按阀杆螺纹的位置则可分为明杆式及暗杆式两种。小直径的截止阀一般采用暗螺纹杆式；直径较大，工作温度较高及用于腐蚀介质的截止阀一般采用明螺纹杆式。按密封面形式分为平行密封面式和锥形密封面式两种。平行密封面启闭时擦伤少，容易研磨，但启闭力大，多用于大口径阀门；锥形密封面结构紧凑，启闭力小，但启闭时容易擦伤，研磨需专用工具，多用于小口径阀门。

安装截止阀时，必须使介质由下向上流过阀芯与阀座之间的间隙，如图 4—39 中箭头所示方向，以减小阻力，便于开启。并且要在阀门关闭后，填料与阀杆不与介质接触，不受压力和温度的影响，防止气、水侵蚀而损坏。

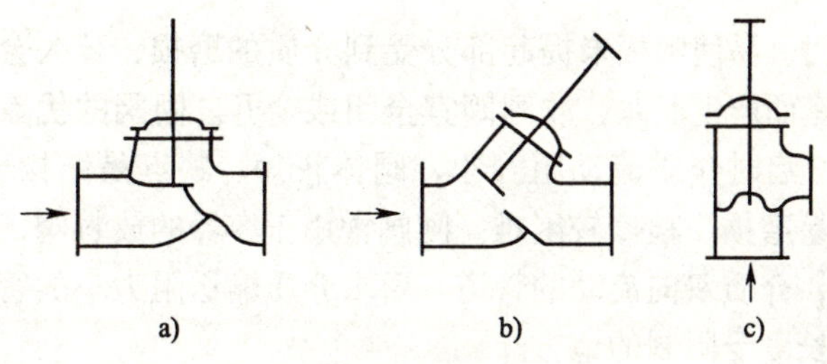

图 4—39　截止阀通道形式

a）直流式　b）直通式　c）角式

截止阀的优点是结构简单，密封性能好，制造和维护方便。其缺点是流体阻力大，阀体较长，占地较大。截止阀广泛用来截断流体和调节流量，如液化石油气储配站的液相和气相管线上的阀门均采用截止阀等。

二、闸阀

闸阀又称闸门阀，阀体内装置一块与介质流动方向垂直的闸板，闸板升起时闸阀开启，下降时则关闭。闸阀由手轮、阀杆螺母、压盖、阀杆、阀体、闸板、密封面等构件组成，如图 4—40 所示。

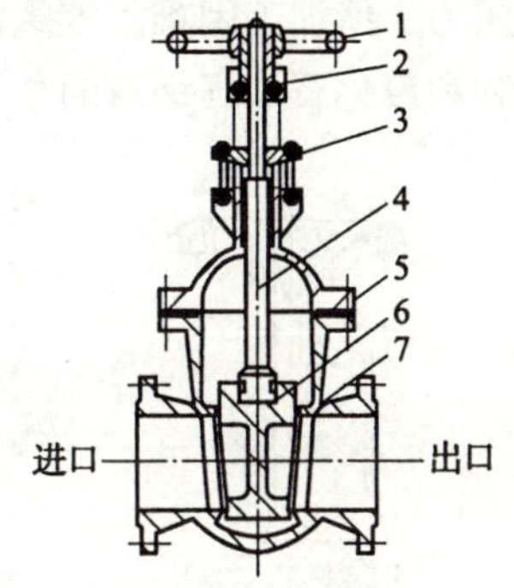

图 4—40　楔式闸阀

1—手轮　2—阀杆螺母　3—压盖

4—阀杆　5—阀体

6—闸板　7—密封面

阀杆有明杆和暗杆之分。明杆式闸阀一般用于腐蚀性介质及室内；暗杆式闸阀用于非腐蚀性介质和操作位置受限制的地方。闸板按结构形式不同，可分为楔式和平行式两类。楔式闸板大多制成单闸板形式，两侧的密封面成楔形。平行式闸板大多制成双闸板形式，两侧密封面是平行的。平行式闸板比楔式闸板易于制造和修理，但不宜输送含有杂质的流体，只能输送洁净流体。闸阀常用做截断物料、油气等介质，不适宜做调节流量之用。因为闸阀处于部分开启时，易使闸板未提起部分受到介质的磨损，日久会使接触面不严密而产生泄漏，故闸阀宜全闭或全开。闸阀的优点是密封性好，全启时介质流动阻力小，阀体较短。缺点是结构较复杂，密封面易磨损，检修较困难。闸阀常用于容器的放料阀，离心泵进口阀，介质双向流动的管道，要求介质输送阻力小的管道，阀体安装长度受限制的地方。

三、节流阀

节流阀属于截止阀中的一种。由于阀芯形状为针形，且直径较小，故又名针形阀。开启时通过阀芯与阀座间隙的微量变化，能准确地调节流量和压力。节流阀主要由手轮、阀杆、阀体、阀芯和阀座等构件组成，如图 4—41 所示。节流阀的特点是外形尺寸小，重量轻，制造精度高，密封性能好，能较准确地调节流量或压力，但加工困难。该阀常用于压缩气体的节流、液化气体的装卸和液化石油气钢瓶的角阀等。

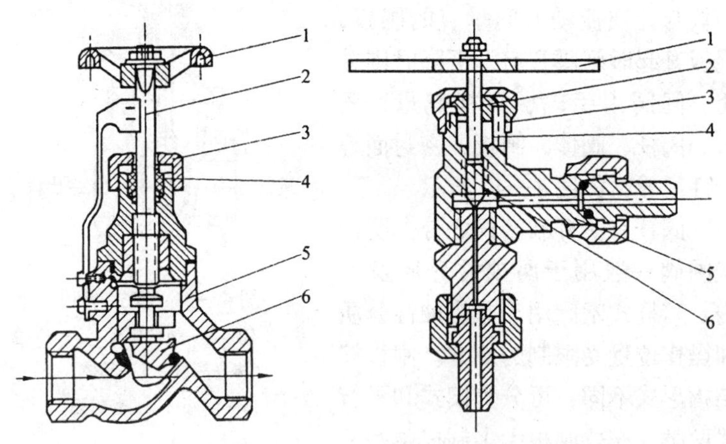

图 4—41　节流阀

1—手轮　2—阀杆　3—填料函　4—填料　5—阀体　6—阀芯

四、止回阀

止回阀又称逆止阀或单向阀，它依靠阀芯前、后流体的压力差来自动启闭，以防介质倒流。当流体顺流时，阀芯即升起或掀起；当流体倒流时，阀芯即自动关闭，故流体只能单向流动。常用的止回阀有升降式和摆动式两大类。

1. 升降式止回阀

升降式止回阀又称为截门式止回阀，主要由阀盖、阀芯、阀杆和阀体等零件组成，如图 4—42 所示。在阀体内有一个圆形的阀芯，阀芯连着阀杆（也可用弹簧代替），阀杆不穿通上面的阀盖，并留有空隙，使阀芯能垂直于阀体做升降运动。这种阀门一般应安装在水平管道上。例如，安装在液态烃泵的出口管线上的止回阀，当液态烃泵启动时，液态烃流体的压力将阀芯顶开，使液态烃进入灌瓶间或储罐，当灌瓶间或储罐的压力高于液态烃流体的压力时，阀芯自行关闭，阻止液态烃倒流。升降式止回阀的优点是结构简单，密封性能较好，安装维修方便；缺点是阀芯容易被卡住。

2. 摆动式止回阀

摆动式止回阀主要由阀盖、阀芯、阀座和阀体等零件组成，如图 4—43 所示。阀芯的上端与阀体用插销连接，整个阀芯可以自由摆动，当进口压力高于出口压力时，介质便顶开阀芯进入容器。当进口压力低于出口压力时，容器内压力便压紧阀芯，阻止

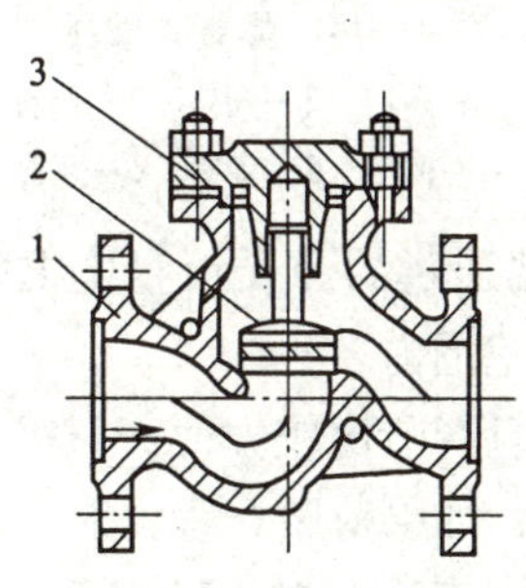

图 4—42　升降式止回阀

1—阀体　2—阀芯　3—阀盖

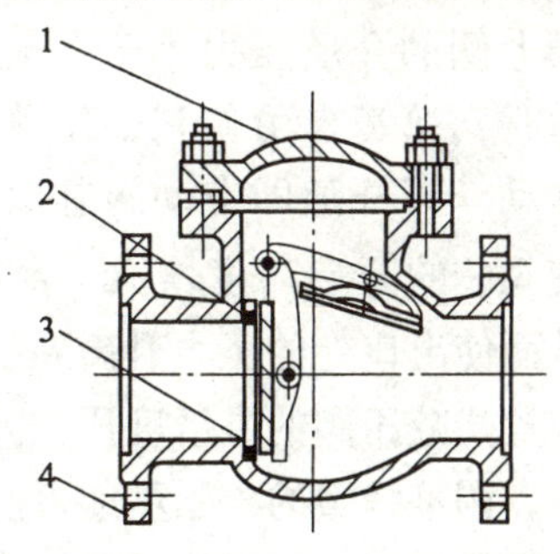

图 4—43　摆动式止回阀

1—阀盖　2—阀芯　3—阀座　4—阀体

介质倒流。摆动式止回阀的优点是结构简单，流动阻力较小；缺点是噪声较大，密封性差。

五、减压阀

减压阀是通过节流而使流体压力下降的一种减压装置。减压阀主要有两种作用，一是将较高的介质压力自动降到所需的压力；二是当高压侧的压力波动时，起自动调节作用，使低压侧的压力稳定。例如，储存高压气体的容器压力较高，而用气部分需要较低压力，就可以采用减压阀自动将压力降低，民用液化石油气灶具就是采用这种制式付诸使用的。常用的减压阀有弹簧式、杠杆式、薄膜式、活塞式和波纹管式等类型。

1. 弹簧式减压阀

弹簧式减压阀主要由阀芯、阀杆、薄膜、弹簧、手轮及阀体等构件组成，如图4—44所示。当薄膜上侧的压力高于薄膜下侧的弹簧压力时，薄膜向下移动压缩弹簧，阀杆随即带动阀芯向下移动，使阀芯的开启度减小，由高压端通过的介质流量随之减少，从而使出口压力降低到规定的范围内。当薄膜上侧的介质压力小于下侧的弹簧压力时，弹簧自由伸长，顶着薄膜向上移动，阀杆随即带动阀芯向上移动，使阀芯的开启高度增大，由高压端通过的介质流量随之增多，从而使出口处的压力升高到规定的范围内。

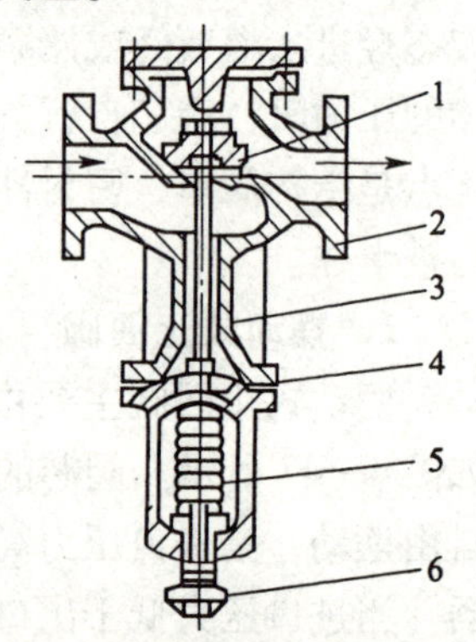

图4—44 弹簧式减压阀

1—阀芯 2—阀体 3—阀杆 4—薄膜 5—弹簧 6—手轮

弹簧式减压阀的灵敏度比较高，而且调节比较方便，只需旋转手轮，调整弹簧的松紧度即可。但是，如果薄膜行程大时，橡胶薄膜容易损坏，同时承受压力和温度也不能太高。因此，弹簧式减压阀较普遍地使用在温度和压力不太高的水和空气介质管道中。

2. 杠杆式减压阀

杠杆式减压阀主要由阀体、双阀芯、阀杆、薄膜、杠杆、重锤等构件组成，如图 4—45 所示，其减压原理与弹簧式减压阀基本相同，通过调整重锤来实现减压。其薄膜上方设置一个小室，并有一根小管与低压部分连通，故薄膜上部承受的是低压端的压力值。

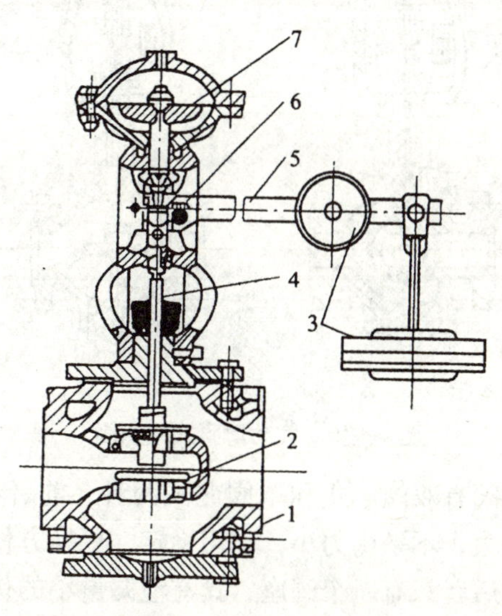

图 4—45 杠杆式减压阀

1—阀体 2—阀芯 3—重锤 4—阀杆 5—杠杆 6—杠杆支点 7—薄膜

3. 气动薄膜压力调节阀

气动薄膜压力调节阀是由气动薄膜执行机构及调节阀两部分组成，如图 4—46 所示。其动作原理是将调节器传来的压力信号输入气动薄膜的气室中，从而使薄膜上部总压力也随之增加，因而阀芯被压下，阀门开度减小，阻力增加，使流过的气体压力降低，从而实现了调整控制压力的目的。反之，若低压部分的压力低于控制的数值时，则动作完全相反，阀芯上移，阀门开度增大，阻力减小，使低压部分的压力恢复到需要控制的数值。

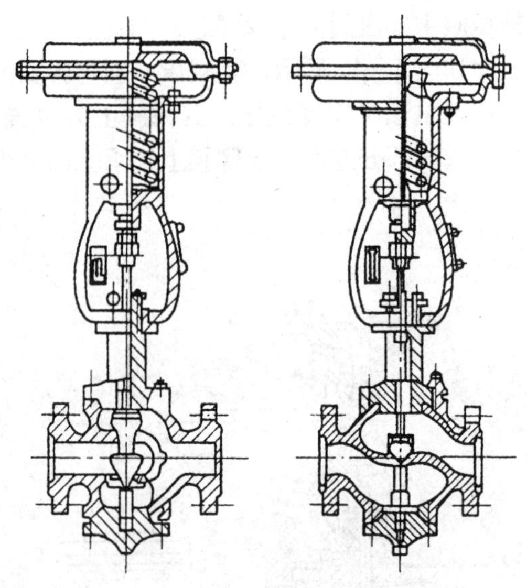

图 4—46　气动薄膜式减压阀

这种减压阀有双阀芯式和单阀芯式两种，前者有两个阀座，具有流通能力大，不平衡力小，作用稳定，更换方便等优点，因此应用广泛；后者只有一个阀座，具有泄漏量小的优点，但不平衡力较大，尤其当通径增大时，不平衡力也随之增大。由于受气动薄膜执行机构出力的限制，该种阀门的工作压差不宜过高，故调节范围不广，选用时应加以注意。

4. 减压阀的安装要求

（1）减压阀常常用于石油化工中的液化气体或蒸汽管路上，为调整方便，在减压阀前后必须装设压力表；为防止减压阀失灵引起低压端管道或容器超压爆炸，在低压部分应装设安全阀，如图 4—47 所示。同时，在选用安全阀时，应注意所需的压力降不得超过减压阀允许的减压范围。

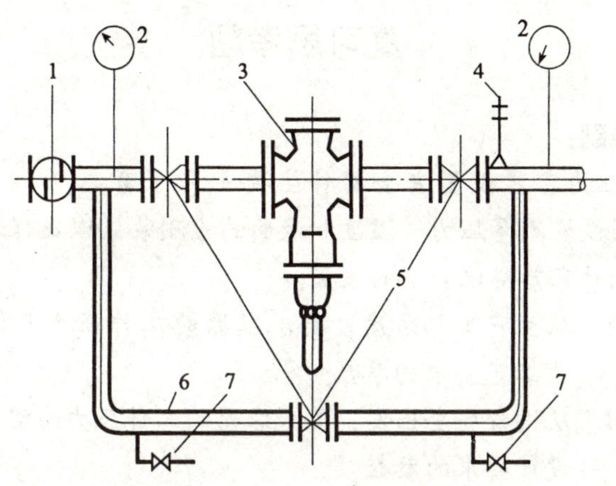

图 4—47　减压阀组安装示意图

1—过滤器　2—压力表　3—波纹管式减压阀　4—安全阀

5—闸阀　6—旁通管　7—排凝水阀

（2）减压阀组不应设置在靠近移动设备或容易受冲击的地方，应设置在振动较小，周围较空之处，以便于检修。

（3）蒸汽系统的减压阀组前应设置汽水分离器（并在汽水分离器的排凝液处加设疏水阀），为防止长距离输送的蒸汽管道中夹带一些渣物，应在切断阀（闸阀）之前，设置 Y 型过滤器或直角式过滤器。

（4）阀组前后应装设压力表，以便于调节。阀组后应设置安全阀，当压力超过时能起泄压和报警作用，保证压力稳定。

（5）减压阀均装在水平管道上，为防止膜片活塞式减压阀产生严重水锤现象，应将减压阀底螺栓改装排水阀（闸阀 D_g20 或 25）。在投入运行时应放尽减压阀底存水。波纹管减压阀的波纹管应向下安装，用于空气减压时需将阀门反向安装。

复习思考题

选择题：

1. 压力容器设置安全附件主要是为了考虑（　　）的要求，必须设置测量压力、温度和液面的检测装置以及保证在遇到异常工况时容器得以安全的装置。

A. 从生产工艺角度，要求容器的工作压力与温度不低于工艺要求的参数

B. 从设备安全出发，要求容器的工作压力与温度不超过设计要求的参数

2. 压力容器安全装置的分类为（　　）。

A. 泄压装置

B. 截流止漏装置

C. 参数监测装置

D. 安全防护装置

3. 压力容器安全装置的泄压装置主要有（　　）。

A. 安全联锁装置

B. 安全阀

C. 爆破片装置

D. 易熔塞

4. 压力容器安全装置的截流止漏装置主要有（　　）。

A. 截止阀

B. 紧急切断阀

C. 快速排泄阀及其执行机构

D. 过流阀

5. 压力容器安全装置的参数监测装置主要有（　　）。

A. 压力表　　B. 温度计

C. 液位计　　D. 减压阀

6. 压力容器安全装置的安全防护装置主要有（　　）。

A. 安全联锁装置

B. 超温超压报警装置

C. 超液位报警装置

D. 防静电接地装置

7. 安全阀一般为每（　　）年校验一次，拆卸进行校验有困难时应采取现场校验。

A. 一　　B. 二　　C. 三

8. 安全阀以冷态校验所定的开启压力，在热态运行时，其实际开启压力会（　　）。

A. 偏高　　B. 偏低　　C. 不一定

9. 对超压未爆破的爆破片应立即（　　）。

A. 检查

B. 更换

C. 根据情况确定是否可以用

10. 在用压力容器的安全阀开启压力应根据（　　）来确定。

A. 压力容器的设计压力

B. 压力容器的实际操作压力

C. 压力容器检验后所出具的检验报告书中确定的允许工作压力

11. 安全泄放装置能自动迅速地排放压力容器内的介质，以便使压力容器始终保持在（　　）范围内。

A. 工作压力

B. 最高允许工作压力

C. 设计压力

12. 全启式安全阀开启的高度（　　）。

A. ≥阀座喉径的1/4

B. ≤阀座喉径的1/4

C. ≥阀座喉径的1/20

13. 微启式安全阀开启的高度（　　）。

A. ≥阀座喉径的1/4

B. ≤阀座喉径的1/4

C. 阀座喉径的1/40≤开启高度≤阀座喉径的1/20

14. 杠杆式安全阀结构简单，调整方便、准确，适用于（　　）的容器。

A. 高温　　B. 温度较高

C. 常温　　D. 低温

15. 弹簧式安全阀结构紧凑，调节方便，适用于（　　）的容器或管道。

A. 运行工况稳定

B. 运行工况振荡

C. 温度较高

D. 温度较低

16. 单弹簧管式压力表根据变形量的传递机构可分为扇形齿轮式和（　　）两种。

A. 杠杆式　　B. 活塞式　　C. 电量式

17. 选用压力表时，需要考虑与选择的因素有（　　）。

A. 考虑被测介质的性质

B. 压力表的量程

C. 测量精度

D. 表盘直径的大小选用

18. 压力容器一般情况下设置压力表的范围为（　　）。

A. 压力容器顶部

B. 压力容器便于观察部位

C. 与压力容器连接的系统管道上

D. 直接与容器相连通的管道上

19. 压力表在（　　）情况下应停止使用。

A. 有限止钉的压力表在无压力时，指针转动后不能回到限止钉处；无限止钉的压力表在无压力时，指针离零位的数值超过压力表规定允许误差

B. 表面玻璃破碎或表盘刻度模糊不清

C. 铅封损坏或超过校验期

D. 表内弹簧管泄漏或压力表指针松动

20. 压力容器是因为需要（　　），故必须在容器上装设测试壁温的仪表。

A. 间接地测量介质温度

B. 测量壁温

C. 严防超温

21. 液位计的精度是指（　　）。

A. 测量示值与实际液面的比值，用百分比表示

B. 测量示值减去实际液面值，然后与全量程值的比值，用百分比表示

C. 测量示值减去实际液面值，然后与全量程值的比值，用扩大100倍的数值的绝对值表示

22. 玻璃板式液位计的玻璃板，其观察区域的一侧表面通常做成纵向几条槽纹的目的是（　　）。

A. 形成肋条，使之不易从横向断裂

B. 便于观察液位

C. 有利于抵抗介质浸蚀

23. 紧急切断阀装置，当没有外力（机械手动、油压、气压、电动操作力）作用时，主阀处于（　　）位置。

A. 常开　　B. 常闭　　C. 开和闭

24. 易熔塞的泄放温度，对于充装低压液化气体的容器，应以充装系数为基础来进行选定。因此，对于槽、罐车其易熔元件的易熔合金熔融温度应为（　　）。

A. 50℃　　B. ≤75℃　　C. 65～75℃

25. 常用测温仪表主要有（　　）5种。

A. 温度控制器

B. 热电阻温度计

C. 热电偶温度计

D. 固体膨胀式（双金属）温度计

E. 玻璃温度计

F. 压力式温度计

26. 热电偶温度计的测温原理是（　　）。

A. 利用导体或半导体的电阻随着温度而改变的性质

B. 利用导体或半导体的长度随着温度而改变的性质

C. 利用测温元件在不同温度下的热电势不同的性质

27. 热电偶的测量范围与（　　）有关。

A. 热电偶的长度

B. 热电偶的直径

C. 热电偶的材料

28. 安全阀与排放口之间装设截止阀的，运行期间必须处于（　　）并加铅封。

A. 开启　　B. 全开　　C. 关闭

29. 依靠流体本身力量自动启闭的阀门是（　　）。

A. 截止阀　　B. 球阀

C. 节流阀　　D. 止回阀

30. （　　）的闭合原理是依靠阀杆压力，使阀瓣密封面与阀座密封面紧密贴合，阻止流体流通。

A. 截止阀　　B. 节流阀

C. 球阀　　D. 止回阀

31. 以改变通道面积的形式调节流量叫做（　　）。

A. 截止阀　　B. 节流阀

C. 球阀　　D. 止回阀

32. 截止阀的作用主要是（　　）。

A. 调节流量　　B. 改变流向

C. 切断　　D. 阻止倒流

33. 过流阀在正常工作时呈（　　）状态。

A. 常通　　B. 常闭

C. 开启　　D. 关闭

第五章

压力容器常用介质及其危害

本章知识要点

本章重点介绍对压力容器操作者有严重威胁的毒性介质和易燃易爆介质的特性及安全防护要点。要求学员在了解压力容器常用介质及其危害后，熟知安全防护要点。

第一节　工业毒物及其对人体的毒害

压力容器使用中，常常接触到有毒物质。这些毒物的种类繁多，来源多种多样，如原料、辅助材料、成品、半成品、副产品、废气、废水、废渣、助剂、夹杂物、热解产物、与水反应产物等。在生产过程中，当毒物达到一定浓度时，就会对人体健康造成潜在的危害。因此，在工业生产中预防中毒是极为重要的。

一、工业毒物与中毒

毒物通常是指这样一些物质，它们的较小剂量在一定条件下作用于机体，与细胞成分产生生物化学作用或生物物理变化，扰乱或破坏机体的正常功能，引起功能性或器质性改变，导致暂时性或持久性病理损害，甚至危及生命。

毒物侵入人体后，与人体组织发生化学或物理化学作用，并在一定条件下破坏人体正常机能，引起某些器官或系统发生暂时性或永久性的病变，这种病变叫做中毒。在劳动过程中，工业毒物引起的中毒叫职业中毒。

毒物与非毒物之间并不存在绝对界限。只能以引起毒效应的剂量大小相对地加以区别。以盐酸为例，1%浓度的盐酸可以内服，用于治疗胃酸分泌减少影响消化吸收的患者；但是，如果内服浓盐酸，则可引起口腔、食道、胃和肠道严重灼伤，甚至死亡。可见低浓度盐酸是一种药物，而高浓度盐酸是一种毒物。

工业毒物（生产性毒物）是指生产中使用或产生的毒物。

二、工业毒物的分类

压力容器中化学介质毒性程度和易燃介质的划分参照 HG 20660—2000《压力容器中化学介质毒性危害和爆炸危险程度分类》的规定，工业毒物的分类一般有以下 3 种：

1. 按物理形态分类

在一般情况下，工业毒物常以一定的物理形态（气态、液态、固态）存在，但是在生产过程中，主要以下列 5 种形式逸散于车间空气中，对人体产生毒害。

（1）粉尘

料尘是指能较长时间飘浮于空气中，直径多为 0.1 ~ 10 μm 的固体微粒。大都是固体物质经机械加工而形成的，如塑料粉尘。

（2）烟尘

烟尘又叫烟雾或烟气，是指悬浮在空气中，直径小于0.1 μm 的固体微粒。多为金属熔化时产生的蒸气在空气中氧化冷凝时可形成烟，如铅块加热熔化时在空气中形成的氧化铅烟。有机物加热或燃烧时也可以产生烟，如煤和石油的燃烧、塑料热加工时产生的烟等。

（3）雾

雾是指混悬在空气中的液体微滴，多为蒸气冷凝或液体喷散所形成。如喷漆时所形成的漆雾、电镀铬和酸洗作业时所形成的铬酸雾和硫酸雾。

（4）蒸气

蒸气是由液体蒸发或固体升华而形成。如可燃液体蒸气、汞蒸气、碘蒸气等。

（5）气体

气体是指在常温常压下呈气态的物质。如一氧化碳、氯气、二氧化硫等。

在上面的分类中，烟、雾、尘三类物质又统称为气溶胶。

2. 按毒物的化学类属分类

分为无机类和有机类。无机类是指金属、盐、酸、碱及其他无机化合物。有机类是指含碳氢的有机化合物。由于化学合成工业的迅速发展，有机化合物的种类日益增多，有机毒物也随之增加。

3. 按毒物的作用性质分类

毒物按其对机体产生的毒作用，结合临床特点大致可以分为以下各类：

（1）刺激性毒物

如氯气、氨气、二氧化硫。

（2）窒息性毒物

如氮气、一氧化碳、硫化氢、氰化氢。

（3）麻醉性毒物

如乙醚、醇类。

（4）全身性毒物

如铅、汞等金属。

（5）其他毒物

致热源性，如氧化锌；腐蚀性，如硫酸二甲酯；致敏性，如苯二胺。

三、工业毒物的毒性指标与分级

1. 毒物的毒性指标

毒性是指某种毒物引起机体损伤的能力。毒性的大小，一般以化学物质引起实验动物某种毒性反应所需的剂量来表示。如吸入中毒，则用空气中该物质的浓度来表示。剂量越小（或者浓度越低），表示毒性越大。目前通常用实验动物的死亡数来反映物质的毒性，常用的评价指标有以下几种：

（1）绝对致死剂量或浓度（LD_{100}或LC_{100}）

绝对致死剂量或浓度是指使染毒实验动物全部死亡的最小剂量或浓度。

（2）半数致死剂量或浓度（LD_{50}或LC_{50}）

半数致死剂量或浓度是指使染毒实验动物半数（50%）死亡的最小剂量或浓度，是将动物实验所得的数据经统计处理而得到的。

半数致死剂量常用来反映毒物毒性的大小。按照毒物LD_{50}（LC_{50}）的大小，可将毒物分为极度危害、高度危害、中度危害和轻度危害四级，见表5—1；同时，可将毒物的毒性分成五类，见表5—2。

表5—1　　职业性接触毒物危害程度分级依据

指标		分级			
		Ⅰ（极度危害）	Ⅱ（高度危害）	Ⅲ（中度危害）	Ⅳ（轻度危害）
急性毒性	吸入LC_{50}（mg/m^3）	<200	200 -	2 000 -	>20 000
	经皮LD_{50}（mg/kg）	<100	100 -	500 -	>2 500
	经口LD_{50}（mg/kg）	<25	25 -	500 -	>5 000
急性中毒发病状况		生产中易发生中毒，后果严重	生产中可发生中毒，预后良好	偶可发生中毒	迄今未见急性中毒，但有急性影响

续表

指标	分级			
	Ⅰ（极度危害）	Ⅱ（高度危害）	Ⅲ（中度危害）	Ⅳ（轻度危害）
慢性中毒患病状况	患病率高（≥5%）	患病率较高（<5%）或症状发生率高（≥20%）	偶有中毒病例发生或症状发生率较高（≥10%）	无慢性中毒而有慢性影响
慢性中毒后果	脱离接触后，继续进展或不能治愈	脱离接触后，可基本治愈	脱离接触后可恢复，不致严重后果	脱离接触后，自行恢复，无不良后果
致癌性	人体致癌物	可疑人体致癌物	实验动物致癌物	无致癌性
最高容许浓度（mg/m^3）	<0.1	0.1 –	1.0 –	>10

注：摘自 GB 5044—85《职业性接触毒物危害程度分级》。

表 5—2　　化学物质急性毒性分级

毒性分级	大鼠经口 LD_{50}（mg/kg）	6 只大鼠吸入 4 h 死亡 2～4 只的浓度（ppm）	兔经皮 LD_{50}（mg/kg）	对人的可能致死量	
				（g/kg）	总量（g）（60 kg 体重）
剧毒	1 或 <1	<10	5 或 <5	<0.05	0.1
高毒	1～50	10～100	5～44	0.05～0.5	3
中等毒	50～500	100～1 000	44～340	0.5～5	30
低毒	500～5 000	1 000～10 000	340～2 810	5～15	250
微毒	5 000～15 000	10 000～100 000	2 810～22 590	>15	>1 000

（3）最大耐受量或浓度（LD_0或 LC_0）

最大耐受量或浓度是指使染毒实验动物全部存活的最大剂量或浓度。

（4）最小致死剂量或浓度（MLD 或 MLC）

最小致死剂量或浓度是指染毒实验动物中有动物死亡的剂量或浓度。

上述各种剂量通常用毒物的毫克数与动物的每千克体重之比（即用 mg/kg）来表示。

浓度常用 1 m^3（或 1 L）空气中含毒物的毫克数或克数（mg/m^3、g/m^3、mg/L）来表示。

对于气态毒物的浓度，除了体积分数以外，还有 ppm（ppm 不是法定计量单位，已不再使用），即百万份空气体积中，某一毒物所占体积数。0℃，0.1 MPa 压力下，ppm 与 mg/m^3之间可以通过下列公式换算：

$$ppm = mg/m^3 \times \frac{22.40}{\text{该毒物的相对分子质量}} \tag{5—1}$$

$$mg/m^3 = ppm \times \frac{\text{该毒物的相对分子质量}}{22.40} \tag{5—2}$$

对于两种或多种工业毒物共同存在的情况，可以根据下面的经验公式估算混合物可能的 LD_{50}值。

$$\frac{1}{LD_{50}(\text{混合物})} = \frac{a}{LD_{50}(A)} + \frac{b}{LD_{50}(B)} + \cdots + \frac{n}{LD_{50}(N)} \tag{5—3}$$

式中，a，b，…，n 分别为毒物 A，B，…，N 在混合物中的质量比例，$a+b+\cdots+n=1$。

由于多种毒物同时存在，进入人体后表现为联合作用，故混合物的准确 LD_{50}值只能通过毒理学试验测得。

为便于区分毒物的毒性程度，利于采取相应的防护措施，毒物的急性毒性可按 LD_{50}或 LC_{50}的数值划分为剧毒、高毒、中等毒、低毒、微毒五类（见表 5—2）。

2. 接触毒物危害程度分级

《职业性接触毒物危害程度分级》（GBZ 230—2010）。是以毒物的急性毒性、扩散性、蓄积性、致癌性、生殖毒性、致敏性、刺激与腐蚀性、实际危害后果与预后等 9 项指标作为基础的定级标准。分级原则是依据急性毒性、影响毒性作用的因素、毒性效应、实际危害后果等 4 大类 9 项指标进行综合分析，计算毒物危害指数确定。每项指标均按照危害程度分 5 个等级并赋予相应分值（轻微危害：0 分；轻度危害：1 分；中度危害 2 分；高度危害 3 分；极度危害：4 分）；同时根据各项指标对职业危害影响作用的大小赋予相应的权重系数。依据各项指标加权分值的总和，即毒物危害指数确定职业性接触毒物危害程度的级别。

四、工业毒物侵入人体的途径

工业毒物进入人体的途径有 3 种，即呼吸道、皮肤和消化道。在生产过程中，最主要的是经呼吸道进入，其次是皮肤，而经消化道进入的，仅在特殊情况下才会发生。

1. 呼吸道

毒物经呼吸道进入是生产性毒物进入人体最主要的途径。凡呈气态、蒸气态的毒物随时都可伴随呼吸过程进入体内，大多数职业中毒均由此而引起。这是由于肺是人体主要呼吸器官，肺泡面积大，特别是肺泡壁极薄，只有 1 ~ 4 μm 厚；其表面又为含碳酸的液体所湿润，并有丰富的毛细血管。所以肺泡对毒物的吸收极其迅速。

2. 皮肤

由皮肤进入也是职业中毒较为常见的途径。有一些工业毒物可以通过无损的皮肤（包括表皮、黏膜、毛囊皮脂腺、汗腺、眼睛）进入人体。皮肤本身是人体具有保护作用的屏障，但当水溶性物质与脂溶性或类脂溶性物质共存时，就有可能通过屏障进入体内。

3. 消化道

在生产环境中，工业毒物单纯从消化道吸收而引起中毒的情况比较少见。偶见于不遵守操作规程或在车间进食，以及误服等情况。由消化道吸收的毒物，先经过门静脉系统进入肝脏，在肝脏转化后，才进入大循环而至全身。

五、最高容许浓度 MAC

最高容许浓度 MAC（Maximum Allowable Concentration）。是指操作人员工作地点中有害物质在长期多次有代表性的采样中，均不应超过的数值，以保证操作人员在经常生产劳动中，不致发生急性或慢性职业危害而维护操作人员的健康。

目前，我国有两个关于空气中有毒物质的最高容许浓度的标准，即《工作场所有害因素职业接触限值》（GBZ 2—2002）和《大气污染物综合排放标准》（GB 16297—1996）。这两个标准分别取代了早期的《工业企业设计卫生标准》（TJ 36—79）和《工业三废排放试行标准》（GBJ 4—73）。预防职业中毒主要参照《工作场所有害因素职业接触限值》中工作场所空气中有毒物质容许浓度，详见附件 1。

需要说明的是，表中最高容许浓度是操作人员工作地点空气中有害物质所不应超过的数值。工作地点是指操作人员为观察和管理生产过程而经常或定时停留的地点。如果生产操作在车间内许多不同地点进行，则整个车间均算为工作地点。

第二节　介质的燃烧特性和防火技术

压力容器中的工作介质（原料、半成品或成品）不少具有易燃、易爆的特性，且多以气体和液体状态存在，故极易泄漏和挥发，尤其在生产过程中，工艺操作条件苛刻，有高温、深冷、高压、真空，许多加热使温度都达到和超过了物质的自燃点，一旦操作失误或因设备失修，便极易发生火灾与爆炸事故。

因此，一方面应防止介质在容器内发生失控的化学反应，另一方面则应防止介质外漏，以避免在更大的空间范围内发生燃烧与爆炸。

一、燃烧及燃烧条件

1. 燃烧

燃烧是一种同时有光和热发生的剧烈的氧化还原反应，是化学能转变成热能的过程。在日常生活、生产中所见的燃烧现象，大都是可燃物质与空气（氧）或其他氧化剂进行剧烈化合而发生的。

燃烧必须具有如下3个特征：

（1）是剧烈的氧化还原反应；

（2）放出大量的热量；

（3）发出光。

2. 燃烧条件

燃烧必须同时具备3个条件（或称三要素）：

（1）有可燃物存在

它们可以是固态的，如木材、煤等；或者是液态的，如酒精、汽油、苯等；也可以是气态的，如乙炔、甲烷等。

（2）有助燃物存在

即有氧化剂存在，常见氧化剂是氧气、空气（含氧气）。其他如氯气、一氧化氮、一氧化二氮（笑气）等也是氧化剂。

（3）有着火源存在

如明火、摩擦、撞击、高温表面、自然发热、化学能、电火花、静电火花、绝热压缩产生的热能等。

上述3点是燃烧的必要条件，犹如三角形的三条边，缺少任何一条边，就不能组成三角形，同样道理，缺少上述三个条件中的任意一条，燃烧就不可能发生。所以人们也称燃烧的三个必要条件为燃烧三角形。

但有时虽然已经具备了这三个条件，燃烧也不一定发生。这是因为燃烧还必须有充分条件，即可燃物与助燃物要达到一定的比例，着火源必须具有一定的能量（温度和热量）。例如，氢气在空气中，浓度低于4%时，就不能被点燃。同样氢气、氧气、氮气混合物，氧气浓度低于5%时，氢气浓度无论如何提高，也不会发生燃烧。实验证明，大部分可燃物质，在氧气浓度为12%时，燃烧就不一定会发生。

要发生燃烧，着火源必须有一定的温度和足够的能量，否则，燃烧就不能发生。例如，电焊渣火花，温度可达1 200℃以上，足以引起易燃液体和空气的混合气发生燃烧或爆炸。但如火花落在大块木料上，就不一定引起燃烧，这是因为火花虽有相当高的温度，但缺乏足够的热量，无法使木块加热到燃烧的温度。当大量的火花不断地落在木块上时，可以引起木块燃烧。

总之，要使可燃物质燃烧，不仅要具备燃烧的三个条件，而且每一个条件都要有一定的量，并且彼此相互作用，否则就不会发生燃烧。对于正在进行着的燃烧，若消除其中任何一个条件，燃烧便会终止，这就是灭火的基本原理。

对于大多数可燃气体而言，在着火后，会迅速传播开来，在有控制的条件下就形成火焰，维持着燃烧，在一个有限空间内迅速燃烧蔓延无法控制的情况下，则形成气体爆炸。一般将燃烧的极限浓度视为爆炸的极限浓度。

二、爆炸极限及其影响因素

1. 爆炸

物质自一种状态迅速转变为另外一种状态，并在瞬间以对外做机械功的形式放出大量能量的现象称为爆炸。可燃气体、可燃液体的蒸气或可燃粉尘在与空气混合达到一定浓度后，遇到火源就会发生爆炸。这个遇到火源能够发生爆炸的浓度范围，称为爆炸极限。通常用可燃气体在空气中的体积分数来表示。可燃粉尘则以毫克/升（mg/L）表示。

爆炸可以分为物理爆炸、化学爆炸（核爆炸不在日常防火防爆研究范围）。

（1）物理爆炸

爆炸由物理变化所致，其特征是爆炸前后系统内物质的化学组成及化学性质均不发生变化。物理爆炸主要是指压缩气体、液化气体和过热液体在压力容器内，由于某种原因使容器承受不住压力而破裂，内部物质迅速膨胀并释放大量能量的过程。

（2）化学爆炸

化学爆炸是由化学变化造成的，其特征是爆炸前后物质的化学组成及化学性质都发生了变化。化学爆炸有的是氧化还原型，有的是分解反应型。

仅仅从气体和蒸气的角度上看，燃烧与爆炸在化学变化上没有本质的区别。

2. 易燃介质的爆炸极限

可燃气体和空气的混合物并不是在任何混合比例下都能发生燃烧或爆炸的，当混合物中可燃气体含量接近反应当量浓度时，燃烧最激烈。若含量减少或增加，燃烧速度就降低。当浓度低于或高于某一值时，火焰便不再蔓延。所以可燃气体或蒸气与空气（或氧气，或其他氧化剂）组成的混合物在点着后可以使火焰蔓延的最低浓度，称为该气体或蒸气的爆炸下限（LEL，燃烧下限LFL）。同理，能使火焰蔓延的最高浓度，称为该气体或蒸气的爆炸上限（UEL，燃烧上限 UFL）。在上限和下限之间的浓度范围称为爆炸范围。如果可燃气体在空气中的浓度低于下限，由于空气的冷却作用，阻止了火焰的蔓延，即使遇到火源，也不会爆炸或燃烧。同样，可燃气体在空气中的浓度高于上限，因空气（助燃气体）不足，所以也不会爆炸，但此时若补充空气，可以将可燃气体浓度稀释到爆炸范围，意味着有火灾或爆炸的危险。因此，对于上限以上的可燃气体（蒸气）—空气混合物不能认为是安全的。

易燃介质压缩气体或液化气体在空气中的爆炸极限见表5—3。

表5—3　液化石油气主要成分的爆炸极限（%）

项目	丙烷	正丁烷	异丁烷	丙烯	丁烯—1	顺丁烯—2	反丁烯—2	异丁烯
爆炸上限	9.5	9.5	8.4	11.7	10.0	9.7	9.7	9.7
爆炸下限	2.37	1.5	1.9	2.0	1.6	1.8	1.8	1.8

3．易燃介质为混合物的爆炸极限

压力容器中的易燃介质常常为混合物质，对于这类物质的爆炸极限可按下式计算。

$$L_m = \frac{1}{\sum_{i=1}^{n} \frac{\gamma_i}{L_i}} \times 100\% \qquad (5—4)$$

式中　L_m——混合气的爆炸上限或下限；

L_i——混合气中某一组分的爆炸上限或下限，见表5—3；

γ_i——某一可燃组分的体积分数；

n——可燃组分的数量。

当求混合气爆炸上限时，γ_i全部以上限值带入，求爆炸下限值时，γ_i全部以下限值带入。

例如，某液化石油气中各液态烃的组分比为丙烷占20%，丙烯25%，异丁烷30%，丁烯—1 25%，则该液化石油气的爆炸下限为：

$$L_m = \left[1/\left(\frac{20}{2.37} + \frac{25}{2} + \frac{30}{1.9} + \frac{25}{1.6}\right)\right] \times 100\% = 1.91\%$$

同样，可求得其爆炸上限为9.70%。

4．影响爆炸极限的因素

爆炸极限值是随多种不同条件影响而变化的，并非固定值，其主要的影响因素介绍如下：

（1）初始温度

爆炸性气体的初始温度越高，爆炸极限范围越宽，即下限降低，上限升高。因为系统温度升高，其分子内能增加，这时活性分子也就相应增加，使原来不燃不爆的混合物变成可燃可爆。丙酮、煤油爆炸范围随温度升高而扩大的情况见表 5—4。

表 5—4　　初始温度对混合物爆炸极限的影响

可燃物	混合物温度（℃）	爆炸下限（%）	爆炸上限（%）	可燃物	混合物温度（℃）	爆炸下限（%）	爆炸上限（%）
丙酮	0	4.2	8.0	煤油	200	5.05	13.8
	50	4.0	9.8		300	4.40	14.25
	100	3.2	10.0		400	4.00	14.70
					500	3.65	15.35
煤油	20	6.00	13.4		600	3.35	16.40
	100	5.45	13.5		700	3.25	18.75

（2）初始压力

压力对爆炸上限的影响十分显著，对下限的影响较小。压力增加爆炸范围随之扩大。这是因为系统压力增加，物质分子间距离缩小，碰撞概率增加，使燃烧容易进行。压力下降，则气体分子间距拉大，爆炸极限范围会变小。待压力降到某一数值时，其上限即与下限重合，出现一个临界值；若压力再下降，系统便不燃不爆。因此，在密闭容器内进行负压操作，对安全生产是有利的。表 5—5 为压力对甲烷爆炸极限的影响。

表 5—5　　压力对甲烷爆炸极限的影响

初始压力（MPa）	爆炸下限（%）	爆炸上限（%）	初始压力（MPa）	爆炸下限（%）	爆炸上限（%）
0.1	5.6	14.3	5	5.4	29.4
1	5.9	17.2	12.5	5.7	45.7

（3）惰性介质

若混合物中所含的惰性气体量增加，爆炸范围就会缩小。惰性气体的浓度提高到某值时，混合物就不会爆炸。混合物中惰性气体量增加，对上限的影响比对下限的影响更为显著。惰性气体种类不同对爆炸极限的影响也不同，以汽油为例，其爆炸范围按氮气、二氧化碳、氟利昂 21 顺序依次缩小。

（4）容器

容器的材质和尺寸等对物质的爆炸极限均有影响。试验表明，容器管道的直径越小，则爆炸范围缩小。当管径小到一定程度时，火焰就不能通过，这一间距叫临界直径，也称最大灭火间距、阻火直径。常见气体阻火直径见表 5—6。

表 5—6　　常见气体的阻火直径　　mm

可燃物	阻火直径（空气中）	可燃物	阻火直径（空气中）
乙炔	0.7	甲烷	2.8
乙烯	1.5	丙烷	2.4
氢气	0.7		

容器材质对爆炸极限也有很大影响，如氢气与氟气在玻璃器皿中混合，即使在液态空气温度下，置于黑暗之中也会爆炸，而在银器之中，常温下就发生反应。

（5）点火源能量

燃烧和爆炸都需要有点火源。火源的能量、热表面的面积、火源与混合介质的接触时间等，对爆炸极限均有影响。点火源能量对甲烷—空气混合物的影响见表 5—7。

表 5—7　　点火源能量对爆炸极限的影响

点火能量（J）	爆炸下限（%）	爆炸上限（%）	点火能量（J）	爆炸下限（%）	爆炸上限（%）
1	4.9	13.8	100	4.25	15.1
10	4.6	14.2	10 000	3.6	17.5

（6）含氧量

空气中氧气的含量是21%，当混合气中氧气浓度增加时，爆炸极限范围变宽。增加氧气浓度，主要影响爆炸上限。一些可燃气体在空气和氧气中的爆炸极限见表5—8。

表5—8　部分可燃气体在空气和氧气中的爆炸极限

可燃物	在空气中		在氧气中	
	UEL（%）	LEL（%）	UEL（%）	LEL（%）
甲烷	14.0	5.3	61.0	5.1
乙烷	12.5	3.0	66.0	3.0
丙烷	9.5	2.2	55.0	—
正丁烷	8.5	1.8	49.0	1.8
异丁烷	8.4	1.8	48.0	1.8
丙烯	10.3	2.4	53.0	2.1
氯乙烯	22.0	4.0	70.0	4.0
氢气	75.0	4.0	94.0	4.0
一氧化碳	74.0	12.5	94.0	15.5
氨气	28.0	15.0	79.0	15.5

三、防止易燃介质燃烧爆炸的措施

防止易燃气体引起着火、爆炸的措施，主要有减小可燃气体浓度、减小氧气浓度、控制点火源。

为了控制点火能源，应研究有关冲击摩擦、明火、高温表面、绝热压缩、自然发热、电器火花、静电火花及热辐射、光辐射等8种点火源的产生条件。

为了不让混合气体的组分浓度达到爆炸范围，可以采取下列措施：使混合气体中的可燃组分浓度处在爆炸下限以下或者爆炸上限以上；使用惰性气体取代空气；使氧气浓度低于可燃气体的最小需氧量。

1. 火源控制

易燃介质的生产或使用单位，常见的着火源除生产过程本身的燃烧炉火、反应热、电火花等以外，还有维修用火、机械摩擦、撞击火花、静电放电火花以及吸烟等。这些火源都是引起易燃易爆物质着火爆炸的直接原因。控制这些火源的使用范围，严格管理制度，对于防火防爆是十分重要的。

（1）明火控制

明火主要是指生产过程中的加热用火、维修用火及其他火源。加热易燃介质时，应避免采用明火，应采用蒸汽、热水、中间热载体或电加热等间接加热。

在有火灾爆炸危险的场所，若需在压力容器和管道内部作业时，不得采用普通电灯照明，而应采用安全电压电器或防爆电器。同时，应尽量避免焊割作业，进行焊割作业时应严格执行动火安全规定。在积存有可燃气体或液化气体的管道、深坑、下水道及其附近，没有进行动火分析或消除危险之前，不能有明火作业。电焊具手线、地线应绝缘良好。不能利用与易燃易爆生产设备有联系的金属件作为电焊地线，以防止在电气通路不良的地方产生高温或电火花。

烟囱飞火，汽车、拖拉机、柴油机等排气管喷火，都可能引起可燃气体燃烧爆炸。为防止烟囱飞火，炉膛内燃烧要充分，烟囱要有足够的高度，周围一定距离内，不搭建易燃建筑，不堆放易燃易爆物资。为防止机动车辆排气管喷火引起火灾，储存易燃易爆介质的场地与交通干线应有一定的距离，同时进入易燃介质场地的机动车辆排气管上应安装火星熄灭器。

（2）摩擦与撞击火花的控制

机器中轴承等转动部分的摩擦、铁器的相互撞击、铁器工具打击混凝土地面等都可能产生火花，当管道或钢制容器泄漏物料喷出时，也可能因摩擦而起火。为避免这类火花产生，必须做到：对轴承及时加油，保持良好润滑，并经常消除附着的可燃污垢；凡是相互撞击的两部分均应采用两种不同的金属制成（例如，钢和铜、钢和铝等），撞击的工具用铜质或镀铜的材料，不能使用特种金属制造的设备，应采用惰性气体保护或真空操作；搬运盛装易燃易爆介质的容器时，不要抛掷、拖拉、振动；不准穿带钉子的鞋进入易燃易爆车间；特别危险的厂房内，地面应铺设不会产生火花的软质材料。

（3）其他火源的控制

要防止易燃易爆介质与高温的设备及管道表面相接触。可燃物料排放口应远离高温表面，高温表面要有隔热保温措施，不能在高温管道和设备上烘烤衣服及其他可燃物质。

油抹布、油棉纱等容易自燃引起火灾，应装入金属桶、箱内，放置在安全地点并及时清除。烟头虽是一个不大的热源，但能引起许多物质的燃烧。烟头的表面温度为200～300℃，中心温度高达700～800℃，超过了一般可燃物的燃点。在自然通风条件下的试验证明，烟头若扔进深度为5 cm的锯末中，经过75～90 min的阴燃，便开始出现火焰；烟头扔进深度为5～10 cm的刨花中有75%的机会，经过60～100 min开始燃烧；把烟头放在甘蔗板上，60 min后燃烧面积扩展到15 cm^2的范围，170 min后，形成火焰燃烧。烟头的烟灰在弹落时，有一部分呈不规则的颗粒，带有火星，若落在比较干燥疏松的可燃物上，也会引起燃烧。因此，使用易燃易爆介质的厂区范围内应禁止吸烟，避免因吸烟而引起火灾爆炸事故。

（4）电器火花的控制

为防止因电器火花引起火灾爆炸事故，对于使用易燃易爆介质的场所，应按规定选用相应的防爆设备。

2. 防止易燃介质的泄漏

压力容器使用过程中易燃介质的泄漏一般不发生在容器的本体，而常常发生在工艺接管、阀门仪表等连接部位。对某些压力容器难以保证绝对没有泄漏。例如，液化气体槽车进行充装和卸液时，就必须要将充装系统的设备、管线与容器连接或拆卸，其中总会残留一些介质。对此应严格遵照装卸作业规定，并加强压力容器周围环境的通风，防止燃烧条件的形成。尤其是对于气体（或蒸气）密度比空气大的易燃介质，假如有少量泄漏，它们将会因通风不良而聚积在低凹处，可能形成局部燃烧爆炸的条件。

为了保证设备的密闭性，对危险设备及系统，在安装检修方便的前提下，应尽量减少法兰连接，输送管道要用无缝钢管。应做好气体中水分的分离和保温，以防止冬季气体中冷凝水在管道中冻结，造成管道胀裂而泄漏。易燃易爆介质的生产装置，投产前应严格进行气密性试验。要按照压力容器的管理规定，定期进行检验。系统检修时应注意密封填料的检查、调整和更换，凡是与系统密封性有关的部件都不能忽视，以防渗漏。

第三节　压力容器中常用气体的分类及其特性

一、气体的分类

压力容器中气体的分类方法很多。按其燃烧性，可分为易燃气体（甲烷等）、助燃气体（氧气等）和不可燃气体（氩气等）；按其毒性可分为极度危害介质（光气等）、高度危害介质（氯气等）、中度危害介质（一氧化碳等）和轻度危害介质（氨等）；按其临界温度又可分为压缩气体（氮气等）、高压液化气体（二氧化碳等）和低压液化气体（丙烷等）。

我国规定临界温度 $t_c<-10℃$ 的气体称为压缩气体；$-10℃\leqslant t_c\leqslant 70℃$ 的气体称为高压液化气体；$t_c>70℃$，并且在60℃时的饱和蒸气压 >0.1 MPa 的气体称为低压液化气体，见表 5—9。压缩气体的临界温度低，因此，在充装、运输、使用过程中均为气态，其压力高低取决于气体的压缩程度。液化气体则根据临界压力和环境温度的变化，可以有两种情况，一种是临界温度高于环境温度的气体，如丙烷等。这些气体装入容器后始终保持气、液两相平衡状态，其压力即为所充装气体在相应温度下的饱和蒸气压。这些临界温度比较高的液化气体，因为其饱和蒸气压都较低（在60℃时的饱和蒸气压一般都≤50 MPa），所以又称为“低压液化气体”。另一种是临界温度处于环境温度变化范围之内的气体，如二氧化碳等，这些气体装入容器后，会随环境温度的变化而发生相变，可以是气、液两相共存，也可以是单一的气相，其压力取决于充装量和温度。这些临界温度较低的液化气体，因为其饱和蒸气压都较高，所以又称为“高压液化气体”。此外还有溶解气体，目前只有乙炔。

表5—9　　气体划分

名称	临界温度	典型气体类型
压缩气体	$t_c < -10$℃	空气、氧、氮、氢、氦、甲烷等
高压液化气体	-10℃$\leq t_c \leq 70$℃	二氧化碳、乙烷、乙烯、氧化亚氮、三氟氯甲烷
低压液化气体	$t_c > 70$℃且在60℃时的饱和蒸气压力>0.098 MPa	氯、氨、二氧化硫、丙烷、丙烯等
溶解气体		乙炔

二、常用气体的特性

1. 压缩气体

由于压缩气体种类较多，这里只介绍几种常用的压缩气体。

（1）氧气（O_2）

氧气是一种无色、无味、无嗅的气体，在标准状态下密度为1.429 kg/m³，对空气的相对密度为1.105，在－182.98℃时变为天蓝色透明液体，在－218.4℃时变为蓝色固体结晶。临界温度为－118.37℃，临界压力为5.014 MPa。氧气微溶于水。

氧气的化学性质特别活泼，除贵金属——金、银、铂及卤素和惰性气体外的所有元素，都能与氧发生氧化反应，随着氧纯度的提高氧化反应随之加剧，在纯氧中的氧化反应过程异常激烈，同时放出大量的热量，产生高温，这就使一些在空气中不易燃烧的物质在纯氧中却很容易达到燃点而发生燃烧、爆炸。

氧气具有强烈的助燃特性，若与可燃气体如 H_2、C_2H_2、CH_4、CO 等按一定比例混合即可成为可爆性的混合气体，一旦有火源或引爆条件就能引起爆炸。各种油脂与压缩氧气接触也可自燃。

在20℃，0.1 MPa 压力下，1 L 液体氧转化成 868 L 气体氧。

（2）氢气（H_2）

氢气是一种无色、无嗅、无味和无毒的可燃窒息性气体，可使肺缺氧，当空气中各种窒息性气体的体积分数达 50% 时，生物就会出现明显的症状，体积分数达到 75% 时，即可致人死亡。氢的相对分子质量为 2.015 8，是最轻的气体。它的黏度最小，导热系数最高，化学性质极活泼，是一种强的还原剂，可与许多物质进行不同程度的化学反应，生成各种类型的氢化物。其渗透性和扩散性强（扩散系数为 0.63 cm^3/s，约为甲烷的 3 倍），当钢暴露在一定温度和压力的氢气中时，其晶格中的原子氢在微观孔隙中与碳反应生成甲烷，随着甲烷生成量的增加，钢的微观孔隙就扩展成裂纹，使钢发生氢脆损坏。同时，在氢气的生产、储运和使用过程中都易造成泄漏。氢在空气、氧气中的爆炸极限很宽，在空气中为 4.0% ~75%，在氧气中为 4.7% ~94%。氢的燃烧性能好，氢氧焰可达 3 400 K 的高温，纯净氢气的火焰无色，氢气燃烧只生成水，不污染环境，所以被称为“清洁的氢能”。氢气的着火温度，在空气中为 585℃；在氧气中为 560℃。25℃时，氢气的点火能量仅 0.019 毫焦（mJ），比烷烃要低一个数量级以上，甚至化纤织物摩擦产生的静电也比氢的着火能量大几倍，所以氢很容易着火。因此，在氢的生产中应采取措施，尽量减少和消除静电的积聚以及产生火源的条件。在 -252.6℃时成为无色、透明的低温液体，密度为 0.070 97 kg/L，是水的

1/14。1 m^{3}液氢全部气化可得到788 m^{3}的气态氢。

（3）氮气（N_2）

氮气在自然界中分布很广，空气中占78%，是一种窒息性气体，常温下氮气是无色无味的气体，标准状况下密度为1.251 kg/m^3，对空气的相对密度为0.967，在－165.30℃为无色液体。在－210.1℃时凝结为雪状固体。常温下化学性质不活泼，故在工业上，常用氮气（N_2）作为安全防爆防火置换或气密性试验气体。

（4）惰性气体

元素周期表中的氦（He）、氖（Ne）、氩（Ar）、氪（Kr）、氙（Xe）、氡（Rn）统称为惰性气体。其化学性质极不活泼，很难和其他元素发生反应，在空气中总含量约为1%。其物理、化学性质见表5—10。

表5—10　　惰性气体的基本性质

惰性气体	密度（g/L）（标准状态）	相对密度（对空气）	气/液比	临界温度（℃）	临界压力（MPa）	熔点（℃）	沸点（℃）
氦气（He）	0.178 5	0.136 8	700	－267.9	0.23	－272.2	－268.94
氖气（Ne）	0.871 3	0.674 0	1 340	－228.7	2.76	－248.6	－246.07
氩气（Ar）	1.783 6	1.330 0	781	－122.4	4.86	－189.3	－185.9
氪气（Kr）	3.742 1	2.818 0	644	－63.75	5.50	－157.2	－153.2
氙气（Xe）	5.890 0	4.530 0	518	6.61	5.88	－112.0	－109.1
氡气（Rn）	9.730 0	7.516 0	452	104	6.28	－71	－61.8

(5) 一氧化碳 (CO)

一氧化碳是含碳物质在燃烧不完全时的产物，无色无嗅，比空气略轻。它是工业生产中广泛存在的一种无色剧毒可燃气体。在标准状态下密度为 1.25 kg/m³，与空气的相对密度为 0.967。在常压下熔点为 -205℃，沸点为 -192℃。石油化工生产中如合成氨、甲醇、甲醛及炼油和各种加热炉等装置均有一氧化碳产生。

一氧化碳的爆炸极限：在空气中为 12.5% ~75%；在氧气中为 15.5% ~93.9%。在日光作用下，一氧化碳与氯气能化合成光气。

一氧化碳的毒性作用在于对血红蛋白有很强的结合能力，比氧与血红蛋白的结合能力大 200 ~300 倍。所以若一氧化碳经肺泡进入血液后，便很快与血红蛋白结合生成碳氧血红蛋白，使血液失去荷氧作用，使人因缺氧而中毒，在工业生产中，常以急性中毒方式出现。重度中毒者迅速进入昏迷状态，出现阵发性抽搐，血压下降，体温升高，并引发肺炎、脑水肿及心肌损害，若抢救不及时有生命危险。车间空气中一氧化碳的最高容许浓度为 30 mg/m³。

(6) 甲烷 (CH_4)

甲烷是碳氢化合物的一种，呈气态，无色、无嗅，密度为 0.716 7 kg/m³，对空气的相对密度为 0.55，熔点为 -182.5℃，沸点为 -161.5℃，在空气中的爆炸极限为 5.3% ~14%，在氧气中的爆炸极限为 5.1% ~61%。

2. 液化气体

(1) 二氧化碳 (CO_2)

二氧化碳又称碳酸气或碳酸酐，是一种无色、无嗅、有酸味的无毒性的窒息性气体。在标准状况下，其密度为 1.977 kg/m³，对空气的相对密度为 1.529，溶于水则生成碳酸。CO_2 能压缩液化成液体，液态时密度为 1.101 kg/L (-37℃)，沸点为

-78.5℃。液态 CO_2 若凝成固体则称为干冰，其密度为 1.56 kg/L，熔点 -56.6℃（约 0.52 MPa）。CO_2 是合成氨工业的副产品，又是合成尿素的原料。大气中 CO_2 的正常含量约为 0.04%。人体呼出气中 CO_2 含量约为 4.2%。燃料燃烧时可产生大量 CO_2 气体。由于它比空气重，故 CO_2 气体常存在于空气不流动的地方，且多沉积于底层，如不通风的储藏蔬菜的地窖、矿井等。低浓度的 CO_2 无毒，但高浓度的 CO_2 对有机体有毒性，有刺激和麻醉作用。如果空气中 CO_2 含量超过 6% 时，对人有致命的危险。浓度更高时，人若吸入可于数秒至数分钟内迅速倒下，若不及时抢救就会致死。

（2）氯气（Cl_2）

氯气是一种草绿色带有刺激性气味的剧毒气体。在标准状况下，密度为 3.214 kg/m^3。对空气的相对密度为 2.49，沸点为 -34.6℃，熔点为 -102℃。常温下（20～25℃），在 0.6～0.8 MPa或在 -35～-40℃时的常压下可液化为黄绿色透明的液体（常温下对水的相对密度是 1.4 倍）。在一定温度下，容器内同时存在液态和气态，氯气蒸气压随温度变化而变化。在 0℃时，1 L 液氯可气化成 450 L 以上气态氯并吸收大量热，因此在储液罐中常因液氯气化而降温，储器表面出现结霜现象。氯是活泼的化学元素，容易和其他化学元素结合，如遇水则生成盐酸及次氯酸。盐酸对钢制容器有很强的腐蚀性，直接影响容器的使用寿命。

氯气的用途十分广泛，如自来水、游泳池用水的消毒；用于造纸工业及纺织业（如棉织物的漂白）；制造无机氯化物，如漂白粉、氯化亚锡（还原剂）、氯化银（照相用）、合成盐酸等；制造有机物（如聚氯乙烯塑料等）、农药（如六六六及 DDT 等）、溶剂（如橡胶、四氯化碳等）、冷冻剂（氯甲烷、氯乙烷、二氯甲烷等）等。

氯气的用途很广，但毒性很大。它对人的呼吸道和皮肤以及人体其他器官伤害很大。氯气被吸入后与呼吸道黏膜接触，部分与水作用最终形成盐酸和新生态氧。盐酸对黏膜有刺激和烧灼作用，引起炎性水肿、充血与坏死；新生态氧对组织有强烈的氧化作用，并在氧化过程中可能生成臭氧，对组织细胞原浆产生毒害作用。呼吸黏膜末梢感受刺激，还可造成平滑肌痉挛，加剧通气障碍，导致缺氧。当吸入高浓度氯气时，会引起迷走神经反射性心跳停止而出现“电击样”死亡。第一次世界大战时，德国军队竟以氯气作为化学战毒气，造成人们大量死亡。1964 年 9 月日本富山市化工厂由于液氯管道破裂造成氯气喷出，使工厂附近 500 多人受害。车间空气中氯气的最高容许浓度为 1 mg/m^3。

（3）氨气（NH_3）

氨气是一种无色有刺激性气味的气体，在标准状况下，密度为 0. 77 kg/m^3，对空气的相对密度为 0. 597 1，沸点为 -33. 4℃，熔点为 -77. 7℃。氨气在空气中爆炸极限为 15% ~28%；氨气在氧气中的爆炸极限为 13. 5% ~79%；氨气和氯气接触能发生低温自燃，并生成不稳定极易爆炸的氯化氮（NCl_3）。这就是氨和氯接触引起爆炸的原因。

氨广泛用于合成氨、尿素、硝胺和染料工业。使用氨水、冷藏库的冷冻剂等都有接触氨的机会。氨极易溶于水，呈碱性，1% 水溶液的 pH 值为 11. 7 左右。氨属有毒类介质，对人的危害主要是上呼吸道的刺激和腐蚀作用。直接接触高浓度氨时，接触部位可引起碱性化学灼伤，组织呈溶解性坏死。氨还可引起呼吸道深部及肺泡的损伤，发生化学性支气管炎、肺炎和肺水肿。吸入高浓度氨后，可使中枢神经系统兴奋增强，引起痉挛，并可通过三叉神经末梢的反射作用引起心脏停搏和呼吸停止。眼内溅入浓氨可使眼结膜充血水肿、角膜溃疡、晶状体混浊，甚至角膜穿孔。车间空气中氨的最高容许浓度为 30 mg/m^3。

（4）氟利昂（氟氯烷—烯类）

氟利昂在大气压力下的沸点为 50 ~80℃（与其种类有关），

相对分子质量大，绝热指数低，压缩终点温度和凝固点低，故用做制冷剂。氟利昂与水接触即行分解，本身无毒、无嗅，不易着火，与空气混合不爆炸，对金属无腐蚀，能溶于水，与油脂可互相溶解。

（5）氟化氢（HF）

氟化氢常以二分子状态（H_2F_2）存在，无色气体或液体。气体相对密度 1.27；液体相对密度 0.987，沸点 19.4℃，熔点 -83.7℃。呈弱酸性，在空气中发出烟雾，其蒸气具有十分强烈的腐蚀和毒性。氟化氢溶于水，其水溶液在 -30℃时也不冻结，能浸蚀玻璃，须用铅制、蜡制和塑料制容器存放，无水物质储存于冷却的银器中。故常用于蚀刻玻璃；是制氟化物、氟硼酸和氟硅酸等化合物的原料；也用做有机合成的催化剂和氟化剂。

（6）氯甲烷（CH_3Cl、CH_2Cl_2、$CHCl_3$、CCl_4）

在此只介绍四氯甲烷（CCl_4），这是一种无色液体，在 4～20℃时相对密度为 1.595，熔点 -22.8℃，沸点 76.8℃。有毒，微溶于水。

四氯甲烷与乙醇、乙醚以任何比例混合也不燃烧，故常用做溶剂、有机物的氯化剂、香料的浸出剂、纤维以及制氧工业的脱脂剂、灭火剂、分析试剂等，并用于制氯仿和药物等。

（7）氮的氧化物

常见的有 NO、NO_2、N_2O_4、N_2O_5等。氮的氧化物是在硝胺和硝化纤维的制造中产生的。其中以 NO_2 比较稳定，其他遇光、湿或热时易变成 NO 和 NO_2，而 NO 很快又变为 NO_2。所以在生产中接触的氮氧化物主要是 NO_2。NO_2 的毒性约为 NO 的 4～5 倍。

在常温下，氮的氧化物混合气体呈棕黄色，温度越高，颜色越深，可呈红棕色甚至深棕色，人们俗称之为“黄龙”或“红烟”，若被人吸入，与肺泡中的水反应将形成硝酸与亚硝酸，对肺组织产生刺激和腐蚀作用，引起肺水肿，还可使血红蛋白变为高铁血红蛋白，使组织缺氧而中毒。因此，规定车间空气中二氧化氮的最高容许浓度为5 mg/m^3。

（8）硫化氢（H_2S）

硫化氢是一种具有恶臭气味的有害气体。大气中含有硫化氢的体积分数为4×10^{-6}时即可察觉。硫化氢气体主要产生于天然气净化、炼焦、人造纤维、石油精炼、煤气制造和造纸等生产过程中。空气中硫化氢含量≥1 mg/L时，可使人立即中毒，继而痉挛、失去知觉而迅速死亡。急性中毒的后遗症是头痛、智力降低；慢性中毒症状是眼球酸痛、有灼烧感、肿胀畏光等，并引起气管炎和头痛。1950年墨西哥的波查·里加城，由于在用天然气生产硫黄的过程中泄漏出硫化氢，造成320人中毒，22人死亡的大事故。车间空气中硫化氢气体的最高容许浓度为10 mg/m^3。

（9）氯化氢（HCl）

它是一种无色、具剧烈刺激性气味的气体。在空气中呈白色烟雾，易溶于水成为盐酸。氯化氢是石油化工生产的原料之一。聚氯乙烯就是乙炔（C_2H_2）与氯化氢（HCl）反应而生成的。

氯化氢对眼和呼吸道黏膜有强烈的刺激作用，被人吸入后能引起呼吸道炎性水肿、充血和坏死，并对皮肤有刺激作用，可出现丘疹、水泡和烧伤。长期接触高浓度氯化氢烟雾，可造成慢性气管炎。胃肠道功能障碍以及牙齿损坏。当空气中氯化氢的浓度在7.5～15 mg/m^{3}时，会使人感到不快。车间空气中氯化氢的最高容许浓度为15 mg/m^3。

（10）二氧化硫（SO_2）

二氧化硫又称硫酸酐，是一种无色、有刺激性气味的气体。密度为2.927 kg/m^3，在常温下加压到0.4 MPa即能液化成无色液体，液体相对密度为1.434（0℃时），熔点－76.1℃，沸点－10℃，溶于水，且部分变成亚硫酸，也溶于乙醇和乙醚。气态二氧化硫是制造三氧化硫、硫酸等的原料；液态二氧化硫是良好的有机溶剂，用于精制各种润滑油和用做冷冻剂等。属有毒介质，高浓度二氧化硫可作用于深部呼吸道而引起肺水肿，严重时可突然发生反射性声门痉挛而窒息。车间空气中二氧化硫的最高容许浓度为 15 mg/m^3。

（11）液化石油气

液化石油气是多种烃类气体，如丙烷、丁烷、丙烯、丁烯等组成的混合物，具有以下性质：

1）挥发性。液化石油气如果以液体状态流出时，很易挥发成气体，其体积会骤然膨胀约250倍而急剧扩散。

2）易燃性。液化石油气和空气混合后，一旦遇到火种，甚至是石头与金属撞击的火花或摩擦静电火花那样的星星之火，都能迅速引起燃烧。

3）易爆性。液化石油气和空气混合并达到爆炸极限比例，如丙烯气与空气混合的容积达到 2.1% ~9.5% 时，一旦遇到火源即刻发生爆炸。因此，存放钢瓶的仓库要保持良好的通风。防止液化石油气渗漏后起火爆炸。

4）微毒性。液化石油气没有使人体血液中毒的危险，因此，在空气中的浓度低于1%时，对人体健康没有危害。但是，如果长期接触浓度较高的液化石油气，对于神经系统也是有影响的，尤其是高碳烃气体，当其在空气中的浓度超过10%时，会使人窒息。

5）腐蚀性。液化石油气一般无腐蚀性，只有在残液中含有较多的硫化物时，才会对钢瓶产生一定的腐蚀作用。液化石油气会使橡胶软化，也会使石油产品溶化。因此，输气软管要用耐油胶管，同时在软管上不得涂抹润滑油和白漆等。

6）相对密度大。液化石油气在气态时比空气重，其对空气的相对密度为 1.5 ~2。故在生产和使用过程中，渗漏出来的液化石油气会流向并积存在通风不好、不易扩散的低洼处，当达一定浓度且遇明火时即爆炸。所以，钢瓶库严禁设在地下室，钢瓶的残液严禁倒入下水道。

7）热值高。液化石油气燃烧时的发热量很高。1 m^3气态液化石油气的发热量≥8.37×10^7 J，相当于发热量为1.68×10^7 J/m^3的炉煤气（CO）的5倍；1 kg液化石油气的发热量为4.61×10^7 J，相当于每千克发热量为2.51×10^7J烟煤的2倍。液化石油气不但热值高且燃烧完全，所发生的热量能被充分利用。例如，烧煤的民用炉的热效率（全部热量中被有效利用的部分）一般只有10%～15%；而液化石油气民用灶的热效率通常达到55%以上。使用液化石油气既经济方便，又不污染环境，因此，是理想的民用燃料。

8）蒸发潜热高。液化石油气由液相变为气相，需要吸收很多热量，这种热量称为“蒸发潜热”（又称气化潜热）。如丙烷的蒸发潜热为4.22×10^5 J/kg，丁烷的蒸发潜热为3.85×10^5 J/kg。液化石油气在燃烧时，钢瓶内的液化石油气要不断蒸发补充，必须通过钢瓶的四壁向周围大气吸收所需的蒸发潜热。如果气化量过多，而所需的潜热补给跟不上，液体本身的温度就会下降，同时造成蒸气压下降，气体的流出量就相应减少，从而影响正常燃烧。这种情况多数发生在冬季，致使炉灶出现气供不上的现象；严重时，钢瓶外壁会结露或结冰。所以，冬季要注意对钢瓶保温。此外，还应特别防止液态石油气与人体皮肤接触，否则会由于液态石油气向人体吸收大量蒸发潜热而引起严重的冻伤。

3. 溶解气体

我国目前的溶解气体只有乙炔一种。在工业上乙炔主要是通过电石和水作用以实现乙炔的制取。乙炔是一种无色的易燃易爆气体，微轻于空气，纯乙炔气体无臭味，但工业上用电石制成的乙炔气体有一种难闻的臭味。

(1) 乙炔的主要物理性质

分子式C_2H_2，分子结构式$HC\equiv CH$，相对分子质量26.04；

在0℃、大气压下相对密度为0.910 7，在相同条件下，密度为1.174 7 g/L；液态乙炔的沸点为－75℃；乙炔在低温时变为固体（固体乙炔在大气压中于－83.4℃时升华，当压力提高至大气压以上时就出现液化），在1.73 kg/cm^{3}绝对压力下，熔点为－820℃；临界压力为6.242 MPa，临界温度为35.7℃；爆炸极限在空气中为2.5%～82%（7%～13%时爆炸能力极强），在纯氧中为2.3%～93%（30%时爆炸能力最强）；稍溶于水，易溶于丙硐，与水的溶解比15℃时约为1∶1.1，与丙酮的溶解比在15℃时约为1∶25。

（2）乙炔的主要化学性质

乙炔是具有三键结合的易反应的不饱和的碳氢化合物，其化学性质主要有：

1）与氢接触还原成乙烯和乙烷。

2）易与氯反应生成氯化物。

3）在增压低温条件下生成水合物［$C_2H_2 \cdot 6H_2O$］。

4）与铜、银及其盐类反应生成爆炸性的乙炔化合物；乙炔没有腐蚀性，日常使用的金属均可使用，但铜、银、汞会与乙炔生成乙炔化物，它可发生突发性分解反应，形成爆炸。含铜量超过60%的合金，含铜含银的焊接材料和水银压力计，应避免使用在含乙炔的系统内。大多数塑料和合成橡胶与乙炔相溶，但硅橡胶、氯丁橡胶、聚丙烯等与乙炔相溶性差，最好经过应用实验检验后确定。

5）乙炔可在各种条件下聚合。

6）乙炔的分解反应是发热的，因而引起分解爆炸。另外，与空气混合形成爆炸性气体，爆炸危险大。

（3）对人体的有害性

纯净的乙炔气体本身是无毒性的，类似于氢、氮对人体的影响，即较长时间吸入，会因吸入氧气量不足有引起窒息的危险。

附件 1

工作场所空气中有毒物质容许浓度

序号	中文名 CAS No.	英文名	最高容许浓度（mg/m^3）	时间加权平均容许浓度（mg/m^3）	短时间接触容许浓度（mg/m^3）
1	安妥 (86－88－4)	Antu	—	0.3	0.9*
2	氨 (7664－41－7)	Ammonia	—	20	30
3	2－氨基吡啶（皮） 504－29－0	2－Aminopyridine（skin）	—	2	5*
4	氨基磺酸铵 7773－06－0	Ammonium sulfamate	—	6	15*
5	氨基氰 420－04－2	Cyanamide	—	2	5*
6	奥克托今 2691－41－0	Octogen	—	2	4
7	巴豆醛 4170－30－3	Crotonaldehyde	12	—	—
8	百菌清 1897－45－6	Chlorothalonile	1	—	—

续表

序号	中文名 CAS No.	英文名	最高容许浓度（mg/m^3）	时间加权平均容许浓度（mg/m^3）	短时间接触容许浓度（mg/m^3）
9	倍硫磷（皮） 55 – 38 – 9	Fenthion（skin）	—	0.2	0.3
10	苯（皮） 71 – 43 – 2	Benzene（skin）	—	6	10
11	苯胺（皮） 62 – 53 – 3	Aniline（skin）	—	3	7.5*
12	苯基醚（二苯醚） 101 – 84 – 8	Phenyl ether	—	7	14
13	苯硫磷（皮） 2104 – 64 – 5	EPN（skin）	—	0.5	1.5*
14	苯乙烯（皮） 100 – 42 – 5	Styene（skin）	—	50	100
15	吡啶 110 – 86 – 1	Pyridine	—	4	10*
16	苄基氯 100 – 44 – 7	Benzyl chloride	5	—	—

续表

序号	中文名 CAS No.	英文名	最高容许浓度（mg/m^3）	时间加权平均容许浓度（mg/m^3）	短时间接触容许浓度（mg/m^3）
17	丙醇 71－23－8	Propyl alcohol	—	200	300
18	丙酸 70－09－4	Propionic acid	—	30	60*
19	丙酮 67－64－1	Acetone	—	300	450
20	丙酮氰醇（按 CN 计）（皮） 75－86－5	Acetone cyanohydrin（skin）as CN	3	—	—
21	丙烯醇（皮） 107－18－6	Allyl alcohol（skin）	—	2	3
22	丙烯腈（皮） 107－13－1	Acrylonitrile（skin）	—	1	2
23	丙烯醛 107－02－8	Acrolein	0.3	—	—
24	丙烯酸（皮） 79－10－7	Acrylic acid（skin）	—	6	15*

续表

序号	中文名 CAS No.	英文名	最高容许浓度（mg/m^3）	时间加权平均容许浓度（mg/m^3）	短时间接触容许浓度（mg/m^3）
25	丙烯酸甲酯（皮） 96－33－3	Methyl acrylate（skin）	—	20	40 *
26	丙烯酸正丁酯 141－32－2	n－Butyl acrylate	—	25	50 *
27	丙烯酰胺（皮） 79－06－1	Acrylamide（skin）	—	0.3	0.9 *
28	草酸 144－62－7	Oxalic acid	—	1	2
29	抽余油 60～220℃	Raffinate（60～220℃）	—	300	450 *
30	臭氧 10028－15－6	Ozone	0.3	—	—
31	滴滴涕（DDT） 50－29－3	Dichlorodiphenyltrichloroethane（DDT）	—	0.2	0.6 *
32	敌百虫 52－68－6	Trichlorfon	—	0.5	1

续表

序号	中文名 CAS No.	英文名	最高容许浓度（mg/m^3）	时间加权平均容许浓度（mg/m^3）	短时间接触容许浓度（mg/m^3）
33	敌草隆 330 – 54 – 1	Diuron	—	10	25*
34	碲化铋（按 Bi2Te3 计） 1304 – 82 – 1	Bismuth telluride, as Bi_2Te_3	—	5	12.5*
35	碘 7553 – 56 – 2	Iodine	1	—	—
36	碘仿 75 – 47 – 8	Iodoform	—	10	25*
37	碘甲烷（皮） 74 – 88 – 4	Methyl iodide（skin）	—	10	25*
38	叠氮酸和叠氮化钠 7782 – 79 – 8；26628 – 22 – 8 叠氮酸蒸气 叠氮化钠	Hydrazoic acid and sodium azide Hydrazoic acid vapor sodium azide	 0.2 0.3	 — —	 — —
39	丁醇 71 – 36 – 3	Butyl alcohol	—	100	200*

续表

序号	中文名 CAS No.	英文名	最高容许浓度（mg/m^3）	时间加权平均容许浓度（mg/m^3）	短时间接触容许浓度（mg/m^3）
40	1，3－丁二烯 106－99－0	1，3－Butadiene	—	5	12.5*
41	丁醛 123－72－8	Butyladehyde	—	5	10
42	丁酮 78－93－3	Methyl ethyl ketone	—	300	600
43	丁烯 25167－67－3	Butylene	—	100	200*
44	对苯二甲酸 100－21－0	Terephthalic acid	—	8	15
45	对硫磷（皮） 56－38－2	Parathion（skin）	—	0.05	0.1
46	对特丁基甲苯 98－51－1	p－Tert－butyltoluene	—	6	15*
47	对硝基苯胺（皮） 100－01－6	p－Nitroaniline（skin）	—	3	7.5*

续表

序号	中文名 CAS No.	英文名	最高容许浓度（mg/m^3）	时间加权平均容许浓度（mg/m^3）	短时间接触容许浓度（mg/m^3）
48	对硝基氯苯/二硝基氯苯（皮） 100－00－5/25567－67－3	p－Nitrochlorobenzene/ Dinitrochlorobenzene（skin）	—	0.6	1.8*
49	多次甲基多苯基多异氰酸酯 57029－46－6	Polymetyhlene polyphenyl isocyanate（PMPPI）	—	0.3	0.5
50	二苯胺 122－39－4	Diphenylamine	—	10	25*
51	二苯基甲烷二异氰酸酯 101－68－8	Diphenylmethane diisocyanate	—	0.05	0.1
52	二丙二醇甲醚（皮） 34590－94－8	Dipropylene glycolmethyl ether (skin)	—	600	900
53	2－N－二丁氨基乙醇（皮） 102－81－8	2 － N － Dibutylaminoethanol (skin)	—	4	10*
54	二恶烷（皮） 123－91－1	1，1，4－Dioxane（skin）	—	70	140*
55	二氟氯甲烷 75－45－6	Chlorodifluoromethane	—	3 500	5 250*

续表

序号	中文名 CAS No.	英文名	最高容许浓度（mg/m³）	时间加权平均容许浓度（mg/m³）	短时间接触容许浓度（mg/m³）
56	二甲胺 124 – 40 – 3	Dimethylamine	—	5	10
57	二甲苯（全部异构体） 1330 – 20 – 7；95 – 47 – 6； 108 – 38 – 3	Xylene（all isomers）	—	50	100
58	二甲苯胺（皮） 121 – 69 – 7	Dimethylanilne（skin）	—	5	10
59	1，3 – 二甲基丁基醋酸酯 （仲 – 乙酸己酯） 108 – 84 – 9	1，3 – Dimethylbutyl acetate （sec – hexylacetate）	—	300	450*
60	二甲基二氯硅烷 75 – 78 – 5	Dimethyl dichlorosilane	2	—	—
61	二甲基甲酰胺（皮） 68 – 12 – 2	Dimethylformamide（DMF） （skin）	—	20	40*
62	3，3 – 二甲基联苯胺（皮） 119 – 93 – 7	3，3 – Dimethylbenzidine （skin）	0.02	—	—

续表

序号	中文名 CAS No.	英文名	最高容许浓度（mg/m³）	时间加权平均容许浓度（mg/m³）	短时间接触容许浓度（mg/m³）
63	二甲基乙酰胺（皮） 127－19－5	Dimethyl acetamide（skin）	—	20	40*
64	二聚环戊二烯 77－73－6	Dicyclopentadiene	—	25	50*
65	二硫化碳（皮） 75－15－0	Carbon disulfide（skin）	—	5	10
66	1，1－二氯－1－硝基乙烷 594－72－9	1，1－Dichloro－1－nitroethane	—	12	24*
67	二氯苯 对二氯苯（106－46－7） 邻二氯苯（95－50－1）	Dichlorobenzene p－Dichlorobenzene o－Dichlorobenzene	 — —	 30 50	 60 100
68	1，3－二氯丙醇（皮） 96－23－1	1，3－Dichloropropanol（skin）	—	5	12.5*
69	1，2－二氯丙烷 78－87－5	1，2－Dichloropropane	—	350	500
70	1，3－二氯丙烯（皮） 542－75－6	1，3－Dichloropropene（skin）	—	4	10*

续表

序号	中文名 CAS No.	英文名	最高容许浓度（mg/m^3）	时间加权平均容许浓度（mg/m^3）	短时间接触容许浓度（mg/m^3）
71	二氯代乙炔 7572－29－4	Dichloroacetylene	0.4	—	—
72	二氯二氟甲烷 75－71－8	Dichlorodifluoromethane	—	5 000	7 500*
73	二氯甲烷 75－09－2	Dichloromethane	—	200	300*
74	1，2－二氯乙烷 107－06－2	1，2－Dichloroethane	—	7	15
75	1，2－二氯乙烯 540－59－0	1，2－Dichloroethylene	—	800	1 200*
76	二缩水甘油醚 2238－07－5	Diglycidyl ether	—	0.5	1.5*
77	二硝基苯（全部异构体）（皮） 582－29－0；99－65－0；100－25－4	Dinitrobenzene（all isomers）（skin）	—	1	2.5*
78	二硝基甲苯（皮） 25321－14－6	Dinitrotoluene（skin）	—	0.2	0.6*

续表

序号	中文名 CAS No.	英文名	最高容许浓度（mg/m^3）	时间加权平均容许浓度（mg/m^3）	短时间接触容许浓度（mg/m^3）
79	4，6－二硝基邻苯甲酚（皮） 534－52－1	4，6－Dinitro－o－cresol（skin）	—	0.2	0.6*
80	二氧化氮 10102－44－0	Nitrogen dioxide	—	5	10
81	二氧化硫 7446－09－5	Sulfur dioxide	—	5	10
82	二氧化氯 10049－04－4	Chlorine dioxide	—	0.3	0.8
83	二氧化碳 124－38－9	Carbon dioxide	—	9 000	18 000
84	二氧化锡（按 Sn 计） 1332－29－2	Tin dioxdie，as Sn	—	2	5*
85	2－二乙氨基乙醇（皮） 100－37－8	2－Diethylaminoethanol（skin）	—	50	100*
86	二乙撑三胺（皮） 111－40－0	Diethylene triamine（skin）	—	4	10*

续表

序号	中文名 CAS No.	英文名	最高容许浓度（mg/m^3）	时间加权平均容许浓度（mg/m^3）	短时间接触容许浓度（mg/m^3）
87	二乙基甲酮 96 - 22 - 0	Diethyl ketone	—	700	900
88	二乙烯基苯 1321 - 740 - 0	Divinyl benzene	—	50	100*
89	二异丁基甲酮 108 - 83 - 8	Diisobutyl ketone	—	145	218*
90	二异氰酸甲苯酯（TDI） 584 - 84 - 9	Toluene - 2，4 - diisocyanate（TDI）	—	0.1	0.2
91	二月桂酸二丁基锡（皮） 77 - 58 - 7	Dibutyltin dilaurate（skin）	—	0.1	0.2
92	钒及其化合物（按 V 计） 7440 - 62 - 6 五氧化二钒烟尘 钒铁合金尘	Vanadium and compounds，as V Vanadium pentoxide fume、dust Ferrovanadium alloy dust	 — —	 0.05 1	 0.15* 2.5*
93	呋喃 110 - 00 - 9	Furan	—	0.5	1.5*

续表

序号	中文名 CAS No.	英文名	最高容许浓度（mg/m^3）	时间加权平均容许浓度（mg/m^3）	短时间接触容许浓度（mg/m^3）
94	氟化氢（按 F 计） 7664－39－3	Hydrogen fluoride，as F	2	—	—
95	氟化物（不含氟化氢）（按 F 计）	Fluorides（except HF），as F	—	2	5*
96	锆及其化合物（按 Zr 计） 7440－67－7	Zirconium and compounds，as Zr	—	5	10
97	镉及其化合物（按 Cd 计） 7440－43－9	Cadmium and compounds，as Cd	—	0.01	0.02
98	汞（7439－97－6） 金属汞（蒸气） 有机汞化合物（皮）（按 Hg 计）	Mercury Element mercury（vapor） Mercury organic compounds（skin）as Hg	— —	0.02 0.01	0.04 0.03
99	钴及其氧化物（按 Co 计） 7440－48－4	Cobalt and oxides，as Co	—	0.05	0.1
100	光气 75－44－5	Phosgene	0.5	—	—
101	癸硼烷（皮） 17702－41－9	Decaborane（skin）	—	0.25	0.75

续表

序号	中文名 CAS No.	英文名	最高容许浓度（mg/m^3）	时间加权平均容许浓度（mg/m^3）	短时间接触容许浓度（mg/m^3）
102	过氧化苯甲酰 94 – 36 – 0	Benzoyl peroxide	—	5	12.5 *
103	过氧化氢 7722 – 84 – 1	Hydrogen peroxide	—	1.5	3.75 *
104	环己胺 108 – 91 – 8	Cyclohexylamine	—	10	20
105	环己醇（皮） 108 – 93 – 0	Cyclohexanol（skin）	—	100	200 *
106	环己酮（皮） 108 – 94 – 1	Cyclohexanone（skin）	—	50	100 *
107	环己烷 110 – 82 – 7	Cyclohexane	—	250	375 *
108	环氧丙烷 75 – 56 – 9	Propylene Oxide	—	5	12.5 *
109	环氧氯丙烷（皮） 106 – 89 – 8	Epichlorohydrin（skin）	—	1	2

续表

序号	中文名 CAS No.	英文名	最高容许浓度（mg/m^3）	时间加权平均容许浓度（mg/m^3）	短时间接触容许浓度（mg/m^3）
110	环氧乙烷 75 – 21 – 8	Elthylene oxide	—	2	5*
111	黄磷 7723 – 14 – 0	Yellow phosphorus	—	0.05	0.1
112	茴香胺（皮） 邻茴香胺（皮）(90 – 04 – 0) 对茴香胺（皮）(104 – 94 – 9)	Anisidine（skin） o – Anisidine（skin） p – Anisidine（skin）	 — —	 0.5 0.5	 1.5* 1.5*
113	己二醇 107 – 41 – 5	Hexylene glycol	100	—	—
114	1，6 – 己二异氰酸酯 822 – 06 – 0	Hexamethylene diisocyanate	—	0.03	0.15*
115	己内酰胺 105 – 60 – 2	Caprolactam	—	5	12.5*
116	2 – 己酮（皮） 591 – 78 – 6	2 – Hexanone（skin）	—	20	40
117	甲醇（皮） 67 – 56 – 1	Methanol（skin）	—	25	50

续表

序号	中文名 CAS No.	英文名	最高容许浓度（mg/m^3）	时间加权平均容许浓度（mg/m^3）	短时间接触容许浓度（mg/m^3）
118	甲拌磷（皮） 298 – 02 – 2	Thimet（skin）	0.01	—	—
119	甲苯（皮） 108 – 88 – 3	Toluene（skin）	—	50	100
120	N – 甲苯胺（皮） 100 – 61 – 8	N – Methyl aniline（skin）	—	2	5*
121	甲酚（皮） 1319 – 77 – 3	Cresol（skin）	—	10	25*
122	甲基丙烯腈（皮） 126 – 98 – 7	Methylacrylonitrile（skin）	—	3	7.5*
123	甲基丙烯酸 79 – 41 – 4	Methacrylic acid	—	70	140*
124	甲基丙烯酸甲酯 80 – 62 – 6	Methyl methacrylate	—	100	200*
125	甲基丙烯酸缩水甘油酯 106 – 91 – 2	Glycidyl methacrylate	5	—	—

续表

序号	中文名 CAS No.	英文名	最高容许浓度（mg/m³）	时间加权平均容许浓度（mg/m³）	短时间接触容许浓度（mg/m³）
126	甲基肼（皮） 60－34－4	Methyl hydrazine（skin）	0.08	—	—
127	甲基内吸磷（皮） 8022－00－2	Methyl demeton（skin）	—	0.2	0.6*
128	18－甲基炔诺酮（炔诺孕酮） 6533－00－2	18－Methyl norgestrel	—	0.5	2
129	甲硫醇 74－93－1	Methyl mercaptan	—	1	2.5*
130	甲醛 50－00－0	Formaldehyde	0.5	—	—
131	甲酸 64－18－6	Formic acid	—	10	20
132	甲氧基乙醇（皮） 109－86－4	2－Methoxyethanol（skin）	—	15	30*
133	甲氧氯 72－43－5	Methoxychlor	—	10	25*

续表

序号	中文名 CAS No.	英文名	最高容许浓度（mg/m^3）	时间加权平均容许浓度（mg/m^3）	短时间接触容许浓度（mg/m^3）
134	间苯二酚 108－46－3	Resorcinol	—	20	40*
135	焦炉逸散物（按苯溶物计）	Coke oven emissions，as benzene solube matter	—	0.1	0.3*
136	肼（皮） 302－01－2	Hydrazine（skin）	—	0.06	0.13
137	久效磷（皮） 6923－32－4	Monocrotophos（skin）	—	0.1	0.3*
138	糠醇 98－00－0	Furfuryl alcohol	—	40	60
139	糠醛（皮） 98－01－1	Furfural（skin）	—	5	12.5*
140	考的松 53－06－5	Cortisone	—	1	2.5*
141	苛性碱 氢氧化钠 1310－73－2 氢氧化钾 1310－58－3	Caustic alkali Sodium hydroxide Potassium hydroxide	 2 2	 — —	 — —

续表

序号	中文名 CAS No.	英文名	最高容许浓度（mg/m^3）	时间加权平均容许浓度（mg/m^3）	短时间接触容许浓度（mg/m^3）
142	枯草杆菌蛋白酶	Subtilisins	—	$15ng/m^3$	$30ng/m^3$
143	苦味酸 88－89－1	Picric acid	—	0.1	0.3*
144	乐果（皮） 60－51－5	Rogor（skin）	—	1	2.5*
145	联苯 92－52－4	Biphenyl	—	1.5	3.75*
146	邻苯二甲酸二丁酯 84－74－2	Dibutyl phthalate	—	2.5	6.25*
147	邻苯二甲酸酐 85－44－9	Phthalic anhydride	1	—	—
148	邻氯苯乙烯 2038－87－47	o－Chlorostyrene	—	250	400
149	邻氯苄叉丙二腈（皮） 2698－41－1	o－Chlorobenzylidene malononitrile（skin）	0.4	—	—

续表

序号	中文名 CAS No.	英文名	最高容许浓度（mg/m^3）	时间加权平均容许浓度（mg/m^3）	短时间接触容许浓度（mg/m^3）
150	邻仲丁基苯酚（皮） 89－72－5	o－sec－Butylphenol（skin）	—	30	60*
151	磷胺（皮） 13171－21－6	Phosphamidon（skin）	—	0.02	0.06*
152	磷化氢 7803－51－2	Phosphine	0.3	—	—
153	磷酸 7664－38－2	Phosphoric acid	—	1	3
154	磷酸二丁基苯酯（皮） 2528－36－1	Dibutyl phenyl phosphate（skin）	—	3.5	8.75*
155	硫化氢 7783－06－4	Hydrogen sulfide	10	—	—
156	硫酸钡（按 Ba 计） 7727－06－0	Barium sulfate，as Ba	—	10	25*
157	硫酸二甲酯（皮） 77－78－1	Dimethyl sulfate（skin）	—	0.5	1.5*

续表

序号	中文名 CAS No.	英文名	最高容许浓度（mg/m³）	时间加权平均容许浓度（mg/m³）	短时间接触容许浓度（mg/m³）
158	硫酸及三氧化硫 7664－93－9	Sulfuric acid and sulfur trioxide	—	1	2
159	硫酸氟 2699－79－8	Sulfuryl fluoride	—	20	40
160	六氟丙酮（皮） 684－16－2	Hexafluoroacetone（skin）	—	0.5	1.5*
161	六氟丙烯 116－15－4	Hexafluoropropylene	—	4	10*
162	六氟化硫 2551－62－4	Sulfur hexafluoride	—	6 000	9 000*
163	六六六 608－73－1	Hexachlorocyclohexane	—	0.3	0.5
164	γ－六六六 58－89－9	γ－Hexachlorocyclohexane	—	0.05	0.1
165	六氯丁二烯（皮） 87－68－3	Hexachlorobutadine（skin）	—	0.2	0.6*

续表

序号	中文名 CAS No.	英文名	最高容许浓度（mg/m^3）	时间加权平均容许浓度（mg/m^3）	短时间接触容许浓度（mg/m^3）
166	六氯环戊二烯 77－47－4	Hexachlorocyclopentadiene	—	0.1	0.3*
167	六氯萘（皮） 1335－87－1	Hexachloronaphthalene (skin)	—	0.2	0.6*
168	六氯乙烷（皮） 67－72－1	Hexachloroethane（skin）	—	10	25*
169	氯 7782－50－5	Chlorine	1	—	—
170	氯苯 108－90－7	Chlorobenzene	—	50	100*
171	氯丙酮（皮） 78－95－5	Chloroacetone（skin）	4	—	—
172	氯丙烯 107－05－1	Allyl chloride	—	2	4
173	氯丁二烯（皮） 126－99－8	Chloroprene（skin）	—	4	10*

续表

序号	中文名 CAS No.	英文名	最高容许浓度（mg/m^3）	时间加权平均容许浓度（mg/m^3）	短时间接触容许浓度（mg/m^3）
174	氯化铵烟 12125－02－9	Ammonium chloride fume	—	10	20
175	氯化苦 76－06－2	Chloropicrin	1	—	—
176	氯化氢及盐酸 7647－01－0	Hydrogen chloride and chlorhydric acid	7.5	—	—
177	氯化氰 506－77－4	Cyanogen chloride	0.75	—	—
178	氯化锌烟 7646－85－7	Zinc chloride fume	—	1	2
179	氯甲甲醚 107－30－2	Chloromethyl methyl ether	0.005	—	—
180	氯甲烷 74－87－3	Methyl chloride	—	60	120
181	氯联苯（54%氯）（皮） 11097－69－1	Chlorodiphenyl（54% Cl）(skin)	—	0.5	1.5*

续表

序号	中文名 CAS No.	英文名	最高容许浓度（mg/m^3）	时间加权平均容许浓度（mg/m^3）	短时间接触容许浓度（mg/m^3）
182	氯萘（皮） 90－13－1	Chloronaphthalene（skin）	—	0.5	1.5*
183	氯乙醇（皮） 107－07－3	Ethylene chlorohydrin（skin）	2	—	—
184	氯乙醛 107－20－0	Chloroacetaldehyde	3	—	—
185	氯乙烯 75－01－4	Vinyl chloride	—	10	25*
186	α－氯乙酰苯 532－27－4	α－Chloroacetophenone	—	0.3	0.9*
187	氯乙酰氯（皮） 79－04－9	Chloroacetyl chloride（skin）	—	0.2	
188	马拉硫磷（皮） 121－75－5	Malathion（skin）	—	2	
189	马来酸酐 108－31－6	Maleic anhydride	—	1	

续表

序号	中文名 CAS No.	英文名	最高容许浓度（mg/m^3）	时间加权平均容许浓度（mg/m^3）	短时间接触容许浓度（mg/m^3）
190	吗啉（皮） 110－91－8	Morpholine（skin）	—	60	
191	煤焦油沥青挥发物（按苯溶物计） 65996－93－2	Coal tar pitch volatiles, as Benzene soluble matters	—	0.2	
192	锰及其无机化合物（按 MnO_2 计） 7439－96－5	Manganese and inorganic compounds, as MnO_2	—	0.15	
193	钼及其化合物（Mo 计） 7439－98－7 钼，不溶性化合物 可溶性化合物	Molybdeum and compounds, as Mo Molybdeum and insoluble compounds Soluble compounds	 — —	 6 4	 15* 10
194	内吸磷（皮） 8065－48－3	Demeton（skin）	—	0.05	0.15*
195	萘 91－20－3	Naphthalene	—	50	75

续表

序号	中文名 CAS No.	英文名	最高容许浓度（mg/m^3）	时间加权平均容许浓度（mg/m^3）	短时间接触容许浓度（mg/m^3）
196	2－萘酚 2814－77－9	2－Naphthol	—	0.25	0.5
197	萘烷 91－17－8	Decalin	—	60	120*
198	尿素 57－13－6	Urea	—	5	10
199	镍及其无机化合物（按 Ni 计）（7440－02－0）	Nickel and inorganic compounds，as Ni			
	金属镍与难溶性镍化合物	Nickel and isoluble compounds	—	1	2.5*
	可溶性镍化合物	Soluble compounds	—	0.5	1.5*
200	铍及其化合物（按 Be 计） 7440－41－7	Beryllium and compounds，as Be	—	0.000 5	0.001
201	偏二甲基肼（皮）（57－14－7	Unsymmetric dimethylhydrazine（skin）	—	0.5	1.5*
202	铅及无机化合物（按 Pb 计） 7439－92－1	Lead and inorganic Compounds，as Pb			
	铅尘	Lead dust	0.05	—	—
	铅烟	Lead fume	0.03	—	—

续表

序号	中文名 CAS No.	英文名	最高容许浓度（mg/m^3）	时间加权平均容许浓度（mg/m^3）	短时间接触容许浓度（mg/m^3）
203	氢化锂 7580－67－8	Lithium hydride	—	0.025	0.05
204	氢醌（123－31－9）	Hydroquinone	—	1	2
205	氢氧化铯 21351－79－1	Cesium hydroxide	—	2	5*
206	氰氨化钙 156－62－7	Calcium cyanamide	—	1	3
207	氰化氢（按 CN 计）（皮） 74－90－8	Hydrogen cyanide, as CN (skin)	1	—	—
208	氰化物（按 CN 计）（皮） 460－19－5	Cyanides, as CN (skin)	1	—	—
209	氰戊菊酯（皮） 51630－58－1	Fenvalerate (skin)	—	0.05	0.15*
210	全氟异丁烯 382－21－8	Perfluoroisobutylene	0.08	—	—

续表

序号	中文名 CAS No.	英文名	最高容许浓度（mg/m^3）	时间加权平均容许浓度（mg/m^3）	短时间接触容许浓度（mg/m^3）
211	壬烷 1－84－2	Nonane	—	500	750*
212	溶剂汽油	Solvent gasolines	—	300	450*
213	n－乳酸正丁酯 138－22－7	n－Butyl lactate	—	25	50*
214	三次甲基三硝基胺（黑索今） 121－82－4	Cyclonite（RDX）	—	1.5	3.75*
215	三氟化氯 7790－91－2	Chlorine trifluoride	0.4	—	—
216	三氟化硼 7637－07－2	Boron trifluoride	3	—	—
217	三氟甲基次氟酸酯	Trifluoromethyl hypofluorite	0.2	—	—
218	三甲苯磷酸酯（皮） 1330－78－5	Tricresyl phosphate（skin）	—	0.3	0.9*

续表

序号	中文名 CAS No.	英文名	最高容许浓度（mg/m^3）	时间加权平均容许浓度（mg/m^3）	短时间接触容许浓度（mg/m^3）
219	1，2，3－三氯丙烷（皮） 96－18－4	1，2，3 － Trichloropropane (skin)	—	60	120*
220	三氯化磷 7719－12－2	Phosphorus trichloride	—	1	2
221	三氯甲烷 67－66－3	Trichloromethane	—	20	40*
222	三氯硫磷 3982－91－0	Phosphorous thiochloride	0. 5	—	—
223	三氯氢硅 10025－28－2	Trichlorosilane	3	—	—
224	三氯氧磷 10025－87－3	Phosphorus oxychloride	—	0. 3	0. 6
225	三氯乙醛 75－87－6	Trichloroacetaldehyde	3	—	—
226	1，1，1－三氯乙烷 71－55－6	1，1，1－trichloroethane	—	900	1 350*

续表

序号	中文名 CAS No.	英文名	最高容许浓度（mg/m³）	时间加权平均容许浓度（mg/m³）	短时间接触容许浓度（mg/m³）
227	三氯乙烯 79 - 01 - 6	Trichloroethylene	—	30	60 *
228	三硝基甲苯（皮） 118 - 96 - 7	Trinitrotoluene（skin）	—	0. 2	0. 5
229	三氧化铬、铬酸盐、重铬酸盐（按 Cr 计） 7440 - 47 - 3—1	Chromium trioxide、hromate、ichromate，as Cr	—	0. 05	0. 15 *
230	三乙基氯化锡（皮） 994 - 31 - 0	Triethyltin chloride（skin）	—	0. 05	0. 1 *
231	杀螟松（皮） 122 - 14 - 5	Sumithion（skin）	—	1	2
232	砷化氢（胂） 7784 - 42 - 1	Arsine	0. 03	—	—
233	砷及其无机化合物（按 As 计 7440 - 38 - 2	Arsenic and inoganic compounds，as As	—	0. 01	0. 02
234	升汞（氯化汞） 7487 - 94 - 7	Mercuric chloride	—	0. 025	0. 075 *

续表

序号	中文名 CAS No.	英文名	最高容许浓度（mg/m^3）	时间加权平均容许浓度（mg/m^3）	短时间接触容许浓度（mg/m^3）
235	石腊烟（8002－74－2	Paraffin wax fume	—	2	4
236	石油沥青烟（按苯溶物计）8052－42－4	Asphalt（petroleum）fume, as benzene soluble matter	—	5	12.5*
237	双（巯基乙酸）二辛基锡 26401－97－8	Bis（marcaptoacetate）dioctyltin	—	0.1	0.2
238	双丙酮醇 123－42－2	Diacetone alcohol	—	240	360*
239	双硫醒 97－77－8	Disulfiram	—	2	5*
240	双氯甲醚 542－88－1	Bis（chloromethyl）ether	0.005	—	—
241	四氯化碳（皮）56－23－5	Carbon tetrachloride（skin）	—	15	25
242	四氯乙烯 127－18－4	Tetrachloroethylene	—	200	300*
243	四氢呋喃 109－99－9	Tetrahydrofuran	—	300	450*

续表

序号	中文名 CAS No.	英文名	最高容许浓度（mg/m^3）	时间加权平均容许浓度（mg/m^3）	短时间接触容许浓度（mg/m^3）
244	四氢化锗 7782－65－2	Germanium tetrahydride	—	0.6	
245	四溴化碳 558－13－4	Carbon tetrabromide	—	1.5	
246	四乙基铅（按 Pb 计）（皮） 78－00－2	Tetraethyl lead，as Pb（skin）	—	0.02	
247	松节油 8006－64－2	Turpentine	V	300	
248	铊及其可溶性化合物（按 TI 计）（皮）（7440－28－0）	Thalium and soluble compounds，as TI（skin）－－	—	0.05	
249	钽及其氧化物（按 Ta 计） 7440－25－7	Tantalum and oxide，as Ta	—	5	
250	碳酸钠（纯碱） 3313－92－6	Sodium carbonate	—	3	
251	羰基氟 353－50－4	Carbonyl fluoride	—	5	

续表

序号	中文名 CAS No.	英文名	最高容许浓度（mg/m^3）	时间加权平均容许浓度（mg/m^3）	短时间接触容许浓度（mg/m^3）
252	羰基镍（按 Ni 计） 13463－39－3	Nickel carbonyl, as Ni	0.002	—	
253	锑及其化合物（按 Sb 计） 7440－36－0	Antimony and compounds, as Sb	—	0.5	
254	铜（按 Cu 计）(7440－50－8) 铜尘 铜烟	Copper, as Cu Copper dust Copper fume	 — —	 1 0.2	 2.5* 0.6*
255	钨及其不溶性化合物（按 W 计）（7440－33－7）	Tungsten and insoluble compounds, as W	—	5	10
256	五氟氯乙烷 76－15－3	Chloropentafluoroethane	—	5 000	7 500*
257	五硫化二磷 1314－80－3	Phosphorus pentasulfide	—	1	3
258	五氯酚及其钠盐（皮） 87－86－5	Pentachlorophenol and sodium salts (skin)	—	0.3	0.9*
259	五羰基铁（按 Fe 计） 13463－40－6	Iron pentacarbonyl, as Fe	—	0.25	0.5

续表

序号	中文名 CAS No.	英文名	最高容许浓度（mg/m^3）	时间加权平均容许浓度（mg/m^3）	短时间接触容许浓度（mg/m^3）
260	五氧化二磷 1314 - 56 - 3	Phosphorus pentoxide	1	—	—
261	戊醇 71 - 41 - 0	Amyl alcohol	—	100	200*
262	戊烷 109 - 66 - 0	Pentane	—	500	1 000
263	硒化氢（按 Se 计） 7783 - 07 - 5	Hydrogen selenide，as Se	—	0.15	0.3
264	硒及其化合物（按 Se 计）（除外六氟化硒、硒化氢）（7782 - 49 - 2）	Selenium and compounds，as Se（except hexafluoride，hydrogen selenide）	—	0.1	0.3*
265	纤维素 9004 - 34 - 6	Cellulose	—	10	25*
266	硝化甘油（皮） 55 - 63 - 0	Nitroglycerine（skin）	1	—	—
267	硝基苯（皮） 98 - 95 - 3	Nitrobenzene（skin）	—	2	5*

续表

序号	中文名 CAS No.	英文名	最高容许浓度（mg/m³）	时间加权平均容许浓度（mg/m³）	短时间接触容许浓度（mg/m³）
268	1－1－　硝基丙烷 2－2－　108－03－2	1－Nitropropane	—	90	180*
269	2－硝基丙烷 79－46－9	2－Nitropropane	—	30	60*
270	硝基甲苯（全部异构体）（皮） 88－72－2；99－08－1； 99－99－0	Nitrotoluene，（all isomers）（skin）	—	10	25*
271	硝基甲烷 75－52－5	Nitromethane	—	50	100*
272	硝基乙烷 79－24－3	Nitroethane	—	300	450*
273	辛烷 111－65－9	Octane	—	500	750*
274	溴 7726－95－6	Bromine	—	0.6	2
275	溴化氢 10035－10－6	Hydrogen bromide	10	—	—

续表

序号	中文名 CAS No.	英文名	最高容许浓度（mg/m^3）	时间加权平均容许浓度（mg/m^3）	短时间接触容许浓度（mg/m^3）
276	溴甲烷（皮） 74－83－9	Methyl bromide（skin）	—	2	5*
277	溴氰菊酯 52918－63－5	Deltamethrin	—	0.03	0.09*
278	氧化钙 1305－78－8	Calcium oxide	—	2	5*
279	氧化乐果（皮） 1113－02－6	Omethoate（skin）	—	0.15	0.45*
280	氧化镁烟 1309－48－4	Magnesium oxide fume	—	10	25*
281	氧化锌 1314－13－2	Zinc oxide	—	3	5
282	液化石油气 68476－85－7	Liqufied petroleum（L. P. G.）	—	1 000	1 500
283	一甲胺（甲胺） 74－89－5	Monomethylamine	—	5	10
284	一氧化氮 10102－43－9	Nitric oxide（Nitrogen monooxide）	—	15	30*

续表

序号	中文名 CAS No.	英文名	最高容许浓度（mg/m^3）	时间加权平均容许浓度（mg/m^3）	短时间接触容许浓度（mg/m^3）
285	一氧化碳（630－08－0） 非高原 高原 海拔 2 000 m～ 海拔 >3 000 m	Carbon monoxide not in high altitude area in high altitude area 2 000m～ >3 000m	 — 20 15	 20 — —	 30 — —
286	乙胺 75－04－7	Ethylamine	—	9	18
287	乙苯 100－41－4	Ethyl benzene	—	100	150
288	乙醇胺 141－43－5	Ethanolamine	—	8	15
289	乙二胺（皮） 107－15－3	Ethylenediamine（skin）	—	4	10
290	乙二醇 107－21－1	Ethylene glycol	—	20	40
291	乙二醇二硝酸酯（皮） 628－96－6	Ethylene glycol dinitrate（skin）	—	0.3	0.9*

续表

序号	中文名 CAS No.	英文名	最高容许浓度（mg/m^3）	时间加权平均容许浓度（mg/m^3）	短时间接触容许浓度（mg/m^3）
292	乙酐 108－24－7	Acetic anhydride	—	16	32*
293	N－乙基吗啉（皮） 100－74－3	N－Ethylmorpholine（skin）	—	25	50*
294	乙基戊基甲酮 541－85－5	Ethyl amyl ketone	—	130	195*
295	乙腈 75－05－8	Acetonitrile	—	10	25*
296	乙硫醇 75－08－1	Ethyl mercaptan	—	1	2.5*
297	乙醚 60－29－7	Ethyl ether	—	300	500
298	乙硼烷 12987－45－7	Diborane	—	0.1	0.3*
299	乙醛 75－07－0	Acetaldehyde	45	—	—

续表

序号	中文名 CAS No.	英文名	最高容许浓度（mg/m^3）	时间加权平均容许浓度（mg/m^3）	短时间接触容许浓度（mg/m^3）
300	乙酸乙酸（2－甲氧基乙基酯） 64－19－7	Acetic acid	—	10	20
301	乙酸乙酸（（2－甲氧基乙基酯）（皮） 110－49－6	2 － Methoxyethyl acetate (skin)	—	20	40*
302	乙酸丙酯 109－60－4	Propyl acetate	—	200	300
303	乙酸丁酯 123－86－4	Butyl acetate	—	200	300
304	乙酸甲酯 79－20－9	Methyl acetate	—	100	200
305	乙酸戊酯（全部异构体） 628－63－7	Amyl acetate（all isomers）	—	100	200
306	乙酸乙烯酯 108－05－4	Vinyl acetate	—	10	15

续表

序号	中文名 CAS No.	英文名	最高容许浓度（mg/m^3）	时间加权平均容许浓度（mg/m^3）	短时间接触容许浓度（mg/m^3）
307	乙酸乙酯 141－78－6	Ethyl acetate	—	200	300
308	乙烯酮 463－51－4	Ketene	—	0.8	2.5
309	乙酰甲胺磷（皮） 30560－19－1	Acephate（skin）	—	0.3	0.9*
310	乙酰水杨酸（阿司匹林） 50－78－2	Acetylsalicylic acid（aspirin）	—	5	12.5*
311	3－3－　乙氧基乙醇（皮） 4－4－　110－80－5	2－Ethoxyethanol（skin）	—	18	36
312	2－乙氧基乙基乙酸酯（皮） 111－15－9	2－Ethoxyethyl acetate（skin）	—	30	60*
313	钇及其化合物（按Y计） 7440－65－5	Yttrium and compounds（as Y）	—	1	2.5*
314	异丙铵 75－31－0	Isopropylamine	—	12	24

续表

序号	中文名 CAS No.	英文名	最高容许浓度（mg/m^3）	时间加权平均容许浓度（mg/m^3）	短时间接触容许浓度（mg/m^3）
315	异丙醇 67－63－0	Isopropyl alcohol（IPA）	—	350	700
316	N－异丙基苯胺（皮） 768－52－5	N－Isopropylaniline（skin）	—	10	25*
317	异稻瘟净（皮） 26087－47－8	Kitazine o－p（skin）	—	2	5
318	异佛尔酮 78－59－1	Isophorone	30	—	—
319	异佛尔酮二异氰酸酯 4098－71－9	Isophorone diisocyante（IPDI）	—	0.05	0.1
320	异氰酸甲酯（皮） 624－83－9	Methyl isocyanate（skin）	—	0.05	0.08
321	异亚丙基丙酮 141－79－7	Mesityl oxide	—	60	100
322	铟及其化合物（按 In 计） 7440－74－6	Indium and compounds，as In	—	0.1	0.3

续表

序号	中文名 CAS No.	英文名	最高容许浓度（mg/m^3）	时间加权平均容许浓度（mg/m^3）	短时间接触容许浓度（mg/m^3）
323	茚 95－13－6	Indene	—	50	100*
324	正丁胺（皮） 109－73－9	n－butylamine	15	—	—
325	正丁基硫醇 109－79－5	n－butyl mercaptan	—	2	5*
326	正丁基缩水甘油醚 2426－08－6	n－butyl glycidyl ether	—	60	120*
327	正庚烷 142－82－5	n－Heptane	—	500	1 000
328	正己烷（皮） 110－54－3	n－Hexane（skin）	—	100	180
329	重氮甲烷 334－88－3	Diazomethane	—	0. 35	0. 7

注：摘自《工作场所有害因素职业接触限值》（GBZ 2—2002）。

复习思考题

一、选择题

1. 粉尘是指飘浮于空气中，直径大于________ μm 的固体微粒。

A. 0.1　　B. 0.2　　C. 0.3　　D. 0.4

2. ________常用来反映毒物毒性的大小。

A. 绝对致死剂量或浓度 LD_{100} 或 LC_{100}

B. 半数致死剂量或浓度 LD_{50} 或 LC_{50}

C. 最大耐受量或浓度 LD_0 或 LC_0

D. 以上答案均正确

3. 在生产过程中，工业毒物进入人体的途径有三种，最主要的是经________进入。

A. 消化道　　B. 皮肤　　C. 呼吸道　　D. 口腔

4. 燃烧必须具有的特征是（　　）。

a. 是一个剧烈的氧化还原反应；b. 放出大量的热量；c. 发出光。

A. a，b 正确

B. b，c 正确

C. a，c 正确

D. a，b，c 都正确

5. 燃烧必须具备的要素是（　　）。

A. 有可燃物存在

B. 有助燃物存在

C. 有着火源存在

D. 以上都正确

6. 氢气在空气中的爆炸下限为（　　）。

A. 2.0%　　B. 3.0%　　C. 4.0%　　D. 5.0%

二、判断题

1. 临界温度低于$-10℃$的瓶装气体属于低压液化气体。（　　）

2. 临界温度大于70℃的气体叫做低压液化气体。（　　）

3. 硫化氢的危害性之一是该物质属于窒息性毒物。（　　）

4. 介质发生化学反应而发生的爆炸称之为化学爆炸，如氢氧混装产生爆鸣气。（　　）

5. 半数致死剂量或浓度LD_{50}或LC_{50}，是指使全组染毒实验动物全部死亡的最小剂量或浓度。（　　）

6. 工业毒物进入人体的途径有三种：呼吸道、皮肤和口腔。（　　）

7. 燃烧是一种有热发生的剧烈的氧化还原反应。（　　）

8. 物质自一种状态迅速转变为另外一种状态，并在瞬间以对外做机械功的形式放出大量能量的现象称为爆炸。（　　）

9. 燃烧是一种同时有光和热发生的剧烈的氧化还原反应。（　　）

10. 硫化氢、一氧化碳的危害特性之一是化学窒息性。（　　）

11. 乙炔不与铜、银及其盐类反应生成爆炸性的乙炔化合物。（　　）

三、计算题

1. 摄氏温度20℃，换算成开尔文温度（K）是多少？

2. O_2的质量为320 g，计算其物质的量为多少摩尔？

3. 液化石油气中各液态烃的组分浓度为：丙烷20%，丙烯5%，正丁烷30%，异丁烷20%，丁烯—1 25%，计算其爆炸下限。

第六章

压力容器的腐蚀与防腐

本章知识要点

本章简要介绍金属的腐蚀、腐蚀的途径及腐蚀形态的分类概念，着重介绍影响腐蚀的主要环境因素及腐蚀的控制与预防。要求学员了解各类腐蚀形态的特点，理解实际操作和维护中对腐蚀的控制和防护应关注的安全技术问题。

第一节　金属的腐蚀

一、金属的腐蚀及途径

金属腐蚀是指因受周围介质的作用而造成金属材料的破坏和变质。

金属腐蚀是在介质中发生的，没有介质的作用，金属的腐蚀不会发生。金属材料的破坏和变质主要指材料的形状、化学成分以及力学性能的改变。

金属腐蚀是通过化学腐蚀和电化学腐蚀两个途径进行的。

1. 化学腐蚀

化学腐蚀是金属表面与介质直接发生化学反应产生的腐蚀。金属在不导电的液体或干燥的气体中的腐蚀称为化学腐蚀。化学腐蚀的过程中，在介质的作用下，金属首先在表面形成一层反应物，称为氧化膜。氧化膜把介质和金属隔开。介质只能透过氧化膜才能与金属继续反应。因此，腐蚀的速度受所形成的氧化膜影响。

氧化膜对腐蚀速率的影响主要取决于膜的结构。氧化膜是由金属与介质的氧化物组成。当氧化物的体积较小时，氧化膜不能严密地遮盖金属表面时，氧化膜就仿佛是一个“网”。介质就可通过“网孔”与金属继续反应，腐蚀会继续下去。当氧化物的体积过大时，氧化物之间相互推挤，使部分氧化物脱离金属表面，也使得氧化膜不能严密地遮盖金属表面，腐蚀会继续下去。当氧化物的体积大小适当时，氧化膜致密、牢固地覆盖金属表面，阻挡介质与金属接触，腐蚀不能继续进行。

2. 电化学腐蚀

金属在电解质作用下所发生的腐蚀叫做电化学腐蚀，是由于在电解质中的金属表面产生原电池效果而引起的。两种不同介质的金属在电解质溶液中会在两种金属的表面形成不同的电位，形成造成电化学腐蚀的原电池。同一种金属由于金属的组织、成分以及应力分布不均匀也可在电解质溶液中形成原电池。在电解质中通常存在溶解的氧或很多氢离子。电子在上述条件下源源不断地从阳极流到阴极。金属材料上的金属离子也会不断地进入介质中。腐蚀就会不停地进行下去。

二、金属腐蚀的形态

金属腐蚀的形态有两大类，一类是均匀腐蚀，另一类是局部腐蚀。均匀腐蚀比较直观，容易发现。局部腐蚀往往不易发现，有些则需要利用特殊手段才能检测出来。由此可见局部腐蚀往往更具危害性。

1. 均匀腐蚀

均匀腐蚀是指腐蚀发生在金属的整个表面或较大面积上的现象。均匀腐蚀可细分为成膜腐蚀和无膜腐蚀两种。在金属表面形成腐蚀产物膜称为成膜腐蚀。有些腐蚀物形成的膜可以阻止腐蚀继续进行，有些则不能。无膜腐蚀是指腐蚀产物不能在金属表面形成膜的腐蚀。因为金属始终与介质接触，所以腐蚀会一直进行下去。

通常人们用腐蚀速率来描述特定环境下某种金属均匀腐蚀的快慢。腐蚀速率常用的有两种单位。一种是在单位时间内、单位面积上损失金属的质量［g/（m^2·h)］。另一种是在单位时间内材料损失的平均厚度（mm/a)。可以通过计算将第一种腐蚀速率换算成第二种腐蚀速率。这两种腐蚀速率中，后一种单位在压力容器的设计、管理、使用上较为方便，根据这种腐蚀速率可直接估算出容器的寿命。可根据这种腐蚀速率和设计使用年限，确定压力容器壁厚附加量中的腐蚀裕量。

2. 局部腐蚀

局部腐蚀的种类很多，压力容器上常见的局部腐蚀有孔蚀、缝隙腐蚀、晶间腐蚀、应力腐蚀开裂、氢腐蚀、磨损腐蚀及冲蚀等。

(1) 孔蚀

在金属表面出现小孔。孔的深度大于或等于孔的直径。此种腐蚀多发生在能形成保护膜的金属上。由于保护膜局部被破坏而形成蚀坑，由于蚀坑的存在腐蚀会在蚀坑的底部继续进行，蚀孔会向深处发展。当孔蚀的深度达到容器壳体壁厚时，就会造成介质泄漏。因为影响孔蚀形成和发展的因素很多，所以人们现在还没有办法准确地预测出孔蚀何时穿透容器。所以孔蚀是一种威胁压力容器安全的隐患。

(2) 缝隙腐蚀

缝隙腐蚀发生在由于容器结构造成的狭小缝隙处。例如，法兰密封处、换热管与管板孔处、塔板与塔板支撑圈等处。腐蚀的现象是在缝隙较深的地方出现蚀沟。严重时也可把金属腐蚀穿。缝隙腐蚀的原理与孔蚀类似。

(3) 晶间腐蚀

晶间腐蚀是发生在金属晶粒的外表面。介质对金属晶粒外表面的腐蚀可以贯穿金属的全厚度。此种腐蚀发生时金属的厚度往往不会发生变化。由于金属晶粒边界被腐蚀物充斥，金属的力学性能会下降，当晶间腐蚀发生在压力容器的受压元件上时，极有可能造成重大事故。晶间腐蚀的原因是晶粒外表面与晶粒内的化学成分不一致，且晶粒外表面的组分在介质环境下会发生腐蚀，而晶粒内部的化学成分则不会发生腐蚀或腐蚀很缓慢。在压力容器常用的材料中易产生晶间腐蚀的是部分奥氏体不锈钢。

(4) 应力腐蚀开裂

金属在腐蚀环境和拉应力作用下发生破裂。在破裂产生时，金属材料的应力大大低于正常情况下材料断裂的应力。对于压力容器而言应力腐蚀开裂是最危险的腐蚀。应力腐蚀只发生在特定的材料—环境组成的体系中。在压力容器常见的材料—环境体系中主要有奥氏体不锈钢 - Cl^- 和碳钢 - NO_3^- 两种。应力腐蚀开裂的机理尚不清楚。目前已知即使在相应的材料环境体系中，若材料的应力不达到一定的水平，应力腐蚀开裂也不会发生。

(5) 氢腐蚀

在钢材加工、焊接及使用的环境中，都有氢存在。通常扩散到金属内的氢会穿过金属在另一侧结合成氢气逸出。当氢扩散到金属内部并停留在金属内时，常常会对材料的性能造成影响。氢进入不同的材料会有不同的结果。常见的有氢鼓泡、氢脆和氢蚀。

1) 氢鼓泡。当氢进入沸腾钢时，氢原子会在沸腾钢的空穴处结合并形成氢气，并停留在那里。由于氢原子会不断地进入，不断地结合成氢气聚集在一起，在空穴处产生极大的压力，材料就会产生鼓包和破裂。产生氢鼓包的环境多是含有硫化物、砷化物、氰化物和磷离子的腐蚀介质。

2) 氢脆。氢原子进入具有较高应力的高强钢内后，会使金属晶格的应变加大，引起材料脆化。前面讲到的应力腐蚀开裂之所以会发生，是因为在应力腐蚀开裂的腐蚀过程中伴随有氢脆现象产生。通过适当的热处理可使脆化了的钢材恢复原有的性能。

3）氢蚀。在高温、高压条件下，进入金属的氢与金属内的元素或组分发生化学反应，使金属的性能发生变化。这种变化同样会使材料变脆。有的还会产生小裂纹和空穴。由于氢已经与金属中的元素或组分发生了反应，所以此类氢脆一旦形成，就会对金属产生永久性的损害。

（6）磨损腐蚀

流动的介质对金属表面既腐蚀也磨损，腐蚀速率因磨损的存在而加剧。腐蚀磨损有两种，一种是在腐蚀介质中，两者相互接触，金属的表面因摩擦而使腐蚀发生或加剧。另一种是腐蚀介质高速流动使得金属表面发生腐蚀或使腐蚀加剧。压力容器中常见的是后一种。磨损腐蚀产生的原因是，磨损造成金属保护膜局部损坏，在保护膜被破坏处金属的腐蚀加速。磨损腐蚀的形态是金属表面呈现与流向平行的沟槽、波纹等。

（7）冲蚀

冲蚀是腐蚀介质高速流动使得金属表面出现磨损腐蚀的一种特例。与磨损腐蚀的区别是冲蚀发生在流体改变流动方向处。冲蚀形成的原理与磨损腐蚀相同，冲蚀的形态与磨损腐蚀也相同。

第二节　影响腐蚀的主要环境因素

影响腐蚀的主要环境因素有介质、介质浓度、温度、杂质等。

1．介质

介质对腐蚀的影响是显而易见的。没有介质就不会有腐蚀环境，也就不会有腐蚀。同一种金属或材料，接触不同的介质有的就会发生强烈的腐蚀，有的就几乎不腐蚀。在金属—环境这样的腐蚀系统中，介质对金属的腐蚀性是首先要考虑的因素。

2. 介质浓度

介质浓度对金属腐蚀的影响是多样的。有的金属在某种介质中会因介质的浓度高发生腐蚀而浓度低时不发生腐蚀，有的金属在某种介质中则会因介质的浓度高不发生腐蚀而浓度低时发生腐蚀。有的金属在某种介质中的腐蚀速率会随浓度升高而升高，而有的金属在某种介质中的腐蚀速率会随浓度升高而降低。保持介质浓度在合适的范围之内对保证压力容器的安全十分重要。

3. 温度

温度对腐蚀的影响相对简单。腐蚀会随着温度的升高而加剧。由于腐蚀是化学反应和电化学分反应的结果。而化学反应和电化学分反应的速度会随着温度的升高而加速。但事情不是绝对的，有些金属与介质形成的起保护作用的钝化膜会随着温度的增高而改变其性能，在某个较高的温度条件下形成的膜会比较低温度条件下形成的膜具有更好的保护金属的能力。

4. 杂质

杂质虽然在金属或介质中含量很少，但往往对腐蚀的影响却很大。以氯离子为例，有资料介绍在 99% 的醋酸中若氯离子质量分数为 0.000 2 时，腐蚀速率为 0.001 mm/a。同样是 99% 的醋酸当氯离子质量分数为 0.002 时，腐蚀速率为 1.8 mm/a。常见的有害杂质还有硫及硫化物、氟化物等。

第三节　腐蚀的控制与预防

通常，压力容器盛装的介质、容器工作的温度、压力等是已经确定了的。对容器腐蚀的控制和预防主要采用如下方法：选用适当的材料、在压力容器设计、制造过程中采取相应措施、采用相应防护手段以及精心的操作和维护。

一、材料的选择

在材料选用时，通常从均匀腐蚀和局部腐蚀两方面来考虑。

1. **从均匀腐蚀方面**

为应对均匀腐蚀，选材料时，通常首先选用耐腐蚀评级为优良（<0.05 mm/a）的材料。当耐腐蚀评级为优良的材料价格过高或加工困难时，也可选用耐腐蚀评级为良好（0.05～0.5 mm/a）的材料。为保证均匀腐蚀条件下容器的寿命能达到预期的使用年限，设计人员在确定容器壳体厚度时为均匀腐蚀预留了部分壳体厚度。这部分被预留的壳体厚度被称为"腐蚀裕量"。在《钢制压力容器》（GB 150—1998）中明确规定："介质为压缩空气、水蒸气或水的碳素钢或低合金钢制容器，腐蚀裕量不小于 1 mm"。由此可以看出，压力容器相关的法规和标准对均匀腐蚀的控制和预防给予了足够的关注。

2. **从局部腐蚀方面**

局部腐蚀中的晶间腐蚀、氢鼓泡和氢蚀可以通过选择材料的方法来控制和预防。

当奥氏体不锈钢处于某一特殊的温度段时，不锈钢晶粒中的碳具有较强的扩散能力。碳扩散并聚集到晶粒的边界，其中一些与晶粒边界的铬形成化合物。碳向晶粒边界的扩散造成晶粒边界的碳含量相应增加，铬含量相应下降，这种现象被称为"贫铬"。由于铬含量下降使得贫铬区失去了原有材料的耐腐蚀性能。介质对贫铬区与碳铬化合物的腐蚀就会发生，并沿着晶粒的边界不断深入，直至将金属穿透。

通过降低奥氏体不锈钢中碳含量可以将贫铬区与碳铬化合物控制在可以接受的范围内，以达到控制和预防不锈钢的晶间腐蚀效果。如将 12Cr18Ni9（1Cr18Ni9）改用 022Cr19Ni10（00Cr19Ni10）。两种材料的碳含量由原来的 0.15% 降至 0.03%，其他合金元素基本相同。

氢鼓泡的产生与技术中的空穴有直接的关系，在选择材料时避免选用沸腾钢即可有效降低氢鼓泡的发生。现在我国已不再使用沸腾钢制造压力容器。

在可能发生氢蚀的环境中，应选用 Cr－Mo 钢。铬和钼能够生成稳定的碳化物，避免了碳与氢形成甲烷而造成氢蚀。

二、在容器设计、制造过程中采用相应的措施

1．在进行压力容器设计时，降低壳体的应力，避免应力腐蚀开裂的发生。降低壳体应力分为降低壳体总体（薄膜）应力和降低局部应力两种。降低这两种应力分别采用不同的方法。降低总体应力主要是采用较厚的钢板做壳体。通过增加壳体壁厚降低壳体的应力水平。降低局部应力的方法主要是避免结构不连续或者是把结构不连续造成的应力集中降到最低。例如，接管与筒体的焊接焊缝及接管内壁与壳体内壁的相交处打磨成规定要求的圆角，矩形补强板的直角改成圆角等。

在压力容器设计时采用适当结构降低介质的流速，有效地预防和减缓磨损腐蚀。设置防冲挡板、加大弯头的半径等可以避免和减缓冲蚀。

设计时，对于易产生间隙腐蚀的材料—环境系统的容器避免结构中出现间隙，如图 6—1 所示。

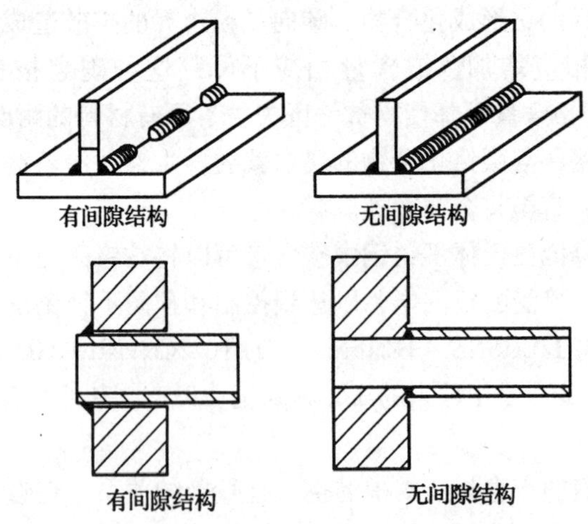

图 6—1　容器避免结构中出现间隙图

2. 在制造过程中，针对不同的情况采用不同的措施以达到控制和预防腐蚀的目的。在制造不锈钢容器时，避免造成不锈钢表面被划伤，避免铁锈、焊渣、飞溅物等污染不锈钢表面。当不锈钢表面质量被破坏时，钝化膜就被破坏。不锈钢的耐蚀性就会降低。还会引起点蚀、晶间腐蚀、甚至会导致应力腐蚀开裂。

通过采用不同的热处理工艺可以有效地预防和控制不同的腐蚀发生。采用焊后热处理可以消除高强钢的氢脆现象。采用整体热处理可以降低因成型、组装、焊接等原因造成的应力，预防应力腐蚀开裂的发生。对易产生晶间腐蚀的不锈钢进行固溶化处理，可以消除因材料而产生晶间腐蚀的条件，也就预防了腐蚀的发生。

容器制造好后，还要进行相应的处理以提高设备的耐腐蚀能力。对不锈钢制的容器与介质接触的表面要进行酸洗钝化。通过酸洗钝化除去不锈钢表面的污染物，形成致密的钝化膜，使不锈钢具有更强的耐蚀力。碳钢制成的容器也要对外表面进行除锈刷漆，减少大气环境对容器的腐蚀。

三、采用相应防护手段

控制和预防腐蚀相应手段主要有涂料、钝化、阴极保护、金属镀层及非金属衬里等手段。

1. 涂料防腐

涂料防腐是指用一种覆盖在金属上的膜将金属与介质隔开，控制、减缓腐蚀的发生。由于涂料干后会有微孔，不能把介质与金属完全隔开，所以涂料通常用于腐蚀不太强烈的场合。

2. 钝化

钝化是针对设备将要面临的环境，采用某种技术，使金属与介质接触的表面形成一层密实的膜，这种膜也叫钝化膜。生成这种膜的过程叫做钝化。钝化膜可以使腐蚀变得很慢。应当注意的是，钝化膜很薄，一旦钝化膜被破坏腐蚀就会按照原有的金属—

环境体系进行。在这种条件下会有两种情况，一种情况是金属—环境体系会使金属生成新的钝化膜，腐蚀又会变慢。另一种是金属—环境体系不能使金属生成新的钝化膜，腐蚀又会按照没有钝化膜的速度进行。当金属—环境体系属于后一种时，对钝化膜的保护应格外当心。

3. 阴极保护

阴极保护是通过导入电流，让被保护的金属形成阴极。当导入的电流流向阳极的部分与腐蚀电流相等且方向相反时，腐蚀就会停下来，达到保护金属的目的。当被保护的金属与一块比它电位低的金属相连时，也会使被保护的金属成为相对于低电位金属的阴极。在这种特殊的金属—环境体系中，腐蚀会从被保护金属转移到较低电位的金属上。这种让较低电位的金属被腐蚀来保护要保护的金属的方法被称为牺牲阳极。因为此种方法也是让被保护的金属变成阴极，所以也属阴极保护范畴。

4. 金属镀层和非金属衬里防腐

其防腐的实质都是把原来的金属—环境体系转换为另一种金属—环境体系或非金属—环境体系。将原来既承受载荷又需具备耐腐蚀性能的金属分解为仅承受载荷的金属和仅具备耐腐蚀的金属与非金属两部分。作为涂层的金属通常是一些价格昂贵或力学性能不能满足要求的有色金属或合金。作为衬里的非金属通常力学性能也不能满足要求。作为镀层的金属和衬里的非金属通常都有较好的耐蚀性，可以保证腐蚀在镀层和衬里上都会被有效地预防和控制。

四、操作和维护对腐蚀的控制和防护

人们往往忽略了操作、维护对避免或控制压力容器腐蚀的重要作用。正确操作和精心维护可以有效地避免和减缓容器的腐蚀。

压力容器使用过程中形成的金属—环境腐蚀体系是通过操作

建立和改变的。操作对控制和预防压力容器腐蚀常见的影响如下：

1. 操作造成局部应力，在应力腐蚀介质条件下可引发应力腐蚀开裂。

(1) 温度变化会造成局部应力

由于加热（或降温）的元件或介质不可能使压力容器的壳体壁温均匀地升温（或降温），容器因温度变化而产生的变形也需要有协调的时间，所以温度变化会产生局部应力。温度变化产生的局部应力与温度变化剧烈程度成正比例关系。

(2) 压力变化也会造成局部应力

压力变化时，容器的变形需要自身平衡并且还需要与系统中的其他设备和管线相协调，所以也会产生局部应力。

当局部应力与原有的总体应力叠加时，就有可能使得应力水平达到产生应力开裂腐蚀的条件。当环境介质为产生应力腐蚀开裂的某种介质时，应力腐蚀开裂就有可能发生。

2. 操作造成腐蚀环境变化。操作可以造成腐蚀环境中介质的成分和浓度产生变化，有时还会伴随有温度和杂质的影响。

(1) 开、停车操作可能造成腐蚀环境的变化

由于开、停车时压力容器的运行不稳定，操作的温度也可能与正常运行时的要求不同。开、停车时往往会出现局部反应不充分或不正常，在这样的情况下会产生与正常生产中不同的生成物，有可能对容器造成腐蚀。

(2) 运行中操作可能造成腐蚀环境的变化

在化工生产中，装置在超过（或低于）装置正常生产能力的工况下生产时，往往会发生或增加副反应，产生出不希望得到的生成物。化工生产的工艺参数（温度、压力、加料量等）偏离正常值时，有时也会增加副反应，产生出不希望得到的生成物。当这些不希望得到的生成物具有腐蚀性时，就有可能对容器造成腐蚀，危及压力容器的使用安全。

3. 维护对压力容器腐蚀的预防和控制的作用通常在如下3个部分中实现，即使用中的维护、停用中的维护和检修中的维护。

（1）在压力容器的使用中按要求及时将容器内的残液、残气从容器中排出可以有效地预防和控制腐蚀的发生。有些容器在使用中会聚集残液或残气，有些残液或残气内含有腐蚀介质。随着残液、残气的聚集和浓缩，腐蚀介质的浓度就会不断地提高，其腐蚀性也会不断提高，及时将残液、残气排出就可以避免由此产生的腐蚀。

观察系统运行情况的细微变化往往可以发现设备受到腐蚀。如同样的工艺条件产生了不同的效果，在维修的管道、泵、阀门中以及排出的残液中发现有容器中被腐蚀脱落的内件等都是容器发生了腐蚀的信号，应当及时通知相关人员对容器进行检修。

很多运行中的压力容器和停用的容器会有保温层。保温层是由保温材料和保护层组成。当水进入保温层内不能及时排出时，就会对容器的碳钢部分产生腐蚀。有些保温材料还会与水反应生成具有腐蚀性的物质，腐蚀容器的壳体。及时发现保温层的破损并及时修复，可以避免此类腐蚀的发生。

（2）盛装腐蚀性介质的压力容器停用后，应当对容器进行适当的处理。这类容器停用后应当将容器内的介质导出，并对容器进行清洗。若不将容器内的介质导出，原来流动或相对流动的介质就会变成静止的介质。原来流动或相对流动的介质中含有阻止腐蚀发生的成分（如形成钝化膜的氧），可以有效地阻止腐蚀发生。当静止介质中阻止腐蚀的成分被消耗尽时，腐蚀就会发生。所以及时将停用的盛装腐蚀性介质容器中的介质导是出十分必要。

介质被导出后，容器内仍然会有一些残留。残留的介质除了会因为不流动而引发腐蚀外，还会因种种原因造成浓度改变，对容器造成腐蚀。及时清洗盛装腐蚀性介质的压力容器可以预防腐蚀的发生。应当指出的是，清洗容器应当根据具体情况采用不同的清洗液或方式。

（3）在容器的检修过程中，若措施不当也可能为容器腐蚀创造了条件或直接对设备造成腐蚀。如在检修中由于防护措施不当就有可能对防腐层造成破坏。在检修不锈钢容器时破坏了钝化膜将降低不锈钢的耐腐蚀能力。试压是压力容器检修常用的手段，若试压用的水中的氯离子含量较高且试压后容器又不马上使用，就应当将容器内的水擦干净。否则，氯离子就有可能对容器造成腐蚀。

复习思考题

简答题：

1．金属腐蚀的形态有哪两大类？哪种腐蚀更具危害性？

2．腐蚀速率是用来描述哪种金属腐蚀形态金属腐蚀快慢的？它在压力容器设计中对容器的壁厚有何影响？

3．局部腐蚀常见的有哪些种？

4．是否由于杂质在介质中的含量小对腐蚀的影响也小？常见的有害杂质有哪些？

5．压力容器腐蚀的控制与预防通常采用哪些方法？

第七章

压力容器的使用管理

本章知识要点

本章介绍压力容器的安全技术档案、使用及变更登记、安全使用管理等方面的管理要求。着重要求学员了解压力容器的安全技术档案、使用及变更登记、安全使用管理等方面的管理要求。

第一节 压力容器的安全技术档案

《特种设备安全监察条例》中规定，特种设备使用单位应当建立特种设备安全技术档案，《固定式压力容器安全技术监察规程》中也有要求。因为通过它可以使压力容器的管理部门和操作人员全面掌握设备的技术状况，了解其运行规律。完整的安全技术档案是正确、合理使用压力容器的主要依据，是压力容器安全使用的基本条件。下面介绍安全技术档案中的生产技术资料、使用情况记录资料、安全装置日常维护记录的内容和要求。

一、压力容器的生产技术资料

1. 压力容器的设计文件

压力容器的设计文件，包括设计图样、制造技术条件、强度计算书或应力分析报告、风险评估报告，必要时还应包括设计或安装、使用说明书。

（1）压力容器的设计单位，应向压力容器的使用单位或压力容器制造单位提供设计说明书、设计图样和制造技术条件。

（2）用户需要时，压力容器设计或制造单位还应向压力容器的使用单位提供安装、使用说明书。

（3）移动式压力容器、第三类压力容器的设计单位应向使用单位提供风险评估报告及强度计算书或应力分析报告。

（4）按 JB 4732 设计时，设计单位应向使用单位提供应力分析报告。

强度计算书的内容，至少应包括设计条件、所用规范和标准、材料、腐蚀裕量、计算厚度、名义厚度、计算应力等。

装设安全阀、爆破片装置的压力容器，设计单位应向使用单位提供压力容器安全泄放量、安全阀排量和爆破片泄放面积的计算书。无法计算时，应征求使用单位的意见，协商选用安全泄放装置。

在工艺参数、所用材料、制造技术、热处理、检验等方面有特殊要求的，应在设计合同中注明。

2. 压力容器的制造文件和资料

压力容器出厂时，制造单位应向用户至少提供以下技术文件和资料：

（1）竣工图样。竣工图样上应有设计单位资格印章（复印印章无效）。若制造中发生了材料代用、无损检测方法改变、加工尺寸变更等，制造单位应按照设计修改通知单的要求在竣工图样上直接标注。标注处应有修改人的签字及修改日期。竣工图样上应加盖竣工图章，竣工图章上应有制造单位名称、制造许可证编号和“竣工图”字样。

（2）压力容器产品合格证、产品质量证明文件及产品铭牌的拓印件或者复印件。

（3）特种设备制造监督检验证书。

（4）移动式压力容器还应提供产品使用说明书（含安全附件使用说明书）、随车工具及安全附件清单、底盘使用说明书等。

（5）压力容器的设计文件。

压力容器受压元件（封头、锻件）等的制造单位，应按照受压元件产品质量证明书的有关内容，分别向压力容器制造单位和压力容器用户提供受压元件的质量证明书。

现场组焊的压力容器竣工并经验收后，施工单位除按规定提供上述技术文件和资料外，还应将组焊和质量检验的技术资料提供给用户。

3. 压力容器的安装技术资料

压力容器安装验收后，应将以下资料提供给用户：

（1）压力容器安装告知书。

（2）压力容器制造或者安装许可证的复印件。

（3）压力容器的安装工艺及相关安装现场记录。

（4）压力容器安装质量证明书。

二、压力容器的使用情况记录资料

压力容器使用后，应按时记录使用情况并存入容器安全技术档案，使用情况记录包括定期检验和定期自行检查的记录、日常使用状况记录、压力容器运行故障和事故记录。

1. 定期检验和定期自行检查的记录

主要记录定期检验及检验中发现的缺陷及缺陷消除情况或修理日期、内容和检验结论。压力容器耐压试验及试验评定结论，压力容器受压元件的修理或更换情况。

定期自行检查主要记录年度检查和至少每月进行一次的自行检查情况。

2. 日常使用状况记录

主要记录压力容器开始使用日期、每次开车和停车时间、实际操作压力、操作温度及其波动范围和次数等。操作条件变更时，应记录变更日期及变更后的实际操作条件。

3. 压力容器运行故障和事故记录

主要记录压力容器运行中出现的故障及事故情况，如事故发生时间、当时状况、人员伤亡和损失情况、事故性质、事故原因、处理结果、整改情况、今后预防的措施等。

三、安全装置日常维护记录

1. 安全装置技术说明书

说明书应有安全附件或安全保护装置的名称、形式、规格、结构图、技术条件及适用范围等内容。技术资料应由安全附件或安全保护装置的制造单位提供。

2. 安全装置检验或更换记录

内容应包括日常进行维护的情况、校验的日期及结果、下次校验日期、更换日期及更换原因等。记录应由安全附件或安全保护装置的日常维护保养、校验、更换负责人员如实填写。

第二节 压力容器的使用、变更登记

国务院颁布的《特种设备安全监察条例》和国家质检总局颁发的《锅炉压力容器使用登记管理办法》中规定，压力容器在投入使用前或者投入使用后30日内，压力容器使用单位应向特种设备安全监察部门办理使用登记。对固定式压力容器（包含医用氧舱）的使用单位，应逐台向市级（地或经市级授权的县级）安全监察部门申报和办理使用登记手续；对移动式压力容器（汽车罐车、铁路罐车、罐式集装箱、长管拖车），应逐台向省级安全监察部门申报和办理使用登记手续。压力容器经使用登记后，颁发使用登记证，使用登记证应固定在压力容器本体上（无法固定的除外），并在明显部位喷涂使用登记证号码，未办理注册或未在规定期限内领取使用登记证的压力容器不准使用。在压力容器状况发生变更或过户时也应按规定办理使用登记手续。在压力容器报废时，使用单位应将《压力容器使用登记证》交回发证机构，办理注销手续。同时，发证的安全监察部门应督促使用单位对报废的压力容器进行解体或其他处理，严禁再做承压容器使用。

企业在压力容器的安全管理中，应明确规定某一部门和人员按上述要求负责办理压力容器的使用登记工作。

一、使用注册登记

1. 使用告知要求

特种设备安装、改造、维修的施工单位应当在施工前将拟进行的特种设备安装、改造、维修情况书面告知直辖市或者设区的市的特种设备安全监督部门，告知后即可施工。

压力容器的使用单位在投入使用前或者投入使用后30日内，应向特种设备安全监察部门办理使用登记。对固定式压力容器（包含医用氧舱）的使用单位，应逐台向市级（地或经市级授权的县级）安全监察部门申报和办理使用登记手续；对移动式压力容器（汽车罐车、铁路罐车、罐式集装箱、长管拖车），应逐台向省级安全监察部门申报和办理使用登记手续。

2. 使用单位提交的有关文件

（1）对新投入使用的压力容器应提供：

1）产品合格证；

2）产品质量证明书；

3）产品竣工图；

4）产品制造监督检验单位颁发的产品制造安全质量监督检验证书；

5）对进口压力容器应有特种设备安全监察机构审核盖章的《进口压力容器安全性能监督检验报告》；

6）压力容器使用安全管理的有关规章制度；

7）《压力容器登记卡》一式两份（填写好，并盖使用单位公章）。

（2）对在用的压力容器应提供：

1）在用压力容器检验报告及档案资料；

2）安全附件检验报告；

3）压力容器使用安全管理的有关规章制度；

4）《压力容器登记卡》一式两份（填写好，并盖使用单位公章）。

3. 登记机关审核、注册备案

使用单位申请办理使用登记时。应向登记机关提交有关的文件，并逐台填写《压力容器登记卡》一式两份，交予登记机关。

（1）能够当场审核的，应当当场审核。登记文件符合《锅炉压力容器使用登记管理办法》的当场办理使用登记证；不符合规定的，应当出具不予受理通知书，书面说明理由。

（2）当场不能审核的登记机关应当向使用单位出具登记文件受理凭证。使用单位按照通知时间凭登记文件受理凭证领取使用登记证或不予受理通知书。

（3）登记机关按照申请登记的不同数量及不同的时限要求内完成审核发证工作，或者书面说明不予登记理由。

（4）登记机关办理使用登记证，应当按照《锅炉压力容器注册代码和使用登记证号码编制规定》，编写注册代码和使用登记证号码。

办理移动式压力容器使用登记证，同时核发记录出厂信息和使用登记信息的“移动式压力容器 IC 卡”。

（5）登记机关向使用单位发证时应当退还提交的文件和一份填写的登记卡。使用单位应当建立安全技术档案，将使用登记证、登记文件妥善保管。

二、变更登记

1. 压力容器安全状况发生变化、长期停用、移装或者过户的，使用单位应当按《锅炉压力容器使用登记管理办法》的规定向登记机关申请变更登记。

2. 压力容器安全状况发生下列变化的，使用单位应当在变化后30日内持有关文件向登记机关申请变更登记：

（1）压力容器经过重大修理改造或者压力容器改变用途、介质的，应当提交压力容器的技术档案资料、修理改造图样和重大修理改造监督检验报告。

（2）压力容器安全状况等级发生变化的，应当提交压力容器登记卡、压力容器的技术档案资料和定期检验报告。

（3）压力容器有下列情形之一的，不得申请变更登记：

1）在原使用地未办理使用登记的；

2）在原使用地未进行定期检验或定期检验结论为停止运行的；

3）在原使用地已经报废的；

4）擅自变更使用条件进行过非法修理改造的；

5）无技术资料和铭牌的；

6）存在事故隐患的；

7）安全状况等级为4、5级的压力容器或者使用时间超过20年的压力容器。

（4）压力容器报废时，使用单位应当将使用登记证交回登记机关，予以注销。

第三节　压力容器的安全使用管理

一、压力容器的使用单位安全使用管理工作

生产企业使用的压力容器是生产过程中必要的生产设备，如其发生事故不仅影响企业的正常生产，而且由于压力容器事故的危害性极大，常造成人员的伤亡和财产的损失，因此，加强压力容器使用环节的安全技术管理，预防和减少事故，可使企业保持正常的生产，也可预防企业可能出现的经济损失。

为了加强压力容器的安全，防止和减少事故，保障人民群众生命和财产安全，促进经济发展，国家制定了有关安全生产的法律、行政法规。因此使用单位应制定容器的管理和操作责任制、

容器的管理制度和安全操作规程，认真落实压力容器的安全使用管理工作。

二、压力容器的管理制度

1. 压力容器管理责任制

压力容器使用单位除由主要技术负责人（厂长或总工程师）对容器的安全技术管理负责外，还应根据本单位所使用压力容器的具体情况，设置安全管理机构，配置专职或兼职的工程技术人员作为安全管理人员，负责压力容器的安全技术管理工作。压力容器的安全管理人员应在技术总负责人的领导下认真履行下列职责：

（1）具体负责压力容器的安全技术管理工作，贯彻执行国家有关压力容器的管理规程和安全技术规范。

（2）建立健全压力容器的安全管理制度和安全操作规程。

（3）办理压力容器使用登记，建立压力容器技术档案。

（4）负责压力容器的设计、采购、安装、使用、改造、维修、报废等全过程管理。

（5）组织开展压力容器安全检查，至少每月进行一次自行检查，并做出记录。

（6）实施年度检查并且出具检查报告。

（7）编制压力容器的年度定期检验计划，督促安排落实特种设备定期检验和事故隐患的整治。

（8）向主管部门和当地质量技术监督部门报送当年压力容器数量和变更情况的统计报表，压力容器定期检验计划的落实情况，存在的主要问题及处理情况等。

（9）按照规定报告压力容器事故，组织、参加压力容器事故的救援、协助调查和善后处理。

（10）组织开展压力容器作业人员的教育培训。

（11）制定事故救援预案并且组织演练。

2. 压力容器操作责任制

每台压力容器都应有专职的操作人员。压力容器专职操作人员应具有保证压力容器安全运行所必需的知识和技能，并经过技术考核合格，取得特种设备安全监察部门颁发的压力容器作业人员证。压力容器操作人员应履行以下职责：

（1）按照安全操作规程的规定，正确操作和使用压力容器。

（2）认真填写操作记录、生产工艺记录或运行记录。

（3）做好压力容器的维护保养工作（包括停用期间对容器的维护），使压力容器经常保持良好的技术状态。

（4）经常对压力容器的运行情况进行检查，发现操作条件不正常时及时进行调整，遇紧急情况应按规定采取紧急处理措施并及时向上级报告。

（5）对任何不利于压力容器安全运行的违章指挥，应拒绝执行。

（6）努力学习业务知识，不断提高操作技能。

3. 压力容器管理规章制度

压力容器管理规章制度一般应包括以下几项内容：

（1）压力容器使用登记制度。

（2）压力容器的年度检查和定期检验制度。

（3）压力容器修理、改造、检验、报废的技术审查和报批制度。

（4）压力容器安装、改装、移装的竣工验收制度和停用保养制度。

（5）压力容器安全附件或安全保护装置的日常维护保养、校验、更换制度。

（6）压力容器的统计上报和技术档案的管理制度。

（7）压力容器操作、检修、焊接及管理人员的安全教育、安全技术培训和考核制度。

（8）压力容器应急救援预案。

（9）压力容器事故报告和事故调查处理制度。

（10）接受特种设备安全监察部门监督检查的规定。

4. 压力容器安全操作规程

为了保证压力容器的正确使用，防止因盲目操作而发生事故，压力容器的使用单位应根据生产工艺要求和容器的技术性能制定压力容器安全操作规程。安全操作规程至少应包括以下内容：

（1）压力容器的操作工艺控制指标，包括最高工作压力、最高或最低工作温度、压力及温度波动幅度的控制值、介质成分（特别是有腐蚀性、有毒、易爆介质）的控制值等。

（2）压力容器的岗位操作法，开、停车的操作程序和注意事项。

（3）压力容器运行中重点检查的项目和部位。

（4）压力容器运行中可能出现的异常现象的判断和防止措施，以及紧急情况的处置和报告程序。

（5）压力容器的防腐措施和停用时的维护保养方法。

第四节　压力容器的选购、安装、验收

为了确保压力容器的使用环节的安全可靠，首先购置符合安全质量要求的压力容器；其次选择能够保证安装技术质量的施工队伍；并且制造、安装的安全质量都经过严格的验收，才能使压力容器安全运行的基础条件得到保证。下面介绍安全管理的基本要求。

一、把好压力容器购置质量关

1. 购置选型的总体原则

满足生产工艺需要、技术上先进、检修方便、安全性能可靠的同时，也要满足节能、经济性和安装位置的适应性。

2. 选购时应注意的问题

（1）依据用途与工作压力确定结构形式与压力等级。

（2）按照生产工艺和介质特性、操作温度的高低以及保证产品质量的要求选用主体材料。

（3）依据生产能力的大小确定容积。

（4）保障使用安全，必须选用合适的安全附件、报警装置及控制仪器仪表。

（5）为方便安装和其他设备的连接还需考虑接管大小及方位、位置高低以及安装环境。

3．购置时选择的厂家

必须是具有制造许可证资格的，且在许可级别范围、产品经监督检验合格的厂家。

把好压力容器购置质量关是压力容器安全运行的基础条件，只有购置符合安全质量要求的压力容器才能保证压力容器使用过程的安全。我国对压力容器的制造实行许可制度（包括进口的压力容器），并对压力容器制造过程实施监督检验（进口压力容器实施进口监督检验）。因此，在准备购置压力容器时必须审查压力容器制造厂是否有压力容器制造许可证或进口压力容器制造许可证，制造的压力容器是否在许可证的许可级别范围内（压力容器制造许可级别划分见表7—1）。在压力容器到货时，查验出厂资料是否齐全（出厂资料的要求见安全技术档案），特别是要有压力容器监督检验证书或进口压力容器监督检验报告。

表7—1　　压力容器制造许可划分级别

级别	制造压力容器范围	代表产品
A	超高压容器、高压容器（A1）；第三类低、中压容器（A2）；球形储罐现场组焊或球壳板制造（A3）；非金属压力容器（A4）；医用氧舱（A5）	A1应注明单层、锻焊、多层包扎、绕带、热套、绕板、无缝、锻造、管制等结构形式
B	无缝气瓶（B1）；焊接气瓶（B2）；特种气瓶（B3）	B2注明含（限）溶解乙炔气瓶或液化石油气瓶；B3注明机动车用、缠绕、非重复充装、真空绝热低温气瓶等

续表

级别	制造压力容器范围	代表产品
C	铁路罐车（C1）；汽车罐车或长管拖车（C2）；罐式集装箱（C3）	
D	第一类压力容器（D1）；第二类低、中压容器（D2）	

注：

1. 一、二、三类压力容器的划分按照《固定式压力容器安全技术监察规程》确定。

2. 超高压容器：设计压力大于等于 100 MPa 的压力容器。

高压容器：设计压力大于等于 10 MPa 且小于 100 MPa。的压力容器。

中压容器：设计压力大于等于 1.6 MPa 且小于 10 MPa 的压力容器。

低压容器：设计压力大于等于 0.1 MPa 且小于 1.6 MPa 的压力容器。

3. 按分析设计标准设计的压力容器，其制造企业应持有 A 或 C 级许可证。

4. 球壳板制造项目含直径大于等于 1 800 mm 的各类型封头。

5. 对于产品种类单一的制造企业，应对其许可范围进行限制，如限制产品或制造方法、材质、种类、用途等。

二、保证压力容器安装、改造、维修的安全质量

自 2006 年 10 月 1 日国家质检总局颁布实施《压力容器安装改造维修许可规则》后，压力容器安装、改造、维修单位必须取得许可方能从事压力容器的安装、改造、维修工作。取得压力容器制造许可资格的单位，可以从事压力容器的安装、改造、维修工作。因此，为保证压力容器的安装、改造、维修的安全质量，企业在选择施工单位时应审查其是否已取得特种设备安全监督管理部门（质量技术监督局）的许可。

第五节　压力容器使用管理的技术经济性与节能

一、压力容器使用管理的技术可靠性原则

1. 使用的压力容器应具有符合安全技术规范要求的设计资料、产品质量合格证明、安装及使用维护说明、监督检验证明等

文件。

2．压力容器投入使用前或投入使用后 30 日内，向所在地的安全监察管理部门登记。

3．压力容器应按安全技术规范要求进行定期检验，并保证运行的压力容器在安全检验合格有效期内。

4．压力容器应建立完整的技术档案。

5．建立压力容器自行检查、维护保养和安全附件、安全保护装置、测量调控装置及有关附属仪器仪表进行定期校验、检修的记录管理规定。

6．建立压力容器管理和操作责任体系、完整的规章制度和操作规程。

7．建立压力容器异常情况处理和隐患处理的管理规定。

8．压力容器作业人员及其相关管理人员经特种设备安全监察管理部门考核合格，取得特种作业人员证书。

二、压力容器使用管理经济性与节约能源的原则

1．节约能源是发展经济的长远战略目标。企业应认真贯彻《中华人民共和国节约能源法》。

2．压力容器设计应当充分考虑节能降耗原则，选用设计先进、材料工艺和使用性能良好、制造单位质量可靠的产品。

3．压力容器使用单位应建立完整的日常维护保养、巡回检查、定期检验的管理制度和责任制。保证压力容器长期、稳定地运行。

4．淘汰国家明令禁止使用的高能耗压力容器，建立经济运行、能效计量监督与统计、能效考核等管理制度和责任制。

5．设能源管理人员，降低单位产值能耗指标，把经济运行、节能降耗列为企业的管理目标。

6．定期开展对作业人员和相关管理人员的日常运行和能效监控的培训，提高管理意识。

复习思考题

选择题：

1. 压力容器的安全技术档案中生产技术资料包括（　　）。

A. 设计文件　　　　B. 制造文件和资料

C. 安装资料

2. 压力容器的安全技术档案中使用情况记录资料包括（　　）。

A. 定期自行检查及定期检验的记录

B. 日常使用状况记录

C. 运行故障记录

3. 压力容器安全装置日常维护记录包括（　　）。

A. 安全装置技术说明书

B. 安全装置检验或更换记录

C. 安全装置设计资料

4. 固定式压力容器（包含医用氧舱）的使用单位，应逐台向（　　）（地或经市级授权的县级）安全监察部门申报和办理使用登记手续；对移动式压力容器（汽车罐车、铁路罐车、罐式集装箱、长管拖车），应逐台向（　　）安全监察部门申报和办理使用登记手续。

A. 市级　　　　B. 省级

C. 市级或省级

5. 申报和办理使用登记手续时，对在用压力容器应提供的资料包括：在用压力容器检验报告及档案资料；安全附件检验报告；压力容器使用安全管理的有关规章制度和（　　）。

A. 产品合格证　　　　B.《压力容器登记卡》

C. 产品竣工图

6. 压力容器安全状况发生变化、长期停用、移装或者过户的，使用单位应当按《锅炉压力容器使用登记管理办法》的规定向登记机关申请（　　）。

A. 使用登记　　B. 变更登记

C. 定期检验

7. 压力容器使用单位除由主要技术负责人（厂长或总工程师）对容器的安全技术管理负责外，还应根据本单位所使用压力容器的具体情况，设置（　　），配置专职或兼职（　　）负责压力容器的安全技术管理工作。

A. 技术人员　　B. 安全管理人员

C. 安全管理机构

8. 每台压力容器都应有专职的操作人员。压力容器专职操作人员应具有保证压力容器安全运行所必需的知识和技能，并经过技术考核合格，取得特种设备安全监察部门颁发的（　　）证。

A. 压力容器作业人员　　B. 安全管理

C. 检验员

9. 为了保证压力容器的正确使用，防止因盲目操作而发生事故，压力容器的使用单位应根据生产工艺要求和容器的技术性能制定压力容器（　　）。

A. 使用登记制度　　B. 安全操作规程

C. 安全管理制度

10. 压力容器购置时选择的厂家必须是具有制造许可证资格的、且在许可级别范围、产品经（　　）合格的产品的厂家。

A. 外观检验　　B. 水压试验

C. 监督检验

11. 为保证压力容器的安装、改造、维修的安全质量，企业在选择施工单位时应审查其是否已取得（　　）的许可。

A. 特种设备安全监察部门　B. 单位领导

C. 技术部门

12. 压力容器购置选型的总体原则是（ ）、技术上先进、检修方便、安全性能可靠的同时，也要满足经济性和安装位置的适应性。

A. 外形美观　　B. 满足生产工艺需要

C. 体积要小

13. 压力容器使用管理的技术可靠性原则，首先应具有符合安全技术规范要求的（ ）、产品质量合格证明、安装及使用维护说明、监督检验证明等文件。

A. 设计资料　　B. 产品图纸

C. 计算书

14. 为保证压力容器使用管理的技术可靠性，必须建立压力容器自行检查、维护保养和安全附件、安全保护装置、测量调控装置及有关附属仪器仪表进行定期校验、检修的（ ）规定。

A. 责任人员　　B. 责任部门

C. 记录管理

15. 节约能源是发展经济的长远战略目标。企业应认真贯彻（ ）。

A.《中华人民共和国节约能源法》

B.《中华人民共和国产品质量法》

C.《中华人民共和国行政许可法》

第八章

压力容器安全操作及维护保养

本章知识要点

本章介绍压力容器使用中常见事故的原因及案例、压力容器安全操作的一般要求、压力容器的运行操作、压力容器的维护保养。着重要求学员了解压力容器产生事故的原因，以便在今后的操作使用过程中加以避免。明确压力容器操作人员的职责，严格遵守操作规程，懂得压力容器的日常维护，理解实际操作中应关注的安全技术问题和要求。

第一节　压力容器使用中常见事故的原因及案例

近年来，在压力容器所发生的事故中除少数是因为结构设计不合理，选用材质不当，制造质量低劣以外，大部分事故均是由于使用管理不善，劳动纪律松懈，违章操作，违章指挥，未按要求进行定期检验和操作人员技术水平低等原因造成的。因此，正确合理地操作和使用压力容器是每一个操作人员应尽的职责，也是防止事故发生的主要措施。

一、压力容器在运行过程中常见事故的原因

1．容器本体质量问题：

（1）设计结构不合理，选用材质不当，制造质量差等容器本身存在的先天性缺陷。

（2）使用期间，未按要求开展定期检验，没有及时发现压力容器出现的安全隐患，压力容器壁厚被腐蚀减薄，造成强度不足等。

（3）采购使用无证设计和制造的压力容器及自行改造的压力容器。

2. 压力容器超压、超温、超装运行。当压力容器操作压力超过设计压力时，可能产生爆炸。操作温度超过设计温度时，可使材料强度下降，正常压力下也可产生爆炸。压力容器内填装介质过量，当压力容器受热（如日光暴晒、火灾等）致使容器内物质发生膨胀、聚合、分解等剧烈物理、化学反应，都会引起压力容器内压力升高，直至容器破裂或爆炸。

3. 压力容器内形成爆炸性混合气体。在工艺生产过程中，当容器内的可燃气体与助燃气体混合达到一定的比例，就可以引起爆炸。例如，氧气和氢气的混合；在容器中残留的氧气、空气、氯气等助燃介质，又充入了可燃性气体；在可燃性气体中充入了氧气等助燃气体，达到一定条件时就会产生爆炸。

4. 压力容器由于附件或连接部位跑、冒、滴、漏，引起着火、容器爆炸事故：

（1）压力容器的阀门从主体脱落（这类事故很多，例如，压力容器阀门的带压拆卸作业；阀门螺钉断裂；阀门受到外力冲击；阀门主体结构破损等）。

（2）压力容器阀门法兰和阀杆漏气，造成着火和爆炸（例如，容器的阀门螺钉被腐蚀；有机物吸附在氧气、氯气等阀门上，使容器阀门烧损等）。

（3）安全泄压装置动作不良或失灵（由于容器内部压力或温度异常上升所引起的；有时也可能由于安全装置质量不好，以致在正常使用中自行动作，使容器内物料喷出而引起事故）。

（4）容器上的压力表、温度计、液位计等破损，造成物料泄漏引起事故。

5. 操作工缺乏基本知识，违章操作；领导违章指挥，任意改变生产工艺。

二、压力容器事故举例

1. 压力容器附件原因事故

（1）2008年4月6日17时48分，河南省濮阳市南乐县天润化工有限公司发生一起压力容器爆炸事故，造成3人轻伤，直接经济损失30万元。

事发时，一辆丙烯罐车在该公司卸液过程中，由于接口泄漏，导致丙烯外溢着火，引发罐车罐体发生爆炸，造成3人轻度烧伤。

（2）2008年5月2日17时20分，湖南省泸溪县众力锰业有限公司发生一起液氨槽车卸氨软管破裂事故，造成4人死亡，1人重伤，16人轻伤，直接经济损失100万元。

事发时，一台液氨槽车（泸溪县顺达危化物品运输公司）在该公司液氨储罐处进行卸氨作业。槽车驾驶员将橡胶软管连接后，打开液氨槽车的卸氨阀和液氨储罐的进氨阀。卸氨约2 min后，为加快卸氨速度，将槽车的卸氨阀开至最大，几秒后一声巨响，卸氨橡胶软管发生破裂，液氨泄漏，顿时卸氨处烟雾弥漫，造成现场及周围4人死亡，17人中毒。

（3）2007年1月20日0时50分，安徽省黄山市歙县黄山市龙胜化工有限公司发生一起压力容器严重事故，造成1人死亡。

事发时，该公司液氨储罐区，一辆浙江开化清华化工公司的汽车罐车在充装液氨过程中发生泄漏，造成驾驶员死亡。造成泄漏的直接原因系液氨装卸软管爆裂所致。该装卸软管系河北省枣强县豪强石油液化气配件有限公司2006年4月17日出厂的，5月投入使用（破裂软管长4 m，裂口距罐车约2.8 m处）。

（4）某石化厂丙烯脱水罐爆炸事故：1987年12月13日，该厂一台30 m^3的丙烯脱水罐在正常脱水时，由于脱水阀门关闭不死，致使丙烯外漏，引起一场火灾，造成 3 个 30 m^3 的丙烯脱水罐被大火烘烤而造成爆炸事故，直接经济损失 300 万元。

2．压力容器本体质量事故

（1）2008 年 11 月 19 日 19 时 10 分，江西省抚州市资溪县鹤城镇建新轮胎翻新厂发生一起压力容器爆炸事故，造成 1 人受伤。

事发时，该厂一台电加热硫化罐发生爆炸，现场有 2 名工人，其中 1 人头部受伤。爆炸后该罐的快开门穿过一道砖墙（墙面形成直径约 2 000 mm 的不规则圆孔）飞出 7 m 远，筒体原地旋转 90°，快开门绞链上的支承和管道阀门飞落地上，罐体上电控装置和管道传动机构严重损坏，快开门与筒体上的凹凸齿未发生变形。事故设备为清大昆仑机械设备（北京）有限公司制造，无产品合格证、监检证、图样和铭牌，无联锁保护装置，由厂家安装，安装时未进行告知，未经监督检验合格，未进行注册登记。

（2）某部队容积式热交换器爆裂事故：1989 年 1 月 14 日，该部队浴室使用无证制造的容积式热交换器，由于未按国家有关安全技术标准制造，存在结构不合理、焊接质量差等安全隐患，安装时也未装安全阀、压力表、温度计等安全附件，且在使用过程中，又多次对热交换器前封头法兰短接管与封头连接处角焊缝进行补焊，致使该热交换器从补焊处爆裂，造成 5 人严重烫伤致死。

（3）2006 年 3 月 19 日 5 时，河南省新乡县七里营新乡市新星纸业有限公司发生一起压力容器爆炸严重事故，造成 2 人死亡，1 人重伤，1 人轻伤，直接经济损失 50 万元。

事故烘缸是该公司 2003 年从郑州鸿达纸业有限公司购买的二手设备，无原始资料，未进行使用登记和定期检验，在使用中突然发生爆炸。

3. 压力容器超压、超温、超装运行事故

(1) 2008 年 1 月 12 日 11 时，辽宁省海城市大屯镇海城市宏伟金属结构厂发生一起气瓶爆炸事故，造成 2 人死亡，1 人重伤，4 人轻伤。

事发时由于天冷，该企业将 8 只二氧化碳气瓶围在火堆旁，烤了近 3 小时，其中一只气瓶发生爆炸。事故造成 1 人当场死亡，1 人送医院抢救无效死亡，5 人受伤，其中 1 人伤势严重。

(2) 2008 年 10 月 31 日 16 时，甘肃省临夏回族自治州永靖县盐锅峡氯化石蜡厂发生一起气瓶爆炸事故，造成 1 人死亡、7 人重伤、34 人轻伤。

事发时，该石蜡厂存放的液氯气瓶发生爆炸，经初步调查发现，事故系液氯气瓶过量充装所致。

(3) 2006 年 7 月 9 日 20 时 40 分，宁夏银川经济技术开发区宁夏鑫尔特化学有限公司发生一起压力容器泄漏的严重事故，造成 5 人重伤。

事发时，该公司某车间 2#液氯缓冲罐压力过大，将缓冲罐底部工艺阀（排污阀）外侧法兰与盲板间高压石棉垫冲破，导致氯气泄漏，123 人不同程度中毒，其中 5 人入院治疗，其余 118 人留院观察，入院治疗 5 人中除 1 人症状较严重外，其余 4 人病情平稳，没有造成人员死亡。事发后，现场操作人员立即启动碱喷装置，进行中和稀释。

4. 违章操作；领导违章指挥，任意改变生产工艺事故

(1) 某化工厂换热器爆炸事故：1986 年 3 月 15 日，该厂一台换热器在气密性试验过程中发生爆炸，爆炸原因是由于操作人员违规操作，在未装完紧固螺栓的情况下进行气密性试验（40 个紧固螺栓只装了 13 个），致使螺栓受力大大超过设计规定而被拉断。爆炸造成 4 人死亡，直接经济损失 56 万元，间接经济损失 25 万元。

(2) 某有机化工厂高压反应釜爆炸事故：1991 年 10 月 8

日，该厂一台生产高分子聚醚的100 L高压反应釜，由于操作人员违反操作工艺，一次投料过多，致使反应速度过快，造成反应釜超温超压爆炸，3名操作人员当场被炸死。

（3）2006年4月28日11时40分，贵州省黔东南州鸭塘镇黔东南州金江化工投资有限公司发生一起压力容器爆炸严重事故，造成1人死亡。

事发时，该公司一名工人向一台停用时间长达半年以上的熔流釜通入蒸汽，而该设备底部输水阀门未打开，导致设备夹套升压发生爆炸。该人被当场炸伤，经送医院抢救无效，于29日23时左右死亡。

5. 压力容器内形成爆炸性混合气体事故

（1）2007年4月1日22时10分，北京市西城区黄寺大街23号北京赛飞亚餐饮管理有限责任公司发生一起气瓶爆炸严重事故，造成1人死亡，1人重伤。

事发时，该饭店在进行冰柜维修，由于维修人员在使用便携式焊柜时操作不当，可燃气体进入氧气瓶中，导致氧气瓶发生化学爆炸，造成现场操作人员1人死亡，1人受伤。

（2）2007年12月27日17时10分，甘肃省兰州市红古区兰州金泰矿用安全产品检测检验有限责任公司发生一起气瓶爆炸事故，造成3人死亡、1人重伤。

事发时，该公司校准气室内的工作人员正在进行配制校准气体，正常操作程序是抽真空—充甲烷—充氮气—充氧气—充氮气。现场有4人，其中实习生3人，工作人员1人，充装过程由实习生完成。通过现场勘察分析，是操作人员违反规程，在充完甲烷后直接充入氧气，形成极易燃爆的甲烷和氧气的混合气体，导致发生化学爆炸。现场气瓶炸成碎片，室内暖气破裂，设备全部损坏。在场4人有3人死亡，1人重伤。

（3）2006年11月3日1时20分，辽宁省营口德固赛三征精细化工有限公司发生一起压力容器爆炸严重事故，未造成人员伤亡。

该公司在生产设备调试过程中，由于误操作造成系统突然停车，导致电解槽中离子膜损坏，电解槽中的氢气混入氯气中，两种气体在通往液氯储罐的平衡管中产生化学爆炸将储罐上方阀门之内短节的高颈法兰焊口撕裂，造成储罐中约 1 t 左右的液氯泄漏。

第二节　压力容器安全操作的一般要求

压力容器是一种具有爆炸危险的特种设备，国家明确规定压力容器操作人员属于特种作业人员，要求特种设备作业人员应具备必要的安全作业知识、作业技能，及时进行知识更新，掌握操作规程及事故应急措施，按章作业。根据国务院发布的《特种设备安全监察条例》和国家质量监督检验检疫总局颁布的《特种设备作业人员监督管理办法》等有关规定，对压力容器操作人员和压力容器安全操作要点都作了明确的规定。

一、对压力容器操作人员的要求

1. 压力容器操作人员要定期进行安全教育与专业培训。学习压力容器的基本知识，熟悉国家颁发的安全技术法规、技术标准中有关安全使用的内容。要熟记本岗位的工艺流程，熟悉有关容器的结构、类别、技术参数和主要技术性能。

2. 要严格遵守安全操作规程，掌握好本岗位压力容器操作程序和操作方法及对一般故障、事故的处理技能，并做到认真填写操作运行记录或工艺生产记录，加强对容器和设备的巡回检查和维护保养。

3. 压力容器操作人员应了解生产流程中各种介质的物理性质和化学性质，了解它们相互之间可能引起的物理化学反应，以便在发生意外情况时，能做到判断准确，处理正确及时。

4. 压力容器操作人员必须掌握各种安全附件的型号、规格、性能及用途，并保持安全附件的齐全、灵活、准确、可靠。

5. 压力容器操作人员应取得《中华人民共和国特种设备作业人员证》，按相应等级压力容器操作资格，承担相应压力容器的操作。

6. 压力容器操作人员年龄应年满18周岁以上（含18周岁），男性年龄不超过60周岁，女性年龄不超过55周岁；并具有初中以上文化程度，必须是热爱本职工作，认真负责，身体健康和无妨碍本岗位操作的疾病和生理缺陷，并经医院体格检查合格。

7. 压力容器操作人员应履行以下职责：

（1）严格执行各项规章制度，精心操作，认真填写操作运行记录或生产工艺记录，确保生产安全运行。

（2）压力容器出现异常现象危及安全时，应立即采取紧急措施并及时向上级报告。

（3）有权拒绝任何有害压力容器安全的违章指挥。

（4）努力学习业务知识，不断提高操作技能。

二、压力容器安全操作要点

压力容器根据各自的特性和在生产工艺流程中的作用，都有其特定的操作程序和操作方法。操作内容一般包括：操作前的检查、开机准备、开启阀门、启动电源、调整工况、正常运行与停机程序等。尽管各种压力容器使用的工况不尽一致，但其操作却有共同的安全操作要点，操作人员必须按规定的程序和要求进行。压力容器主要的安全操作要点如下：

1. 压力容器严禁超温、超压运行

由于压力容器允许使用的温度、压力、流量及介质充装等参数是根据工艺设计要求和保证安全生产的前提下制定的，故在设计压力和设计温度范围内操作压力容器可确保运行安全。反之，如果容器超载、超温、超压运行，就会造成容器的承受能力不足，因而可能导致爆炸事故发生。压力容器超温、超压的原因及其预防办法有如下几点：

（1）避免误操作造成超温、超压事故。对于压力来自容器外压力源（如气体压缩机、蒸汽锅炉）的压力容器，超压事故一般多是误操作所致。例如，未切断压力源而误将容器的出口阀关闭，使容器内气体密度增大，压力升高；或误开启应关闭的阀门而送入较高压力的气体于容器内，或将其他介质投入容器内产生化学反应而使容器内压力升高等，此外，减压装置、安全泄放装置失灵也是造成超压的原因之一，预防操作失误最可靠的方法是装设联锁装置。在不具备这种条件的情况下，有些容器的使用单位实行所谓“安全操作挂牌制度”，即在一些关键性的操作装置上挂标志牌，牌上用明显标记或文字注明装置的操作程序与状态（如阀门的开关方向、开关状态）和注意事项等。实践证明，这种方法是很有成效的。总之，正确的操作和完好的设备才能避免压力容器的超温、超压事故。

（2）由于容器内物料的化学反应而产生（或增大）压力的容器，往往是由于加料过量或物料中混有杂质，使容器内反应后生成的气体密度增大或反应速度过快而造成超压。1976 年 4 月，江苏某农药厂用三氯化磷与聚甲醛进行反应，试制农药中间产品。由于所用的原料没有严格的质量要求，操作中也没有认真控制，使用了含水分较高的聚甲醛。在聚甲醛与三氯化磷加入高压反应釜以后，聚甲醛中的水分便与三氯化磷产生化学反应释放出大量的热，促使聚甲醛（固体）解聚，变成单分子的甲醛（气体），液体三氯化磷也受热气化，于是釜内压力急剧升高（超过 10 MPa），致使釜盖断裂飞出，从釜内逸出的甲醛气又与外面的空气混合形成可爆性气体，在碎片撞击设备所产生的火花的引发下，发生容器外二次爆炸，造成重大伤亡事故。因此，要预防这类容器超压，必须严格控制每次投料量及其杂质含量，并有防止超量的严密措施。

（3）储装液化气体的容器常因装量过多或意外受热、温度升高而发生超压。因为容器内一旦充满液体，则每升高 1℃就会增大十几个大气压。对此的预防超压措施是，对固定式液化气体罐和槽车等容器一定要装设灵敏可靠的液位计，严格按规定充装量进行充装，当容器内温度超过设计温度时，要采取降温措施，并防止容器意外受热。

（4）储装易于发生聚合反应的碳氢化合物的容器，因容器内部分物料可能发生聚合作用释放热量，使容器内气体急剧升温而压力升高。为了预防这类超温、超压现象，应该在物料中加入阻聚剂和防止混入能促进聚合的杂质，同时，容器内物料储存时间不能过长。

（5）用于制造高分子聚合的高压釜（聚合釜）有时会因原料或催化剂使用不当或操作失误，使物料发生爆聚（即本来应缓慢聚合的反应在瞬时内快速聚合的全过程）释放大量热能，而冷却装置又无法迅速导热，因而发生超压而酿成严重爆炸事故。因此，对这种容器的操作更应认真谨慎，对每批投用的原料和催化剂等从质量到数量都要严格控制，对冷却装置等应经常检查其是否处于良好的工作状态。诚然，有超压可能的压力容器都应装设安全泄压装置，以防止压力容器因超压而发生容器破裂爆炸事故。但安全泄压装置只是防止容器过量超压的最后一个关口，而且也常有失灵现象发生，所以首先应在操作上严加控制以防止容器超压。

2. 操作人员应精心操作，严格遵守压力容器安全操作规程或工艺操作法

在以往发生的压力容器事故中，由于人为操作不当引起的事故居多。这是因为压力容器运行环节时间最长，工况条件变化最多，操作人员的操作技能水平、应变能力、系统工况的变化都会影响正常操作，往往会造成超压、超温及不应有的介质混合等事故。一般来讲，各单位使用的压力容器都可能有些先天性缺陷，漏检、失修、带病运行的现象存在，如果操作不当，会使缺陷迅速扩展。运行中的压力容器与转动设备相比，运行监测困难且监测投资多、误差大，领导对停工处理的决心难下。压力容器事故因而突发概率大，危险也大。因此，压力容器的精心操作是积极避免和减少操作中压力容器事故的有效措施，一是制定合理的工艺操作记录卡片，并认真做好记录；二是操作人员严格遵守工艺纪律和安全操作规程。压力容器的部分宏观检查要列入操作人员的巡回检查制度中。以动制静，及早发现异常，防止事故的突发性。

在压力容器中，往往会发生一些泄漏等事故，不得不采取临时措施进行补救。但在压力容器停工检修中往往又忽视了这些部位，没按规定修复完善，结果还是带病运行，要等到下次检验时间才去处理，这都是事故隐患所在，遇到这种情况，在停工检修中应尽快妥善处理。

3. 压力容器应做到平稳操作

平稳操作主要是指缓慢地进行加载和卸载，以及运行期间保持载荷的相对稳定。压力容器开始加压时，速度不宜过快，尤其要防止压力的突然升高，因为过高的加载速度会降低材料的断裂韧性，可能使存有微小缺陷的容器在压力的冲击下发生脆性断裂。高温容器或工作壁温在零度以下的容器，加热或冷却也应缓慢进行，以减小壳体的温度梯度。运行中更应该避免容器壁温度的突然变化，以免产生较大的温度应力。运行中压力频繁地或大幅度地波动，对压力容器的抗疲劳破坏是极为不利的，应尽量避免压力波动，保持操作压力平稳。

4. 不得带压松、紧螺栓

压力容器处于工作状况时，如发现连接部位有泄漏现象，不得拆卸螺栓或拆卸压盖更换垫片和加压填料。因为容器内部压力高于外部压力，一旦拆卸部分螺栓，轻者容器内部介质在螺栓松动的部位产生更大的泄漏；严重者可能由于部分螺栓卸掉，剩余螺栓承受的拉力增大，如果超过螺栓材料的抗拉强度时螺栓就会被拉断，容器介质将大量喷出，造成严重的设备和人身事故。例如，某厂锅炉车间两名水处理操作工，在收酸过程中发现管线不通，经检查发现其中一只阀门被堵塞，虽已通知对方停止送酸，但管内仍有压力，操作人员未采取卸压措施，就开始拆卸阀门大盖的螺栓，结果硫酸在内压作用下突然喷出，造成2人严重灼伤、双目失明的人身事故。

5. 换热压力容器的操作，要避免产生较大的温差应力

换热容器是使工作介质在容器内进行热量交换，以达到生产工艺过程中所需要的将介质加热或冷却的目的。操作这种容器时，应先引进冷流后再进热流，所有引进的冷热流速度要缓慢，以防设备内外冷热不均而产生较大的温差应力，造成容器变形发生泄漏和损坏。

6. 要坚守工作岗位，不脱岗、串岗

各个生产工艺过程中使用的压力容器，特别是反应容器，随着容器内介质的反应及其他条件的影响，往往会出现异常情况，例如，停电、停水、停气或发生火灾等，需要操作人员及时进行调节和处理，以保证生产的顺利进行。所以，压力容器操作人员要紧守岗位，注意观察容器内介质压力、温度的变化。

7. 坚持容器运行期间的巡回检查

巡回检查是压力容器动态监测的重要手段，其目的是及时发现事故隐患。容器的操作人员在容器运行期间应执行巡回检查制度，经常对容器进行检查，以便及时发现操作上或设备上所出现的不正常状态，采取相应的措施进行调整或消除，防止异常情况的扩大和延续，保证容器安全运行。检查内容包括工艺条件、设备状况以及安全装置等方面。

在工艺条件方面，主要检查操作条件，包括操作压力、操作温度、液位（液化气体储罐等容器）是否在安全操作规程规定的范围内；容器工作介质的化学成分，物料配比，投量数量等，特别是那些影响容器安全（如产生腐蚀，使压力升高等）的成分是否符合要求。

在设备状况方面，主要检查容器各连接部位有无泄漏、渗漏现象；容器有无塑性变形、腐蚀以及其他缺陷或可疑迹象；容器及其管道有无振动、磨损等现象。

在安全装置方面，主要检查容器的安全装置，包括与安全有关的计量器具（如温度计、投料或液化气体充装计量用的磅秤等）是否保持完好状态。例如，压力表的取压管有无泄漏和堵塞现象，弹簧式安全阀的弹簧是否有锈蚀、被油垢粘满等情况。杠杆式安全阀的重锤是否有移动的迹象，以及冬季气温过低时，装设在室外露天的安全阀有无冻结的可能等，这些装置和器具是否在规定的允许使用期限内。

操作人员在进行巡回检查时，应随身携带检查工具，如扳手、抹布及其他专用工具，沿着固定的检查路线和检查点，仔细观察阀门、机泵、管线及容器各部位，查看机泵运转是否正常，各个连接部位是否有跑、冒、滴、漏现象。巡回检查要定时、定点、定路线。所谓定时，就是要求每次巡回检查的间隔时间固定，每小时进行一次，或每两小时进行一次。定点是指巡回检查制度明确规定需要进行检查的固定点，如关键的设备、管线、机泵、阀门、容器、指示仪表以及曾经出现过故障的部位。定路线是按生产工艺流程或事故易发线路规定为巡回检查的路线。

为了落实和加强巡回检查，很多容器使用单位实行翻牌制度，即在巡回检查路线的某些地方（如固定检查点）设置监检牌。监检牌上标志巡回检查的时间，当巡检操作人员检查到每个挂牌处，就把牌子挂在或把指针拨到规定的相应时间上，以表明在规定的时间内已进行了巡回检查。现在多数单位实施电子巡检，在网络上实时监控巡检人员的情况并记录。

8. 认真填写操作记录

操作记录是生产操作过程中的原始记录，它对保证产品质量、保证生产的顺利进行和确保安全生产起着重要的作用。

所有压力容器操作人员都应认真及时、准确真实地记录容器实际运行状况。否则将会造成操作事故。例如，1975 年，某石化厂球罐区在接受液化石油气时，当班操作人员接到调度命令后，打开3#球罐的进口阀门，液化石油气以每小时40 m^3的流量源源不断地流入3#球罐。由于操作人员没有做好原始记录，下班时又忘记向接班的操作人员交代，接班人员上班以后查看原始操作记录，没有发现3#球罐在进料，又未按规定进行认真的巡回检查，8 h后交班时，当然不可能把3#球罐进料的情况交代下去。第三班操作人员接班后，又未进行巡回检查，继续向3#球罐进料，当球罐运行至凌晨5点钟时，只听见3#球罐发出枪响一般的声响，随后大量的液化石油气喷射出来，喷射距离长达10 m，球罐周围一片白色雾状。只是由于现场没有明火，通过采取紧急倒罐卸压措施后，才避免了一场毁灭性的火灾爆炸事故。据调查分析发现，3#球罐在失去控制的情况下，连续进料达18 h，球罐压力高达3.9 MPa，而球罐的设计压力仅为2.3 MPa，实际压力高出球罐设计压力1.6 MPa，球罐严重超压而破裂（赤道带出现三条长度分别为18 cm、12 cm和8 cm的裂纹）。由此可见，容器的原始操作记录和交接班记录对保障容器安全生产至关重要。操作记录一般应包括如下内容：

（1）生产指挥系统下达的调度指令，包括开机方案、工艺指标及要求等均应准确地记录下来。

（2）进出容器的各种物料的温度、压力、流量、时间、数量和间歇操作周期。

（3）容器的实际操作条件，包括不同时间下的压力、温度及其波动范围。

（4）当班操作期间的操作内容。如机泵的启动次数和停机，阀门的开启和关闭，以及巡回检查的时间、内容及发现的异常情况等。

（5）操作用工具是否齐全、本岗位环境卫生是否打扫干净。

（6）认真做好交换班记录。操作人员在填写操作记录时，要严肃认真，字体要端正，数据要准确，记录要及时，严禁在操作记录本上乱涂乱改和事后补填的现象，要保证记录本的干净、整齐。操作记录完成后要实行签名制度，便于落实操作责任。

9．及时处理和消除“跑、冒、滴、漏”

跑、冒、滴、漏现象既浪费资源、能源和污染环境，又是发生火灾、爆炸事故的重要原因之一，因此在巡回检查中若有发现，应记录在卷并进行处理。

10．容器的紧急停止运行

运行中若容器突然发生故障，严重威胁安全时，容器操作人员应及时采取紧急措施，停止容器运行，并上报车间和厂领导。

容器停止运行包括泄放容器内的气体和其他物料，使容器内压力下降，并停止向容器内输入气体或其他反应物料。对于系统中连续性生产的压力容器，紧急停止运行时必须做好与其他有关岗位的联系工作。容器的停止运行操作虽然简单，但仍应认真操作，若有疏忽也会酿成事故。

第三节　压力容器的运行操作

为了保证压力容器的安全运行，必须对压力容器的投用、运行操作、停用全过程加强管理。

一、压力容器的投用

1．投用前的准备工作

由于工艺条件的不同，压力容器的操作内容、方法、程序与注意事项也不尽一致。通常人们把压力容器及装置的操作划分为机泵操作、罐区装卸操作和设备工艺操作三大部分。每种操作又可划分为若干项小单元操作，每项小单元的操作都有一定的操作规程和操作程序，都需要做特定的投用前的准备工作。做好投用（或称开工）前的准备工作，对完成单元容器操作，保证整个生产过程安全运行有着重要的意义。压力容器投用前要做好如下准备工作：

（1）要组织对压力容器及其装置进行全面检查验收。检查验收的内容包括压力容器及其装置的设计、制造、安装、检修等质量是否符合国家有关技术法规、标准的要求；扩建、技术改造后的运行是否能保证预定的工艺生产要求；施工用脚手架、临时电线应全部拆除；施工机具全部运离车间现场；操作台上梯子、平台、栏杆完好；安全装置齐全、灵敏、可靠；照明正常；地沟盖板及下水井盖全部盖好，道路畅通；消防设备齐全完好；地面平整清洁，门窗完整，玻璃明亮；操作及维修用材料、备件齐备；水、电、蒸汽、风、氧气、通风正常等。符合上述条件和要求者方可验收并准予开工，否则不得投入运行。

（2）编制压力容器及装置的开工方案，呈请有关部门批准。开工方案应包括如下内容：

1）压力容器吹扫及贯通试压工作。主要目的是清除容器及压力管道内的杂物，防止接管某部位堵塞，并采用空气或惰性气体进行试压。

2）单元容器的试运行，有衬里的压力容器烘干及新管线脱脂钝化工作。

3）系统置换（有特殊要求的易燃、易爆介质系统用氮气将空气置换）。

4）抽堵盲板。

5）引进工艺介质及物料，建立工艺循环。

6）转入正常生产。

压力容器开工方案一般应由车间主任，工艺、设备、安全技术人员以及有经验的操作人员共同编制，并组织操作人员学习，尤其对安装、检修后的设备技术状况、工艺变更部分和新增技术措施项目，应向操作人员详细讲解，使他们熟悉流程、了解设备和工艺条件。

（3）操作人员在操作前应做好以下准备工作：

1）操作人员在上岗操作前，必须按规定着装，带齐操作工具，特别是有些专用的操作工具应随身携带。进入有毒有害气体的车间或场地时，还要带好防尘防毒面罩等劳动保护用品。

2）操作人员在上岗操作前，必须按规定认真检查本岗位或本工段的压力容器、机泵及工艺流程中的进出口管线、阀门、电气设备、安全阀、压力表、温度计、液位计等各种设备及仪表附件的完善情况；检查岗位或工段的清洁卫生情况。

3）操作人员在确认压力容器及设备能投入正常运行后，才能开工启动系统。

2. 压力容器及其装置开工

对于新安装、扩建或经过停工检修的压力容器及其装置的开工，必须严格执行开工方案。车间领导应负责开工统一指挥，其他人员均不得直接向岗位操作人员下达操作令。开工过程中，要严格按工艺卡片的要求和操作规程操作。

（1）吹扫贯通试压

压力容器吹扫、贯通、试压或在容器内安装、检修时，可能残留焊渣、焊条头、铁屑、氧化皮、破布、工具、螺帽、螺钉等，要切实防止这些杂物堵塞管道、阀门，损坏机泵等设备，影响正常开工或导致事故发生。在吹扫贯通试压时，必须做好以下几项工作：

1）按照抽堵盲板图表，逐个抽出检修时所加的盲板，装好正常生产时需要加的盲板，加装盲板处要保证密封不泄漏。

2）要进行联合质量检查和设备试运行。压力容器及其工艺管道需按规定经过蒸汽吹扫、贯通，并经水或氮气试压合格，以检查整体系统畅通情况和严密性。试压用的压力表需要经过校验，要保证准确。容器及工艺管道引入蒸汽或进行吹扫前，应先将容器及管道试压用水放净，蒸汽也要脱水，防止发生水击，振坏设备、管道。

3）按工艺流程逐个审查系统中的压力容器、机泵、阀门及安全附件，确认无误。要做到开工时不串物料、不串汽、不憋压。

4）开工时需驱赶空气的压力容器及其装置或系统，应按规定的置换介质逐步进行，不准留死角。从容器顶部排除空气，直到符合规定的指标为止。

5）在试运行或开工过程中，阀门启动频繁，操作人员由于紧张疲劳易有疏漏。因此应坚持阀门操作复查制度，即岗位操作完毕应及时报告班长，再由班长对阀门操作正确与否进行复查，以保证不出差错。

（2）加强压力容器试运行中的检查

当压力容器经吹扫、贯通、试压合格后，投入试运行前还要做好如下检查工作。

1）压力容器及其管道升温过程中的检查。当升温到规定温度时，应停止对压力容器及其管道、阀门、附件等进行恒温热紧。因这些装备检修时都是在冷态下紧固的，升温时易发生泄漏，故应热紧以保证压力容器及其设备能适应长周期运行的要求。热紧时对螺栓用力适当，防止螺栓断裂造成事故。

2）换热容器的启用，应缓慢地先引进冷流后引进热流，以防这类容器内外冷热不均而泄漏。换热容器外部泄漏容易发觉，但内部泄漏却不易发现，特别要注意检查压力高的部位向压力低的部位泄漏，如有这种现象要设法杜绝。在升温和施压状况下，若发生阀门大开或法兰泄漏或其他连接部位泄漏，不准拆下螺栓或卸下压盖压盘根，以防发生事故。

3）备用设备必须经过检查以保证其处于良好状态，能随时启用。机泵检修后要经过试运行，确认无问题后方可停机备用。

4）在试运行中，检修人员应与压力容器操作人员密切配合共同加强巡回检查。

（3）压力容器及其装置进料

1）压力容器及其装置进料前要关闭所有的放空阀门。然后按规定的工艺流程，经操作人员、班组长、车间值班领导三级检查后确认无误，才能启动机泵进料。在进料过程中，操作人员要沿工艺流程线路跟随物料进程进行检查，应特别注意泄漏问题，防止物料泄漏或走错流向。

2）操作人员在操作调整工况阶段，应注意检查阀门的开启是否合适。此时，压力容器及其装置虽已开工，并不等于隐患均充分暴露，操作人员应密切注意运行的细微变化，严格执行工艺操作规程，做到精心、平稳地操作，使压力容器及其装置的运行逐步走向正常化生产。

二、运行中工艺参数的控制

压力容器从设计、制造、运行到服役期满的全过程中，运行是其主要环节。每台容器都有特定的设计参数，对一台制造质量合格的容器在设计参数内运行是安全的。如果超设计参数运行，若容器的承载能力不足则可能出现事故，甚至出现断裂等恶性事故。同时，合乎制造质量标准的容器，也不可避免地会存在某些质量标准允许存在的及检测手段难以发现的缺陷，更不用说可能存在的漏检情况。容器在长期运行中，由于压力、温度、介质腐蚀等复杂因素的综合作用，缺陷可能进一步发展和形成新的缺陷。故运行时对工艺参数的安全控制，是压力容器安全操作的主要内容。其目的是能使缺陷发生和发展被控制在一定限度之内。工艺参数主要是指温度、压力、流量、液位及物料配比等。防止超温、超压和物料泄漏是防止事故发生的根本措施。

1. 温度控制

温度是介质或反应物在压力容器中的主要控制参数之一。不同的化学反应都有各自最适宜的反应温度。故正确控制反应温度不但对保证产品质量、降低消耗、提高成品率有重要意义，而且是防止压力容器事故所必须的控制内容。温度过高可能会导致剧烈反应而使压力突增，造成冲击或容器爆炸；或反应物的分解着火等。同时，过高的温度会使容器材料的力学性能（如高温强度）减弱，承载能力下降，容器变形。温度过低则可能造成反应速度减慢或停滞，当恢复到正常反应温度时，往往会因未反应物料过多而发生剧烈反应引致爆炸；温度过低还会使某些物料冻结，造成管路堵塞或破裂，致使易燃物泄漏而发生火灾和爆炸。为严格控制温度，应从以下 4 个方面采取有力措施：

（1）除去反应热

化学反应一般都伴随着热效应，放出或吸收一定热量。例如，有机合成中的各种氧化反应，水合反应或聚合反应等均属放热反应；而各种裂解反应，脱氢反应、脱水反应等则是吸热反应。为使反应在一定温度下进行，必须设法向反应系统中加入或转移一定的热量，以防温度波动太大发生危险。

（2）防止在反应中换热突然中断

化学反应中的热量平衡是保证反应正常进行所必须的条件。放热反应中，余热的及时释放往往是预防超温、超压事故的前提。若在生产工艺控制中不能保证换热系统正常工作，那么就必须具备在中断换热的同时中断化学反应的手段。例如，苯与浓硫酸混合进行磺化反应，除应有冷却系统外，还需辅以搅拌器加速热的传导，防止局部过热。反应中若搅拌器突然停电，物料因而分层，当搅拌器再次开动时反应剧烈，冷却系统来不及移去大量反应热，造成温度升高，尚未反应好的苯会受热气化而造成超压爆炸。为此应采用双路供电、供水（冷却用）措施。

（3）正确选择传热介质

常用的热载体中有水蒸气、水、矿物油、联苯醚、熔盐、汞和熔融金属、烟道气等。正确选择热载体对加热过程的安全有十分重要的意义。应尽量避免使用与反应物料性质相抵触的物质作为热载体。例如，环氧乙烷很容易与水发生剧烈反应，甚至有极微量的水渗进液体环氧乙烷中，也会引起自聚发热而爆炸。这类物质的冷却或加热，不能用水和水蒸气，而应该使用液体石蜡等作为传热介质。

（4）加强保温措施

合理的保温对工艺参数的控制、减小波动、稳定生产都有好处，同时也防止高温设备与管道对周围易燃易爆物质构成着火爆炸的威胁。在进行保温时，宜选用防漏防渗的金属薄板做外壳，减少外界易燃物质泄漏或渗入保温层中积存而发生危险。保温材料应由不燃烧物料组成。

2. 投料控制

对于放热反应的装置，投料量与速度不能超过设备的传热能力，否则，物料温度将会急剧升高，引起物料分解、突沸而发生事故。加料温度如果过低，往往造成物料积累过量，温度一旦适宜便会加剧反应，加之热量不能及时导出，温度及压力都会超过正常指标，从而造成事故。反应物料的配比应严格控制，参加反应物料的浓度、流量等要准确地分析和计量。对连续化程度较高，危险性较大的生产，更应特别注意。如环氧乙烷的生产，乙烯与氧混合进行反应，其配比临近爆炸范围，尤其在开停车过程中，乙烯和氧的浓度都在发生变化，如果开车时催化剂活性较低，容易造成反应器出口氧浓度过高。为保证安全应设置联锁装置，经常核对循环气的组成，尽量减少开停车次数。

许多聚合物的生产，特别是可燃物质参加反应的生产，常用氧化剂（过氧化物）做催化剂，若控制不当，将产生剧烈反应，发生爆炸。高压聚乙烯反应器的分解爆炸多系控制配比失调所致。能形成爆炸性混合物的生产，其配比应严格控制在爆炸极限范围之外，如果工艺条件允许，可添加惰性气体进行稀释保护（如丁烯氧化脱氢制配丁二烯的反应）。

在投料过程中，另一个值得注意的问题是投料顺序。石油化工生产中的投料顺序是按物料性质、反应机理等要求进行的。例如，HCl 的合成应先投氢气或投氯；三氯化磷的生产，应先投磷或投氯，均不能二者同时投入，否则有可能发生爆炸。

在许多化学反应过程中，由于反应物料中危险性杂质的增加会导致副反应、过反应的发生而造成燃烧或爆炸。因此，生产原料、中间产品及成品都应有严格的质量检验，保证其纯度。例如，聚氯乙烯生产中，乙炔与氯化氢反应生成氯乙烯，氯化氢中游离氯一般不允许超过0.005%，因为氯与乙炔反应能生成四氯乙烷而立即爆炸。

3. 充装量的控制

盛装液化气体的压力容器，应严格规定充装质量，以保证在设计温度下压力容器内部存在气相空间。因为容器内的液化气体是气液二相共存并在一定的温度下达到动态平衡。即介质的温度决定其压力，液化气体的饱和蒸气压是温度的函数（随温度的升降而增减），符合克劳修斯—克莱普朗方程。这种压力容器的设计压力，就是按液化气体在使用过程中可能达到的最高温度所对应的饱和蒸气压确定的。若充装过量则会出现如下情况，由于液化气体的温度随环境温度的上升而上升，液体的比容也相应增加，此时相同质量液化气体的液相就要占据较多的压力空间。当温度上升到某一数值后，容器内的压力空间将全部被液相介质所占据。此时，容器内气液两相的平衡状态遭到破坏，介质的压力与温度关系也不再符合克劳修斯—克莱普朗方程。在这种情况下，假定容器的容积不随温度、压力的改变而改变，则其内部介质的压力与温度的关系，可用公式 $\Delta p=\beta/\alpha\cdot\Delta t$ 进行估算。式中，Δp 相当于介质温度变化 Δt 时容器内的压力峰值；β 为液化气体液态体积膨胀系数；α 为液化气体液态的压缩系数。由于多数液化气体的 β 值大于 α 值约一个数量级，因此当液化气全部充满压力容器后，温度每升高1℃压力将增加十几个大气压。由此可见液化气体的超装是十分危险的。应针对操作失误、计量器具及仪表失灵等多因素采取切实有效的预防安全措施。

为了防止充装过量，确保压力容器安全运行。国家质量监督检验检疫总局颁发的《固定压力容器安全技术监察规程》《液化气体汽车罐车安全监察规程》和《液化气体铁路罐车安全管理规程》，对液化气体充装系数做出了明确的规定（见表8—1）。同时规定液化气充装量分别按下列公式进行计算：

表 8—1　　　　　　液化气充装系数

充装介质种类	质量充装系数 Φ (t/m^3)
液氨	0.52
液氮	1.20
液态二氧化硫	1.20
丙烯	0.43
丙烷	0.42
混合液化石油气	0.42
正丁烷	0.51
异丁烷	0.49
丁烯、异丁烯	0.50
丁二烯	0.55

$$W = \Phi_v d_t V \text{(适用于固定式容器充装量的计算)} \quad (8\text{—}1)$$

$$W = \Phi V \text{(适用于公路或铁路罐车充装量的计算)} \quad (8\text{—}2)$$

式中　W——充装量；

V——容器的设计容积；

Φ_v、Φ——充装系数（Φ_v 一般取 0.9 ~ 0.95，Φ 则按表 8—1选取）；

d_t——设计温度下的饱和液体的密度。

例：10 m^{3}储槽能充装多少吨液氨?

因　　　　$V = 10\text{m}^3$　$\Phi_v = 0.90$　$d_t \doteq 0.52$

代入公式　　　　$W = \Phi_v d_t V$

计算可得　　　$W = 0.90 \times 0.52 \times 10 = 4.68$ t

4. 压力、温度的波动控制

压力容器在反复变化的载荷作用下可能产生疲劳破坏。疲劳破坏是从压力容器的高应力区域开始的。压力容器的接管、焊缝、开孔、转角、支撑部位以及钢板或焊缝缺陷处产生的局部峰值应力，往往数倍于容器的设计应力，当其超过材料的屈服极限时，材料内部微观组织就发生了塑性变形。尽管一次的变形量极小，但在交替变化的载荷反复作用下会萌生裂纹或使原有裂纹扩展。超过屈服极限的应力应变发展过程可由图示进行说明（见图 8—1）：第一次加载从 O 点到 A，再塑性伸长到 B，卸载时应变要回到零，就产生压缩塑性变形 CD。以后的循环就围绕着平行四边形 $DEBC$ 移动。在每一循环中塑性应变的数值是很小的，但多次累积后对材料的弹性疲劳就可能有致命的影响。对此，从工艺参数控制的角度出发，应注意如下几点：

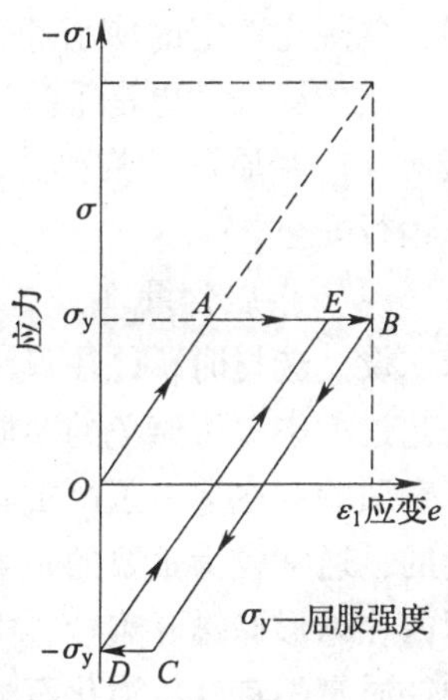

图 8—1　超过屈服极限的应力应变发展过程

（1）工艺上间断的操作和开停车，造成压力、温度的大幅度波动。这一情况，有些是使用工艺所要求的，而在设计压力容器时已做了考虑。但就操作而言，仍应尽量做到压力、温度的升降平稳，突然的开停车应尽量避免。其次，对要求压力、温度稳定的工艺过程，则要防止压力的急剧升降，使操作工艺指标稳定。对于高温压力容器或低温压力容器，应尽可能减缓温度的突变，以降低热应力。

（2）介质参数的控制还应注意到容器的结构特点。例如，对于有衬里的压力容器，若降温、降压速度过快，可能会造成衬里鼓包；对于固定管板式换热器，若温度急剧大幅度变化，可能会使管子与管板的连接部位或管子本身受到损伤。

5．介质腐蚀性的控制

从理论上讲，钢材受介质腐蚀是不可避免的。因而，在设计时只能按介质的腐蚀性及容器使用温度等条件，选用合适的材料，并规定一定的使用寿命。由于各种钢材的耐蚀性能不同，各种介质的腐蚀性更是千差万别，因此，这里只讨论对介质成分及其所含“杂质”的控制，以减小腐蚀速度，延长使用寿命，保证运行安全。

（1）杂质含量

设计选材时，往往只注意介质的主要成分，而忽视了某些在工艺过程中不可避免的杂质。实际上在某些特定条件下，正是由于杂质的存在造成了严重腐蚀。各种杂质对材料的腐蚀作用是不同的，通常较为重要的是氯离子、氢离子和硫化氢等。前些年，国内在球形储罐开罐检查中发现了许多危及使用安全的隐患，除制造质量不良外，液化石油气中硫化氢含量高也是因素之一。

（2）含水量

气体、液化气体的含水量，对于促进介质对容器壁的腐蚀起着重要作用。由于水能溶解多种介质而形成电解质溶液，从而导致电化学腐蚀。如无水的氯不腐蚀容器壁，但少量的水存在时却对容器壁起强烈的腐蚀作用。

水在各种热转换器中广泛用做冷却介质。但各地区的水质差别很大，其中氯离子浓度与酸度（即 pH 值）对容器壁腐蚀有很大影响。水的硬度大小直接影响换热器内壁结垢的程度，水垢的存在会增加承压零部件各部分的温差并改变介质流速，严重影响系统的稳定运行。还有，对于某些储运压力容器，由于杂质部分的密度不同，会在上部液面或容器底部积聚，使浓度增大。两部分浓度的差别，产生了浓差电池腐蚀效应。这也是液面或底部容器壁易被腐蚀的原因之一。

对于高压容器，特别是在高温下使用的高压容器，化学腐蚀是主要的，破坏程度随压力、温度升高而增加，由于气体在一定程度下会渗入容器壁，因而可能使器壁金属内部腐蚀。如在合成氨、碳氢化合物的加氢工艺中使用的压力容器，往往受到氢或氢、氮、氨混合气体的腐蚀。压力容器内壁，由于氢、氮的渗透而发生脱碳、渗氮、豁裂，使金属丧失某些原有的物理属性而呈现出脆性，此时钢材的耐蚀性在较大程度上取决于介质的压力、温度，以及气体的性质。在高温、高压条件下，CO 也能对金属产生腐蚀作用，如当压力高达 100 MPa 时，若合成气中含有20% ~25% 的 CO，则和 Fe 生成五羰基铁，使容器壁受到破坏。对上述诸问题的解决，首先应从合理选材及采用衬里等防腐措施方面加以考虑，此外在运行时应尽量按工艺规定的参数操作。

三、压力容器停止运行

1. 正常停止运行

由于容器及设备按生产规程要进行定期检验、检修、技术改造，或因原料、能源供应不及时，或因容器本身要求采用间歇式操作工艺的方法等正常原因，均属正常停止运行。对此应注意以下事项。

（1）停工方案审定

压力容器及其设备的停工是一个改变操作参数的过程。在较短时间里各台容器的操作温度、压力、液位等不断发生变化，要进行切断物料、返出物料、容器及设备吹扫、置换等大量工作，操作人员频繁地开关阀门，塔上塔下系统管线连续检查作业，劳动强度大，环境气氛乃至人们精神都比较紧张。倘若没有一个统一的停工方案，很容易发生错误操作，损坏系统的设备、管线、仪器仪表，严重的还会导致危及生命的事故。压力容器的停工方案一般应包括以下内容：

1）停工周期（包括停工时间和开工时间），停工操作的程序和步骤。

2）停工过程中控制工艺变化幅度的具体要求。

3）容器及设备内剩余物料的处理、置换清洗及必须动火的范围。

4）停工检修的内容及要求、组织措施及有关制度。

压力容器停工方案一般由车间主任、安全人员、工艺技术人员及有经验的操作人员共同编制，报主管领导审批，然后应组织操作人员学习。停工方案一经确定，必须严格执行。

（2）停工中应控制降温速度

对于高温下工作的压力容器，由于急剧地降温或温度变化梯度过大时，会使容器壳壁产生疲劳现象和较大的收缩应力，严重时会使容器产生裂缝、变形、零部件松脱、使容器连接部位发生泄漏等现象。如果连接部位泄漏出的是易燃易爆介质，会酿成火灾爆炸事故；如果泄漏出有毒剧毒介质，则会造成环境污染和中毒事故。

（3）采取降温的方法降压

对于储存液化气的容器，由于液化气具有气液共存的特点，容器内的压力取决于温度，所以单纯排放液化气的气体或液体均达不到降压目的。必须先行降温，才能实现降压。

（4）将剩余物料清除干净

容器内剩余物料多系有毒或剧毒、易燃易爆、腐蚀性等有害介质。若容器内物料不清除干净，操作人员无法进入容器内部检查和修理。如果是单台容器停工，首先就要切断这台容器的物料进出口；如果是整个装置停工，那就要将整个装置中的物料采用真空法和加压法清除干净（俗称倒罐），再用水、蒸汽或惰性气体进行置换。直至化验合格为止。

（5）停工阶段应准确执行各种操作

停工阶段的操作不同于正常生产操作，要求更加严格、准确无误。例如，开关阀门操作动作要缓慢，要观察流通情况，逐步进行；蒸汽介质要先开排凝阀，待排净冷凝水后即关闭排凝阀，再逐步打开蒸汽阀，防止出现水击损坏设备或管道；加热炉停工操作应按停工方案规定的降温曲线进行，设有空气预热器的加热炉，降温前应停用预热器，相应调节燃料，保持加热炉出口温度不变。

(6) 杜绝火源

对残留物料的排放与处理应采取相应的措施，特别是可燃、有毒气体应排至安全区域，妥善处理。要清除设备表面、梯子平台、地面的油污、易燃物等。停工操作期间，容器周围应杜绝一切火源。

2. 紧急情况下的停止运行

当压力容器及其设备发生破裂、鼓包、变形、大量泄漏，或由于突然停电、停水、停汽，迫使压力容器不能正常运转，或由于容器周围发生火灾和其他天灾等非正常原因时，均应紧急停止运行。下面简要介绍压力容器紧急停止运行的条件及应采取的相应措施。

(1) 压力容器停止运行的条件

1) 容器的操作压力、介质温度或壁温超过工艺安全操作规程所规定的极限值（包括最高温度和最低温度），经采取措施仍无法控制，并且有继续恶化的趋势。

2) 容器本体不合格（主要受压元件出现裂缝、鼓包、变形、焊缝或可拆连接处发生泄漏等缺陷），危及安全。

3) 安全附件失效，接管端断裂、紧固件损坏，难以保证安全运行。

4) 容器连接部位出现严重的跑、冒、滴、漏或者容器的信号孔或警告孔泄漏。

5) 操作岗位发生火灾或其他自然灾害，威胁到容器的安全操作。

(2) 压力容器紧急情况的处理

1) 对关键性的压力容器和设备，为防止因突然停电而发生事故，应配置双电源与联锁自控装置。如因线路发生故障，生产车间全部停电时，要及时汇报和联系，查明停电原因。同时应重点检查压力容器及设备的温度、压力的变化，尽量保持物料畅通。某些设备的手动搅拌、紧急排空装置都应有专人看管。如发现因停电而造成冷却系统停机时，要及时将放热设备中的物料进行妥善处理，避免超温超压事故。

2）当发生局部停水或小范围内停水时，可根据生产工艺情况进行减量或维持生产，如大范围停水，则应立即停止生产进料，注意温度、压力变化，如超过正常值时，可采取放空降压措施。

3）若需要进行加热的容器或管道突然发生停汽，则容器或管道的温度会很快下降，一些在常温下呈固态而在操作温度下呈液态的物料，会因为温度下降凝结而堵塞管道。对此应及时关闭物料连通的阀门，防止物料倒流至蒸汽系统。

4）停风会使所有以气为动力的仪表、阀门都不能动作，故停风时应立即改为手动操作，某些充气防爆电器和仪表也处于不安全状态，必须加强厂房内通风换气，以防止可燃气体进入电器和仪表内部。

5）对可燃物大量泄漏的处理。在生产过程中，当有可燃物大量泄漏时，首先应正确判断泄漏部位，及时报告领导和有关部门，迅速切断泄漏物料来源，在一定区域范围内严格禁止动火及其他火源产生。操作人员应坚守岗位，密切注视容器内物料的工艺变化，工艺控制如果达到了临界压力和临界温度的危险值时，应正确地进行停车处理。

第四节　压力容器的维护保养

压力容器维护保养的目的在于提高设备的完好率，使压力容器能保持在完好状态下运行，提高使用效率，延长使用寿命，保证运行安全。其内容包括日常维修、大修、停用期间的维修保养等。维护保养的对象不仅包括压力容器本体，也应包括各种附属装置、仪器仪表，以及支座基础、连接的管道阀门等。本节重点介绍容器本体的日常维护保养方面的内容。

一、压力容器设备的完好标准

1. 压力容器检验合格，并已办理使用登记手续。其具体标准为：

（1）容器的各项操作性能指标符合设计要求，能满足正常生产的需要。

（2）操作过程中运转正常，易于平稳地控制各项操作参数。

（3）密封性能良好，无泄漏现象。

（4）带搅拌的容器，其搅拌装置运转正常，无异常的振动和杂音。

（5）带夹套的容器，加热或冷却其内部介质的功能良好。

（6）换热器无严重结垢。列管式换热器的胀口、焊口，板式换热器的板间，各类换热器的法兰连接处均能密封良好，无泄漏及渗漏。

2. 装置完整，质量良好。一般来说，它应包括如下各项要求：

（1）零部件、安全装置、附属装置、仪器仪表完整，质量符合设计要求。

（2）压力容器本体整洁，油漆、保温层完整，无严重锈蚀和机械损伤。

（3）有衬里的容器，衬里完好，无渗漏及鼓包。

（4）阀门及各类可拆连接处无“跑、冒、滴、漏”现象。

（5）基础牢固，支座无严重锈蚀，外管道情况正常。

（6）各类技术资料齐备、准确、有完整的设备技术档案。

（7）压力容器在规定期限内进行了定期检验，安全性能好，并已办理使用登记证。

（8）安全阀、爆破片、易熔塞、温度计及压力表等附件定期进行了调校和更换。

二、压力容器的防腐措施

提高压力容器的完好率，除必须加强日常的维护保养工作外，还要注意压力容器在停用时的保养防腐措施。应根据容器内部工作介质对器壁材料的腐蚀作用，采取适当的防腐措施。常用的防腐措施有涂漆，喷镀或电镀，搪瓷或搪玻璃、非金属（常为橡胶或树脂类高分子涂层）或金属衬里（衬铅）等。用以避免器壁与介质的直接接触，因此必须经常保持防腐涂层或衬里的完好。使用这类压力容器时应注意以下事项：第一，装入固体物料或容器的内件时应注意避免刮落或碰坏防腐层；第二，带搅拌器的压力容器应防止搅拌器叶片与器壁碰撞；第三，内装填料的压力容器，填料环应布放均匀，防止流体介质运行的偏流磨损；第四，定期检查防腐涂层或衬里的完好情况。现将各种防腐措施的施工工艺简介如下：

1．金属防腐层

金属防腐层采用耐介质腐蚀的金属，经喷镀、电镀或堆焊与被保护的器壁表面金属牢固结合成一体，形成一层金属保护层，使在一定限度的机械压力、热压力作用下不会脱落或剥离。因此，在覆盖保护层之前要用喷砂、铁丝刷或砂纸打磨等机械或手工方法，必要时可用酸洗或有机溶剂脱脂去除被保护金属表面的油渍、铁锈、尘埃、污垢等残留物。

2．搪瓷、搪玻璃

当容器内介质具有强腐蚀性且不允许被金属等杂质污染，同时又要求器壁具有优良的导热性能时，可采用搪玻璃或搪瓷衬里。搪瓷衬里广泛用于制药等有机化工工业的反应锅、浓缩锅、蒸煮锅及计量容器中。耐酸搪瓷的衬涂过程是先将干净的器壁喷涂一层底釉，在适当温度下烘烤，然后进行灼烧。底釉喷涂两遍后如无疵点，再涂面釉数遍，烘烧与灼烧方法同底釉。压力容器使用单位经常遇到的问题是如何正确地修理搪瓷衬里，一般可按下述方法进行：对瓷面微孔可用耐蚀金属塞子打入微孔填塞；用耐腐蚀金属做成填片，并用耐蚀的螺栓和衬塑坚固于破损的瓷面处；用无机或有机涂料修补，其方法是用 15% ~20% 稀硫酸去锈，再用10%氢氧化钠溶液中和后，用水冲洗后擦净、吹干，然后用涂料覆盖并加热固化。无机涂料有用辉绿岩为填料的硅酸盐耐酸胶泥，用它修补搪瓷，效果良好。其方法是将搪瓷破损处洗净后，涂以薄层灰浆，待薄层灰浆完全干燥后，再涂以硅酸盐胶泥，干燥后再用80%硫酸涂刷，使修理表面生成 Si（OH）$_4$凝胶保护层。有机涂料则常为树脂类胶泥（酚醛树脂、环氧树脂、呋喃树脂胶泥等）。

3. 橡胶衬里

含硫20%～30%的硬橡胶不仅耐蚀而且有较高的强度。修补橡胶衬里的材料有胶浆、橡胶板和辅助料。由浆子胶板及溶剂制成的胶浆是粘接橡胶与金属的黏结剂。辅助材料如汽油、苯等，是供清洗表面和溶浆之用。修补衬里时首先要清洗金属表面，涂胶浆后按修补处大小贴胶板或胶条，而后用烙铁烙平。应注意胶条用的胶料与被补衬里的胶料相一致，贴胶条后在其上面再涂1～2遍胶浆。还要注意尽量把空气从胶条下面赶出，以防止脱胶，并加大黏结力。

4. 涂漆

涂漆前同样应对表面进行除锈和清洗，先涂红丹漆，再涂刷铅油或醇酸耐温清漆等。生漆也是一种很好的耐蚀涂料，其使用的耐久性优于其他合成漆涂层，并可用做耐酸胶片以代替硅酸盐胶片。

小型合成氨厂冷凝塔曾发生过多次爆炸事故，爆炸原因主要是大面积的腐蚀引起壁厚减薄，爆破口边缘附近壁厚仅2 mm左右。腐蚀的主要原因是介质中硫化氢所引起的电化学腐蚀。但是也有许多同类型的合成氨厂，由于对冷凝塔采取了涂生漆或环氧树脂掺石墨粉等防腐措施，大大延长了冷凝塔的使用寿命。由此可见，合理的防腐措施对压力容器的安全运行是十分重要的。

对有腐蚀性介质的压力容器，必要时也可以做挂片试验，以核定其腐蚀的程度。即用与压力容器主体母材相同的材料挂片于压力容器内，定期测定其质量损失以确定腐蚀速率，并由此作为制定安全操作规程的依据。

热交换器的内部腐蚀泄漏与一般的压力容器内、外壁腐蚀是有区别的。以常用的管式换热交换器为例，其内漏的主要原因有：管子腐蚀、磨损所引起的壁厚减薄与穿孔；因龟裂、腐蚀、振动而使扩管部分松脱；管子与挡板接触而引起的磨损、穿孔。热交换器由于内漏而使管程、壳程中两种不同的介质混合，这种事故可通过对热交换器低压侧流出介质的取样分析发现。

三、压力容器停用期间的维护保养

对于长期停用或临时停用的压力容器，也应加强维护保养工作。从某种意义上讲，一台停用期间保养不善的容器甚至比正常使用的容器损坏得更快，这是因为停用容器不仅受到未清除干净的容器内残余介质的腐蚀，也受到大气的腐蚀作用。

在大气中，未被水饱和的空气冷却至一定温度后，水蒸气将从空气中冷凝而汇集成水膜覆盖在器壁表面的局部处，甚至整个表面都被水膜覆盖。如果金属表面粗糙或表面附着有尘埃、污物，或者防腐层有破损等，水蒸气更易在这些部位析出并聚集。应予指出的是，水蒸气凝聚时，并非形成纯净的水。空气中的氮、氧以及其他气体杂质和二氧化硫、氮氧化物、氯化氢，固体颗粒如烟气飘尘等都能溶解于水膜中形成电解质溶液，因而具备了电化学腐蚀的条件。影响腐蚀的因素首先是大气温度和湿度，其次是空气中的杂质成分及其含量、器壁材料的化学成分、器壁表面粗糙程度和沾污情况等。另一方面，如果压力容器内部的介质对器壁材料具有腐蚀性，停用时未清除干净而残留于容器内某些转角、连接部件或接管等间隙处，也将溶解在水膜里继续腐蚀器壁。

停用容器的维护保养措施是：

1．停止运行尤其是长期停用的容器，要将其内部介质排除干净。特别对腐蚀性介质，要进行排放，置换和清洗、吹干。注意防止容器的“死角”中积存腐蚀性介质。

2．保持容器内部干燥和洁净，清除内部的污垢和腐蚀产物。修补好防腐层破损处。

3．压力容器外壁涂刷油漆，防止大气腐蚀。还要注意保温层下和支座处的防腐等。

四、安全装置维护保养

为防止压力容器因操作失误或发生意外超温、超压事故，压力容器通常根据其工艺特性的需要装设安全装置。安全装置的种类较多，要合理装设，如有的容器操作复杂，管道、阀门太多，容易操作失误，则在重要的阀门上装设自动联锁装置；储装液化气体的容器，除了装设安全阀、压力表及温度计外，为了防止充装过量，还要设置液位计等。安全泄压装置和压力表是压力容器最普通和常用的安全装置。

1．安全泄压装置及压力表设置的原则

（1）在连续性操作系统中，如果装置中有两台或两台以上的压力容器，若其操作压力与压力来源相同，且气体压力在每个容器内不会自行升高，则可按压力系统在连接管道或其中一个容器上装设全系统的安全泄压装置和压力表。

（2）若压力容器内的压力是其中介质的化学反应而产生的，或化学反应能使压力升高者，则容器应单独装设安全泄压装置和压力表。

（3）容器内介质的压力会由于容器内部或外部受热而显著升高，且容器与其他设备的连接管道上又装有截止阀者，容器应单独装设安全泄压装置和压力表。

（4）盛装和使用水蒸气的压力容器，如它的最高许用压力不小于蒸汽锅炉所产生的蒸汽压力时，可不装设安全泄压装置；

但如果前者小于后者，且蒸汽是经过减压以后才输入容器，则应在容器上或靠容器一侧的减压装置出口管上装设安全泄压装置和压力表。

2. 安全装置的维护

要使安全泄压装置经常处于完好状态，保持准确可靠，灵敏好用，必须在压力容器的运行过程中加强维护保养。

压力表应保持洁净，表盘上的玻璃必须明亮清晰，使表内指针所指示的压力值清楚易见。表盘玻璃破碎或表盘刻度模糊不清的压力表要及时更换。装有排液、除尘装置的压力表，要定期进行排液或排放尘土。记录式压力表应按时更换记录纸和添加墨水。发现压力表（包括取压管）有故障时要及时处理，对压力表的指示值有怀疑时，应及时用标准表进行校核，不正确时应更换。压力表要按其类别定期校验，校验后的压力表应贴上合格证并铅封。已经超过有效使用期限的压力表不应继续使用。

安全泄压装置也要经常保持洁净，防止阀体或弹簧等被油垢脏物所粘满或锈蚀，防止安全泄压装置的排放管被油垢或其他异物堵塞和冬季积水冻结。发现安全阀有渗漏迹象时，应及时进行更换或检修，禁止用增加载荷的方法（如加大弹簧的压缩量或增加重锤对阀瓣的力矩等）来减除阀的泄漏。为了防止安全阀的阀瓣和阀座被气体中的油垢、水垢或结晶物等粘住或堵塞，用于空气、水蒸气以及带有黏性物质而排放时又不会造成危害的其他气体的安全阀，应定期做手提排气试验，试验时应缓慢操作，轻轻地将提升扳手（弹簧式安全阀）或重锤慢慢举起，听见阀内有气体排出声时即慢慢放下，不允许将提升扳手或重锤迅速提起又突然放下，以免阀瓣在阀座上剧烈振动，冲击损坏密封面。排气试验后，如发现安全阀内有泄漏声，则可能是阀瓣倾斜，可以重复进行一次试验。安全阀手提排气试验的间隔期限可以根据气体的洁净程度来确定。安全阀必须实行定期检验，包括清洗、研磨试验和调整校正。安全阀的定期检验按校验周期进行，一般每年至少进行一次。

复习思考题

选择题（单选、多选）：

1. 安全阀与排放口之间装设截止阀的，运行期间必须处于（　　）并加铅封。

A. 开启　　B. 全开

C. 关闭

2. 液化气储罐压力接近最高工作压力时应采取的措施为（　　）。

A. 放空　　B. 停止进气

C. 喷淋降温

3. 压力容器作业人员在工作中应对责任区域的压力容器、压力管道、安全附件、仪器仪表、使用工具等进行巡视。发现异常应及时（　　）。

A. 立即处理　　B. 按规定程序报告

C. 做记录

4. 玻璃板式液位计的玻璃板，其观察区域的一侧表面通常做成纵向几条槽纹的目的是（　　）。

A. 形成肋条，使之不易从横向断裂

B. 便于观察液位

C. 有利于抵抗介质浸蚀

5. 选用压力表时，保证一定大小的表盘直径是为了（　　）。

A. 指示清楚、好观察

B. 减小测量误差

C. 保证压力表的精度

6．压力容器表面检查的重点是（　　）。

A．均匀腐蚀　　B．非均匀腐蚀　　C．表面裂纹

D．机械损伤　　E．变形尺寸　　F．咬边

7．灭火的基本方法有（　　）。

A．冷却法　　B．窒息法

C．隔离法　　D．抑制法

8．液化石油气当压力降低或温度升高时，发生的变化是（　　）。

A．由液态变气态　　B．由气态变液态

C．不变

9．安全阀以冷态校验所定的开启压力，在热态运行时，其实际开启压力会（　　）。

A．偏高　　B．偏低　　C．不一定

10．液面计上（　　）安全液位，应做出明显的标志。

A．最高　　B．最低

C．最高和最低

11．压力容器操作工遇到（　　）情况时，应立即采取紧急措施，按规定程序上报。

A．接管、紧固件损坏，难以保证安全运行

B．一台备用泵损坏

C．发生火灾等直接威胁到压力容器安全运行

D．压力容器与压力管道发生严重振动，危及安全运行

12．进行压力容器内部检验或检修时，要求工作空间空气中的氧含量（体积比）为（　　）。

A．15%~25%　　B．≥20%

C．18%~23%

13．安全泄放装置能自动迅速地排放压力容器内的介质，以便使压力容器始终保持在（　　）范围内。

A．工作压力　　B．最高允许工作压力

C. 设计压力

14. 压力容器操作工遇到（　　）情况时，应立即采取紧急措施，按规定程序上报。

A. 压力表校验标志脱落

B. 过量充装

C. 压力容器液位超过规定，采取措施仍不能得到有效控制

D. 安全阀铅封不完整

15. 汽车槽车卸完液化石油气后，槽车内余压应保留在（　　），以确保安全。

A. 0.05～0.2 MPa

B. 0.1 MPa

C. 0.2～0.4 MPa

D. 0.4 MPa 以上

16. 压力容器运行期间的巡回检查内容包括（　　）。

A. 工艺条件　　　　B. 设备状况

C. 安全装置

17. 盛装液化石油气的压力容器使用法兰连接的第一个法兰密封面，应采用（　　）垫片。

A. 金属缠绕（带外环）

B. 石棉

C. 橡胶

18. 压力容器操作人员应精心操作，严格遵守（　　）。

A. 安全操作规程　　　　B. 工艺操作规程

C. 压力容器安全技术监察规程

19. 压力容器操作工遇到（　　）情况时，应立即采取紧急措施，按规定程序上报。

A. 压力容器工作压力、介质温度或壁温超过规定值，采取措施仍不能得到有效控制

B. 压力容器的主要受压元件发生裂缝、鼓包、变形、泄漏等危及安全的现象

C. 安全附件失效

D. 当班操作人员不齐

第九章

典型生产工艺及安全操作要点

本章知识要点

本章介绍典型生产工艺装置中的压力容器安全操作内容，常见故障、事故的处理方法。着重要求学员了解不同压力容器的原理、结构特点、安全技术要求、使用维护要求，理解实际操作中应关注的安全技术问题和要求。

第一节　空　　分

一、空分过程

现代工业上都采用空气深冷分离法制取氧气和氮气。按其工艺流程中压缩空气的压力高低分为高压流程、中压流程、双压流程、全压流程 4 种。虽然各种流程所采用的空分设备不同，但空分的整个过程大都包括以下 6 个主要阶段：

（1）空气中灰尘和杂质的清除；

（2）空气经压缩机压缩；

（3）除去压缩空气中的二氧化碳和水蒸气；

（4）将空气液化；

（5）液态空气经精馏分离成氧和氮；

（6）产品的储存和运输。

空分装置的形式较多，现以古劳德型空分装置为例说明其工艺流程（见图 9—1）。原料空气被压缩至 1 ~4 MPa，经碱液塔和干燥器除掉二氧化碳和水分后，进入热交换器生成低温空气。其中一部分被液化器进一步冷却，经过高压膨胀阀 V_1 被膨胀；而另一部分经膨胀机吹入精馏下部。在这里，生成的液态空气经过液态空气调节阀 V_2、液态氮经过液氮调节阀 V_3，分别送到精馏塔上部。液态氧留在液氧储槽中，精馏塔顶部出来的低温氮气，经过热交换器回收冷气后从装置出去。低温设备集中安装在用非燃性隔热材料制成的保冷箱内。

在空分生产过程中容易发生爆炸事故，就部位而言多是液氧储槽发生爆炸。其原因目前还不十分清楚。据资料介绍，可能是由于液氧中积聚物和碳氢化合物遇到某种点火能源（可能是由液氧中积聚的臭氧或二氧化氮与不饱和的碳氢化合物形成的）所致。

二、空分塔爆炸的特征及原因

1. 空分塔的爆炸不但发生在连续工作的空分塔内，也发生在断续工作较长的空分塔内。最常见的是发生在空分塔停车检修排放液氧及空分塔短期停车后再启动的时候。微弱的爆炸甚至不为操作人员所发现，但强烈的爆炸不仅可以破坏空分塔甚至使相邻的空分塔也遭破坏。

2. 空分塔的爆炸及其爆破部位究其原因在某种程度上与空分设备的结构形式有关。高中压、双压流程的空分设备比低压空分设备易发生爆炸。爆炸的中心位置随空分设备制取的产品状况不同而不同，例如，液氧设备因主冷凝器属液体流动形式的设备，不致大量积聚爆炸危险杂质，故不会发生爆炸；而气态氧设备其主冷凝器为主要的爆炸中心部位，随冷凝蒸发器结构形式不同，其爆炸部位亦有所不同。其他部位也可能爆炸，其特征是这些都发生在富氧液体或液氧蒸发之处。假若富氧液体或液氧内包含有各种危险杂质，则将引起其浓缩积聚或沉淀，当危险杂质在液体内浓缩，积聚到超过其溶解度极限或高于其爆炸下限时，将

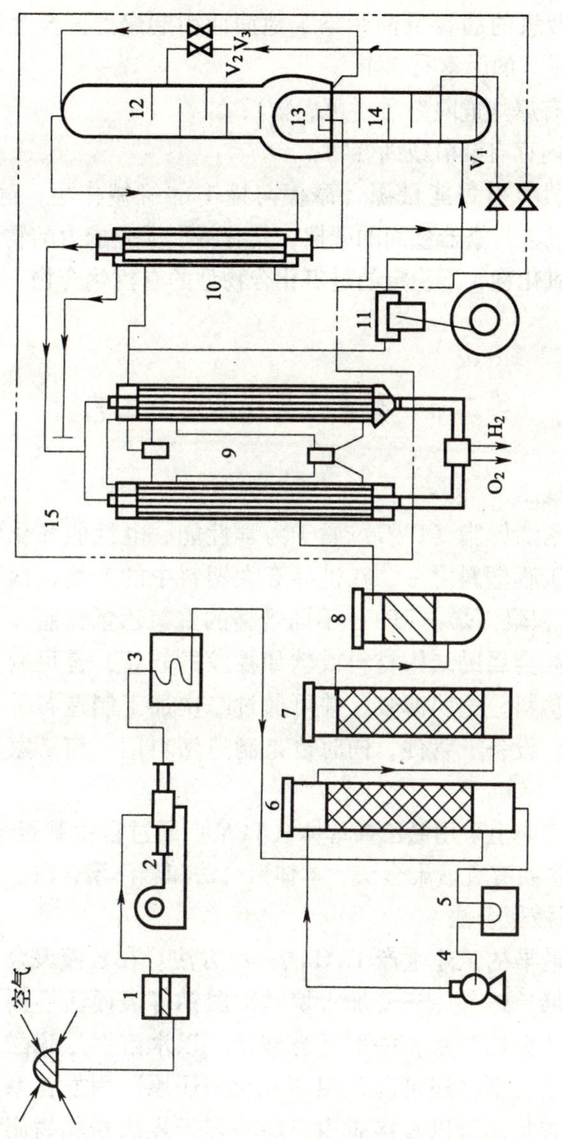

图9—1 古劳德型空分装置

组成具有爆炸危险性的混合物。如液氧泄漏浸透空分塔木质基础，浸透液氧的沥青及油污染了地面而引起爆炸。至此不难明白，形成爆炸的因素有3个：

（1）有爆炸危险杂质（可燃物）；

（2）内存有液氧或助燃物；

（3）具有引爆能量源（摩擦与撞击的机械作用；静电荷、固态乙炔颗粒与塔器壁间的摩擦；具有特别反应能力的物质——臭氧、氮氧化物、不稳定的过氧化合物型的有机化合物；压力脉冲等）。

第二节　聚氯乙烯树脂生产工艺

一、概述

聚氯乙烯树脂（PVC）属于力学性能、电性能和化学性能都较好的工程塑料之一，在世界五大塑料中的产量仅次于聚乙烯（PE）和聚丙烯（PP）。不同规格的聚氯乙烯树脂，可以制造各种硬如金属的结构材料或软如橡胶的软管，也可制成电缆或半导体塑料，透明薄膜，并可通过二次加工制造各种化工耐腐蚀容器、设备、管件，同时也是制造塑料门、窗、家具的良好材料。

PVC工业上采用氯乙烯单体（VCM）通过自由基聚合而成，生产工艺主要有乳液聚合法、本体聚合法和悬浮聚合法。

1. 乳液聚合法

这是最早的工业生产PVC的一种方法。在乳液聚合中，除水和氯乙烯单体外，还要加入烷基磺酸钠等表面活性剂做乳化剂，使单体分散于水相中而呈乳液状，以水溶性过硫酸钾或过硫酸铵为引发剂，还可以采用“氧化—还原”引发体系，聚合产物为乳胶状，可以直接应用或经喷雾干燥成粉状树脂。乳液聚合法的聚合周期短，较易控制，得到的树脂分子量高，聚合度较均匀。

2. 本体聚合法

聚合装置比较特殊，主要由立式预聚合釜和带框式搅拌器的卧式聚合釜构成。聚合分两段进行。单体和引发剂先在预聚合釜中预聚，生成种子粒子，这时转化率达8%～10%。然后流入第二段聚合釜中，补加与预聚物等量的单体，继续聚合。待转化率达85%～90%，排出残余单体，再经粉碎、过筛即得成品。此法生产过程简单，产品质量好，生产成本也较低。

3. 悬浮聚合法

使单体呈微滴状悬浮分散于水相中，选用的油溶性引发剂则溶于单体中，聚合反应就在这些微滴中进行，聚合反应热及时被水吸收，为了保证这些微滴在水中呈珠状分散，需要加入悬浮稳定剂，如明胶、聚乙烯醇、甲基纤维素、羟乙基纤维素等。引发剂多采用有机过氧化物和偶氮化合物，如过氧化二碳酸二（2－乙基）己酯、过氧化二（3，5，5－三甲基）己酰等。聚合是在带有搅拌器的聚合釜中进行的。聚合后，物料流入单体回收罐或汽提塔内回收单体。然后经脱水、干燥即得树脂成品。

悬浮法聚合工艺成熟、操作简单、生产成本低、经济效益好、应用领域宽，一直是生产PVC树脂的主要方法。目前，悬浮工艺的聚氯乙烯产量占80%以上，品种之多，产量之大是其他工艺所无法相比的。悬浮法聚氯乙烯产品既有一般的通用型树脂，也有特殊用途的专用树脂，如球型树脂；既有特高、特低聚合度的树脂，也有一般聚合度的树脂；既有疏松型树脂，也有紧密型树脂。

二、PVC聚合工艺流程简述

PVC悬浮法生产工艺由美国Geon公司于1941年开发成功，经过世界各国几十年不断地改进，在聚合配方、汽提技术、防粘釜技术、聚合釜开发等方面都已相当成熟。下面仅以国内某厂引进的欧洲乙烯公司（EVC）105 m^3聚合装置为例，简要叙述PVC

聚合工艺流程。聚合釜生产工艺流程图如图 9—2 所示。

从聚合界区外供给的软水经过滤器（F901）存入软水罐（T901），然后通过软水泵（P901A/B）按要求加入聚合釜（R201N）中，分别存储于储罐 T106、T102、T104 中的分散剂 B、引发剂 B、分散剂 A 分别通过加料泵、过滤器注入加水管线至釜中。

来自单体分离罐（V506）的回收单体存储于罐（V505）中，经泵、过滤器加入釜中。来自聚合界区外的新鲜单体存储于罐（V510）中，经泵、过滤器加入釜中，至此入料全部结束。

聚合釜升温过程中，蒸汽经水流混合器（J202N）注入由循环水泵（P201N）提供的循环水中，用于升高釜温。聚合反应中的注水由泵（P903A/B）打出，经一球形喷头注入冷凝器（E201N）顶部。

如果聚合反应过程中反应失控，需启动紧急终止剂系统。紧急终止剂经紧急终止剂罐（V201N）用高压氮气加入釜中。如果聚合反应正常结束，这时需加入稳抗剂终止反应。配制好的稳抗剂经配制槽（T107）、加料槽（T108）由泵加入釜中。聚合反应结束后，釜内悬浮液靠其自身压力并在过滤器（F301）、出料泵（P301）协助下泄入到泄料槽（V301）中，然后由泵传送至汽提塔供料罐（V302）中，出料时大部分未反应的单体从浆料中蒸发出来排入高压回收压缩机（B501A/B）中进行回收，冷凝下来的蒸汽进入废水槽（V503）中。

入料之前还需进行涂釜，涂釜液经储槽（T110）、计量泵将涂釜液均匀喷涂于釜内、冷凝器顶部、过渡件上。

泄料槽排气后，浆料中仍含有一部分 VCM 单体，这部分单体必须经过汽提去除。浆料从供料罐（V302）中靠泵泵入汽提塔的途中经过滤器、螺旋板换热器（E301）预热，进入汽提塔（C301）。经汽提后的浆料由泵泵入换热器（E301）冷却后进入浆料储罐。从塔顶出来的蒸汽通过管壳式冷凝器至氯乙烯低压回收系统（B502A/B/C），冷凝下来的蒸汽进入废水槽（V503）中。

反应釜出料以及汽提需要时，还需使用消泡剂以减少携带量。存储于储罐（T109）的消泡剂经泵泵入泄料槽（V301）和汽提塔（C301）中，不使用时通过泵（P112）不断循环以防止分层。

压缩机出来的氯乙烯单体与大部分水蒸气在E503中冷却和冷凝，冷凝下来的氯乙烯液体与未冷凝的气体进入V506中，然后未冷凝的氯乙烯和惰性气体经V506进入E504，E504中少量的氯乙烯气体与惰性气体由顶部去往气柜。为防止液态氯乙烯在回收系统内聚合，需要注入抑制剂，抑制剂由储槽经泵（P504）注入E503进口，碱液由泵（P503）连续加入压缩机工作水系统。

所有受VCM污染的工艺水都要经过汽提，废水由废水槽（V503）经泵、过滤器进入预热后的废水汽提塔（C501），汽提后的氯乙烯气体及引进水蒸气流经冷凝器进入低压氯乙烯压缩机，经汽提后的废水从废水汽提塔经冷凝器（E501）冷凝排入地沟。

当反应釜开盖时，需要使用抽真空系统，使用前现场操作人员检查各阀门和管线是否在正确位置，然后启动真空泵（B201）。经真空泵冷却器（E203）、真空泵分离罐（V203）将氯乙烯/惰性气体抽至回收系统，直到符合进釜操作要求。

从上述的聚合工艺来看，熟悉并掌握聚合釜内反应物的特性以及反应过程的基本原理和工艺特点，是保证聚合釜操作安全的基础。

三、氯乙烯悬浮聚合反应机理及设备、工艺特点

1. 反应机理

在氯乙烯聚合釜内，氯乙烯单体在搅拌和分散剂、水的共同

作用下，被分散为油珠状小液滴悬浮于水中，借助引发剂（如EHP、TX36—W40、99—W40）分解产生的自由基，而发生加聚链锁反应。总反应式为：$n\mathrm{CH_2=CHCl} \rightarrow (\mathrm{CH_2-CHCl})\ n$ + 96.3 kJ/mol。其反应机理（历程）分为链引发、链增长、链转移和链终止几个步骤。即引发剂分解为初期自由基，初期自由基与氯乙烯分子生成单体自由基，活泼的单体自由基立即与其他氯乙烯分子作用结合形成长链。聚合反应初期的链增长活性不因链增长而减弱，在瞬时即可达到聚合度很高的 PVC 大分子。当 PVC 大分子自由基在链增长中，达到某一个临界值时，成为不溶于单体而可被单体溶胀的粘胶体，从单体中沉析出来，这些沉析的孤立的大分子自由基与单体之间发生链转移反应，使链的增长停止。

2. EVC 公司氯乙烯悬浮聚合工艺技术特点

（1）聚合采用正加料顺序，既先加软水后加单体，入水的同时加入各种助剂。

（2）采用计算机 DCS 程序控制，全动力驱动操作系统，并且有系统安全联锁装置及 UPS 断电保护系统。

（3）采用汽提工艺脱吸 PVC 浆料中未反应的单体。

（4）采用自身单体回收装置，对未反应的单体进行回收使用。

（5）强制冷却循环系统，采用大水量低温差、多水流冷却工艺。

（6）采用单体置换及设备抽真空装置，防止单体逸散，改善工作环境，保证安全。

（7）采用废水汽提装置，使排放水达到环保标准。

3. 105 m^3聚合釜结构

105 m^3聚合釜筒体材质为 316SS，外部夹套材质为碳钢，釜底部设置搅拌装置，釜顶部设置冷凝器。其结构示意图如图9—3所示。

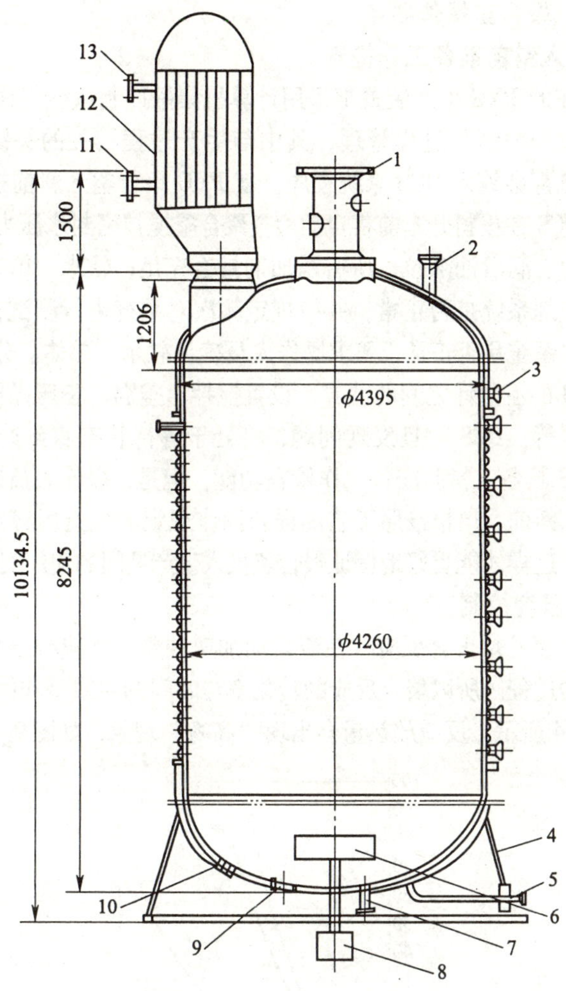

图 9—3　105 m^3 聚合釜结构示意图

1—人孔　2—爆破片接口　3—顶部夹套进口　4—裙座

5—釜底夹套冷却水进口　6—搅拌器　7—机械密封冷却水进口

8—变速器　9—出料口　10—备用口　11—冷凝器循环水进口

12—冷凝器　13—冷凝器循环水出口

四、聚合釜操作要点

1. 入料前准备工作检查

目前的 PVC 生产装置都采用计算机集散控制系统（DCS），进行生产过程控制和过程管理，其中与生产过程相关的关键控制点或检查点都会编入 DCS 系统程序。就 PVC 聚合釜入料前检查工作而言，DCS 在投料开车前将自动检查聚合釜搅拌密封水压力和流量、氮气压力、润滑油液位；所有添加剂是否充足；软水、单体是否充足；终止剂系统是否正常，并按规定频次对系统进行测试；循环水泵冷却水系统是否正常，要求操作人员确认软水、单体、分散剂 A、引发剂 B 的流量计之间的差异，设置搅拌、釜温、釜压操作参数的报警界限等。DCS 一旦发现问题，将处于等待状态直到改正为止。尽管 DCS 具备入料前准备工作检查功能，但是，操作人员还必须在聚合釜入料前，严格按照工艺规程和操作规定的检查内容对现场进行检查，这样才能更好地保证聚合釜投入生产期间的使用安全。

2. 温度控制

由于氯乙烯聚合反应存在着自动加速现象，反应会出现由缓慢到激烈的过程，所以聚合反应的转化率与时间的曲线呈非线性关系，如图 9—4 所示。反应放热量会出现“高峰”现象，如图 9—5 所示。

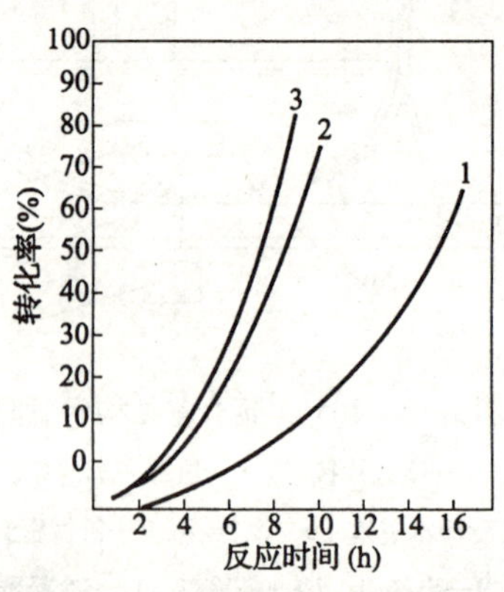

图 9—4　转化率与时间关系曲线

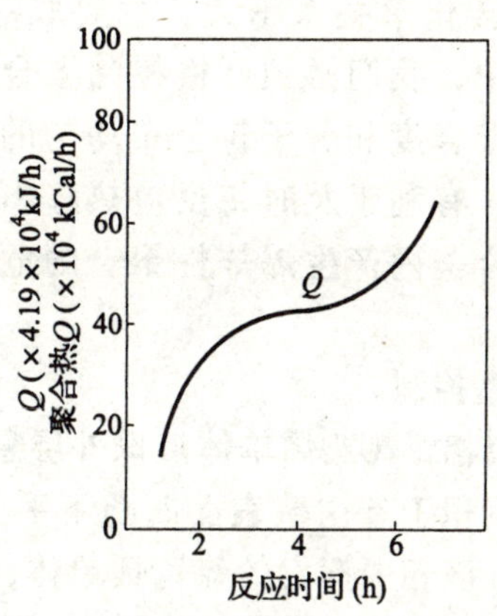

图 9—5　聚合反应放热与反应时间关系

生产各种不同型号的聚氯乙烯树脂，由于聚合配方选用的引发剂体系和用量不同，聚合反应的温度不同，氯乙烯聚合反应的“自动加速现象”程度也就不同，聚合反应过程中热负荷的分布也就不一致，如图 9—6 所示。

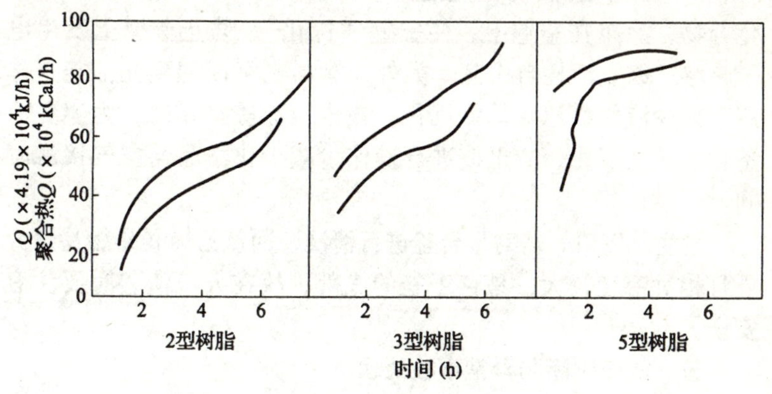

图 9—6　不同型号树脂的热负荷分布曲线

在正常的聚合反应温度范围内，聚氯乙烯的平均分子量与引发剂浓度、转化率关系不大，主要取决于温度。因此，在实际生产过程中，我们必须严格控制聚合反应的温度，不仅可以获得不同聚合度和分子量分布均匀的产品，而且可以使反应速度均匀，有利于及时将反应热移出，以保证体系温度恒定，避免聚合釜内产生爆炸性聚合的危险，确保聚合釜的安全运行。

3. 聚合釜粘壁控制

在聚合釜的液相，氯乙烯单体液珠外层悬浮剂的保护膜破裂与釜壁接触，沉积于釜内壁表面凹凸不平处聚合为粘壁物；在聚合釜的气相、液相中挥发的氯乙烯单体，携带部分引发剂或增长着的自由基冷凝于釜壁而发生聚合。聚合釜的粘壁不仅影响聚合反应过程控制，而且粘壁物渗入树脂的成品中，将使树脂在加工时产生不易塑化的“鱼眼”，降低产品质量。另外，粘壁物还会使釜的传热系数下降，不利于聚合反应的温度控制。

减轻粘壁的办法主要采用涂布法或者添加水相阻聚剂（如 $NaNO_2$、水溶性黑、次甲基蓝等）。涂布法是将某些极性的有机化合物，涂布在釜壁上，使釜壁“钝化”，防止釜壁上发生电子转移，终止活性自由基。另外，涂料也可以起到光洁釜壁作用，减少液相氯乙烯单体沉积。在进行涂釜操作时，为避免涂釜化学品的氧化，应迅速进行操作，减少化学品与空气接触时间。

发生粘壁时，需对聚合釜进行清洗，因氯乙烯属易燃易爆介质且相对密度较大，易存于釜的底部，故在人工清釜时要注意安全。

五、故障判断和异常事故处理

1. 聚合釜加料故障

（1）故障原因

1）加料泵泵压低、流量小。

2）入料管道系统阀门触点失灵、调节阀失控、过滤器压差大而失控。

3）入料系统压力、流量测量控制仪表损坏。

（2）处理办法

1）检查加料泵，如果操作人员不能及时解决，应通知维修人员处理。

2）启用备用过滤器并更换滤芯，清除并冲洗管道，通知相关人员处理阀门故障。

3）检查入料系统测量点，通知相关人员进行检修。

4）故障清除后，方可再行启动控制程序，继续进行操作。

2. 聚合反应温度、压力升高

（1）故障原因

1）控制仪表故障，造成通水不及时。

2）冷却水压力低、温度高。

3）入料不准确，分散剂加料损失，引发剂加料过多，单体过量且入水少。

4）粘壁严重，传热效果差。

5）因各类原因造成搅拌停止运转。

（2）处理方法

1）首先加大聚合釜冷却水通水量，同时迅速查找造成聚合釜压力、温度上升的原因。

2）如果公用工程系统故障，立即要求提高循环水压力、降低温度，并视生产情况减少引发剂加入量。

3）如果故障是加料计量、称量系统的问题，必须重新核对流量计。

4）电气故障必须立即通知相关人员，尽快恢复供电。控制仪表故障，迅速通知相关人员进行处理。

5）检查打印材料信息，釜下取样，如已造成粗料，立即向釜内注入终止剂，终止聚合反应后出料并开盖检查。

6）如果故障是由于釜内壁黏结严重所至，出料后应进行清釜。

7）如果聚合反应监视期间故障已排除，但釜温、釜压仍不能得到控制或该故障不能及时恢复，操作人员应根据当时情况，加入终止剂或紧急事故终止剂。

8）当聚合反应温度、压力升高已符合程序控制点时，将自动启动紧急加入事故终止剂程序。

3. 聚合反应出现粗料

（1）原因分析

1）分散剂计量不准。

2）分散剂加料时泄漏损失。

3）单体、水加料计量不准。

（2）处理方法

1）操作人员在聚合分散剂加料后，认真检查核对分散剂加入计量值并观察搅拌功率是否在正常范围波动。取样后确认为粗料，加终止剂出料，开盖检查后方可重新入料。

2）通知相关人员调校入料计量仪表。

3）检查分散剂加料阀及阀门是否出现泄漏问题。

4. 聚合釜出料不畅

（1）原因分析

1）釜内有聚合团状物，粘壁严重。

2）出料泵阀门故障及管道堵塞。

（2）处理方法

1）首先打开电动出料阀，冲洗出料管后关闭，打开釜下过滤器手孔，清理积料后，关闭釜下排污阀继续出料。

2）检查出料泵、出料管线及阀门，及时处理故障。

3）出料后，聚合釜开盖检查。

5. 异常事故处理措施

如果聚合釜压力上升到正常压力以上，可采取连续的不同层次的措施来控制压力。

（1）强制冷却

如果压力超过1.3 MPa且温度超过75℃，操作人员可以通过DCS操作系统关闭J202N蒸汽水混合器，并完全开启冷却水循环泵P201N来启动强制冷却程序。

（2）加终止剂

当聚合反应满足以下任一条件，DCS将启动终止剂注射程序，或者操作人员可以此程序使V201N中的终止剂液体在压力下经釜下注入。

1）聚合釜停止搅拌大于10 s且转速小于20 r/min。

2）聚合釜停止搅拌大于10 s且功率小于30 kW。

3）转速小于20 r/min，功率小于30 kW。

4）$T+15$℃。

5）$P+0.3$ MPa。

6）$T+10$℃，且$P+0.25$ MPa。

终止剂的注入也可以通过操作人员现场切断终止剂系统V201N气闭阀的气源来实现。

（3）手动事故放空

此措施可在注入终止剂后实施，聚合釜向排料罐放空，致使聚合釜物料沸腾，促进终止剂与物料的混合。放空完毕后，架空管线需进行冲洗。

（4）放空防爆膜

这是最后层次的压力保护。泄压系统包括一个普通防爆膜，该防爆膜设在进口聚合釜R201N装置顶部管接口上，其后有两个并联的额外防爆膜，这两个防爆膜经专用双向分流器以一开一备的方式设置。

第三节　常见典型工艺操作及异常情况处理介绍

★ 液化石油气储罐进料（用烃泵倒灌）操作及异常情况处理

一、训练目的

掌握液化石油气储罐进料（倒灌）操作的一般程序及异常情况处理。

二、训练器材

液化石油气储罐操作仿真装置或实际运行环境。

三、压力容器操作基础知识及相关知识

1. 压力容器基础知识：储罐类压力容器基础知识；安全附件基础知识；阀门基础知识。

2. 烃泵运行知识；劳动保护用品使用知识；液化石油气站安全防火知识。

四、训练内容

1. 了解工艺装置

能根据系统图（见图9—7）找到仿真装置或实际运行环境中各设备、阀门及管道，并了解其用途。

2. 掌握安全操作条件

能根据安全操作条件表（见表9—1）确认容器、泵及安全回流阀操作关键参数（压力、温度、液位高度、电动机电流、电动机温升、泵体温升、安全回流阀压差等）极限值。

3. 容器操作前各项准备工作

正确使用劳动保护用品；防火措施；操作环境等。

4. 液化石油气储罐进料（倒灌）操作

进料前各阀门操作；烃泵运行；进料过程中巡检；停止进料的阀门操作及烃泵操作；停止进料后的检查；填写操作的记录和巡检记录（见表9—2）。

压缩机进口阀
压缩机出口阀
A罐安全阀
A罐压力表
A罐液位计阀
A罐气相入口阀
A罐气相出口阀
A罐液位计
A罐温度计
A罐
A罐液位计阀
A罐液相出口阀
A罐液相入口阀
B罐安全阀
B罐压力表
B罐液位计阀
B罐气相入口阀
B罐气相出口阀
B罐液位计
B罐温度计
B罐
B罐液位计阀
B罐液相入口阀
B罐液相出口阀
泵出口排气阀
泵出口阀
泵出口压力表
安全回流阀
回流阀入口阀
回流阀出口阀
泵入口阀
泵入口压力表
联轴节护罩
烃泵电动机
烃泵泵体
联轴节

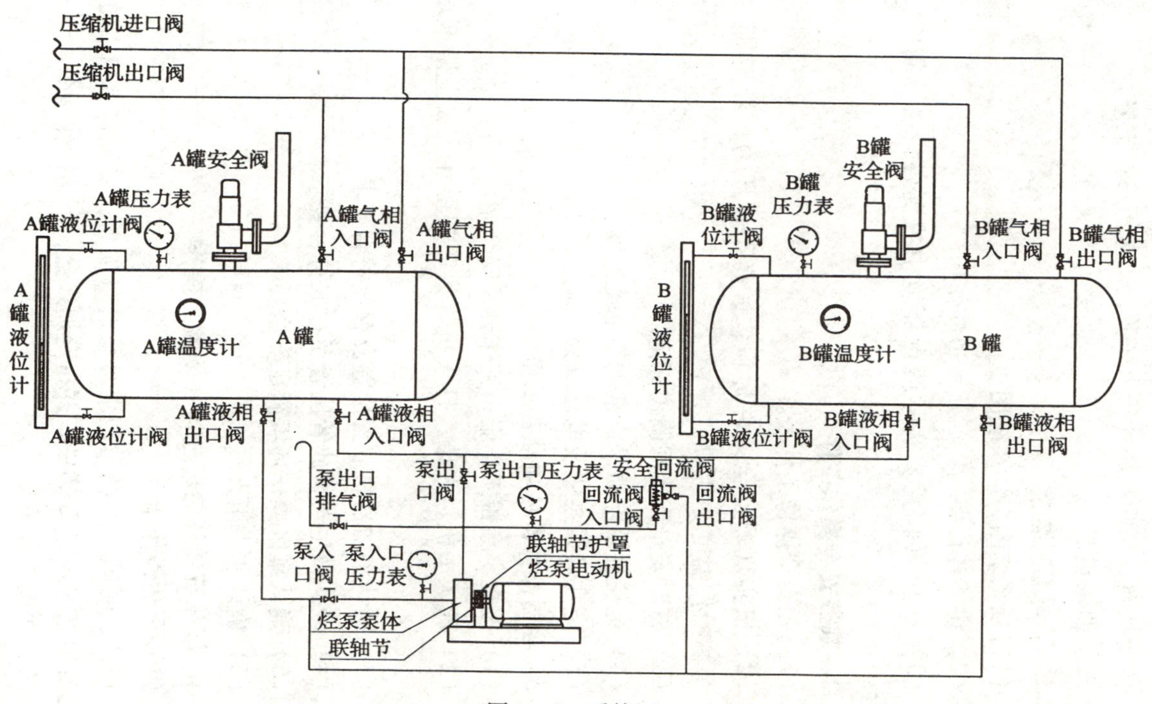

图 9—7　系统图

5. 液面计泄漏异常情况处理

停止加料；切断液面计压力来源；工艺清扫；报修。

五、训练步骤

1. 了解工艺装置

（1）领系统图，读系统图。

（2）讲述各设备、阀门及管道的作用。

（3）在仿真装置或实际运行环境中找到各设备、阀门及管道。

2. 掌握安全操作条件

（1）领安全操作条件表。

（2）核实现场安全条件标识：最高工作压力；最高/低液位；最高操作温度。

（3）核对安全回流阀调校标记。

（4）记住烃泵电动机正常工作电流范围。

（5）记住烃泵泵体及电动机允许温升。

3. 容器操作前各项准备工作

（1）按规定穿戴工作服、工作鞋及安全帽。

（2）确认手机、火柴、打火机等火源被留在火灾危险区域外。

（3）确认消防器材放置位置及存放符合要求。

（4）确认救生器材放置位置及存放符合要求。

（5）确认罐区操作环境满足安全要求。

（6）确认非雷雨天气。

4. 液化石油气储罐进料（倒灌）操作

（1）下达操作指令

培训人明确本次操作是用烃泵进行加料；明确将 B/A 罐的液化石油气加入 A/B 罐中，并指定加入量，下达操作指令。

（2）进料前操作

1）检查 A 罐的压力、温度及液位，在储罐记录表上做记录。

2）检查 B 罐的压力、温度及液位，在储罐记录表上做记录。

3）确认接收罐有足够的空间（如空间不够应拒绝作业），并预估液位高度。

4）确认送出罐不会低于最低液面（如低于最低液位应拒绝作业），并预估液位高度。

5）压力平衡：

①若接收罐的压力大于或等于送出罐的压力，按下述操作：关闭压缩机进口阀门和压缩机出口阀，打开 A 罐气相进口阀和 B 罐气相进口阀。

②若接收罐的压力小于送出罐的压力则可暂不做压力平衡：关闭烃泵出口阀，打开接收罐液相入口阀，关闭送出罐液相入口阀；打开烃泵入口阀，关闭接收罐液相出口阀，打开送出罐液相出口阀。

③做记录。

（3）烃泵运行

1）打开烃泵联轴节护罩，手动盘车 3 周以上（如有盘不动或刮蹭应停止操作，通知检修烃泵）；恢复联轴节护罩。

2）启动烃泵 3 s 后按下停止按钮；观察烃泵运行情况（如振动剧烈或声响异常应停止操作，通知检修烃泵）。

3）启动烃泵，观察烃泵进出口压差是否符合安全回流阀整定值（如无压差或压差较低应停止操作，通知检修烃泵）。

4）观察烃泵电动机电流是否符合要求。

5）做记录。

（4）进料

1）打开烃泵出口阀门，在储罐记录表上记录进料时间。

2）检查 A 罐的压力、温度及液位（如有异常应停止作业），在储罐操作记录表上做记录。

3）检查 B 罐的压力、温度及液位（如有异常应停止作业），在储罐操作记录表上做记录。

4）按规定对设备和灌区进行巡检，将巡检情况记录在记录表上。

巡检中异常情况的处理：

①巡检中，若接收罐的压力大于或等于送出罐的压力，应关闭压缩机进口阀门和压缩机出口阀，打开 A 罐气相进口阀和 B 罐气相进口阀。

②巡检中，若发现接收罐的进液量与送出罐的送出量不平衡，应立刻检查原因；若依然查不出原因，应停止操作，并在储罐操作记录表上做记录。

③巡检中，若发现储罐压力异常波动，应立刻检查原因；若依然查不出原因，应停止操作，并在储罐操作记录表上做记录。

④巡检中，若发现储罐温度异常波动，应立刻检查原因；若依然查不出原因，应停止操作，并在储罐操作记录表上做记录。

⑤巡检中，若发现烃泵电动机电流异常，应立刻检查原因；若依然查不出原因，停止操作，并在储罐操作记录表上做记录。

⑥巡检中，若发现设备、管道有泄漏或异常，应停止操作，并在储罐操作记录表上做记录。

（5）停进料

1）关闭烃泵出口阀。

2）按烃泵停止按钮，烃泵停车。

3）关闭烃泵进口阀门。

4）在记录表上做记录。

5）关闭接收罐所有阀门，关闭送出罐所有阀门。

6）检查 A 罐的压力、温度及液位，在记录表上做记录。

7）检查 B 罐的压力、温度及液位，在记录表上做记录。

（6）液面计泄漏异常情况处理

1）关闭泄漏液位计的2个阀门。

2）关闭烃泵出口阀。

3）按烃泵停止按钮，烃泵停车。

4）关闭烃泵进口阀门。

5）关闭接收罐所有阀门，关闭送出罐所有阀门。

6）将异常情况发生时间、位置及状况在记录表上做记录。

7）检查A罐的压力、温度及液位，在储罐操作记录表上做记录。

8）检查B罐的压力、温度及液位，在储罐操作记录表上做记录。

9）打开液位计排液阀和放气阀，用器皿收集液面计内的液化石油气。

10）将收集的液化石油气移至通风安全的地方，并指定专人看管。

11）从液位计上排气孔注入水，冲洗液位计残存的液化石油气。

12）配合维修人员检修。

表9—1　　　　安全操作条件表

本安全操作条件表仅为教学用，不可用于实际操作。

液化气储罐技术参数：

规格尺寸：直径3.2 m，长13 m，公称容积100 m^3		
设计压力：1.77 MPa	设计温度：70℃	充装系数：0.9
工作压力：1.6 MPa	工作温度：50℃	单位容积充装量：0.42 t/m^3

安全回流阀整定压差：0.2 MPa。

烃泵技术参数：

型号	转速（r/min）	流量（m^3/h）	压差（MPa）
YQB10-5	600	10	0.5
工作压力（MPa）	温度范围（℃）	入/出口通径（英寸）	泵体允许温升（℃）
1.6	-40~40	2	30
配套电动机型号	功率（kW）	额定电流（A）	电动机允许温升（℃）
YB132S-4	5.5	11	40

安全操作条件表（9—1）续1　　储罐液位、容积、充装量表

液位 （m）	容积 （m^3）	充装量 （t/m^3）	液位 （m）	容积 （m^3）	充装量 （t/m^3）
0.016	0.056	0.023 3	0.416	7.383	3.100 9
0.032	0.157	0.066 1	0.432	7.807	3.279 1
0.048	0.290	0.121 7	0.448	8.239	3.460 3
0.064	0.447	0.187 6	0.464	8.677	3.644 4
0.080	0.625	0.262 5	0.480	9.122	3.831 4
0.096	0.822	0.345 3	0.496	9.574	4.021 2
0.112	1.037	0.435 4	0.512	10.032	4.213 6
0.128	1.267	0.532 2	0.528	10.497	4.408 7
0.144	1.512	0.635 2	0.544	10.968	4.606 4
0.160	1.772	0.744 1	0.560	11.444	4.806 6
0.176	2.044	0.858 5	0.576	11.927	5.009 2
0.192	2.329	0.978 2	0.592	12.415	5.214 2
0.208	2.626	1.102 9	0.608	12.908	5.421 6
0.224	2.934	1.232 4	0.624	13.407	5.631 1
0.240	3.253	1.366 4	0.640	13.912	5.843 0
0.256	3.583	1.504 9	0.656	14.421	6.056 9
0.272	3.923	1.647 6	0.672	14.936	6.273 0
0.288	4.272	1.794 4	0.688	15.455	6.491 1
0.304	4.631	1.945 2	0.704	15.979	6.711 2
0.320	4.999	2.099 7	0.720	16.508	6.933 3
0.336	5.376	2.258 0	0.736	17.041	7.157 3
0.352	5.761	2.419 8	0.752	17.579	7.383 2
0.368	6.155	2.585 1	0.768	18.121	7.610 8
0.384	6.557	2.753 8	0.784	18.667	7.840 3
0.400	6.966	2.925 7	0.800	19.218	8.071 4

续表

液位（m）	容积（m^3）	充装量（t/m^3）	液位（m）	容积（m^3）	充装量（t/m^3）
0.816	19.772	8.304 3	1.216	34.660	14.557 3
0.832	20.330	8.538 8	1.232	35.287	14.820 5
0.848	20.893	8.774 9	1.248	35.915	15.084 4
0.864	21.458	9.012 5	1.264	36.545	15.348 9
0.880	22.028	9.251 6	1.280	37.176	15.614 1
0.896	22.601	9.492 3	1.296	37.809	15.879 9
0.912	23.177	9.734 3	1.312	38.444	16.146 3
0.928	23.757	9.977 8	1.328	39.079	16.413 2
0.944	24.340	10.222 6	1.344	39.716	16.680 7
0.960	24.926	10.468 8	1.360	40.354	16.948 6
0.976	25.515	10.716 2	1.376	40.993	17.216 9
0.992	26.107	10.964 8	1.392	41.633	17.485 7
1.008	26.702	11.214 7	1.408	42.274	17.754 9
1.024	27.299	11.465 8	1.424	42.915	18.024 5
1.040	27.900	11.718 0	1.440	43.558	18.294 3
1.056	28.503	11.971 3	1.456	44.201	18.564 5
1.072	29.109	12.225 6	1.472	44.845	18.835 0
1.088	29.717	12.481 0	1.488	45.490	19.105 6
1.104	30.327	12.737 4	1.504	46.135	19.376 5
1.120	30.940	12.994 8	1.520	46.780	19.647 6
1.136	31.555	13.253 1	1.536	47.426	19.918 8
1.152	32.172	13.512 2	1.552	48.072	20.190 2
1.168	32.791	13.772 3	1.568	48.718	20.461 6
1.184	33.412	14.033 2	1.584	49.364	20.733 1
1.200	34.035	14.294 9	1.600	50.011	21.004 6

安全操作条件表（9—1）续2　　储罐液位、容积、充装量表

液位（m）	容积（m^3）	充装量（t/m^3）	液位（m）	容积（m^3）	充装量（t/m^3）
1.616	50.657	21.276 1	2.000	65.986	27.714 3
1.632	51.304	21.547 6	2.016	66.610	27.976 0
1.648	51.950	21.819 0	2.032	67.231	28.236 9
1.664	52.596	22.090 4	2.048	67.850	28.496 9
1.680	53.242	22.361 6	2.064	68.467	28.756 1
1.696	53.887	22.632 7	2.080	69.082	29.014 4
1.712	54.532	22.903 5	2.096	69.695	29.271 8
1.728	55.177	23.174 2	2.112	70.305	29.528 2
1.744	55.821	23.444 7	2.128	70.913	29.783 5
1.760	56.464	23.714 8	2.144	71.519	30.037 9
1.776	57.106	23.984 7	2.160	72.122	30.291 2
1.792	57.748	24.254 3	2.176	72.722	30.543 4
1.808	58.389	24.523 4	2.192	73.320	30.794 4
1.824	59.029	24.792 2	2.208	73.915	31.044 3
1.840	59.668	25.060 6	2.224	74.507	31.293 0
1.856	60.306	25.328 5	2.240	75.096	31.540 4
1.872	60.943	25.595 9	2.256	75.682	31.786 6
1.888	61.578	25.862 9	2.272	76.265	32.031 4
1.904	62.212	26.129 2	2.288	76.845	32.274 8
1.920	62.845	26.395 0	2.304	77.421	32.516 9
1.936	63.477	26.660 2	2.320	77.994	32.757 5
1.952	64.107	26.924 8	2.336	78.564	32.996 7
1.968	64.735	27.188 7	2.352	79.129	33.234 3
1.984	65.362	27.451 9	2.368	79.691	33.470 4

续表

液位（m）	容积（m^3）	充装量（t/m^3）	液位（m）	容积（m^3）	充装量（t/m^3）
2.384	80.250	33.704 9	2.800	93.056	39.083 4
2.400	80.804	33.937 7	2.816	93.465	39.255 4
2.416	81.355	34.168 9	2.832	93.867	39.424 0
2.432	81.901	34.398 3	2.848	94.260	39.589 4
2.448	82.443	34.626 0	2.864	94.646	39.751 2
2.464	82.981	34.851 8	2.880	95.022	39.909 4
2.480	83.514	35.075 8	2.896	95.390	40.064 0
2.496	84.043	35.297 9	2.912	95.749	40.214 7
2.512	84.567	35.518 1	2.928	96.099	40.361 5
2.528	85.086	35.736 2	2.944	96.439	40.504 3
2.544	85.601	35.952 3	2.960	96.768	40.642 7
2.560	86.110	36.166 2	2.976	97.088	40.776 8
2.576	86.614	36.378 0	2.992	97.396	40.906 3
2.592	87.113	36.587 6	3.008	97.693	41.031 0
2.608	87.607	36.794 9	3.024	97.978	41.150 7
2.624	88.095	37.000 0	3.040	98.250	41.265 1
2.640	88.578	37.202 6	3.056	98.509	41.374 0
2.656	89.054	37.402 8	3.072	98.755	41.477 0
2.672	89.525	37.600 4	3.088	98.985	41.573 8
2.688	89.989	37.795 5	3.104	99.200	41.663 9
2.704	90.448	37.988 0	3.120	99.397	41.746 7
2.720	90.899	38.177 8	3.136	99.575	41.821 6
2.736	91.345	38.364 8	3.152	99.732	41.887 5
2.752	91.783	38.548 9	3.168	99.864	41.943 1
2.768	92.215	38.730 1	3.184	99.966	41.985 8
2.784	92.639	38.908 3	3.200	100.022	42.009 1

表 9—2　　　　　　操作、巡检记录表

日期：　　　年　　月　　日

时间	设备（储罐类）	压力（MPa）	温度（℃）	液位（m）	时间	设备（机泵类）	电流（A）	出/人压力（MPa）	温升（℃）

操作和其他情况记录：

记录人：

★ 液化石油气储罐进料（用压缩机进料倒灌）操作及异常情况处理

一、训练目的

1. 掌握液化石油气储罐用压缩机进料（倒灌）操作的一般程序。

2. 掌握液面计泄漏的处理方法。

二、训练器材

液化石油气储罐操作仿真装置或实际运行环境。

三、操作步骤和要求

1. 基本知识的准备

（1）储罐类压力容器基础知识。

（2）安全附件基础知识；阀门基础知识。

（3）压缩机操作的知识。

（4）劳动保护用品使用知识。

（5）液化石油气站安全防火知识。

2. 掌握操作步骤

（1）液化石油气储罐进料（倒灌）操作、进料前各阀门操作、压缩机运行在进料过程中的操作和要求。

（2）停止进料时的阀门操作及压缩机操作；停止进料后的检查。

（3）如何填写操作的记录和巡检记录。

（4）液面计泄漏异常情况处理：停止加料；切断液面计压力来源；工艺清扫；报修。

3. 了解工艺装置

（1）领系统图，读系统图。

（2）能根据系统图（见图9—8）找到仿真装置或实际运行环境中的各设备、阀门及管道，并了解其用途。讲述各设备、阀门及管道的作用。

压缩机
出口阀
压缩机进口阀
压缩机
A罐安全阀
A罐压力表
A罐液位计阀
A罐气相
入口阀
A罐气相
出口阀
A
罐
液
位
计
A罐温度计
A罐
A罐液相
出口阀
A罐液相
入口阀
A罐液位计阀
B罐
安全阀
B罐
压力表
B罐液
位计阀
B罐气相
入口阀
B罐气相
出口阀
B
罐
液
位
计
B罐温度计
B罐
B罐液位计阀
B罐液相
入口阀
B罐液相
出口阀
泵出
口阀
泵出口压力表
安全回流阀
泵出口
排气阀
回流阀
入口阀
回流阀
出口阀
联轴节护罩
烃泵电动机
泵入
口阀
泵入口
压力表
烃泵泵体
联轴节
烃泵

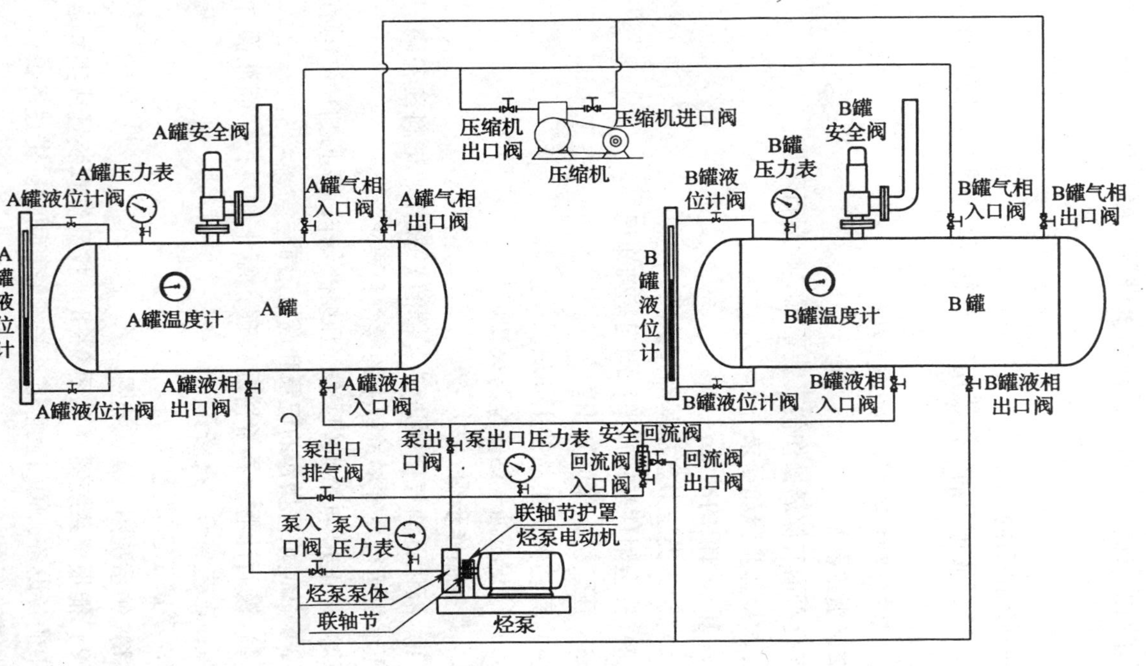

图9—8　系统图

（3）掌握安全操作条件：能根据安全操作条件表（见表9—3）确认容器操作关键参数（压力、温度、液位高度等）极限值。

（4）熟悉操作、巡检记录表（见表9—4）。

4. 操作准备

（1）容器操作前各项准备工作：按规定穿戴工作服、工作鞋及安全帽；确认手机、火柴、打火机等火源被留在火灾危险区域外；确认消防器材放置位置及存放符合要求；确认救生器材放置位置及存放符合要求；确认罐区操作环境满足安全要求；确认非雷雨天气。

（2）核实现场安全条件标识：最高工作压力；最高/低液位；最高操作温度。

5. 倒灌操作

（1）培训人明确本次操作是用压缩机进行倒料；明确将 B/A 罐的液化石油气加入 A/B 罐中，并指定加入量，下达操作指令。

（2）进料前操作：检查 A 罐的压力、温度及液位，在储罐操作记录表上做记录；检查 B 罐的压力、温度及液位，在储罐操作记录表上做记录；确认接收罐有足够的空间（如空间不够应拒绝作业），并预估液位高度；确认送出罐送出后不会低于最低液面（如低于最低液位应拒绝作业），并预估液位高度。

（3）压力平衡：

1）若接收罐的压力大于或等于送出罐的压力按下述操作：关闭压缩机进口阀门和压缩机出口阀门，打开 A 罐气相进口阀和 B 罐气相进口阀。

2）若接收罐的压力小于送出罐的压力则可暂不做压力平衡。

（4）打开接收罐气相出口阀；打开送出罐气相进口阀；打开送出罐液相出口阀。

（5）运行压缩机（按压缩机操作规程）。

（6）进料：当送出罐压力比接收罐压力高出 0.2 MPa 时，打开接收罐液相入口阀。

（7）在储罐操作记录表上记录进料时间。

（8）检查A罐的压力、温度及液位（如有异常应停止作业），在储罐操作记录表上做记录；检查B罐的压力、温度及液位（如有异常应停止作业），在储罐操作记录表上做记录。

6. 倒灌过程中巡回检查

（1）按规定时间对设备和灌区进行巡检。

（2）将巡检情况记录在灌区巡检记录表上。

7. 停进料

（1）关闭接收罐液相进口阀。

（2）停压缩机（按压缩机操作规程）。

（3）关闭接收罐气相出口阀；关闭送出罐气相进口阀；关闭送出罐液相出口阀。

（4）在操作记录表上做记录。

（5）检查A罐的压力、温度及液位，在记录表上做记录；检查B罐的压力、温度及液位，在记录表上做记录。

8. 液面计泄漏异常情况处理

（1）关闭泄漏液位计的2个阀门。

（2）关闭液面计泄漏管所有进出口阀。

（3）停压缩机（按操作规程）。

（4）在记录表上做记录。

（5）检查A罐的压力、温度及液位，在记录表上做记录。

（6）检查B罐的压力、温度及液位，在记录表上做记录。

（7）打开液位计排液阀和放气阀，用器皿收集液面计内的液化石油气。

（8）将收集的液化石油气移至通风安全的地方，并责成专人看管。

（9）从液位计排气孔注入水冲洗液位计残存的液化石油气。

（10）配合维修人员检修。

表 9—3　　　　　　　　安全操作条件表

本安全操作条件表仅为教学用，不可用于实际操作。

液化气储罐技术参数：

规格尺寸：直径 3.2 m，长 13 m，公称容积 100 m^3		
设计压力：1.77 MPa	设计温度：70℃	充装系数：0.9
工作压力：1.6 MPa	工作温度：50℃	单位容积充装量：0.42 t/m^3

安全操作条件表（9—3）续 1　储罐液位、容积、充装量表

液位（m）	容积（m^3）	充装量（t/m^3）	液位（m）	容积（m^3）	充装量（t/m^3）
0.016	0.056	0.023 3	0.384	6.557	2.753 8
0.032	0.157	0.066 1	0.400	6.966	2.925 7
0.048	0.290	0.121 7	0.416	7.383	3.100 9
0.064	0.447	0.187 6	0.432	7.807	3.279 1
0.080	0.625	0.262 5	0.448	8.239	3.460 3
0.096	0.822	0.345 3	0.464	8.677	3.644 4
0.112	1.037	0.435 4	0.480	9.122	3.831 4
0.128	1.267	0.532 2	0.496	9.574	4.021 2
0.144	1.512	0.635 2	0.512	10.032	4.213 6
0.160	1.772	0.744 1	0.528	10.497	4.408 7
0.176	2.044	0.858 5	0.544	10.968	4.606 4
0.192	2.329	0.978 2	0.560	11.444	4.806 6
0.208	2.626	1.102 9	0.576	11.927	5.009 2
0.224	2.934	1.232 4	0.592	12.415	5.214 2
0.240	3.253	1.366 4	0.608	12.908	5.421 6
0.256	3.583	1.504 9	0.624	13.407	5.631 1
0.272	3.923	1.647 6	0.640	13.912	5.843 0
0.288	4.272	1.794 4	0.656	14.421	6.056 9
0.304	4.631	1.945 2	0.672	14.936	6.273 0
0.320	4.999	2.099 7	0.688	15.455	6.491 1
0.336	5.376	2.258 0	0.704	15.979	6.711 2
0.352	5.761	2.419 8	0.720	16.508	6.933 3
0.368	6.155	2.585 1	0.736	17.041	7.157 3

续表

液位（m）	容积（m^3）	充装量（t/m^3）	液位（m）	容积（m^3）	充装量（t/m^3）
0.752	17.579	7.383 2	1.168	32.791	13.772 3
0.768	18.121	7.610 8	1.184	33.412	14.033 2
0.784	18.667	7.840 3	1.200	34.035	14.294 9
0.800	19.218	8.071 4	1.216	34.660	14.557 3
0.816	19.772	8.304 3	1.232	35.287	14.820 5
0.832	20.330	8.538 8	1.248	35.915	15.084 4
0.848	20.893	8.774 9	1.264	36.545	15.348 9
0.864	21.458	9.012 5	1.280	37.176	15.614 1
0.880	22.028	9.251 6	1.296	37.809	15.879 9
0.896	22.601	9.492 3	1.312	38.444	16.146 3
0.912	23.177	9.734 3	1.328	39.079	16.413 2
0.928	23.757	9.977 8	1.344	39.716	16.680 7
0.944	24.340	10.222 6	1.360	40.354	16.948 6
0.960	24.926	10.468 8	1.376	40.993	17.216 9
0.976	25.515	10.716 2	1.392	41.633	17.485 7
0.992	26.107	10.964 8	1.408	42.274	17.754 9
1.008	26.702	11.214 7	1.424	42.915	18.024 5
1.024	27.299	11.465 8	1.440	43.558	18.294 3
1.040	27.900	11.718 0	1.456	44.201	18.564 5
1.056	28.503	11.971 3	1.472	44.845	18.835 0
1.072	29.109	12.225 6	1.488	45.490	19.105 6
1.088	29.717	12.481 0	1.504	46.135	19.376 5
1.104	30.327	12.737 4	1.520	46.780	19.647 6
1.120	30.940	12.994 8	1.536	47.426	19.918 8
1.136	31.555	13.253 1	1.552	48.072	20.190 2
1.152	32.172	13.512 2	1.568	48.718	20.461 6

安全操作条件表（9—3）续2 储罐液位、容积、充装量表

液位（m）	容积（m^3）	充装量（t/m^3）	液位（m）	容积（m^3）	充装量（t/m^3）
1.584	49.364	20.733 1	2.000	65.986	27.714 3
1.600	50.011	21.004 6	2.016	66.610	27.976 0
1.616	50.657	21.276 1	2.032	67.231	28.236 9
1.632	51.304	21.547 6	2.048	67.850	28.496 9
1.648	51.950	21.819 0	2.064	68.467	28.756 1
1.664	52.596	22.090 4	2.080	69.082	29.014 4
1.680	53.242	22.361 6	2.096	69.695	29.271 8
1.696	53.887	22.632 7	2.112	70.305	29.528 2
1.712	54.532	22.903 5	2.128	70.913	29.783 5
1.728	55.177	23.174 2	2.144	71.519	30.037 9
1.744	55.821	23.444 7	2.160	72.122	30.291 2
1.760	56.464	23.714 8	2.176	72.722	30.543 4
1.776	57.106	23.984 7	2.192	73.320	30.794 4
1.792	57.748	24.254 3	2.208	73.915	31.044 3
1.808	58.389	24.523 4	2.224	74.507	31.293 0
1.824	59.029	24.792 2	2.240	75.096	31.540 4
1.840	59.668	25.060 6	2.256	75.682	31.786 6
1.856	60.306	25.328 5	2.272	76.265	32.031 4
1.872	60.943	25.595 9	2.288	76.845	32.274 8
1.888	61.578	25.862 9	2.304	77.421	32.516 9
1.904	62.212	26.129 2	2.320	77.994	32.757 5
1.920	62.845	26.395 0	2.336	78.564	32.996 7
1.936	63.477	26.660 2	2.352	79.129	33.234 3
1.952	64.107	26.924 8	2.368	79.691	33.470 4
1.968	64.735	27.188 7	2.384	80.250	33.704 9
1.984	65.362	27.451 9	2.400	80.804	33.937 7

续表

液位（m）	容积（m^3）	充装量（t/m^3）	液位（m）	容积（m^3）	充装量（t/m^3）
2.416	81.355	34.168 9	2.816	93.465	39.255 4
2.432	81.901	34.398 3	2.832	93.867	39.424 0
2.448	82.443	34.626 0	2.848	94.260	39.589 4
2.464	82.981	34.851 8	2.864	94.646	39.751 2
2.480	83.514	35.075 8	2.880	95.022	39.909 4
2.496	84.043	35.297 9	2.896	95.390	40.064 0
2.512	84.567	35.518 1	2.912	95.749	40.214 7
2.528	85.086	35.736 2	2.928	96.099	40.361 5
2.544	85.601	35.952 3	2.944	96.439	40.504 3
2.560	86.110	36.166 2	2.960	96.768	40.642 7
2.576	86.614	36.378 0	2.976	97.088	40.776 8
2.592	87.113	36.587 6	2.992	97.396	40.906 3
2.608	87.607	36.794 9	3.008	97.693	41.031 0
2.624	88.095	37.000 0	3.024	97.978	41.150 7
2.640	88.578	37.202 6	3.040	98.250	41.265 1
2.656	89.054	37.402 8	3.056	98.509	41.374 0
2.672	89.525	37.600 4	3.072	98.755	41.477 0
2.688	89.989	37.795 5	3.088	98.985	41.573 8
2.704	90.448	37.988 0	3.104	99.200	41.663 9
2.720	90.899	38.177 8	3.120	99.397	41.746 7
2.736	91.345	38.364 8	3.136	99.575	41.821 6
2.752	91.783	38.548 9	3.152	99.732	41.887 5
2.768	92.215	38.730 1	3.168	99.864	41.943 1
2.784	92.639	38.908 3	3.184	99.966	41.985 8
2.800	93.056	39.083 4	3.200	100.022	42.009 1

表 9—4　　　　　　　　操作、巡检记录表

日期：　　　年　　月　　日

时间	设备（储罐类）	压力（MPa）	温度（℃）	液位（m）	时间	设备（机泵类）	电流（A）	出/入压力（MPa）	温升（℃）

操作和其他情况记录：

记录人：

★ 灭菌锅操作及异常情况处理

一、训练目的

1. 掌握灭菌锅操作的一般程序。

2. 利用饱和蒸汽温度与压力对照表发现灭菌锅异常。

二、训练器材

灭菌锅操作仿真装置或实际运行环境。

三、操作步骤和要求

1. 基本知识的准备

（1）快开门类压力容器基础知识。

（2）安全附件基础知识；阀门基础知识。

（3）保证消毒锅安全对灭菌物码放的要求。

2. 掌握操作步骤

（1）灭菌锅日常使用前的检查。

（2）被灭菌物的码放。

（3）灭菌操作（升温升压、保温保压、降温降压）。

（4）填写操作记录和检查记录。

（5）通过温度、压力对照发现灭菌锅工作异常及停止运行的处理步骤。

3. 了解装置

（1）领灭菌锅结构示意图（见图9—9）、安全操作条件表（见表9—5）、饱和蒸汽温度与压力对照表（见表9—6）。

（2）根据示意图找到仿真装置或实际运行环境中控制盘上的各个仪表和操作键，并了解其作用；了解各个指示灯的指示含义；了解各阀门及管道的用途。

（3）掌握安全操作条件：能根据安全操作条件表确认灭菌锅的操作关键参数（压力、温度、液位高度等）极限值。

（4）熟悉检查记录表（见表9—7）。

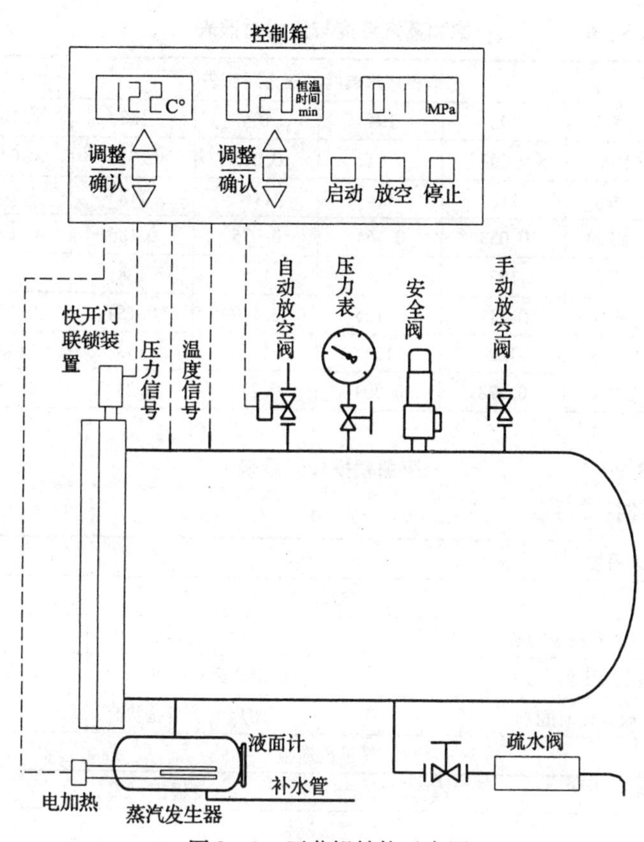

图 9—9　灭菌锅结构示意图

表 9—5　　　　　　安全操作条件表

本操作条件表仅为教学用，不可用于实际操作。

灭菌锅技术参数：

规格尺寸：直径 0.5 m，深 1 m		
设计压力：0.2 MPa	设计温度：150℃	加热电源功率：2 kW
工作压力：0.16 MPa	工作温度：130℃	容积：0.1 m^3
安全阀开启压力：0.2 MPa	压力表量程：0～0.3 MPa	电源：220 V，10 A
快开门联锁装置	微电脑程序控制	液晶显示盘

表 9—6　　饱和蒸汽温度与压力对照表

水饱和蒸汽温度、压力对照表					
温度（℃）	102	104	106	108	110
表压（MPa）	0.009	0.017	0.025	0.034	0.043
温度（℃）	112	114	116	118	120
表压（MPa）	0.053	0.164	0.075	0.186	0.199
温度（℃）	122	124	126	128	130
表压（MPa）	0.111	0.125	0.139	0.154	0.170
温度（℃）	132	134	136	138	140
表压（MPa）	0.178	0.204	0.222	0.241	0.261

表 9—7　　灭菌锅操作记录表

日期：

灭菌物					
启动前					
蒸汽发生器液位检查			灭菌物码放		
设定灭菌温度（℃）			设定灭菌时间（min）		
灭菌开始时间			灭菌启动后设备状况		
升温段巡检					
时间		压力（MPa）		温度（℃）	
恒温段巡检					
时间		压力（MPa）		温度（℃）	
时间		压力（MPa）		温度（℃）	
时间		压力（MPa）		温度（℃）	
降温段巡检					
时间		压力（MPa）		温度（℃）	
时间		压力（MPa）		温度（℃）	
时间		压力（MPa）		温度（℃）	

备注：

操作人：

4. 操作准备

（1）操作前各项准备工作：按规定穿戴工作服、手套及工作鞋。

（2）确认操作环境符合安全要求。

（3）核实现场安全附件符合要求。

5. 灭菌操作

（1）培训人明确本次操作是灭菌锅灭菌操作，下达操作指令。

（2）灭菌前操作：检查灭菌锅的压力表、温度表及液位计是否正常；在操作记录表上做记录；检查密封胶圈；确认液位满足要求。

（3）码放消毒物。

（4）密封消毒锅，确认联锁装置工作状态正常。

（5）设定灭菌温度和灭菌时间。

（6）按下启动按钮，观察灭菌锅工作状况；在操作记录表上做记录。

（7）升温段巡检（启动 5 min 后），确认排气阀工作正常；在操作记录表上做记录。

（8）恒温段巡检（启动后 11 min），检查密封处有无泄漏、灭菌锅内的压力温度是否达到设定值；在操作记录表上做记录。

（9）启动后 18 min 进行巡检，检查灭菌锅工作状况；预估保压完成时间；在操作记录表上做记录。

（10）按预估保压完成时间检查灭菌锅，确认其已完成保压工作，进入降温降压阶段；在操作记录表上做记录。

（11）确认灭菌锅内的表压为零；打开灭菌锅盖，取出灭菌物；恢复灭菌锅为待用状态；在操作表上做记录。

6. 灭菌锅异常情况处理

（1）在启动后 11 min 巡检时发现：灭菌锅压力为 0.15 MPa、温度为 120℃。

（2）判断灭菌锅工作是否正常。

(3) 按停止按钮，停止灭菌锅工作。

(4) 在控制盘及快开门手柄处做停止使用标记；在操作记录表上做记录。

(5) 通知设备主管部门。

(6) 配合维修人员检修。

★ 蒸压釜操作及异常情况处理

一、训练目的

1. 掌握蒸压釜操作的一般程序。

2. 掌握蒸压釜釜体上下温差过大情况的处理。

二、训练器材

蒸压釜操作仿真装置或实际运行环境。

三、操作步骤和要求

1. 基础知识的准备

(1) 蒸压釜类压力容器基础知识；快开门及联锁装置运行知识。

(2) 安全附件基础知识；阀门基础知识。

(3) 劳动保护用品使用知识。

2. 掌握操作步骤

(1) 蒸压釜装料前清扫工作；装料工作（略）。

(2) 蒸压釜釜盖密封。

(3) 蒸压釜升温操作（抽负压、升压）。

(4) 蒸压釜恒温操作。

(5) 蒸压釜降温操作。

(6) 蒸压釜打开釜盖操作。

(7) 处理由于排水不畅造成釜体上下温差过大的操作。

3. 了解工艺装置

(1) 领系统图，读系统图。

(2) 能根据系统图（见图9—10）找到仿真装置或实际运行

温度信号（去温度显示盘）
安全阀
真空泵
密封腔
进汽阀
压力表
进汽阀
抽真
空阀
排汽阀
密封腔
进汽阀
釜盖
蒸压釜釜体
釜盖
蒸汽分配器
快开门联
锁机构
快开门联
锁机构
排水阀
排水旁
通阀
温度信号（去温度显示盘）
疏水器
排污阀

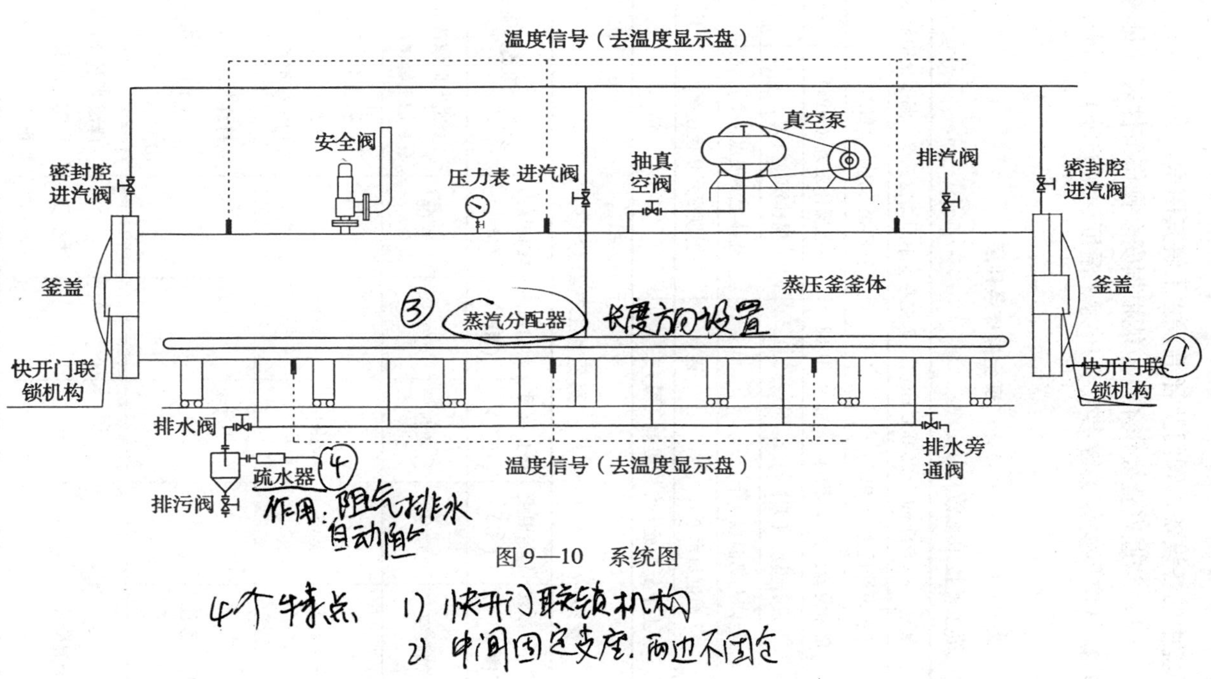

图 9—10　系统图

环境中的各设备、阀门及管道，并了解其用途。

（3）掌握安全操作条件：能根据安全操作条件表（见表9—8）确认容器操作关键参数（压力、温度、温差等）极限值（见表9—9）。

表9—8　　安全操作条件表

蒸压釜技术参数

规格：ϕ2 000 mm×25 000 mm　　7支座、中间固定支撑，温度集中显示			
正压设计压力（MPa）	1.5	正压操作压力（MPa）	1.2
负压设计压力（MPa）	-0.08	负压操作压力（MPa）	-0.05
设计温度（℃）	200	操作温度（℃）	190
釜体上测温点（个）	3	釜体上测温点（个）	3
温度显示方式	逐点	温度显示切换速率	1~30 s
上下釜体最大允许温差（℃）		40	

表9—9　　蒸压釜工艺参数

工序＼参数	起始温度（℃）	终止温度（℃）	起始压力（MPa）	终止压力（MPa）	所需时间及其他要求
抽真空	常温	常温	大气压	-0.06	所需时间取决于真空泵和加工物情况
升压升温	常温	180	-0.06	1	升温速率≤2℃/min 所需时间取决于汽源和加工物情况
恒温恒压	180	180	1	1	持续时间6 h 允许釜内温度波动范围±5℃
降温降压	180	60	1	大气压	降温速率≤2℃/min 所需时间取决于加工物情况

（4）熟悉操作、巡检记录表（见表9—10）。

表9—10　　操作、巡检记录表

日期　　　　　　工艺编号：

操作记录			
时间	工序	操作对象	操作内容

巡检记录						
时间	上釜温（℃）1/2/3	下釜温（℃）1/2/3	温差（℃）	釜压（MPa）	排水	其他
	/ /	/ /				
	/ /	/ /				
	/ /	/ /				
	/ /	/ /				
	/ /	/ /				
	/ /	/ /				
	/ /	/ /				
	/ /	/ /				
	/ /	/ /				
	/ /	/ /				

备注：

记录人：

4. 操作准备

（1）按规定穿戴工作服、工作鞋及安全帽。

（2）核实现场安全条件标识：最高工作压力；最高工作温度等。

（3）检查现场安全防护设施。

5. 蒸压釜装料前清扫工作；装料工作（略）

（1）清扫蒸压釜内残渣和积水。

（2）冷凝水除渣器排污。

（3）关闭进汽阀；排汽阀；排水阀；密封腔进、出汽阀。

（4）打开抽真空阀。

（5）在操作、巡检表上做记录。

（6）蒸压釜装料（略）。

6. 蒸压釜釜盖密封

（1）检查密封胶圈是否完好。

（2）为密封胶圈涂润滑剂。

（3）转动釜盖开合手柄直至釜盖与釜体法兰完全啮合。

（4）扳安全手柄至锁定位置。

（5）重复上述（1）~（4）闭合另一端釜盖。

（6）打开两侧釜盖密封腔进气阀。

（7）在操作、巡检记录表上做记录。

7. 蒸压釜升温操作（抽负压、升压）

（1）按真空泵操作规程启动真空泵。

（2）观察真空泵运行情况。

（3）在操作、巡检记录表上做记录。

（4）观察真空建立情况，判断是否有泄漏。

（5）达到真空度要求后，关抽真空阀。

（6）按真空泵操作规程停真空泵。

（7）在操作、巡检记录表上做记录。

（8）按操作要求的开度开进汽阀，升温。

（9）开排水阀。

（10）检查釜盖密封是否良好。

（11）在操作、巡检记录表上做记录。

（12）在釜压达到规定值时关两密封腔进汽阀。

（13）观察设备压力、升温速率、筒体上下温、疏水器工作状况。

（14）检查滑动支座滑动情况。

（15）按规定时间间隔、规定巡检内容巡检并做记录。

（16）记录达到恒温要求的时间。

（17）检查釜盖密封是否良好，并做记录。

8. 蒸压釜恒温操作

（1）调节进汽阀，保证蒸压釜内的温度、压力满足工艺要求。

（2）观察蒸压釜上下温差及疏水器工作状况。

（3）按规定时间间隔、规定巡检内容巡检并做记录。

（4）记录达到降温要求的时间。

9. 蒸压釜降温操作

（1）关闭进汽阀。

（2）按操作要求的开度开排汽阀。

（3）观察釜内温度、压力下降的速率，按工艺要求控制降温速率。

（4）在操作、巡检记录表上做记录。

（5）按规定时间间隔、规定巡检内容巡检并做记录。

（6）记录釜压为零的时间。

10. 开釜盖

（1）确认釜内温度与釜外温度差符合工艺要求，并记录时间。

（2）确认排气阀全开且无蒸汽排出。

（3）操作人员站在釜盖外侧，旋转安全手柄，使联锁装置脱开。

（4）转动釜盖开合手柄，打开釜盖。

（5）转动另一侧釜盖开合手柄，打开另一侧釜盖。

（6）在操作、巡检记录上做记录。

11. 处理由于排水不畅造成釜体上下温差过大的操作

（1）升温阶段发现釜体上部温度与下部温度差较大，接近规定温差极限。

（2）检查冷凝水排出量；发现冷凝水排出量不正常。

（3）打开除污罐排污阀排污。

（4）排污完成后关闭排污阀。

（5）观察疏水器排水情况及釜体温差情况。

（6）疏水器排水仍不正常，打开排水旁通阀，手动排水。

（7）冷凝水排出及釜体温差不正常状况得到纠正后，在操作及巡检记录上做记录。

（8）通知维修人员检修疏水器。

复习思考题

一、选择题（单选、多选）

1. 空分的整个过程包括（　　）。

A. 空气中灰尘和杂质的清除

B. 空气经压缩机压缩

C. 除去压缩空气中的二氧化碳和水蒸气

D. 将空气液化

E. 液态空气经精馏分离成氧和氮

F. 产品的储存和运输

2. 古劳德型空分装置，原料空气被压缩至（　　）MPa。

A. 1 ~ 3　　　　B. 1 ~ 4

C. 1 ~ 5

3. 古劳德型空分装置，原料空气被压缩，经碱液塔和干燥器除掉（　　）和（　　）后，进入热交换器生成低温空气。

A. 氮气　　B. 二氧化碳

C. 氧气　　D. 水分

4. 空分装置中低温设备集中安装在（　　）材料制成的保冷箱内。

A. 易燃　　B. 用非燃性隔热

C. 不燃　　D. 保温

5. 在空分生产过程中容易发生爆炸事故，就部位而言多系（　　）发生爆炸。

A. 换热器　　B. 管道

C. 液氧储槽　　D. 压缩机

6. 空分塔的爆炸不但发生在连续工作的空分塔内，也发生在断续工作较长的空分塔内。最常见的是发生在空分塔停车检修（　　）及空分塔短期停车后（　　）的时候。

A. 排放液氧　　B. 开人孔

C. 再启动　　D. 泄压

7. PVC 工业上采用氯乙烯单体（VCM）通过自由基聚合而成，生产工艺主要有（　　）。

A. 乳液聚合法　　B. 本体聚合法

C. 悬浮聚合法

8. 氯乙烯悬浮聚合工艺技术中，105 m^3 聚合釜筒体材质为（　　），外部夹套材质为（　　），釜底部设置搅拌装置，釜顶部设置（　　）。

A. 碳钢　　B. 冷凝器

C. 316SS　　D. 304

9. 氯乙烯悬浮聚合工艺装置中，聚合釜的操作要点是（　　）。

A. 入料前准备工作检查　　B. 聚合釜粘壁控制

C. 温度控制

10. 聚合釜粘壁物会使釜的传热系数（　　），不利于聚合反应的温度控制。

A. 上升　　　　B. 下降

C. 稳定

11. 聚合釜加料故障的原因是（　　）。

A. 加料泵泵压低、流量低

B. 入料管道系统阀门触点失灵、调节阀失控、过滤器压差大而失控

C. 入料系统压力、流量测量控制仪表损坏

12. 聚合反应温度、压力升高的故障原因是（　　）。

A. 控制仪表故障，造成通水不及时

B. 冷却水压力低、温度高

C. 入料不准确，分散剂加料损失，引发剂加料过多，单体过量且入水少

D. 粘釜严重，传热效果差

E. 因各类原因造成搅拌停止运转

13. 聚合反应出现粗料的原因是（　　）。

A. 分散剂计量不准

B. 分散剂加料时泄漏损失

C. 单体、水加料计量不准

14. 如果聚合釜压力上升到正常压力以上，可采取连续的（　　）的措施来控制压力。

A. 强制冷却　　　　B. 加终止剂

C. 手动事故放空　　　　D. 放空防爆膜

二、判断题

1. 两承压储罐的液位不在同一水平高度，当仅有两罐液相连通阀打开、其他进出罐的阀门均关闭的情况下，有可能出现液位较低的储罐液位下降的现象。　　（　　）

2. 输送液化气的管道在完成操作后，通常应保证管道与储罐之间的阀门处于开启状态。（　　）

3. 测温、测压及自控部件完好的用饱和蒸汽杀菌的消毒锅，出现锅内温度低于相应压力下的饱和蒸汽温度，其最有可能的原因是在升温过程中排气不充分。（　　）

4. 只要知道蒸汽管道内的蒸汽压力就可以通过《饱和蒸汽—压力表》知道管内蒸汽的温度。（　　）

5. 关闭阀门的方法是：阀门的手轮（手柄）在操作者和阀体之间，顺时针旋转阀门的手轮（手柄）直至阀门完全关闭。（　　）

6. 容器顶部的压力表指示为0.1 MPa，容器内各处的压强一定不会超过0.1 MPa。（　　）

7. 浮球式疏水器排出的热水的温度有可能超过100℃。（　　）

8. 通常容器上的温度测量装置测量的是容器内介质的温度。（　　）

9. 当容器壳体外有良好的绝热层时，容器内介质的温度与容器壳体金属温度相近。（　　）

10. 控制容器温度变化的速度可有效地减小由于温差产生的应力，有益于压力容器的安全运行。（　　）

第十章

压力容器检验与维修

本章知识要点

本章介绍在用压力容器的定期检验要求、常见缺陷及检验方法、检修工作注意事项、压力容器的修理缺陷处理原则、修理方法、修理工作要点等。着重要求学员了解在用压力容器的定期检验要求、常见缺陷及检验方法、检修工作注意事项、压力容器的修理缺陷处理原则、修理方法、修理工作要点等。

第一节　在用压力容器的定期检验

做好在用压力容器的定期检验工作，是确保压力容器安全使用的必要手段。压力容器在运行中，因腐蚀、疲劳、磨损等原因，会随着使用时间而产生一些新的缺陷或使原有允许的缺陷扩大，产生事故隐患，而通过年度检查和定期检验可以及时地发现这些缺陷，从而采取措施进行处理，消除事故隐患，保证压力容器能够运行到下一个周期。

一、定期检验的重要性

相对于机、泵等运转设备，压力容器是一种“静止”设备，其工作条件具有以下特征：

1. 容器使用温度和压力波动大，加之需频繁地加载和卸压，使容器器壁受到较大的交变应力。因此，在容器整体结构不连续部位（如焊接接头缺陷部位、开孔与角焊缝部位）易产生疲劳裂纹。

2. 某些介质对器壁的腐蚀作用，使容器壁厚减薄而塑性、韧性下降。

3. 高温容器的器壁因长期承受高温下的压力载荷作用而产生蠕变。

4. 由于支座、管道及附属设施安装不当，使容器的基础下沉、偏斜所产生的附加压力和振动对容器也有影响。

5. 压力容器停用时封存不好、维护保养不当，器壁内、外部均受到腐蚀（腐蚀速率可能比使用时更快）。此外，存在制造上的一些加工缺陷和残余应力都是隐患。

上述种种因素，对即使制造质量完全符合规范和标准的容器，经一段时间使用后，总会存在或出现某些隐患危及安全，如不及时消除将会酿成事故。例如，我国的球形储罐，由于很长时间内未实行定期检验，球罐制造安装质量又控制不严，许多隐患未及时消除而使事故发生率上升，仅 1979 年统计，400 m^3以上的球罐在水压试验或使用中的破裂事故就达十余次。因此，只有通过定期检验，才能及早发现并消除缺陷，或者使缺陷的扩展控制在安全所允许的限度之内，从而保证压力容器安全运行。

二、定期检验的周期和要求

1. 定期检验周期

由于压力容器形式众多，工艺用途广泛，其工作压力、温度、结构、选材、制造工艺及内部介质的腐蚀特性各不相同，所以在进行定期检验时，应根据每台容器的具体情况，按照国家质检总局颁布的《压力容器定期检验规则》的要求，确定检验项目，并制订检验计划和检验细则。

定期检验工作因检验条件和检验目的不同分为年度检查（或年度检验）、全面检验和耐压试验。年度检查是在压力容器运行时的定期在线检查，目的是为了发现容器外表面及安全装置和仪表的缺陷，确定容器能否在安全条件下运行。全面检验是在压力容器停止运行的条件下进行的检验，目的是为了确定容器能否继续运行和为保证安全运行应采取的措施。耐压试验是在全面检验合格后进行的超过压力容器最高工作压力的液压试验或气压试验，目的是为了对压力容器的强度进行全面的考核，以判断压力容器的安全性。

压力容器定期检验工作，除固定式压力容器（医用氧舱除外）的年度检查可由使用单位的专业人员进行外，都必须由检验机构持证的检验人员进行。

(1) 固定式容器的定期检验周期

1）年度检查是指为了确保压力容器在检验周期内的安全而实施的运行过程中的在线检查，每年至少一次。

医用氧舱每年至少检验一次。连续停用时间超过6个月（不包括修理改造时间）的医用氧舱，重新投入使用前，应该按年度检验的内容进行检验。

2）压力容器定期检验工作包括全面检验和耐压试验。

①全面检验是指压力容器停机时的检验。一般应当于投用满3年时进行首次全面检验，下次检验周期是由安全状况等级确定：

a. 安全状况等级为1、2级的，一般每6年一次。

b. 安全状况等级为3级的，一般3~6年一次。

c. 安全状况等级为4级的，其检验周期由检验机构确定。安全状况等级为4级的压力容器，其累积监控使用的时间不得超过3年。在监控使用期间，应当对缺陷进行处理，提高其安全状况等级，否则不得继续使用。

d. 医用氧舱每3年至少一次。医用氧舱经修理、改造，重新投入使用前，应该按全面检验的内容进行检验。

②耐压试验是指压力容器全面检验合格后，所进行的超过最

高工作压力的液压试验或者气压试验。每两次全面检验期间内，原则上应当进行一次耐压试验。

有以下情况之一的压力容器，全面检验合格后应当进行耐压试验：

a. 用焊接方法更换受压元件的。

b. 受压元件焊补深度大于 1/2 壁厚的。

c. 改变使用条件，超过原设计参数并且经过强度校核合格的。

d. 需要更换衬里的（耐压试验应当于更换衬里前进行）。

e. 停止使用 2 年后重新复用的。

f. 从外单位移装或者本单位移装的。

g. 使用单位或者检验机构对压力容器的安全状况有怀疑，认为应当进行耐压试验的。

（2）移动式容器的定期检验周期

1）汽车罐车、铁路罐车、罐式集装箱的全面检验周期：

①年度检验，每年至少一次。

②全面检验，罐车的全面检验周期按表 10—1 规定进行。

③耐压试验，每 6 年至少进行一次。

表 10—1　　罐车全面检验周期

安全状况等级	罐车名称		
	汽车罐车	铁路罐车	罐式集装箱
1～2 级	5 年	4 年	5 年
3 级	3 年	2 年	2.5 年

2）长管拖车年度检查和定期检验周期如下：

①年度检查，每年至少 1 次，选择在适当时机进行。

②按照所充装介质不同，定期检验周期见表 10—2。

③定期检验用声发射检测替代外测法水压试验时，充装 A 类介质的长管拖车定期检验周期为 3 年，充装 B 类介质的长管拖车定期检验周期为 4 年。

表 10—2　　　　定期检验周期

介质类别	充装介质	定期检验周期（年）	
		首次定期检验	定期检验
A	天然气（煤层气）、氢气	3	5
B	氮气、氦气、氩气、氖气、空气	4	6

(3) 缩短或延长检验周期的条件

1) 固定式压力容器首次全面检验后，下次的全面检验周期，有以下情况之一的全面检验周期应当适当缩短：

①介质对压力容器材料的腐蚀情况不明或者介质对材料的腐蚀速率每年大于 0.25 mm，以及设计者所确定的腐蚀数据与实际不符的。

②材料表面质量差或者内部有缺陷的。

③使用条件恶劣或者使用中发现应力腐蚀现象的。

④使用超过 20 年，经过技术鉴定或者由检验人员确认按正常检验周期不能保证安全使用的。

⑤停止使用时间超过 2 年的。

⑥改变使用介质并且可能造成腐蚀现象恶化的。

⑦设计图样注明无法进行耐压试验的。

⑧检验中对其他影响安全的因素有怀疑的。

⑨介质为液化石油气且有应力腐蚀现象的，每年或根据需要进行全面检验。

⑩采用“亚铵法”造纸工艺，且无防腐措施的蒸球根据需要每年至少进行一次全面检验。

⑪球形储罐（使用标准抗拉强度下限 $\sigma_b \geq 540$ MPa 材料制造的，投用 1 年后应当开罐检验）。

⑫搪玻璃设备。

安全状况等级为 1、2 级的压力容器符合以下条件之一时，全面检验周期可以适当延长：

①非金属衬里层完好，其检验周期最长可以延长至9年。

②介质对材料腐蚀速率每年低于0.1 mm（实测数据）、有可靠的耐腐蚀金属衬里（复合钢板）或者热喷涂金属（铝粉或者不锈钢粉）涂层，通过1～2次全面检验确认腐蚀轻微或者衬里完好的，其检验周期最长可以延长至12年。

③装有触媒的反应容器以及装有充填物的大型压力容器，其检验周期根据设计图样和实际使用情况由使用单位、设计单位和检验机构协商确定，报办理《使用登记证》的质量技术监督部门（以下简称发证机构）备案。

2）移动式压力容器。有以下情况之一的罐车，应该做全面检验：

①新罐车使用1年后的首次检验。

②罐体发生重大事故或停用1年后重新使用的。

③罐体经重大修理或改造的。

有下列情形之一的长管拖车，应当提前进行定期检验：

①发现有严重腐蚀、损伤或者对其安全使用有怀疑的。

②充装介质中，腐蚀成分含量超过相关标准规定的。

③发生交通、火灾等事故，造成对安全使用有影响的。

④停用时间超过1年，启用前。

⑤年度检查发现问题，而且影响安全使用的。

2. 定期检验的要求

（1）年度检查

固定式压力容器的年度检查是由使用单位的专业人员进行检验，但实际上许多压力容器的使用单位对年度检查的重视程度不高，也不了解年度检查的内容，未进行压力容器的年度检查，不利于压力容器的安全运行。因此，下面就固定式压力容器的年度检查做重点介绍。

由于压力容器的全面检验周期一般不少于3年，而在这不少于3年的运行过程中，因使用、管理以及其他原因，原定安全状况等级所允许的缺陷可能扩展，新的缺陷也可能产生，从而危及容器的安全。而压力容器使用单位进行每年至少一次的年度检查有助于及时发现隐患，将事故解决在萌芽之中。此外，某些安全问题，如安全附件的运转是否正常可靠、接口是否泄漏、保温层是否跑冷、安全联锁装置是否工作正常、容器本体及相邻管道是否有异常响声与振动，以及运行状况是否稳定等，在停机进行全面检验时是难以或无法发现的，必须依靠年度检查才能解决。因此，严格实施年度检查对于保证压力容器的安全运行是十分重要的。

1）固定式压力容器的年度检查可以由使用单位的压力容器专业人员进行，也可以由国家质量监督检验检疫总局（以下简称国家质检总局）核准的检验检测机构（以下简称检验机构）持证的压力容器检验人员进行。

压力容器年度检查的内容包括使用单位压力容器安全管理情况检查、压力容器本体及运行状况检查和压力容器安全附件检查等。

检查方法以宏观检查为主，必要时进行测厚、壁温检查和腐蚀介质含量测定、真空度测试等。

医用氧舱以宏观检验检测为主，并且借助仪器、仪表对各安全装置及设备的完好、可靠性进行确认。

年度检查工作完成后，检查人员根据实际情况出具检查报告，做出结论。年度检查报告应当有检查、审批两级签字，审批人为使用单位压力容器技术负责人或者检验机构授权的技术负责人。

2）移动式压力容器的各检验项目应当由具有相应检验资格的检验机构，并且由取得相应检验资格证书的压力容器检验人员进行，检验工作完成后，检验人员根据实际情况出具检查报告，做出结论。检验合格后，检验机构应该在使用登记证上标注检验合格标志，同时在 IC 卡中写入检验数据。

（2）全面检验

1）全面检验是指压力容器停机时的检验。全面检验应当由检验机构进行。检验前，检验机构应当根据《压力容器定期检验规则》和移动式压力容器定期检验附加要求、医用氧舱定期检验要求制订检验方案，检验方案由检验机构授权的技术负责人审查批准。对于有特殊要求的压力容器的检验方案，检验机构应当征求使用单位及原设计单位的意见，当意见不一致时，以检验机构的意见为准。检验人员应当严格按照批准后的检验方案进行检验工作。

使用单位应当与检验机构密切配合，按本规则的要求，做好停机后的技术性处理和检验前的安全检查，确认符合检验工作要求后，方可进行检验，并在检验现场做好配合工作。

2）检验前应当准备以下资料进行审查：

①设计单位资格、设计、安装、使用说明书、设计图样，强度计算书等。

②制造单位资格，制造日期，产品合格证，质量证明书［对低温度液体（绝热）压力容器，还包括封口真空度、真空夹层泄漏率检验结果、静态蒸发率指标等］，竣工图等。

③大型压力容器现场组装单位资格，安装日期，竣工验收文件。

④制造、安装监督检验证书，进口压力容器安全性能监督检验报告。

⑤使用登记证。

⑥运行周期内的年度检查报告。

⑦历次全面检验报告。

⑧运行记录、开停车记录、操作条件变化情况以及运行中出现异常情况的记录等。

⑨有关维修或者改造的文件，重大改造维修方案，告知文件，竣工资料，改造、维修监督检验证书等。

①至⑤款的资料在压力容器投用后首次检验时必须审查，在以后的检验中可以视需要查阅。

3）全面检验前，使用单位做好有关的准备工作，检验前现场应当具备以下条件：

①影响全面检验的附属部件或者其他物件，应当按检验要求进行清理或者拆除。

②为检验而搭设的脚手架、轻便梯等设施必须安全牢固（对离地面 3 m 以上的脚手架设置安全护栏）。

③需要进行检验的表面，特别是腐蚀部位和可能产生裂纹性缺陷的部位，必须彻底清理干净，母材表面应当露出金属本体，进行磁粉、渗透检测的面应当露出金属光泽。

④被检容器内部介质必须排放、清理干净，用盲板从被检容器的第一道法兰处隔断所有液体、气体或者蒸气的来源，同时设置明显的隔离标志。禁止用关闭阀门代替盲板隔断。

⑤盛装易燃、助燃、毒性或者窒息性介质的，使用单位必须进行置换、中和、消毒、清洗，取样分析，分析结果必须达到有关规范、标准的规定。取样分析的间隔时间，应当在使用单位的有关制度中做出规定。盛装易燃介质的，严禁用空气置换。

⑥人孔和检查孔打开后，必须清除所有可能滞留的易燃、有毒、有害气体。压力容器内部空间的气体含氧量应当在 18% ~ 23%（体积比）。必要时，还应当配备通风、安全救护等设施。

⑦高温或者低温条件下运行的压力容器，按照操作规程的要求缓慢地降温或者升温，使之达到可以进行检验工作的程度，防止造成伤害。

⑧能够转动的或者其中有可动部件的压力容器，应当锁住开关，固定牢靠。移动式压力容器检验时，应当采取措施防止移动。

⑨切断与压力容器有关的电源，设置明显的安全标志。检验

照明用电不超过24 V，引入容器内的电缆应当绝缘良好，接地可靠。

⑩如果需要现场射线检测，应当隔离出透照区，设置警示标志。

⑪全面检验时，应当有专人监护，并且有可靠的联络措施。

⑫检验时，使用单位压力容器管理人员和相关人员到场配合，协助检验工作，负责安全监护。

4）检验人员认真执行使用单位有关动火、用电、高空作业、罐内作业、安全防护、安全监护等规定，确保检验工作安全。

5）全面检验报告应当有检验、审核、审批三级签字，审批人为检验机构授权的技术负责人。

使用单位对检验结论有异议，可以向当地或者省级质量技术监督部门提请复议。

（3）耐压试验

1）耐压试验的要求。

①全面检验合格后方允许进行耐压试验。耐压试验前，压力容器各连接部位的紧固螺栓必须装配齐全，紧固妥当。耐压试验场地应当有可靠的安全防护设施，并且经过使用单位技术负责人和安全部门检查认可。耐压试验过程中，检验人员与使用单位压力容器管理人员到试验现场进行检验。检验时不得进行与试验无关的工作，无关人员不得在试验现场停留。

耐压试验优先选择液压试验，选择气压试验应当符合以下的基本要求：

a. 由于结构或者支撑原因，压力容器内不能充灌液体，以及运行条件不允许残留试验液体的压力容器，可以按设计图样规定采用气压试验。

b. 盛装易燃介质的压力容器，在气压试验前，必须采用蒸汽或者其他有效的手段进行彻底的清洗、置换并且取样分析合格，否则严禁用空气作为试验介质。

c. 试验所用气体为干燥洁净的空气、氮气或者其他惰性气体。

d. 碳素钢和低合金钢制压力容器的试验用气体温度不得低于15℃。其他材料制压力容器，其试验用气体温度应当符合设计图样规定。

e. 气压试验时，试验单位的安全部门进行现场监督。

②耐压试验时至少采用两个量程相同的并且经过检验合格的压力表，压力表安装在容器顶部便于观察的部位。压力表的选用应当符合如下要求：

a. 低压容器使用的压力表精度不低于2.5级，中压及高压容器使用的压力表精度不低于1.6级。

b. 压力表的量程应当为试验压力的1.5~3.0倍，表盘直径不小于100 mm。

③耐压试验前，应当对压力容器进行应力校核。

2）液压试验的操作应当符合如下要求：

①压力容器中必须充满液体，并且把滞留在压力容器中的气体排净。

②压力容器外表面应当保持干燥。

③当压力容器壁温与液体温度接近时才能缓慢升压至设计压力，确定无泄漏后继续升压到试验压力，再保压足够时间；然后降至设计压力（移动式压力容器降至规定试验压力的67%），保压足够时间再进行检查。

④检查期间压力应当保持不变，不得采用连续加压来维持试验压力不变，液压试验过程中不得带压紧固螺栓或者向受压元件施加外力。

⑤液压试验时，试验温度（容器器壁温度）应当比容器器壁金属无延性转变温度高30℃，或者按标准规定执行，如果由于板厚等因素造成无延性转变温度升高，则需相应提高试验温度。

⑥液压试验完毕后，使用单位按其规定进行试验用液体的处置以及对内表面的专门技术处理。

3）气压试验的操作应当符合如下要求：

①缓慢升压至规定试验压力的10%，保压足够时间，并且对所有焊缝和连接部位进行初次检查。如果无泄漏可以继续升压到规定试验压力的50%。

②如果无异常现象，其后按规定试验压力的10%逐级升压，直到试验压力，保压足够时间，然后降至设计压力，保压足够时间再进行检查，检查期间压力应当保持不变。

第二节　在用压力容器常见缺陷及检验方法

在用压力容器必须定期地进行技术检验，其目的在于能及早发现容器存在的早期缺陷，及时地消除隐患，以防止缺陷发展为破坏事故。

一、压力容器设备的常见缺陷

1. 腐蚀

这是用于石油、化工、化肥等行业的压力容器在使用过程中最易产生的一种缺陷。它是由于金属与所接触的介质产生化学或电化学反应所致。就腐蚀的破坏形态而言，常见的有均匀腐蚀、坑蚀（或片蚀）、点蚀、应力腐蚀、晶间腐蚀、腐蚀疲劳和氢损伤。但不论何种形式的腐蚀，严重时都会导致容器的失效或破坏。

（1）均匀腐蚀（全面腐蚀）

在金属暴露的表面上，产生程度基本相同的化学腐蚀和电化学腐蚀称为均匀腐蚀。遭到均匀腐蚀的容器壁厚逐渐均匀减薄最后遭致破坏。均匀腐蚀并不是威胁很大的腐蚀形态，因为容器的使用寿命可以从腐蚀试验求得腐蚀速率后经计算确定的，设计时可考虑足够的腐蚀裕量。但要注意的是使用中腐蚀速率往往由于环境因素（如温度、腐蚀介质浓度等）的变化而变化。因此需适时地周期性地进行壁厚测量，以免发生意外的腐蚀事故。

（2）缝隙腐蚀

暴露于电解质溶液中的金属表面，在其缝隙和其他隐蔽区域被渗入并集聚浓缩常发生局部腐蚀。如不锈钢等易产生缝隙腐蚀。

（3）电偶腐蚀

两种不同金属直接接触并侵入电解质，如果电位不同，将其用导线连接起来，它们之间就有电流流过。通常电位正的金属腐蚀速度降低，甚至完全停止。电位负的金属腐蚀速度增加。这种阳极的腐蚀就称为电偶腐蚀。

（4）点蚀（孔蚀）

仅在金属表面的某些部位形成小的且深度大于直径的蚀孔。一般，点蚀易产生于静止的介质中，且沿重力方向发展，所以是破坏性最大的腐蚀形式之一，经常在突然间导致事故。同时，点蚀常伴随应力腐蚀的发生。

（5）晶间腐蚀

Cr—Ni 不锈钢处于一定温度（400 ~ 850℃）时，由于在晶界形成 Cr23C6 而使晶界贫铬。如果铬含量降到钝化所需的极限（12%）以下，贫铬区就处于活化状态，此时晶界（由于晶格内存在电位差构成原电池，晶界是阳极、晶粒是阴极）便产生腐蚀。晶间腐蚀使材料的机械性能显著下降（仍保持原有的金属光泽）。腐蚀严重时只需轻敲就会成碎块，极易造成容器突然破坏，危害很大。

（6）磨损腐蚀

由于腐蚀介质和金属之间的相对运动，而使腐蚀过程加速的现象称为磨损腐蚀，也叫冲刷腐蚀。

（7）应力腐蚀

应力腐蚀是特定的材料在特定的腐蚀介质和静拉应力作用下

发生的以裂纹形式出现的极危险的腐蚀形态。它往往在没有征兆的情况下，发生局部腐蚀，裂纹一旦出现，其扩展速度比其他局部腐蚀快得多。它是压力容器低应力破坏的主要原因之一。应力腐蚀时，裂纹有穿晶的、沿晶的和穿晶—沿晶混合型的。在压力容器中能产生应力腐蚀的条件很多。例如，液氨对碳钢及低合金钢的应力腐蚀，硫化氢对钢制容器的应力腐蚀，热碱溶液对钢制容器的应力腐蚀，氯化物对不锈钢容器的应力腐蚀等。

（8）氢损伤

氢损伤包括氢脆和氢浸蚀。在氢介质工作或酸洗过的容器，由于氢原子半径最小，容易渗人金属晶格造成晶格畸变，导致结合力降低使金属变脆——氢脆。氢浸蚀则表现为材料表面或内部脱碳，或产生氢鼓包。无论是氢脆还是氢浸蚀，都使材料机械性能急剧降低，可能造成突发性事故。

2. 裂纹

裂纹是压力容器中最危险的一种缺陷，是导致容器发生脆性破坏的主要因素。同时，它还加速容器的疲劳破裂和腐蚀断裂。据某些事故资料统计，由于裂纹造成的事故占事故总数的80%以上。压力容器中的裂纹包括腐蚀裂纹及疲劳裂纹。

腐蚀裂纹是腐蚀介质在一定的操作压力、操作温度下对材料产生腐蚀而逐渐形成的一种裂纹。这种裂纹往往与应力有关。应力与腐蚀相互促进，腐蚀在材料表面形成缺口或使原有的缺口扩大而产生应力集中，或者削弱金属的晶间结合力；应力则加速腐蚀的进展，使表面缺口向纵深处扩展。腐蚀裂纹的产生必须具备一定的条件（介质、温度、压力），而且也只能在某一类材料而不是所有的材料中都能产生。

疲劳裂纹是因为容器的结构不合理或材料存在缺陷，造成局部应力过高。因而在容器经过多次的加压和卸压（或压力过分波动）之后而产生的裂纹。这种裂纹由产生到扩展以至断裂，一般都需要经过许多次的反复变载。所以，在一些开停频繁（或压力频繁大幅度波动）的容器，在定期检查中常常可以发现这种裂纹。

3. 变形

变形是指容器经使用后，整体或局部地方发生几何形状的改变。容器的变形一般可以表现为局部凹陷、鼓包、整体膨胀和整体扁瘪等几种形式。

（1）局部凹陷

局部凹陷是容器壳体或封头的局部区域受到外力的撞击、顶压而发生的表面凹坑。一般发生在壁厚较薄的容器上。凹陷一般不引起容器壁厚的改变，只是使某一局部表面失去原有的几何形状。

（2）鼓包

鼓包常常是由于容器的某一部分承压面发生了严重的腐蚀，壁厚显著减薄，在内压作用下发生向外凸变。个别情况下也可因容器的局部温度过高，以致材料的力学性能降低而产生局部鼓包。鼓包变形将使容器该处的壁厚进一步减薄。

（3）整体膨胀

整体膨胀是由于容器设计壁厚不够或超压运行，以致整台容器或某些截面产生屈服变形而造成的。长期在高温下工作的压力容器，如果材料选用不当或应力过高，缓慢地也会因材料的蠕变而使容器整体膨胀变形，只有在特殊的监测下才能发现。

（4）整体扁瘪

整体扁瘪是因为承受外压容器壁厚太薄，在外压作用下失去稳定性而改变了原来的形状。扁瘪变形一般都是以有规则的波浪形式向内凹瘪，波形数可以是好多个。因此，变形后的圆筒形壳体可以成为扁椭圆形或梅花形等形状。

二、常用检验方法

对压力容器进行检查，常用的检验方法有宏观检查、工量具检查、无损探伤和耐压试验等。

1. 宏观检查

宏观检查又称为直观检查，主要是通过视觉方法进行检查，它是最基本的检查方法。压力容器的检验程序总是首先进行目测检查，从整体上掌握容器的质量状况。在此基础上再确定是否需要在某些部位进行工量具检查及其他方法检查。因此，直观检查是进一步进行仪器检查的基础。要做好直观检查，检验人员除必须掌握容器材料、结构、制造工艺、焊接等基本知识外，还必须积累经验和对缺陷有一定的分析判断能力。

（1）检查内容

检查内容包括容器结构与焊缝布置是否合理；容器壳体有无整体变形和凹陷、鼓包等局部变形；器壁内外表面有无腐蚀、裂纹及损伤；有无成型、组装缺陷和焊接缺陷等。

（2）检查工具

检查主要用眼睛观察，也可借助检验小锤、5 ~ 10 倍放大镜、反光镜、内窥镜及手电筒等工具进行检查。

（3）检查方法

一般是先用眼睛对容器进行整体检查及对受压元件、焊缝进行检查。在目测检查时，为了能有效地观察到器壁表面变形、腐蚀凹坑等缺陷，可用手电筒的单束光线照射，这样较易暴露表面缺陷。若被检部位较窄而无法接近观察时，可借助反光镜或内窥镜观察。如果器壁和焊缝表面存在可疑裂纹或因锈蚀、污垢等用肉眼观察不清时，可用砂布擦拭以露出金属表面，并用稀硝酸或酒精溶液浸蚀，擦净可疑处后，用放大镜观察。另外，还可用检查小锤直接轻敲被检查部位，通过听觉和手的感觉判断是否存在缺陷。

2. 工量具检查

采用工具、量具或仪器对容器进行检查并测量缺陷尺寸，是直观检查的补充。

（1）检查工量具

工量具检查主要利用各种不同的工量具对容器内、外表面进行直接测量，确定各部位的尺寸是否符合规定、表面腐蚀面积的深度和变形程度等，常用工量具有直尺、焊缝检验尺、游标卡尺、粉线、样板、量杆等。另外，还可借助于超声波测厚仪等做非破坏检查。

（2）检查方法

用粉线或直（靠）尺测量容器的平直度、变形和凹陷程度（轴向）；用深度尺和样板或直尺测量蚀坑、沟槽咬边深度及封头凹陷变形；用样板和直尺或深度尺检查棱角、不圆度；用焊接检验尺检查错边等；用超声波测厚仪测定剩余壁厚。进行超声波测厚前，应把被测表面打磨平整（一定的光洁度），涂上甘油或机油作耦合剂，并用标准厚度试块校准仪器，然后将探头以一定的均匀的力紧贴测点并略微移（转）动，仪器就可直接显示被测处的厚度值。此外，对某些容器来说在必要时还应在现场进行金相检查、硬度检查和光谱分析、应力测试等非破坏性检查，在此不再介绍，可参看有关资料。

3. 无损探伤检查

为了检查压力容器的材料及焊缝中（表面、内部）可能存在的缺陷，并将缺陷限制在安全使用的允许范围内，而又不破坏容器就需用无损探伤检查。常用的无损探伤方法有渗透探伤（PT）（包括荧光、着色探伤）、磁粉探伤（MT）、射线探伤（RT）和超声波探伤（UT）等。材料或焊缝（内部及表面）的缺陷就其形状、性质和分布情况都有很大的差别。同时，不同的探伤方法因其原理不同，对不同缺陷的探测能力也不相同。

渗透探伤只能检查表面的开口缺陷；磁粉探伤能够检查铁磁材料表面及近表面缺陷；射线探伤和超声波探伤主要用于检查内部缺陷。一般说来，射线探伤对气孔、夹渣、未焊透等体积形缺陷较灵敏，超声波探伤对裂纹等面状缺陷较灵敏。但二者均受设备条件的限制。如果壁厚大于 100 mm，射线探伤就难以进行，而用超声波探伤则容易实现。国内常用的超声波探伤仪大多为脉冲式，对缺陷定性、定量都存在一定的困难。表10—3列出了各种探伤方法对不同缺陷的检测能力。

表10—3　　不同探伤方法对缺陷检测能力比较表

缺陷种类和形状 / 探伤方法	面积	点状	条状	线状（表面）	圆形（表面）
	裂纹、未熔合未焊透	气孔夹渣	夹渣	表面裂纹	
RT	○或△	*	*		
UT	*	○	○		
MT				*	○或△
PT				*或○	*

注：*好；○较好；△困难。

在压力容器制造过程中，主要用超声波探伤探测板材内部缺陷，用射线探伤检测对接焊缝的内部缺陷，用磁粉或渗透探伤检查角焊缝表面缺陷。定期检验主要是用无损探伤方法检测压力容器运行中可能产生的新生缺陷（如裂纹），新生的缺陷主要产生在容器内部的焊缝及其附近表面，因此，主要用磁粉探伤（MT）和渗透探伤（PT）。同时用射线探伤（RT）和超声波探伤（UT）检查原有缺陷有无扩展。

4. 耐压试验

这是对容器强度的一种综合检验，其主要目的是检验容器受压部件的结构强度和验证容器是否具有在设计压力下安全运行所需的承压能力，同时，也可通过局部渗漏等发现潜在的局部缺陷。由于容器的实际最高工作压力低于设计压力，所以耐压试验实际是验证容器是否具有在最高工作压力下安全运行所需的承压能力。如果容器存在潜在的裂纹性缺陷，但耐压试验时尚未破裂，则潜在裂纹尺寸必定小于最高工作压力下的临界裂纹尺寸，因而在试验后的一段时间内仍能维持使用。

（1）耐压试验对压力、温度和介质的要求

1）耐压试验对压力的要求。试验压力的确定是根据容器受压元件的结构强度，验证它能否在最高工作压力下安全运行，并加入一定的安全余量（压力系数），即试验压力必须高于最高工作压力；另一方面试验压力又不允许太大，即液压试验时器壁环向薄膜应力不得超过器壁材料试验温度下屈服点的 90% 与焊接接头系数的乘积；气压试验时器壁环向薄膜应力不得超过器壁材料试验温度下屈服点的 80% 与焊接接头系数的乘积，以免发生整体屈服。应力校核时取壁厚为实测最小壁厚扣除腐蚀余量。耐压试验压力应当符合设计图样要求，并且不小于下式计算值：

$$p_T = \eta p [\sigma] / [\sigma]_t$$

式中 p——本次检验时核定的最高工作压力，MPa；

p_T——耐压试验压力，MPa；

η——耐压试验的压力系数，按表 10—4 选用；

$[\sigma]$——试验温度下材料的许用应力，MPa；

$[\sigma]_t$——设计温度下材料的许用应力，MPa。

表 10—4　　耐压试验的压力系数 η

压力容器形式	压力容器的材料	压力等级	耐压试验压力系数	
			液（水）压	气压
固定式	钢和有色金属	低压	1.25	1.15
		中压	1.25	1.15
		高压	1.25	1.15
	铸铁		2.00	
	搪玻璃		1.25	
移动式		中低压	1.50	1.15

当压力容器各承压元件（圆筒、封头、接管、法兰等）所用材料不同时，计算耐压试验压力取各元件材料 $[\sigma] / [\sigma]_t$ 比值中最小者。

2）耐压试验对温度的要求。液压试验时，试验温度（容器器壁温度）应当比容器器壁金属无延性转变温度高30℃，或者按标准规定执行，如果由于板厚等因素造成无延性转变温度升高，则需相应提高试验温度。

3）耐压试验对介质的要求。液压试验通常用水，故常称为水压试验。水的等温压缩系数很小，远小于气体。在同样的试验压力下，气体的体积膨胀倍数比水的大得多。因此，一旦容器破裂，压缩气体的释放能量也大得多，气压试验危险性大。所以耐压试验一般用液体（水）做加压介质。只有对不适合做液压试验的特殊容器（如容器内不允许有微量液体残留或由于结构原因不能充满液体的容器），才进行气压试验。水压试验要用清洁的水。对奥氏体不锈钢制容器做水压试验时，应控制水中的氯离子含量小于25 ppm。

（2）水压试验程序

水压试验程序通常包括试压准备、注水排气、升压、保压、检查、卸压和排水6道工序：

1）试压准备工作包括确定试验压力、在容器顶部和试压泵出口各装一块符合标准要求且校验合格的压力表、准备试压泵等。

2）向容器内注水，并将容器内的空气排尽。

3）当容器与水温一致后，启动试压泵缓慢地分级升压，在升至最高工作压力时，进行检查，待确定情况正常后再继续升至试验压力。

4）水压试验应保压足够时间，仔细观察压力表有无压力降。

5）保压后缓慢降压至最高工作压力进行检查，重点检查受压元件有无变形或异常、焊缝及法兰等连接部位有无渗漏等现象。

6）容器检查完后即缓慢降压并将水排尽，进行通风干燥处理。

（3）耐压试验合格标准

1）容器的受压元件无可见的异常变形。

2）容器器壁和焊缝无渗漏。

3）试验过程中无异常响声。

5. 动态监测

动态监测是指压力容器在运行中所进行的一系列的现场设备运行参数的监测和监控。它是一种确保安全运行的必要手段。

（1）动态监测着重监测容器有无超压、超温、变形、泄漏及其他异常现象。

（2）动态监测必须进行定点、定时、定路线的巡回检查；观察压力表是否超压或有较大的压力波动；检查容器是否有变形及其他异常现象；用检漏仪检查容器（特别是焊缝、密封处）是否有泄漏。对于高温容器可在其表面刷变色漆，巡回检查时观察变色漆是否变色来确定是否超温，或用表面温度计测量器壁表面温度。对于高压或厚壁容器，可用声发射仪来监测裂纹的产生及扩展。对于腐蚀严重部位可采用腐蚀探针和腐蚀挂片监测腐蚀情况及进行定点高温测厚。

第三节　压力容器检修工作注意事项

在用压力容器及附属设备、管道等经长周期运行后，可能会出现泄漏、磨损、结垢、堵塞、腐蚀、变形等危及安全的问题。为了确保安全生产，提高在用压力容器及设备的运转周期和使用效率，降低消耗、保证产品质量，获取最大的经济效益，必须有计划地对生产设施进行定期停工检修，在用压力容器的全面检验和耐压试验通常结合停工检修或年度大修一块进行。停工检修往往具有工期短、工程量大、任务集中的特点，施工场地窄小，参与人员多，加之检验、修理、改造、安装等工种交叉作业，较易发生人身事故。特别是石油化工系统的工艺过程和设备复杂，容器、设备管道内有可能存留易燃易爆介质和有毒气体，而施工检修中的明火作业遍及现场，若未严格管理或妥善处置，较易发生火灾、爆炸、中毒或化学灼伤等事故。本节就在用压力容器及其装置的检修工作应注意事项介绍如下。

一、吹扫置换

在用压力容器停止运行后，必须按规定的程序和时间执行吹扫置换。因为压力容器及其装置中的设备、管道很多，施工人员多，这就要求系统全面地对所有管线制定吹扫置换流程表，严格按照吹扫流程逐项吹扫置换。对那些易燃易爆和有毒介质，特别是黏度大，容器和管道内壁结垢而结构复杂的容器，吹扫的流量、流速和时间要足够大，才能保证吹扫干净。吹扫置换人员每执行一项吹扫任务，均需在吹扫流程登记表上签字，以确保任务和责任落实到人。容器吹扫置换干净是保证检修安全，按时完成任务的关键环节，如不合格，就不能进入后续程序。基于各企业生产工艺和条件不同，所以采用的吹扫置换介质也不尽相同。一般液化气体及石油炼油装置中的容器多用水蒸气吹扫置换；化工装置根据工艺要求多用氮气置换。为此必须注意以下问题：

1. 当用水蒸气吹扫时，设备管道内会积存蒸汽冷凝水，一般都积存在设备的底部和管线的低点部位，如不及时排除，会因结冰而导致设备损坏，因此切不可忽视防冻防凝工作。故用水蒸气吹扫过后，还须用压缩空气再行吹扫，进行低点放空排尽积水，对某些无法将水排净的露天设备管线的死角，则必须采取可靠措施进行上述工作。

2. 如果检修时人要进入用氮气置换后的设备内工作，则需再用压缩空气进行吹扫，将氮气驱净，待气体分析含量合格后方可进人。否则，人进入设备后会发生因氮气窒息伤亡的惨痛事故。

二、增设盲板

容器与容器或容器与压缩机、泵或其他设备之间，有许多管道互相连通。因此，为了保证安全生产，一套停工检修的装置必须用盲板隔绝与之相连的众多管线。因为阀门经过长期的介质冲刷、腐蚀、结垢或杂质的积存等因素，很难保证严密，否则一旦有易燃易爆物料从中串通，便会引起爆炸、燃烧事故；如果串通有毒或窒息性物料，进入设备内工作的人员便会中毒或窒息而死亡。绝不可心存侥幸，为图省事而把关不严，最终酿成重大事故。一套装置，不论是停工检修还是开工生产，都有大量加设、拆除盲板的工作。总之，凡是能引起燃烧、爆炸、窒息等人身伤害的所有物料管线均应以盲板隔离。

1. 制定盲板图表

由于需加盲板的部位数量很多，且规格不一，为防止漏加，也要全面统一规划，制定加盲板图表，统一编号，工作进行时要有详细记录（加盲板部位、时间和执行作业人等），必须设专人负责此项工作。对负责加设盲板的人员要事先进行安全教育，交代安全措施。

2. 对盲板的要求

盲板应以钢板制作，并应留有手柄，便于抽堵和检查，最好做成眼镜式的，一端为盲板，一端为垫圈，使用方便。不准用石棉板、马口铁皮或油毡纸等材料代用。盲板要有足够的强度，其厚度一般应不小于管壁厚度。

3. 盲板安装的位置

盲板应加在有物料来源的阀门后部法兰与接管连接处，盲板两侧均应有垫片，并拧紧螺栓以保证严密性。

4. 加盲板时要采取必要的安全措施

高处作业要搭设脚手架，有毒气管道要佩戴防毒面具，室内作业要开启门窗，保证通风良好。在拆卸法兰时要逐步松开（隔一个螺栓松一个螺栓），以防管道内剩有余压和残余物料，造成意外事故。如果管线加盲板处距两侧管架较远，应该采取临时支架或吊挂措施，防止抽出螺栓管线下垂伤人。

三、检修施工用火

对于生产过程中曾使用易燃易爆介质的装置或容器虽进行了认真吹扫处理，但由于设备管道多，结构复杂，很难达到理想的要求条件，易留死角，其检修施工用火的危险性较大。所以，检修施工用火都要经过批准，并要做到“三不动火”：即没有火票（动火证）不动火；防火措施不落实不动火；看火人不在现场不动火。火票只适用于规定的地点和时间。必须严格执行用火管理制度。为保证动火安全，应特别注意以下问题：

1. 严格用火的审批工作

用火审批事关重大，直接关系到现场人的生命和国家财产的安全，由于动火部位千差万别，有的在设备内，有的在设备外，有的在高空，有的在井下，加之设备管道内的介质也各不相同等，因此不能做具体规定，对具体情况应具体分析和把握。因此，审批人要具有相应的科技知识，使命责任感强，切不可粗心大意草率从事。现场工人也应经过安全教育了解用火安全知识，才能相互监督，共同把好用火安全关。

审批用火主要应考虑两个问题：一是动火设备本身；二是动火的周围环境。设备内气体采样分析合格，最大限度地消除动火设备潜在隐患。如果是在设备内动火，还要做氧含量分析。其次要检查动火设备周围环境，有无泄漏点或敞口设备，封闭下水井口和地漏；环境空间应以测爆仪进行检测，确保无问题后方可动火；有风的天气为防止火星扩散，应以石棉布围接，大风天气应暂停用火；高空用火应将电、气焊熔渣围接住，勿使其下落四处飞溅；室内动火应开启门窗使之通风良好。应尽量避免带有物料的不停工动火作业，如非动火不可，则应由有关领导依据具体情况采取可靠措施。动火现场应有消防人员以防万一。

2. 气体采样分析

由于各企业生产性质不同，所以采样分析的项目要求也就不同，因而分析仪器和方法各异。但是有两项是共同的，而且必须做到：一是分析有无可燃爆炸性气体存在；二是分析氧含量。其他按各企业需要自定。气体采样分析要做到以下几点：

（1）要做可燃爆炸性气体分析，即检查动火设备内部或环境空间可燃爆炸性气体含量，这是保证动火安全的首要环节，供用火审批者作为科学依据。如有可燃爆炸性气体存在，则坚决不准动火，应再行处理，再分析，直到合格为止。

（2）设备内要做氧含量分析，以保证作业人员在设备内正常工作。空气中正常氧含量为21.3%，氧含量低只说明其他气体成分多，但应不低于18%。

（3）对气体采样方法，有的压力容器体积大，有的结构复杂，要求多测几个点。如塔类，至少应测上、中、下3个点；储罐应在物料进出口和中部；卧式容器最好取两端。采样时尽可能伸向设备内部，样品才有代表性，切勿在人孔处采样，此样因空气对流而具有很大的假象。

（4）动火作业人员（如焊工）接到批准的火票后，应检查火票上各栏目填写内容，尤其是动火部位、时间和防火措施，应亲自检查所提措施是否都已实现，否则有权拒绝动火，切不可对火票不闻不问，那是很危险的。

（5）动火若有较长间歇，再行动火时还应做气体分析，以防物料挥发或分解而产生爆炸性气体。一般采取动火前一小时内进行气体分析。每次动火前都要检查条件是否有变化，下班时收藏好工具，切断电源，检查余火，无问题后方可离开现场。

（6）看火人应熟悉生产工艺流程，了解介质的物理化学性能，会使用消防器材。动火前应按火票要求检查防火措施落实情况，动火过程中应随时注意环境变化，发现异常情况，有权立即停止用火。下班时检查现场，不得留有余火。

四、容器及设备拆卸与封闭

检验、修理及操作人员进到现场，首先遇到的工作就是开启容器人孔，拆卸容器的法兰、管线的法兰、机泵等。这些拆卸工作中也有不少安全问题应予重视，稍有疏忽，就会发生事故，造成人身伤害。如某厂催化装置检修，在打开分馏塔塔底人孔时，由于低点放空阀被催化剂粉末堵塞，误认为塔底没有物料，当打开塔底人孔时，大量的蒸汽冷凝水和残油突然倾泻而出，当场将人烫死。这个教训是极为深刻与惨痛的。也有拆卸酸碱设备时，由于内部有压力，致使物料喷出造成灼伤事故的事例。在封闭人孔时，由于不认真检查，将安全帽、破布、手套、工具、螺丝等遗留在设备内部，开工后造成设备堵塞或抽到泵内破坏设备；也有因阀门关闭不严留下后患，甚至造成装置被迫停工。因此，在设备的拆卸与封闭过程中，应注意以下事项：

（1）开启塔类装置的人孔时，应坚持按自上而下的顺序依次打开。因为有些气体如碳氢化合物、液氨或蒸气的比重都比空气大（1.5~2.5倍），如果塔内留存有可燃易燃气体或有害气体时，若先打开下部人孔便会有大量溢出而发生危险。另外，有时塔底残存物料未抽净，也易造成事故。封闭人孔时则应自下而上地依次封闭。封闭人孔前至少应有两人（施工、生产各1人）共同检查、确认内部无遗留物品时方可封闭。

（2）任何容器在打开底部人孔或手孔时，均应事先打开低点放空，并要注意因堵塞造成的假象，当确认无问题时，方可打开底部人孔或手孔，开启时不要对着人进行。

（3）拆卸机泵应关闭出入口阀门，打开底部放空阀，在电源开关处切断电源挂上警告牌，以防误送电，无问题后方可拆除机泵。

（4）管线法兰的拆卸应先放空泄压，尤其是对酸碱等腐蚀性介质的管线。松螺栓后不要全部去掉，防止管线下垂伤人。

（5）人孔、法兰等安装拧螺栓时，应根据操作温度和压力选用垫片。紧固螺栓应对称进行，使螺栓和垫片受力均匀，方能保证其严密不漏。使用扳手用力不能过猛，更不能对着面部，以防扳手滑扣造成击伤或使身体失去平衡造成从高处坠落。

五、进入容器内部作业

在通常情况下，为了保证进入容器内部作业的工作质量和作业人员的安全，在作业人员进入容器内部之前，应注意做好如下的工作：

1. 将容器内部介质排除干净，当被检容器与充有液体或气体的系统相连时，应将连接管道彻底隔断，并挂牌加锁。若气、液介质为易燃或有毒物质时，还应拆去部分管段或在连接法兰处加盲板以彻底断开。

2. 对内装易燃、有毒、窒息介质的容器，在排净介质后还应进行清洗、置换和分析容器内空间的介质浓度或氧含量。凡进入有毒气体浓度高于2%的容器内时，检验人员应使用隔离式面具。

3. 必须切断与容器相关的电源。有关人员进入容器内部检验时，只能使用12 V或24 V低压防爆灯或手电筒。检测仪器和修理工具用电源电压超过36 V时，必须采用绝缘良好的胶皮软线并设漏电保护器可靠接地。

4. 将人孔全部打开，拆除妨碍作业的容器内件，清除内壁污物。进行检查时，焊缝和应力集中部位金属表面更应彻底清垢除锈，以便进行检查。

5. 当进入容器内部进行作业时，容器外必须有专人负责监护。曾发生因监护人员失职，造成作业人员进入没有良好通风的容器内窒息死亡的惨痛事故。

六、起重吊装

有的压力容器体积庞大，有的则需安装在高处，检修此类装置的起重工作量很大，起重负荷有的大至百吨重的大塔，小到一个阀门或一段管线的吊装。起重机械类型繁多，检修现场常用的有小型汽车吊、大型液压式吊车、履带式吊车、桅杆式起重机、转柱式起重机、滑轮组（倒链）及卷扬机等；固定检修场所则有桥式吊车、龙门吊车及单轨吊车等。由于检修现场条件所限，往往给起重工作带来很大困难，如大件吊装，不便立抱杆，抱杆拉绳不好拉，锚点受限制等。另外，在检修中由于考虑不周，绳索选用不当，物体捆绑不牢，指挥信号不清，触及电力线等，曾发生不少事故。因此，为防止事故发生，保证压力容器及其装置检修起重工作顺利进行，应强调如下事项的落实：

1. 起重工作技术性较强，高处作业较多，为此我国规定起重工属于特殊工种。对起重工人应进行专业技术培训，使每个起重工人都要具备一定的专业技术知识，熟悉所用的机具性能、指挥信号，身体健康，患有禁忌症者不得从事起重工作。

2. 大型设备起重吊装，必须认真核算，制订好完整的吊装方案，经总工程师或总机械师批准，组织工人学习和讨论后方可进行工作。吊装应避免利用工艺设备或设备的基础做锚点，如必须使用则应先行核算，然后经领导批准方可。

3. 各项起重工作，都应准确计算负荷，应留有适当的安全系数，严禁超负荷起吊。曾发生因超负荷起吊，造成抱杆倒落，吊车翻车，钢丝绳拉断的事故是不少的。因此，对超重负荷不清的不能起吊（如对埋入地下的或互相钩挂的重物不能起吊），应严格遵守起重安全规程。

4. 小件吊装的事故也不少，主要是思想麻痹，不认真估算负荷，钢丝绳选用不当。有的钢丝绳陈旧锈蚀，有的钢丝绳断股断丝强度不够，还有的棱角剪切。曾经有人做过调查，在起重事故中，因绳索出问题而造成的事故最多。

5. 各种机动吊车工作时，必须选用平坦而坚实的地面停放车辆，不论负荷大小，有支腿的吊车都应打支腿，作业区内不准有电线。工作中精神要集中，看清信号，吊着物件时吊车不得行走。吊车司机的操作不能交与他人，离车时应上锁，防止他人乱动。

6. 各种起重设备、机具，要加强维护保养，各种信号装置、负载限制装置、刹车制动装置、行程限制装置、保险装置和索具等安全部件都应齐备、灵敏、可靠。

7. 起重工作人员不得在吊物下工作，不得随同吊物运行，高处作业要系好安全带。无关人员不得进入起重吊装现场，以免发生事故造成不必要的伤亡。

七、脚手架

球罐、塔器设备等的检修、安装往往需要脚手架。脚手架是高处作业的必备条件，属临时性设施。有钢管、杉木杆或竹竿搭制的脚手架，也有自制的各式升降平台、马凳、人字梯和斜梯等。脚手架的搭制，国家已有完整的正式规程，但有些单位在执行中不严格，所以时有事故发生。

容器及装置检修时，搭架子的任务很零散，如有时为拆装一个阀门、焊接一道焊口、修补一处保温层和设备防腐刷漆等，都需要搭脚手架。脚手架牢固可靠与否直接关系着人身安全。以往造成人身事故的主要原因有，搭架子不符合规范要求，跨距大，强度不够，捆扎不牢，木板杉杆使用年久腐朽或虫蛀，跳板探头过长，两头不予捆绑等。也有的人工作中疏忽大意，将拆卸的设备部件置于脚手架上，因超重而使架子坍塌，因此要求搭架子的工人要严格执行规程，对登高作业的人员负责，木质材料不得接触高温设备，如被酸碱腐蚀后，应及时淘汰。在梯子上登高作业发生事故主要是上部不能固定，下部地面坚硬打滑，造成梯子倒落伤人，因此梯子上端要固定，地面应有人扶住或采取防滑措施。

八、高空作业

凡在距基准面 2 m 以上，有可能坠落的高处作业均称为高空作业。根据作业的高度可分为如下 4 级（见表 10—5）。

表 10—5　　高空作业分级

距基准面高度（m）	2～5	5～15	15～30	>30
高空作业级别	1 级	2 级	3 级	4 级

高处作业中主要是保护作业者的人身安全，防止高处坠落事故的发生。为此，除应为作业者提供必要的工作条件（如脚手架等）外，最主要的是作业者本人在高处作业时应注意如下事项：在工作前不能饮酒；穿戴好劳动保护用品，服装要整齐，防止钩挂；要穿平底鞋不能穿带跟的鞋，以保证行动自如，站立稳健；要正确使用安全带，做到高挂低用；工作中要带上工具袋；不准上下抛掷器件。作业前，要做好身体检查，患有心脏病、高血压、癫痫病等职业禁忌症者，不得从事高处作业。

在雨、雪和大风等恶劣气候下从事高处作业（如组间作业或带电作业）及悬空作业时，均应认真研究，依照具体条件采取可靠的安全措施。

九、检修现场的电气安全

对从事电气作业国家已有完整的电气安全规程，应按规章执行。但检修现场的电气安全不仅涉及电工，而是关系到参加检修的所有人员的安全问题，主要有以下方面：

1. 转动设备的检修：概指生产系统以电为动力的转动设备，如机泵、风机、搅拌器、螺旋输送器、传送带、升降设备等。转动设备检修时，不要认为设备已停运即可动手检修。因为现场人员繁杂，可能误送电；气候潮湿与设备积尘均可能发生爬电现象，甚至可能导致设备自行启动等。所以，必须有防止突然来电的措施，以防设备突然启动伤人。如某厂装置已停工检修，但因设备积尘，空气潮湿，在夜间电动机突然自行启动运转，而值班人员未及时发现，泵长时间空转发热最终造成一起重大火灾事故。又如某厂工人检修凉水塔风机时，而操作工人要开另一台风机，因设备编号与电源开关编号不一致而误送电，使两名检修工人当场死亡。为杜绝类似事故的发生，转动设备检修前，应填写转动设备检修工作票，汇总经检修单位、生产单位和供电单位三方共同签字方可施工。电工应切断电源，拔掉保险，并在开关上挂上“禁止合闸，有人工作”的警告标志。

2. 检修现场的照明：按照规定，对工作介质为可燃或易燃的设备必须使用防爆灯具。如果需进容器检修，照明灯具必须使用12～36 V的行灯以保安全，但行灯对易燃物质仍具危险性，故装设行灯前必须对容器吹扫置换合格。若防爆灯不足且装置确已处理干净，经批准可在室外通风良好的高处用高压水银灯或聚光灯，以保证检修现场的充足照明，但切不可接触可燃物质。

3. 手持电动工具，如手电钻、手持电动砂轮、手扶水磨石机、电动打夯机及电动振捣器等，因电源线经常移动，容易造成手线绝缘损坏而漏电，易发生触电事故，为此应按国家规定安装漏电保护器，或采取其他措施。

4. 容器及装置检修，因需装接许多电线，常与钢丝绳和电焊把线、地线或气焊皮带互相交叉缠绕，极易造成现场人员触电，甚至将正在起吊受力的钢丝绳烧掉而造成重大事故。所以设计部门在进行装置设计时，应留有足够的便于检修用电的动力箱，以减少拉接临时线。必须拉接临时线时，以使用电缆或橡胶软线为宜，线路应架空，接头包扎牢固，不得与高温设备接触，防止绝缘老化或破损漏电。刀闸应有防雨措施。起重用的钢丝绳与电源线不得混绞在一起。

5. 进容器工作时，照明灯或仪器机具必须采用安全电压，安装漏电保护器。在特殊情况下需使用高于安全电压电源的仪器或机具进容器工作，必须有严格的安全措施，并经厂级安全主管领导批准。

十、检修质量

检修质量直接关系到容器及装置能否安全运转。检修质量好，可以保证容器及装置安全、长周期运转。检修质量差，就给容器及装置在运转中留下隐患，可能造成各种事故。因为石油、化工、化肥等生产具有高温、高压、有毒、易燃、易爆等特点，生产连续性强，开工周期长。如果检修质量差，设备出现跑、冒、滴、漏容易着火，污染环境；只要一台设备不能正常运行，就有可能威胁整个系统安全，甚至造成计划外停工事故，很难实现安全生产。因此，要求参加检修的人员，都要对自己工作的质量认真负责，严格按本工种技术规程和质量标准办事，做到一丝不苟。如某厂加氢装置检修后开工，启动循环氢压缩机后打不上压，停机检查发现活塞未装胀圈。又如某厂检修后开工，一台泵在运转中突然发生故障停运，启动备用泵也长时间抽不上物料，经多次调整无效，泵拆卸后发现是泵叶轮反装所致。再如某厂氯化苯罐在进行清洗及容积标定时，清洗放料口用石棉板代替盲板，将下部放料口封住，当正式开车后由于氯化苯的浸泡使石棉板破裂，造成氯化苯跑料事故。总之，检修质量与安全生产密切相关，对检修质量，除检修施工单位、检修指挥部严格控制、验收外，生产车间和操作工人更应严格把关。

十一、其他注意事项

1. 各施工单位在进入检修现场前，应再次学习有关安全制度，对检修人员进行一次安全教育，牢固树立安全第一的思想，严格执行规章制度。进入现场要着装整齐，穿戴好劳保用品，戴好安全帽，禁止穿凉鞋和高跟鞋，以防发生事故。

2. 加强氧气瓶、溶解乙炔气瓶的管理。氧气瓶不得暴晒和粘有油脂；溶解乙炔气瓶有阻火装置，防止回火爆炸。

3. 检修现场不能使用汽油、苯类、丙酮等易燃和有毒物品溶剂浸泡或擦洗设备，以免挥发后发生着火及中毒事故。

4. 装置经过检修，许多设备都曾打开进行清扫、修补、换件或更新，为保证安全运行，检修后要严格按规程进行耐压试验和气密试验。如使用油品进行液压试验或用气体试压，应经领导批准，采取安全措施。试压温度应低于油品的闪点。

5. 在石棉瓦屋顶上工作时，必须铺设木板，不准脚踏石棉瓦，防止踏坏漏下伤人。

6. 进入检修现场的施工机具，事先应做好检查，保证完好。

7. 在对压力容器进行单纯修理时，还应遵循以下规定：

(1) 容器承压时，不许对主要受压部件进行任何修理和紧固工作。

(2) 压力容器内部为有毒或易燃介质时，在修理前必须彻底清理，并经惰性气体、空气先后予以置换、化验分析方可着手修理。应严格执行动火制度。

(3) 只对运行系统中某台压力容器进行修理，应用盲板将其与系统隔断。

(4) 进入压力容器内修理，容器外应有人配合和监护，并应注意容器内是否通风。

(5) 检修后应清理压力容器内的杂物和是否遗留下工具等，特别要防止遗留能与工作介质发生化学反应或引起腐蚀的残留物。

第四节 压力容器的修理

压力容器运行一段时间后会出现如下缺陷：器壁受到介质腐蚀后逐渐减薄；局部过热后产生鼓包变形；操作不谨慎因碰撞而产生机械损伤、焊接裂纹等。若危及安全生产就需及时修理。本节主要介绍容器缺陷处理的一般原则及修理方法等。

一、缺陷处理的一般原则

在用压力容器的缺陷处理应符合“合乎使用”的原则。当然，缺陷的修复处理不是要使容器恢复到现行（或原来）的设计、制造标准所要求的质量水平，因而不能完全套用制造标准，而应从实际出发，分析、总结事故规律，以安全可靠与经济合理为基点，对缺陷进行具体分析后编制返修方案。

1. 结构设计缺陷处理

不合理的结构可使压力容器的承压部件产生过高的局部应力，并由此导致容器的疲劳裂纹或脆性断裂。同时，不合理的结构往往难于保证焊接质量，因而是压力容器破坏的重要原因。判断结构是否合理的主要依据是有关的设计规范和标准；应力状况和应力水平；是否能保证焊接质量；在使用中是否产生因结构不合理而引起的裂纹、变形等缺陷。

对于不合理的结构都应做必要的修复处理。例如，未按规定开孔补强应做补强处理；角焊缝的凹陷应圆滑过渡；器壁的腐蚀深度太深而不能保证容器安全运行时，要采用挖补或更换筒节处理等。对于难以处理修复且不能保证安全运行的应判废。

2. 制造缺陷的处理

（1）压力容器常因选材不当、受压元件材料牌号不明而出现问题

1980 年投用的容器此类问题是很突出的。对于无法查明材料牌号的容器主要受压元件，则按该类材料最低性能进行强度校核，当采用实测值时，应将实测值乘以 0.95 的系数作为强度指标计算许用应力进行校核，如能满足要求，且投用后一直处于安全运行状态，则该容器可继续使用，否则应降级使用或判废。对于不符合现行或原设计规范的选材，若使用中确因选材不当产生缺陷且继续使用又无有效控制措施和安全保障时，应予判废。如果投用后使用情况良好，一般可允许继续使用。

对于某些特殊压力容器，如低温容器、剧毒介质容器、高温容器和高压容器，如果材质不明或材料性能不符合设计规范或使用情况不良等，应停止使用或改做他用。

（2）成型组装缺陷处理

成型组装缺陷对容器安全运行影响较大的是错边和棱角，如系一般性超标可不做处理；严重的，应做无损探伤检查，确认是否还存在其他缺陷。当确认无其他缺陷时则通过应力分析，然后做出能否继续使用的结论。如果存在裂纹、未熔合、未焊透等其他缺陷，应消除缺陷或补焊修复。

（3）焊接缺陷处理

低温容器、载荷变化幅度大或频繁间歇操作容器的焊缝咬

边，都应打磨消除。其他容器若内表面焊缝咬边深度≤0.5 mm或外表面焊缝咬边深度≤1.0 mm且连续长度≤100 mm及焊缝两侧咬边总长不超过该焊缝长度的10%时，可不做处理。超过上述规定则应打磨消除。

裂纹和近表面的未熔合、未焊透及沿焊缝柱状晶呈“八”字形分布的气孔等危险缺陷，均应挖除并补焊，严重者应予判废。特殊情况下，可按规定经过严格的安全评定后监督使用。

3. 运行缺陷的处理

运行缺陷是容器在实际运行中，受到压力、温度和介质三者长期作用而产生的，是缺陷处理的重点。现将处理要点分述于下。

(1) 腐蚀缺陷的处理

若内壁发现有晶间腐蚀、应力腐蚀等缺陷的容器一般不应继续使用。如果腐蚀程度轻微，允许根据具体情况，在改变原有操作条件（不可能再产生同类形式的腐蚀）下使用。

对于离散的点腐蚀，若其腐蚀深度不超过容器壁厚（不含腐蚀裕量）的1/5，在直径为200 mm范围内，沿任一直径的点蚀长度之和≤40 mm，及点蚀面积之和≤40 cm^2。腐蚀点周围不存在裂纹，一般可不予处理。否则应根据具体情况，做降压使用、更换或判废处理；对于均匀腐蚀和局部腐蚀（片蚀、坑蚀等），如按剩余的平均壁厚（应扣除至下一次检验期的腐蚀裕量）校核强度合格，可不做处理。否则，应根据具体情况，做降压使用、更换或判废处理。

(2) 裂纹缺陷处理

在压力容器检验中若发现裂纹缺陷时，首先要分析裂纹产生的原因。然后根据其严重程度（裂纹尺寸、部位等）、性质和容器的具体条件（材料韧性、操作条件下的应力水平、变载频率等）确定处理方法。对于表面裂纹，应采取适当措施彻底消除。

由于结构不良，局部应力过高而产生裂纹的容器，不宜继续使用。因为消除原有裂纹而留下的坑痕或补焊操作都将引起该处应力进一步增加。在重新使用中还会产生新的裂纹；同理，具有腐蚀裂纹的容器也不能继续使用。在特殊情况下，含有裂纹的容器可按规定经过严格的安全评定，决定是否继续使用或降压使用或判废。但经安全评定继续使用的容器要有有效的监护措施。

（3）变形缺陷的处理

产生变形缺陷的容器，除了不很严重的凹陷外，一般不宜继续使用。因塑性变形的容器其壁厚总有不同程度的减薄。而且，产生变形部位的材料也因应变硬化而降低韧性和塑性储备，耐腐蚀性能随之下降。对于轻微的面积不大的鼓包变形，不涉及容器的其他部分，在材料可焊性较好的情况下，可考虑采用挖补处理将鼓包变形部分挖去，再用相同的材料压成相同形状的板进行焊补，然后按照容器的技术要求进行技术检验。

二、修理方法

根据返修方案常用的压力容器修理方法有以下几种。

1. 修磨。根据检验、探伤确定的修理部位，利用砂轮等工具将表面缺陷（如表面裂纹、腐蚀坑、焊缝咬边等）清除干净。如果修磨深度在允许范围内，可不补焊，只需圆滑过渡即可。否则需补焊。

2. 补焊。焊缝表面裂纹或焊缝存在不允许的缺陷，均需清除缺陷后进行补焊。首先用砂轮（或电弧气刨）清除缺陷，打磨成要求的形状、尺寸后由检验或探伤确认是否清除干净，然后由持证焊工按制定的焊接工艺进行补焊。并经检验和无损探伤验收。

3. 对容器的密封面及需要重复使用的密封元件（如透镜垫），当其产生了影响密封的划痕、沟纹时，可采用刮磨或研磨的方法清除。

4. 对有衬里的容器，如衬里有裂纹、气孔、夹渣等缺陷，可进行补焊或局部更换。搪瓷等非金属衬里如有面积不大的爆瓷、剥瓷、开裂等问题，可用有机或无机物予以修补。如果是衬里鼓包，可采用水压或机械方法胀复。

5. 高压容器主螺栓、主螺母局部有毛刺、伤痕时可修磨。但当伤痕累计超过一圈螺纹时，则应更换。

6. 换热容器单根或少量管子泄漏而不能立即大修时，可采用合成树脂黏合等应急方法处理或在允许的堵孔率内将管子堵塞；如允许焊接，也可以临时焊接止漏。彻底的修理原则是换管。

7. 对于中低压容器，严重腐蚀的筒体可采取局部挖补，甚至更换整节筒体或封头等。

三、压力容器修理工作要点

1. 修理前应仔细检查缺陷的性质、特征、范围和缺陷产生的原因，制订修理方案，按照《特种设备安全监察条例》的规定，书面告知当地质量技术监督部门后方可进行修理，这样才能保证修理质量并尽量做到一次成功。若在缺陷情况尚未完全判明之前，切忌边检查边修理，这样无法保证修理质量，有时甚至造成缺陷人为地扩大。

2. 压力容器的修理，特别是挖补、更换部分受压部件时，必须保证受压部件原有的强度和制造技术条件的质量要求。

3. 补焊、挖补、更换筒节和封头等重大的修理项目及其焊接热处理的技术要求，应参照有关规范和制造技术文件，事先制订出具体的施工方案和修理工艺要求，并在修理过程中严格按批准的方案实施。高压容器遇到此类修理问题，更应在事先制订出周密的修理方案。

4. 修理所使用的材料，必须与容器母体材料相适应。所谓相适应是指修理用材与容器母体材料相同或强度级别、焊接性能相近。修理材料应有质量证明书，能判明材料化学成分和力学性能，必要时要进行材料复验。不允许用情况不明的材料作为容器修理的用材。

焊条、焊丝焊剂也要选用与所补焊的钢材相适应的牌号，并根据钢材的焊接性能及板厚等条件，确定是否需进行焊前预热和焊后热处理。经过焊接工艺评定后确认。

5. 裂纹性缺陷可采用打磨消除，但打磨处的剩余壁厚应满足压力容器的强度要求。焊缝表面成形超差（表面凹凸不平、尺寸超高等）也可以打磨修理，凡打磨部位均应与母材平滑过渡。

6. 需补焊修理时，在补焊前应仔细检查缺陷是否全部清除，尤应仔细检查裂纹性缺陷是否已彻底清除，打磨的沟槽应经过表面探伤确认。内部缺陷打磨深度超过 1/2 板厚时，如果未见缺陷，补焊后在另一面继续打磨，直到确认清除干净为止。

7. 挖补受压部件时，补板不能带尖角，形状可为圆形、椭圆形或带圆角的矩形，其圆角半径应大于 100 mm。为了分散焊接热，减少焊接残余应力，应划区编号后间隔分段焊接。担任焊接受压部件的焊工应持有特种设备焊工操作证，并且焊接方法、焊接材料、焊接位置符合要求。

8. 螺纹和密封面损伤应进行修理。一般用螺纹规检查螺纹，螺纹规分通规和止规两种：通规应通过螺纹全长；止规旋入一般不超过两扣为正常。如果螺纹变形或损伤严重，应扩孔修理，轻微变形可攻螺纹修理。

对密封面的变形、划痕及其他影响密封效果的缺陷应进行修理，在拆卸和吊装时，应注意避免碰撞密封面，已拆开的和修理的密封面应涂润滑油保护。

9. 换热器管子的更换，从管板拔出管子时，应特别注意保护管板座面。为此，可用铰刀削刮管座部的管子内壁，以减少管子与管板间的挤压力，然后顶出管子。如果换管数量大或需全部换管，当管子外壁附着物多拔管困难时，可将容器壳板和管子切断拆开后再行装配。

10. 用有机或无机物修补衬里破损处后，可用氨渗透法或电火花进行检查，以保证修补处的致密性。

当压力容器的各项修理完毕后，应填写修理记录，存入设备档案中。记录内容应包括告知书，修理原因与修理部位简图，所用钢材、焊条、管件等的质量证明（如修理用材料与压力容器原始材料不同，则应有材料代用的审批手续），施工工艺、修理后的修理工艺实施记录，安全装置检验记录，监检报告等。

复习思考题

选择题：

1. 压力容器在运行中，因腐蚀、疲劳、磨损等原因，会随着使用时间而产生一些新的缺陷或使原有允许的缺陷扩大，产生事故隐患，而通过（　　）和（　　）可以及时地发现这些缺陷，从而采取措施进行处理，消除事故隐患，保证压力容器能够运行到下一个周期。

A. 年度检查　　B. 定期检验　　C. 外观检查

2. 年度检查是指为了确保压力容器在检验周期内的安全而实施的（　　）的在线检查，每年至少一次。

A. 维修过程中　　B. 运行过程中　　C. 调试过程中

3. 全面检验是指压力容器停机时的检验。一般应当于投用满（　　）时进行首次全面检验，下次检验周期是由安全状况等级确定。

A. 3 年　　B. 1 年　　C. 6 年

4. 固定式压力容器的年度检查可以由使用单位的压力容器（　　）进行，也可以由国家质量监督检验检疫总局核准的检验检测机构持证的压力容器检验人员进行。

A. 管理人员　　B. 专业人员　　C. 作业人员

5. 压力容器设备的常见缺陷有（　　）、（　　）和（　　）。

A. 腐蚀　　B. 裂纹　　C. 变形

6. 对压力容器进行检查，常用的检验方法有（　　）、工量具检查、无损探伤和耐压试验等。

A. 宏观检查　　B. 全面检查　　C. 局部检查

7. 定期检验主要是用无损探伤方法检测压力容器运行中可能产生的新生缺陷（如裂纹），新生的缺陷主要产生在容器内部的焊缝及其附近表面，因此主要用（　　）。

A. 磁粉探伤

B. 渗透探伤

C. 磁粉探伤或渗透探伤

8. 检修时人要进入用氮气置换后的设备内工作，则再需用（　　）进行吹扫，将氮气驱净，待气体分析含量合格后方可进入。

A. 压缩空气　　B. 氧气　　C. 氩气

9. 进入容器内部作业时必须切断与容器相关的电源。有关人员进入容器内部时，只能使用（　　）V 低压防爆灯或手电筒，检测仪器和修理工具用电源电压超过 36 V 时，必须采用绝缘良好的胶皮软线并设漏电保护器可靠接地。

A. 12　　B. 24　　C. 12 或 24

10. 凡在距基准面（　　）m 以上，有可能坠落的高处作业均称为高空作业。

A. 2　　B. 4　　C. 6

11. 在用压力容器的缺陷处理应符合（　　）的原则。缺陷的修复处理不是要使容器恢复到现行（或原来）的设计、制造标准所要求的质量水平，而应从实际出发，分析、总结规律，以安全可靠与经济合理为基点，对缺陷进行具体分析后编制返修方案。

A. 设计标准　　B. 制造标准　　C. “合乎使用”

12. 由于结构或者支撑原因，压力容器内不能充灌液体，以及运行条件不允许残留试验液体的压力容器，可以按设计图样规定采用（　　）。

A. 水压试验　　B. 气压试验　　C. 耐压试验

13. 耐压试验的目的实际是验证容器是否具有在（　　）下安全运行所需的承压能力。

A. 最高工作压力　B. 工作压力　　C. 设计压力

14. 当进入容器内部进行作业时，容器外必须有（　　）。

A. 警示标志　　B. 专人负责监护　C. 消防设施

15. 当压力容器的各项修理完毕后，应填写修理记录，存入设备档案中。记录内容应包括告知书，修理原因与修理部位简图，所用钢材、焊条、管件等的质量证明（如修理用材料与压力容器原始材料不同，则应有材料代用的审批手续），施工工艺、修理后的修理工艺实施记录，安全装置检验记录和（　　）等。

A. 监检报告　　B. 探伤工艺　　C. 焊接工艺

第十一章

压力容器事故危害及事故分析

本章知识要点

本章介绍压力容器事故的危害性，了解压力容器爆炸事故原因的多样性与结果的严重性，着重要求学员了解事故处理遵循的基本原则及事故责任者的法律责任，熟知压力容器事故的预案要求。

压力容器是一种具有潜在爆炸危险的特殊设备。把压力容器作为一种特殊设备管理，不仅是因为它比较容易发生事故，更主要的是事故危害的严重性。压力容器发生事故，不仅设备本身遭到破坏，往往还会破坏周围设备和建筑物，甚至诱发一连串恶性事故，如烫伤、烧伤、大面积中毒，甚至更为严重的火灾等，造成人员伤亡，给国民经济造成重大损失。本章将分别讨论压力容器发生事故的危害性和事故分析及预防事故发生的措施。

第一节 容器的爆炸能量

压力容器破裂时，器内的高压介质解除了外壳的约束，迅速膨胀泄压，达到瞬间能量释放，这一能量迅速释放的过程叫爆炸（或者说，爆炸是物质从一种状态迅速转变成另一种状态，并在瞬间放出能量，同时产生巨大声响的现象）。

压力容器的爆炸事故，按其起因有物理性爆炸和化学性爆炸两类。物理性爆炸是由于容器内介质物理性质变化（如液化气超装及温度升高引起体积增大），引起的超压和容器材料机械性能不足造成的事故。化学性爆炸是指容器内介质起剧烈的燃烧氧化反应或聚合放热反应（如混有爆炸气体并达至爆炸极限时或发生了非正常的化学反应使温度压力迅速升高），由于化学反应能量来不及释放而引起容器破坏。

压力容器破裂时，气体膨胀所释放的能量（即爆炸能量），不仅与气体压力和容器容积有关，还与介质在容器中的物态有关。容器内的介质分为液体、气体和液化气体（或高温饱和水）。一般情况下，液体的体积随压力的增加变化不大，容器一旦发生破裂，器内压力很快释放而不会产生爆炸，所以《固定式压力容器安全技术监察规程》对这一类介质的容器不做规定。介质为气体和液化气体的容器破裂时能量释放的过程不同，下面分别讨论。

一、压缩气体容器的爆炸能量

压缩气体在容器破裂时迅速压缩膨胀，这一过程所经历的时间很短，介质释放出来的能量来不及与系统外物质进行能量交换，可以认为没有热量传递，即气体膨胀是在绝热状态下进行的，压缩气体的爆炸能量即可按理想气体做绝热膨胀时所释放的能量来计算：

$$U_g = C_g \times V \tag{11—1}$$

式中　U_g——气体的爆炸能量，J；

V——气体体积，m^3；

C_g——压缩气体爆炸能量系数，J/m^3。

压缩气体爆炸能量系数 C_g 与气体的绝热指数 k 和气体的绝对压力 p 有关。即：

$$C_g = p/(k-1)\left[1-(0.1/p)^{(k-1)/k}\right] \times 10^6 \tag{11—2}$$

式中　p——气体爆炸前的绝对压力，MPa；

k——气体的绝热指数，即气体的定压比热与定容比热之比。

容器常用压缩气体的绝热指数可查表11—1。

表11—1　　常用压缩气体的绝热指数 k

气体名称	空气	氮气	氧气	氢气	甲烷	乙烷	一氧化碳	二氧化碳
绝热指数	1.4	1.4	1.397	1.412	1.315	1.18	1.395	1.295

从表11—1可以看出，常用气体（如空气、氮气、氧气、氢气及一氧化碳等）的绝热指数均为1.4或近似1.4。将 $k=1.4$ 代入式11—2，即可得常用压力下的气体容器的爆炸能量系数（见表11—2）。

表11—2　常用压力下的气体容器的爆炸能量系数 C_g（$k=1.4$ 时）

绝对压力（MPa）	0.3	0.5	0.7	0.9	1.1	1.7	2.6
能量系数（J/m^3）	2.02×10^5	4.61×10^5	7.46×10^5	1.05×10^6	1.36×10^6	2.36×10^6	3.94×10^6
绝对压力（MPa）	4.1	5.1	6.5	15.1	32.1	40.1	
能量系数（J/m^3）	6.07×10^6	8.60×10^6	1.13×10^7	2.88×10^7	6.48×10^7	8.22×10^7	

例如，一个容积为1 m^3，介质为空气的储气罐，工作压力为0.9 MPa，发生爆炸能量为：

$$U_g=C_g\times V=1.05\times10^6\times1=1.05\times10^6\ (\text{J})$$

对于介质为水蒸气时，也可按式11—1、式11—2计算。因 k 值与饱和蒸汽的干度及是否过热有关：过热蒸汽，$k=1.3$；干饱和蒸汽，$k=1.135$；湿饱和蒸汽，$k=1.035+0.1x$（x 为蒸汽干度）。将 $k=1.135$ 代入式11—2，可得干饱和蒸汽容器爆炸能量计算公式：

$$U_s = C_s \times V \qquad (11—3)$$

式中 U_s——干饱和蒸汽的爆炸能量，J；

V——蒸汽的体积，m^3；

C_s——干饱和蒸汽爆炸能量系数，J/m^3。

各种常用压力（绝对压力）下的干饱和蒸汽爆炸能量系数查表11—3。

表11—3 常用压力下的干饱和蒸汽的爆炸能量系数 C_s

绝对压力（MPa）	0.4	0.6	0.9	1.4	2.6	3.1
能量系数（J/m^3）	4.5×10^5	8.5×10^5	1.5×10^5	2.8×10^6	6.2×10^6	7.7×10^6

二、液化气体（高温饱和水）容器的爆炸能量

介质为液化气体或高温饱和水的压力容器，破裂时的情况与压缩气体容器不同。它除了气体迅速膨胀以外，还包括液体（或高温水）急剧蒸发汽化的过程。当容器破裂时，容器内的气体首先迅速膨胀，使容器内的压力瞬时降至大气压力。此时容器的饱和液处于过热状态，也就是说它的温度高于它在大气压力下的沸点。于是气液两相失去平衡，液体迅速大量蒸发汽化，体积急剧膨胀，容器壳体受到很高的压力冲击，使其进一步破裂。这种由于压力突然下降，使原来处于平衡状态的饱和液，在大气压力下过热而迅速沸腾蒸发，体积急剧膨胀而显示出的一种爆炸现象，称为爆沸或蒸汽爆炸（高温饱和水则为水蒸气爆炸）。

介质为液化气体和高温饱和水的压力容器在破裂时所释放出的能量包括气相绝热膨胀的爆炸能量和处于过热状态的液相迅速而猛烈地蒸发的爆沸、爆炸能量两部分。在大多数情况下，这类容器中的过热饱和液占内部介质质量的绝大部分，液相爆沸的能

量比气相爆炸能量大得多，所以计算时气相爆炸能量往往忽略不计。

爆沸一般是在极短的时间内完成的，所以它是一个绝热过程。处于过热状态下的液体的爆炸能量可按下式计算。

$$U_L = [(i_1 - i_2) - (s_1 - s_2) T_1] W \quad (11—4)$$

式中 U_L——过热状态下液体的爆炸能量，J；

i_1——在容器破裂前的压力下饱和液体的焓，J/kg；

i_2——在大气压力下饱和液体的焓，J/kg；

s_1——在容器破裂前的压力下饱和液体的熵，J/（kg·K）；

s_2——在大气压力下饱和液体的熵，J/（kg·K）；

T_1——介质在大气压力下的沸点，K；

W——饱和液体的质量，kg。

将饱和水在大气压力下的焓和熵及沸点值，即 $i_2 = 418\ 680$、$s_2 = 1\ 304.2$、$T_1 = 373$ 代入式 11—4 即得各种压力下饱和水的爆炸能量。

$$U_L = [(i_1 - 418\ 680) - (s_1 - 1\ 304.2) \times 373] W \quad (11—5)$$

为简化计算，可将各种压力下饱和水的焓 i_1 和熵 s_1 代入式 11—5，并把饱和水的质量换算为体积（因为已知条件常为容器的容积），饱和水爆炸能量计算公式可写成：

$$U_w = C_w \times V \quad (11—6)$$

式中 V——容器内饱和水所占的容积，m^3；

C_w——饱和水的爆炸能量系数，J/m^3。

饱和水的爆炸能量系数由它的压力决定，各种常用压力（绝对压力）下的饱和水的爆炸能量系数列于表 11—4。

表 11—4　常用压力下的饱和水爆炸能量系数 C_w

绝对压力（MPa）	0.4	0.6	0.9	1.4	2.6	3.1
能量系数（J/m^3）	9.414×10^6	1.667×10^7	2.648×10^7	4.021×10^7	6.570×10^7	7.551×10^7

比较表 11—3 和表 11—4 可以看出，同体积、同压力下的饱和水的爆炸能量为蒸汽的数十倍。所以，在一个汽包内，即使饱和蒸汽和水各占一半的容积，饱和蒸汽的爆炸能量也不到全部爆炸能量的 10%（5% ~9%）。

例：一个横置的废热锅炉汽包，直径 2 m，长约 5 m，在运行中（表压为 0.8 MPa）破裂爆炸，事故前检查水位在汽包中心上面约 0.2 m 处，计算汽包破裂时的爆炸能量。

解：汽包容积约为 15.7 m^3，当水位在汽包中心上方 0.2 m 处时，饱和水的体积约为 9.8 m^3，饱和蒸汽的体积为 5.9 m^3。

由表 11—3 和表 11—4 查得绝对压力 $p=0.9$ MPa 的饱和蒸汽与饱和水的爆炸能量系数分别为：

$$C_s=1.5\times10^6 \quad C_w=2.648\times10^7$$

由此得饱和蒸汽的爆炸能量为：

$$U_s=C_s\times V=1.5\times10^6\times5.9=0.885\times10^7\ \text{J}$$

饱和水的爆炸能量为：

$$U_w=C_w\times V=2.648\times10^7\times(15.7-5.9)=2.595\times10^8\ \text{J}$$

故汽包破裂时的爆炸能量为：

$$U=U_s+U_w=0.885\times10^7+2.595\times10^8=2.683\times10^8\text{J}=268.3\ \text{MJ}$$

以上仅讨论了压缩气体和液化气体（高温饱和水）发生物理爆炸时的能量，化学爆炸以及器外发生二次爆炸请参考有关资料。

第二节　压力容器事故的危害

压力容器的结构并不复杂，但在载荷作用下，应力的分布比较复杂。例如，开孔处的应力分布要比不开孔处复杂得多。尤其是在高温、高压、低温、腐蚀等恶劣的运行条件下，如果管理不当，就容易发生事故。一旦容器破坏，会造成严重的后果，不但引起设备、财产的损失，还会造成人员的伤亡。例如，1962 年吉化公司某厂水洗塔爆炸，巨大的爆炸声吉林市几乎均能听到，塔体碎片四处飞散，厂房玻璃均震坏，全厂设备和管道都受到不同程度的损伤，致使全厂停车。水洗塔底部着火，塔体碎为37片，有一块重1 550 kg的碎片飞出185 m。死亡1人，重伤3人，轻伤20人。

1979年9月，浙江省温州市某厂液氯工段液氯钢瓶突然发生爆炸事故，这次事故共有5只液氯钢瓶爆炸，又有5只液氯钢瓶和计量罐被碎片击穿。当时，巨响震天，烟气弥漫，大量的液氯汽化气和化学反应物形成巨大蘑菇状的气柱冲天而起，高达40余米，气柱间夹杂着砖、石、瓦块及钢瓶碎片，并飞向四方。强大的气浪使液氯工段的414 m^2钢筋混凝土混合结构的厂房全部倒塌，相邻的冷冻厂房部分倒塌，附近的办公楼及距厂区周围280余间的民房都受到不同程度的破坏。厂房内的液氯储罐、计量罐、汽化器等设备及管线均受到损伤及破坏。爆炸中心的水泥地面被炸成一个深1.82 m、直径6 m的大坑。有一只瓶重为1 735 kg，内装1 t重的液氯钢瓶被气柱掀起，飞越12 m高的高压线路，坠落在离爆炸中心30余米远的盐仓库内。爆炸碎片飞向四面八方，在收集到的碎片中，有一块重0.8 kg，飞出830 m；一块重72.5 kg的钢瓶封头飞越厂区，飞行过程中打断一棵直径8 cm的树干，穿越离爆炸中心85 m处的居民房砖墙，落地后又崩起将一老大娘砸死。这次事故，共有10.2 t液氯外溢，汽化扩散，波及面积达7.35 km^2，由于氯气浓度极高，厂房炸塌，造成死亡59人，中毒及重伤住院治疗的779人，门诊治疗的420余人。直接经济损失63万余元。由此可见事故的危害性。

压力容器发生事故的危害主要有振动危害、碎片的破坏危害、冲击波危害、有毒液化气体容器破裂时的毒害等。

一、振动

压力容器发生爆炸事故时，都会发生巨大的声响，这种声响可使物体发生振动，设备损坏，也会伤及人的耳膜和内脏、危及人的生命。

二、碎片的破坏作用

容器发生爆炸时，有些壳体可解裂成大小不等的碎块或碎片向四周飞散，这些具有较高速度或较大质量的碎片，在飞出的过程中具有较大的动能，可击穿房屋，损坏设备、管道及人员生命，也可能引起连续爆炸或酿成火灾、中毒等，因此，经常把压力容器比作巨型炸弹，若有不慎，就可能引爆，发生事故。

若被击物为塑性材料（如钢板、木材等），碎片的穿透力可按式 11—7 计算：

$$S = K\ (E/A) \qquad (11—7)$$

式中 S——碎片对材料的穿透深度，cm；

E——碎片击中时所具有的动能，J；

A——碎片穿透方向的截面积，cm^2；

K——材料的穿透系数。对钢板，$K = 0.001$；对木材，$K = 0.04$；对钢筋混凝土，$K = 0.01$。

三、冲击波危害

容器发生爆炸时，其占 80% 以上的能量都是以冲击波的形式向外扩散。冲击波是介质受到外界的作用，如振动、冲击、敲打等而产生的一种介质状态突跃变化的传播，或者简称为强扰动传播。压力容器破裂时，器内的高压气体大量外泄，使它周围的空气受到冲击而发生扰动，使压力、温度、密度等发生突跃变化，这种扰动在空气中传播就成为冲击波。

空气冲击波中状态的突跃变化最显著的表现在压力上，开始时突然升高，产生一个很大的正压力，接着又迅速衰减，在很短时间内正压降为零，而且还要继续下降至小于大气压的负压。如此反复循环数次，压力一次比一次小，直到趋于平衡。它像水波一样向外扩散，形状如图 11—1 所示。它的破坏作用主要是由波阵面上的超压 Δp 引起的。

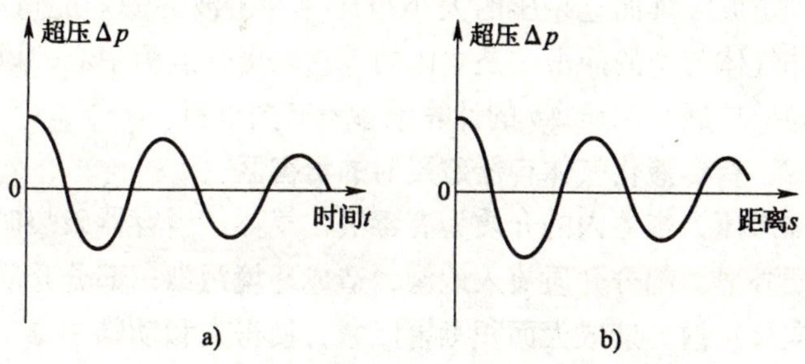

图 11—1　超压 Δp 随时间 t、距离 s 的衰减示意图

a）超压 Δp 随时间 t 的衰减示意图　b）超压 Δp 随距离 s 的衰减示意图

在爆炸中心附近，空气冲击波波阵面上的超压 Δp 可以达到几个甚至十几个大气压，在这样高的压力下，建筑物将被摧毁，设备、管道均会遭到严重破坏，即使 0.005 MPa 的超压就可以使门窗玻璃破碎。0.1 MPa 的超压就可以使人死亡，冲击波对建筑物和人体伤害见表 11—5、表 11—6。

表 11—5　　冲击波超压 Δp 对建筑物的破坏作用

超压 Δp（MPa）	破坏情况	超压 Δp（MPa）	破坏情况
0.005 ~0.006	门窗玻璃部分破裂	0.05 ~0.06	木建筑厂房柱折断，房架松动
0.006 ~0.01	门窗玻璃大部分破裂	0.07 ~0.1	砖墙倒塌
0.015 ~0.02	窗框损坏	0.1 ~0.2	防震混凝土破坏
0.02 ~0.03	墙壁破裂	0.2 ~0.3	大型钢结构破坏
0.04 ~0.05	墙壁大裂缝、屋瓦飞落		

表 11—6　　冲击波超压 Δp 对人的破坏作用

超压 Δp（MPa）	伤害作用
0.02 ~0.03	轻微损伤
0.03 ~0.05	听觉器官损伤或骨折
0.05 ~0.1	内脏严重损伤或死亡
>0.1	大部分人员死亡

冲击波波阵面上超压的大小与产生冲击波的爆炸能量有关。且爆炸气体产生的冲击波是立体的，它以爆炸点为中心，以球面形状向外扩展。超压 Δp 的计算请参考有关资料。

四、有毒液化气体容器破裂时的毒害区

如果压力容器内的介质为有毒液化气体，当容器破裂时，有毒介质外泄，部分介质流入地沟，造成环境污染；部分介质汽化蒸发向外扩散，造成大面积毒害区域，使得人和动物中毒，甚至危害生命。1952 年某校曾发生一次液氯钢瓶撞裂事故，结果数十人送医院急救，附近树木、庄稼也大批毁坏。有毒液化气体容器破裂时的毒害区可通过下列公式进行估算：

$$V_g = \frac{22.4WC\ (t - t_0)}{Mq} \cdot \frac{(273 + t_0)}{273} \tag{11—8}$$

$$V = V_g / A \tag{11—9}$$

$$R = \sqrt[3]{\frac{V}{\frac{1}{2} \cdot \frac{3}{4}\pi}} \tag{11—10}$$

式中 V_g——介质（液化气体）全部汽化成气体的体积，m^3；

W——介质质量，即破裂前容器内的液化气体质量，kg；

C——介质比热，J/（kg · K）；

t——破裂前温度，℃；

t_0——介质标准沸点，℃；

M——介质分子量；

q——介质汽化潜热，J/kg；

V——毒害区范围，m^3；

A——毒害区浓度，%；

R——毒害区半径，m。

表 11—7 列出了容器中经常充装的有毒液化气体的危险浓度。通过估算可知，大多数液化气体生成的蒸气体积为液体的 200 ~ 300 百倍，如液氯为 240 倍，液氨为 150 倍，氢氰酸为

200 ~ 370倍，液化石油气为 180 ~ 200 倍。例如，1 t 液氯容器破裂时可酿成 8.6×10^4 m^3的致死伤亡区，5.5×10^6 m^3的中毒范围；1 m^3的氢氰酸，可使 3 700 m^3的空间变成中毒伤亡区。

表 11—7　　有毒气体的危险浓度

名称	吸入 5 ~ 10 min 致死浓度（%）	吸入 0.5 ~ 1 h 致死浓度（%）	吸入 0.5 ~ 1 h 致重伤浓度（%）
氨	0.5	0. 003 5 ~ 0.005	0.001 4 ~ 0.002 1
氯	0.09	0.042 ~ 0.06	0.036 ~ 0.05
硫化氢	0.08 ~ 0.1	0.032 ~ 0.053	0.011 ~ 0.021
二氧化氮	0.05	0.011 ~ 0.014	0.01
氢氰酸	0.027		

五、二次爆炸燃烧

许多压力容器，充装的是可燃液化气体，如液化石油气等。当容器破裂时，液化气大量蒸发，与周围空气混合，遇到火种，会在容器外发生二次爆炸，酿成更大的火灾事故。1979 年 12 月 18 日吉林某厂，一个 400 m^3的球形储罐破裂，引起一组储罐连锁爆炸，造成死亡 32 人、伤 55 人，直接经济损失 540 万元的重大事故，教训是惨痛的。容器二次爆炸燃烧区域的计算可参考有关资料。

据介绍，一个 15 kg 民用液化石油气瓶破裂爆炸时，其燃烧范围可达到 20 m，一个 1 t 的液化石油气储罐破裂爆炸时，其燃烧范围可达 78 m（即以容器为中心，以 39 m 为半径的半球形区域）。由此可见，对于易燃介质防火防爆的重要性。

第三节　容器破裂形式

欲保证压力容器安全运行，首要的是应防止其运行中发生破裂，因为这种破裂会造成巨大的危害（前面已经介绍了爆炸能量及容器发生破裂造成的危害）。为了提高压力容器操作工人分析和处理异常情况的技能，本节重点介绍一下容器破裂的 5 种形式。

一、塑性破裂（韧性破裂）

塑性破裂是因为容器承受的压力超过材料的屈服极限，材料发生屈服或全面屈服（即变形），当压力超过材料的强度极限时，则发生断裂。

1. 塑性破裂的特征

（1）塑性破裂有明显的塑性变形。破裂容器器壁有明显的伸长变形，破裂处器壁显著减薄。金属的塑性断裂是在经过大量的塑性变形后发生的，表现在容器上则是周长增大和壁厚减薄。所以，具有明显的外形变化是压力容器塑性破裂的主要特征。

（2）断口呈暗灰色纤维状。塑性破裂断口为切断形撕裂，从金相上观察，这种断裂是先滑移后断裂，所以断口呈暗灰色纤维状，断口不齐平，与主应力方向成 45°角。圆筒形容器纵向开裂时，其破裂面常与半径方向成一角度，即裂口是斜断的。

（3）容器一般无碎片飞出，只是裂开一个口。壁厚比较均匀的圆筒形容器，常常是在中部裂开一个形状为“χ”的裂口。

2. 造成塑性破裂的原因

塑性破裂常由以下几个原因造成：

（1）盛装液化气体的容器过量充装。液化气体随温度的升高而体积增加比较大，若容器内是满液，则压力急剧上升，造成超压爆炸。这可能是由于充装失误、计量误差或操作工责任心不强造成的。

（2）由于容器在使用过程中超压而使器壁应力大幅增加，超过材料的屈服极限。如化学反应容器由于操作不当，介质工艺参数失控而使化学反应速度加快、反应温度升高，使器内压力上升。

（3）由于设计或安装错误，如容器的进气压力高于容器的设计压力而没有在进气管安装减压阀。

（4）器壁大面积腐蚀使壁厚减小。

3. 如何防止塑性破裂

防止塑性破裂事故发生的根本措施就是防止容器壳体应力超过材料的屈服极限，即防止超压。操作中应注意以下几个方面：

（1）严禁超压运行。盛装液化气体的容器，应防止过量充装和超温运行。

（2）严格按操作规程操作，防止因操作失误造成内压升高，发生事故。特别是放热反应容器，应严格控制物料加入量。

（3）容器应按《压力容器定期检验规则》进行定期检验，防止因器壁腐蚀减薄而发生事故。

二、脆性破裂

压力容器在正常压力范围内，无塑性变形的情况下突然发生的爆炸称为脆性破裂。

1. 产生脆性破裂的原因

（1）低温使材料的韧性降低或材料的脆性转变，温度升高使材料变脆。

（2）设备存在制造缺陷，造成局部压力过高。

2. 脆性破裂的特征

（1）没有明显的塑性变形。容器发生脆性破裂时没有明显的外观变化，因而往往是在没有外观预兆的情况下突然破裂。

（2）断口齐平，呈金属光泽，作为脆性破裂的断裂源，往往是材料内部所存在的缺陷处或结构几何形状不连续处的应力集中部位。当容器壁厚较大时，出现人字形纹路，其尖端指向断裂源。

（3）一般产生碎片。由于脆性破裂的过程是裂纹迅速扩展的过程，材料的韧性又差，所以脆性破裂的容器常裂成碎片，且有碎片在容器破裂时飞出。

（4）破裂事故多在温度较低的情况下发生。因金属材料的断裂韧性随温度的降低而减小，所以有裂纹缺陷的容器常在温度较低的情况下发生脆性破裂。

3. 防止脆性事故发生的措施

（1）确保材料具有较高的韧性。材料的韧性是至关重要的，因此从设计时就必须考虑选择具有良好韧性的材料来制造压力容器，必要时甚至可以放弃追求过高的强度。

（2）避免或降低容器的应力集中。如结构不良、开孔等，造成局部应力过高。在设计时，尤其是对低温容器应尽可能采用降低应力集中的补强结构，制造时应严格按设计要求施工。

（3）提高焊接质量，热处理消除容器的残余应力。消除残余应力的热处理主要是退火处理。

（4）按规定定期对容器进行检验，重点对裂纹性缺陷进行检验和无损探伤。

（5）操作时应注意容器是否出现异常泄漏，即裂纹源。

三、疲劳破裂

压力容器的疲劳破裂是由于容器在频繁的加压、卸压过程中，材料受到交变应力的作用，经长期使用后所导致的容器破裂。所谓交变应力就是外加应力（工作应力）随时间呈周期性变化的应力，也称为疲劳应力，容器在承压和卸压状态下，器壁所受的应力差异很大。不过容器在使用过程中一般加压、卸压重复次数不多，所以材料通常承受的是所谓低周疲劳应力。在交变应力作用下，容器的较高应力部位会产生细微的裂纹（或微细裂纹扩展）等缺陷，并在裂纹的尖端形成高度应力集中。由于应力集中存在，使微裂纹逐渐扩大。

同时，由于应力继续不断地交变，在裂纹扩大到一定程度后，如果载荷达到一定数值，或遇到冲击、振动时，容器就会沿着裂纹发生破裂。

1. 疲劳破裂的特征

（1）破坏总是在经过多次的反复加压和卸压以后发生。

（2）容器破坏时没有明显的塑性变形过程，器壁没有减薄。

(3) 容器一般不是破裂成碎片，而是裂成一个口，泄漏失效。

(4) 疲劳断口存在两个明显的区域，一个是疲劳裂纹扩展区，光滑面有滩状波纹，一个是最终断裂区，断口齐平，有金属光泽。

(5) 疲劳破裂的位置往往是在容器存在应力集中的部位(如开孔接管处等)。

2. 防止疲劳破裂的措施

防止疲劳破裂的措施在于设计中应尽量减少应力集中，采用合理的结构及制造工艺。同时，在使用过程中也尽量减少不必要的加压、卸压或严格控制压力及温度的波动。

四、应力腐蚀

钢材在腐蚀介质作用下，引起壁厚减薄或材料组织结构改变，机械性能降低，使承载能力不够而产生的破坏，称为腐蚀破坏。

腐蚀破裂常以应力腐蚀的形式出现。应力腐蚀是金属材料在应力和腐蚀的共同作用下，以裂纹形式出现的一种腐蚀破坏。发生应力腐蚀，必须同时具备两个条件：一是应力，指拉伸应力，包括由外载荷引起的应力和在加压过程中引起的残余应力；二是腐蚀介质。

在化工及石油容器中，常见的容器应力腐蚀有下面几种。

1. 液氨对碳钢及低合金钢容器的应力腐蚀

液氨广泛用于化肥、石油化工、冶金、制冷等工业部门。液氨的储存和运输大部分用碳钢或低合金钢制压力容器。在一般情况下，无水液氨只对钢材产生轻微的均匀腐蚀。但是液氨储罐在充装、排料及检修当中，容易受空气污染，而大气中的氧及二氧化碳则促进液氨的应力腐蚀。液氨的应力腐蚀主要是残余应力，且与它的工作温度有明显的关系、在使用中应采取下列措施以有利于防止液氨对储存容器的应力腐蚀：

（1）在焊接工艺上采取措施，减小焊接残余应力。焊缝最好都经过消除残余应力处理，冷压封头必须经过热处理。

（2）尽可能采用屈服强度低的低碳钢制造液氨储罐。若采用合金钢材料，则 16MnR 比 16Mn 材质更合适。

（3）尽可能保持较低的工作温度，低温储存。

（4）减小空气污染。

（5）在液氨中加入 0.1% ~0.7% 的水。试验证明，液氨中含有 0.2% 的水有缓蚀作用，但对高强度钢不起作用。

2. 硫化氢对钢制容器的应力腐蚀

在化工行业，硫化氢的应力腐蚀是一个比较普遍的问题，特别是湿的硫化氢对碳钢和低合金钢的应力腐蚀。在应力因素方面，除了薄膜应力以外，主要是焊接残余应力、强行装配组焊引起的附加应力等；在腐蚀因素方面，介质中含量较高的硫化氢及水分与高强度钢焊缝区的淬硬组织，构成了腐蚀环境。

预防硫化氢对压力容器的应力腐蚀，除了从根本上降低介质中硫化氢的含量外，比较有效的措施是消除残余应力或减小焊接残余应力和其他附加应力。最常用的办法是进行焊后热处理。还可采用内壁涂防腐层的办法。

3. 热碱溶液对钢制容器的应力腐蚀

压力容器的工作介质中，如果含有一定浓度的氢氧化钠溶液，在温度较高的特定环境中，会对碳钢或合金钢产生应力腐蚀。这种现象俗称碱脆，或称苛性脆化。例如，1979 年 10 月某厂发生了一次人造水晶高压釜断裂爆炸事故，主要原因就是热碱液对容器的应力腐蚀。

钢的碱脆一般要同时具备 3 个条件：即高的温度、高的碱浓度和拉伸应力。

碱脆断裂的容器，没有宏观塑性变形。断裂都发生在应力集中部位，断面与主拉伸应力大体垂直。

4. 含水一氧化碳对钢的应力腐蚀

在通常情况下，一氧化碳气体可以被铁吸附，在金属表面形成一层保护膜。但是由于多种原因，内壁上这层保护膜遭到局部破坏。于是在保护膜被破坏的地方，因二氧化碳和水的作用，使铁发生快速阳极溶解，并形成向纵深方向扩展的裂纹，而无水的一氧化碳气体，不存在对钢产生应力腐蚀的现象。这种腐蚀属于电化学腐蚀。

5. 高温高压氢对钢的应力腐蚀

在石油化工容器中，有一些容器的工作介质是温度为几百度、压力为几百个大气压、含有一定比例的氢的混合气体。例如，合成氨的合成塔，介质为氮、氢、氨的混合气体。碳钢及低合金钢在高温高压的还原性介质（特别是氢）的作用下，强度和塑性都会严重降低，而它的外表面却没有明显的破坏迹象。这一现象俗称“氢脆”。原因是发生了化学反应，高温高压的氢进入钢中，与渗碳体相互作用，生成甲烷，使钢脱碳。其反应为：

$$Fe_3C + 2H_2 \rightarrow 3Fe + CH_4$$

氢气是否会使钢发生氢脆，主要决定于它的压力、温度、作用时间和钢的化学组成。通常，氢的分压越大、温度越高，钢的脱碳层越深，发生氢脆断裂的时间越短。其中温度因素尤为重要。

钢中碳与合金的含量对氢脆也有很大影响。在相同的温度和压力条件下，碳含量越高，越容易发生氢脆。在合金钢中，碳含量的影响就更为明显。钢中若加入铬、钛、钒等元素，则可阻止钢产生氢脆。

五、蠕变破裂（坏）

蠕变是指当金属的温度高于某一限度时，即使应力（主要为拉应力）低于屈服极限，材料能发生缓慢的塑性变形。这种塑性变形经长期积累，最终也能导致材料破坏，这一现象被称为蠕变破坏。由于导致容器发生蠕变破坏是容器长期处在高温（碳素钢和普通低合金钢的蠕变温度界限为350～400℃）下工作，应力长期作用的结果。所以，蠕变破坏一般都有明显的塑性变形，其变形量的大小取决于材料的塑性。

容器发生蠕变破裂事故非常少，但对于高温容器仍不可忽视。例如，高温加氢反应、高温高压下的合成氨、高温加热炉等设备，在设计、制造、使用过程中应特别考虑蠕变问题。

第四节　事 故 分 析

压力容器的事故是多种因素综合作用的结果，压力容器发生事故的危害是巨大的（前面已经介绍过）。因此，对于每一次事故，应按照“四不放过原则”（即事故原因不查清不放过、事故责任人没处理不放过、事故相关者没得到应有的教育不放过、事故的规范措施不落实不放过），认真进行调查分析，以便从中吸取经验教训，研究防止再次发生类似事故的措施。

一、事故分类

压力容器事故是指压力容器发生爆炸、受压元件严重损坏，以及由于受压原件开裂，可燃气体泄漏引起的火灾或有毒气体泄漏引起人员中毒死亡、受伤的事故。

根据2009年5月1日国务院新颁布的《特种设备安全监察条例》《生产安全事故报告及调查处理条例》及国家质量监督检验检疫总局颁布的《特种设备事故报告和调查处理规定》要求，特种设备事故分级突破了安全生产事故分类分级的一般原则，不仅以死亡人数和直接经济损失因素来划分事故等级，而且还结合特种设备事故的特殊性，按照设备中断运行时间长短、高空滞留人数、转移人员数量、设备爆炸或者倾覆等因素综合划分事故等级，更加符合特种设备的特性。压力容器事故，按照所造成的人员伤亡、设备爆炸或者倾覆破坏程度和转移人员数量，分为特别重大事故、重大事故、较大事故和一般事故。

1. 特别重大事故

特别重大事故是指造成30人以上（“以上”包括本数，下同）死亡，或者100人以上重伤（包括急性工业中毒，下同），或者1亿元以上直接经济损失的；或者压力容器、压力管道有毒介质泄漏，造成15万人以上转移的设备事故。

2. 重大事故

重大事故是指造成死亡10～29人，或者受伤50～99人，或者5 000万元以上（含5 000万元）1亿元以下直接经济损失的；或者压力容器、压力管道有毒介质泄漏，造成5万人以上15万人以下转移的设备事故。

3. 较大事故

较大事故是指造成死亡3～9人，或者10人以上50人以下重伤，或者1 000万元以上（含100万元）5 000万元以下直接经济损失的；或者压力容器、压力管道有毒介质泄漏，造成1万人以上5万人以下转移的设备事故。

4. 一般事故

一般事故是指造成3人以下死亡，或者10人以下重伤，或者1万元以上1 000万元以下直接经济损失的；压力容器、压力管道有毒介质泄漏，造成500人以上1万人以下转移的设备事故。

二、事故调查

压力容器、压力管道发生爆炸或者泄漏事故时，事故发生单位应当立即启动事故应急预案，组织抢救，防止事故扩大，在抢险救援时应当区分介质特性，严格按照相关预案规定程序处理，防止二次爆炸。减少人员伤亡和财产损失，并及时向事故发生地县以上特种设备安全监督管理部门和有关部门报告。

县以上特种设备安全监督管理部门接到事故报告，应当尽快核实有关情况，立即向所在地人民政府报告，并逐级上报事故情况。必要时，特种设备安全监督管理部门可以越级上报事故情况。对特别重大事故、重大事故，国务院特种设备安全监督管理部门应当立即报告国务院并通报国务院安全生产监督管理部门等有关部门。

发生特种设备事故后，事故发生单位及其人员应当妥善保护事故现场以及相关证据，及时收集、整理有关资料，为事故调查做好准备；必要时，应当对设备、场地、资料进行封存，由专人看管。因抢救人员、防止事故扩大以及疏通交通等原因，需要移动事故现场物件的，负责移动的单位或者相关人员应当做出标志，绘制现场简图并做出书面记录，妥善保存现场重要痕迹、物证。有条件的，应当现场制作视听资料。

事故调查期间，任何单位和个人不得擅自移动事故相关设备，不得毁灭相关资料、伪造或者故意破坏事故现场。

特别重大事故按照国务院的有关规定，由国务院或者国务院授权有关部门组织事故调查组进行调查。重大事故由国务院特种设备安全监督管理部门会同有关部门组织事故调查组进行调查。较大事故由省、自治区、直辖市特种设备安全监督管理部门会同有关部门组织事故调查组进行调查。一般事故由设区的市的特种设备安全监督管理部门会同有关部门组织事故调查组进行调查。根据事故调查处理工作的需要，负责组织事故调查的质量技术监督部门可以依法提请事故发生地人民政府及有关部门派员参加事故调查。负责组织事故调查的质量技术监督部门应当将事故调查组的组成情况及时报告本级人民政府。

根据事故发生情况，上级质量技术监督部门可以派员指导下级质量技术监督部门开展事故调查处理工作。

自事故发生之日起30日内，因伤亡人数变化导致事故等级发生变化的，依照规定应当由上级质量技术监督部门组织调查的，上级质量技术监督部门可以会同本级有关部门组织事故调查组进行调查，也可以派员指导下级部门继续进行事故调查。

移动式压力容器、特种设备异地发生的事故，由事故发生地有关部门按照本条规定组织成立事故调查组，并通知办理使用注册登记的质量技术监督行政部门参加。办理使用注册登记的质量技术监督行政部门应当协助调取设备档案等资料，配合做好事故调查工作。

事故调查的程序如下：

1. 成立调查组。

事故发生后，应立即成立调查组。事故调查组组长由负责事故调查的质量技术监督部门负责人担任。调查组人员组成包括当地质量技术监督局分管压力容器监察工作的负责人或技术人员，事故调查组成员应当具有特种设备事故调查所需要的知识和专长，与事故发生单位及相关人员不存在任何利害关系。必要时，事故调查组可以聘请有关专家参与事故调查；所聘请的专家应当具备5年以上特种设备安全监督管理、生产、检验检测或者科研教学工作经验。设区的市级以上质量技术监督部门可以根据事故调查的需要，组建特种设备事故调查专家库。参加事故调查组的专家应具有事故调查所需要的相关专业知识，与事故发生单位及相关人员不存在任何利益或者利害关系。

根据事故的具体情况，事故调查组可以内设管理组、技术组、综合组，分别承担管理原因调查、技术原因调查、综合协调等工作。

事故调查组成员在事故调查工作中应当诚信公正、恪尽职守，遵守事故调查组的纪律，遵守相关秘密规定。

在事故调查期间，未经负责组织事故调查的质量技术监督部门和本级人民政府批准，参与事故调查、技术鉴定、损失评估等有关人员不得擅自泄漏有关事故信息。

事故调查组应当履行下列职责：

（1）查清事故发生前的特种设备状况；

（2）查明事故经过、人员伤亡、特种设备损坏、经济损失情况以及其他后果；

（3）分析事故原因；

（4）认定事故性质和事故责任；

（5）提出对事故责任者的处理建议；

（6）提出防范事故发生和整改措施的建议；

（7）提交事故调查报告。

2. 事故现场调查。

事故现场是分析事故的依据，所以必须进行详细的检查记录，现场调查一般应包括以下几个方面。

（1）容器破坏情况的检查和测量

包括设备原来的安装位置，事故发生时设备的破坏形式（膨胀、泄漏、裂口、爆炸）和碎片飞出情况，以及与设备相连部件的损坏情况，并取样做进一步的试验、分析。

调查时注意做以下记录：断口的形状、颜色、晶粒和断口纤维状等特征；裂口的位置、方向，裂口的宽度、长度及其壁厚；碎片的质量等。可以从断口和破坏情况初步判断事故性质，是塑性、脆性破裂还是疲劳破裂等。

（2）对安全附件装置情况的调查

容器发生事故后，在初步检查安全阀、压力表、温度测量仪表后，再拆卸下来进行详细检查，以确定是否超压或超温运行。若有减压阀，应检查是否失灵；装设爆破片的，应检查是否已爆破等情况。

（3）对建筑物破坏情况和人员伤亡情况的调查

建筑物损坏情况，与爆炸中心的距离以及门窗破坏情况，从现场破坏情况可进行爆炸能量估算。人员伤亡情况，包括受伤部位及其程度，便于确定受害程度。

3. 了解事故发生前设备运行情况。

为了准确了解事故发生前设备运行的真实情况，应尽量收集各种操作记录，包括容器在事故发生时的操作压力、温度、物料装填量、物料成分及进出流量等，事故发生过程是否出现不正常情况，采取的紧急措施，安全装置的动作情况。操作人员的操作水平，有无经过安全培训、考核合格等情况，是否持证上岗，是否有误操作现象。

4. 了解设备制造和使用检验情况。

了解包括容器的制造厂、出厂日期、有无产品合格证、质量证明书及监检证书等情况，材质情况及制造时存在的缺陷。容器的使用情况及使用年限、上次检验日期、内容及所发现的问题。容器的工作条件，压力、温度、介质成分及浓度，是否对容器构成应力腐蚀、晶间腐蚀及其他腐蚀的可能性。以便判断是否因设计、制造不良引起事故，还是使用管理不当造成的事故。

5. 对取样进行金相组织、化学成分、机械性能的检验，并对断口做技术分析，通过材料的性能检验和断口的外观及金相检查等技术检验与鉴定，可以确切地查明事故原因。

6. 事故调查组可以委托具有国家规定资质的技术机构或者直接组织专家进行技术鉴定。接受委托的技术机构或者专家应当出具技术鉴定报告，并对其结论负责。

7. 事故调查组认为需要对特种设备事故进行直接经济损失评估的，可以委托具有国家规定资质的评估机构进行。直接经济损失包括人身伤亡所支出的费用、财产损失价值、应急救援费用、善后处理费用。接受委托的单位应当按照相关规定和标准进行评估，出具评估报告，对其结论负责。

事故调查组有权向有关单位和个人了解与事故有关的情况，并要求其提供相关文件、资料。有关单位和个人不得拒绝，并应当如实提供特种设备及事故相关的情况或者资料，回答事故调查组的询问，对所提供情况的真实性负责。

事故发生单位的负责人和有关人员在事故调查期间不得擅离职守，应当随时接受事故调查组的询问，如实提供有关情况或者资料。

事故调查应当自事故发生之日起60日内结束。特殊情况下，经负责组织调查的质量技术监督部门批准，事故调查期限可以适当延长，但延长的期限最长不超过60日。技术鉴定时间不计入调查期限。因事故抢险救灾无法进行事故现场勘察的，事故调查期限从具备现场勘察条件之日起计算。

事故调查中发现涉嫌犯罪的，负责组织事故调查的质量技术监督部门商请有关部门和事故发生地人民政府后，应当按照有关规定及时将有关材料移送司法机关处理。

三、事故结论

通过事故现场调查及技术鉴定分析，必要时对爆炸能量进行估算，广泛听取各有关专家的意见，事故调查组应当查明引发事故的直接原因和间接原因，并根据对事故发生的影响程度认定事故发生的主要原因和次要原因。并根据事故的主要原因和次要原因，判定事故性质，认定事故责任，给出调查结论。

事故调查组根据当事人行为与特种设备事故之间的因果关系以及在特种设备事故中的影响程度，认定当事人所负的责任。当事人所负的责任分为全部责任、主要责任和次要责任。

当事人伪造或者故意破坏事故现场、毁灭证据、未及时报告事故等，致使事故责任无法认定的，应当承担全部责任。

四、事故调查报告

事故调查组应当向组织事故调查的质量技术监督部门提交事故调查报告。事故调查报告应当包括下列内容：

1. 事故发生单位情况；
2. 事故发生经过和事故救援情况；
3. 事故造成的人员伤亡、设备损坏程度和直接经济损失；
4. 事故发生的原因和事故性质；
5. 事故责任的认定以及对事故责任者的处理建议；
6. 事故防范和整改措施；
7. 有关证据材料。

事故调查报告应当经事故调查组全体成员签字。事故调查组成员有不同意见的，可以提交个人签名的书面材料，附在事故调查报告内。

五、上报和处理事故的要求

1. 事故调查报告上报要求

依照《特种设备安全监察条例》的规定，省级质量技术监督部门组织的事故调查，其事故调查报告报省级人民政府批复，并报国家质检总局备案；市级质量技术监督部门组织的事故调查，其事故调查报告报市级人民政府批复，并报省级质量技术监督部门备案。

国家质检总局组织的事故调查，事故调查报告的批复按照国务院有关规定执行。

2. 事故调查报告批复意见的送达

组织事故调查的质量技术监督部门应当在接到批复之日起10日内，将事故调查报告及批复意见送有关地方人民政府及其有关部门，送达事故发生单位、责任单位和责任人员，并抄送参加事故调查的有关部门和单位。

3. 事故处理

质量技术监督部门及有关部门应当按照批复，依照法律、行政法规规定的权限和程序，对事故责任单位和责任人员实施行政处罚，对负有事故责任的国家工作人员进行处分。

4. 事故防范和整改措施落实的监督

事故发生单位应当落实事故防范和整改措施。防范和整改措施的落实情况应当接受工会和职工的监督。

事故发生地质量技术监督部门应当对事故责任单位落实防范和整改措施的情况进行监督检查。

负责组织事故调查的质量技术监督部门应当根据事故原因对相关安全技术规范、标准进行评估；需要制定或者修订相关安全技术规范、标准的，应当及时报告上级部门提请制定或者修订。

各级质量技术监督部门应当定期对本行政区域特种设备事故

的情况、特点、原因进行统计分析，根据特种设备的管理和技术特点、事故情况，研究制定有针对性的工作措施，防止和减少事故的发生。

5. 事故公示制度

特别重大事故的调查处理情况由国务院或者国务院授权组织事故调查的部门向社会公布，特别重大事故以下等级的事故的调查处理情况由组织事故调查的质量技术监督部门向社会公布，依法应当保密的除外。

6. 事故结案报告

组织事故调查的质量技术监督部门应当在接到事故调查报告批复之日起30日内撰写事故结案报告，并逐级上报直至国家质检总局。

上报事故结案报告，应当同时附事故档案副本或者复印件。

7. 事故调查资料立档保存

事故调查的有关资料应当由组织事故调查的质量技术监督部门立档永久保存。

立档保存的材料包括现场勘察笔录、技术鉴定报告、重大技术问题鉴定结论和检测检验报告、尸检报告、调查笔录、物证和证人证言、直接经济损失文件、相关图纸、视听资料、事故调查报告、事故批复文件及结案报告等。

六、事故原因分类原则

填报事故原因时按以下原则分类：

1. 设计制造方面

结构不合理，材质不符合要求，焊接质量不好。受压元件强度不够以及其他由于设计制造不良造成的事故。

2. 运行管理方面

违反劳动纪律，违章作业，超过检验期限，没有进行定期检验，操作人员不懂技术，无水质处理设施或水质处理不好以及其他由于运行管理不善造成的事故。

3．安全附件不全、不灵

4．安装、改造、检修质量不好以及其他方面引起的事故

七、事例——储氨器爆炸事故分析

1992 年 2 月 4 日清晨，郑州某工厂一外径 1 200 mm、容积 4.94 m^3的储氨器在只使用了短短 36 天就发生爆炸，这在同类事故中还是罕见的。

1．事故情况

该厂于 1989 年 4 月开始使用辽宁某厂生产的第一台储氨器，1990 年 11 月因扩建停用，1991 年 11 月又启用，当年 12 月 31 日，发现封头与筒体组焊缝热影响区开裂达 130 mm，经有证焊工做补焊处理后于当月 6 日又投入使用。1992 年 1 月补焊后的焊缝再次开裂 151 mm，经补焊后再次投入使用，1 月 25 日对应焊缝又一次开裂 30 mm 长，紧急停车报废处理。

第二台储氨器于 1992 年 1 月 27 日安装，经用户试压合格后投入使用。使用前该设备没有按《锅炉压力容器使用登记管理办法》的要求向相关部门办理压力容器使用登记手续。3 月 2 日发现北端封头下部焊缝附近有泄漏现象，未采取有效措施，于 3 月 4 日发生爆炸，造成直接经济损失 20.78 万元，全厂被迫停产。

2．事故调查、检验、分析

（1）现场调查

储氨器在厂房西侧南北向放置。该设备允许工作压力 1.85 MPa，使用中最高工作压力为 1.1 MPa，当天气温 0～2℃，液氨储量约 1m^3，压力表、安全阀都完好，灵敏可靠。爆炸时，储氨器断口处没有发生塑性变形，封头从与筒体相连的焊缝处较整齐地分离出去，封头主体向西北方向抛出去 3 m 左右，其中一小块，面积为 150 mm×800 mm 抛向东北方向 3 m 处，筒体和南端封头整体向南移位 5.15 m，筒体向西稍有偏斜，顺时针扭动约 40°。断口内表面发黑，有腐蚀介质。断口呈现出脆性断裂，形貌如图 11—2 所示。

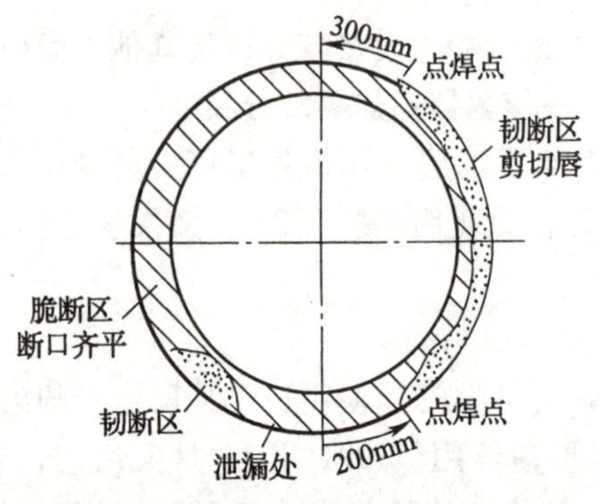

图 11—2　断裂形态

（2）检验分析

事故发生后，对该容器的原始资料进行了审查。该容器由国家批准的定点生产厂制造。图纸、产品质量证明书、强度计算书等资料齐全。该容器材质为 16MnR，有材质证明书，符合标准要求，审查该产品原始射线底片，探伤比例与评定级别均符合有关技术标准和规程的要求。从结构上看，筒体设计壁厚为 8 mm、封头壁厚为 10 mm，厚度不一样，采用外表面对齐、内部削边加垫板、单面焊结构，如图 11—3 所示。

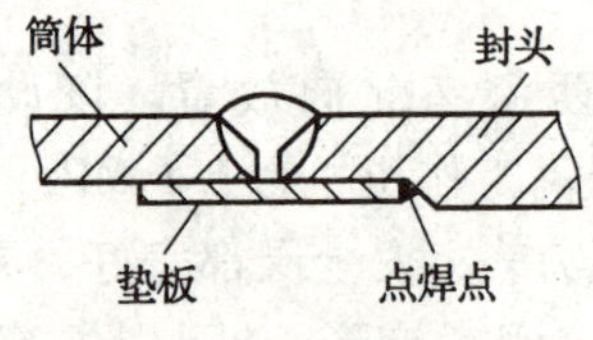

图 11—3　焊接结构

为了从根本上找出事故发生的原因，只能进一步做微观检查和理化试验。取样位置如图 11—4 所示。

取母材试样 8#、9# 分析：机械性能、化学成分与质量证明书提供的数据基本一致，符合标准要求。筒体 8# 试样金相表明：

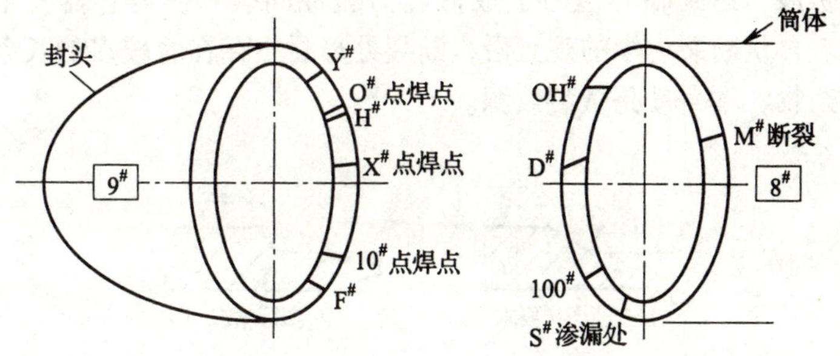

图 11—4　取样位置

H#与 OH#对应，X#与 D#对应，10#与 100#对应，F#是渗漏处临近一点

组织为珠光体 + 铁素体，呈二级带状组织。封头 9# 试样金相表明：组织为珠光体 + 铁素体，呈五级带状组织。单从母材分析来看，材质对事故发生影响不大。

通过在断裂面取了一些试样，做了金相分析，结果表明：脆性断裂区（H#，OH#，O#，100#）断裂面上有较多的夹杂物，最宽处为 0.25 mm。其中有两条长分别为 8 mm 和 10 mm，垂直于断面的深度为 0.3 mm。在点焊处（X#）断面上发现有较多的非金属夹杂物，该夹杂物经电子探针分析为硫化物。因泄漏处在点焊处，所以在其他点焊处取了一些试样，发现点焊处（X#、10#）焊缝热影响区呈马氏体组织，并发现有沿厚度方向的微裂纹。

3. 事故原因分析

由于在结构上采用内削边，制造过程中没有严格按照工艺要求削边，增加了应力集中系数（见图 11—5），在结构上形成应力集中，点焊位置正好在应力集中处。由于点焊位置及工艺影响，点焊时产生马氏体组织和微裂纹，马氏体组织存在着较大的残余应力。容器制造完工后又没有进行热处理，为应力腐蚀创造了条件。使用介质为液氨，使得裂纹在腐蚀环境下迅速扩展，在点焊处首先产生泄漏，由于没有采取有效措施，促使裂纹继续迅速扩展，达到临界值时造成低应力脆性断裂，使得容器发生爆炸。再从断裂力学的观点看，断裂处母材中存在着较多的长条形夹杂物，本身就是微裂纹源。

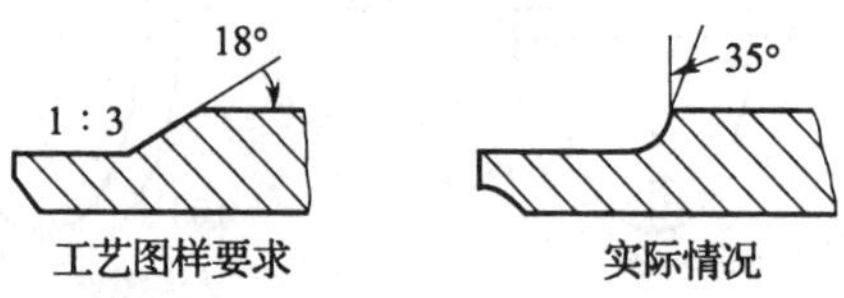

图 11—5　工艺情况

再看看第一台使用情况，累计使用时间只有 19 个月就发生泄漏。从其他用户反映的情况来看，也有发生泄漏现象。这说明事故发生不是偶然的，有一定的必然性。制造厂只有从制造的工艺上采取措施，才能有效地预防事故的发生。

4. 建议与预防措施

（1）从设计上考虑，该储氨器在封头处开有人孔，就可直接采用双面焊结构，若采用单面焊，可改为封头与筒体内表面对齐，按标准要求就不用削边。

（2）标准规定有应力腐蚀的容器应进行焊后热处理，液氨对碳钢和低合金钢容器有应力腐蚀，从近 20 年我国发生的几起液氨储罐爆炸事故来看，液氨引起应力腐蚀是事故发生的主要原因。

（3）从材料的选用上考虑，采用强度级别低一级的材料，可减少应力腐蚀的可能性。

（4）作为压力容器使用单位，应加强在用压力容器的安全管理工作。首先，使用前必须逐台到当地特种设备管理部门办理压力容器使用登记手续；另外，应指定具有压力容器专业知识的工程技术人员负责安全技术管理工作，以便在压力容器发生诸如泄漏等异常现象时，采用紧急有效措施，把损失降低到最低限度。

复习思考题

一、选择题

1. 压力容器的爆炸事故，按其起因有________。

A. 物理爆炸　　　　B. 化学爆炸

2. 压力容器发生事故的危害主要有________。

A. 振动危害

B. 碎片的破坏危害

C. 冲击波危害

D. 有毒液化气体容器破裂时的毒害

E. 二次爆炸燃烧

3. 由于容器在使用中超压而使器壁应力大幅增加，超过材料的屈服极限而引起的断裂称为________。

A. 塑性破裂　　　　B. 脆性破裂

C. 疲劳破裂　　　　D. 蠕变破裂

4. 压力容器在正常使用压力范围内，无塑性变形的情况下，突然发生的爆炸称为________。

A. 塑性破裂　　　　B. 脆性破裂

C. 疲劳破裂　　　　D. 蠕变破裂

5. 造成死亡1~2人的事故称为________。

A. 特别重大事故　　　　B. 重大事故

C. 较大事故　　　　D. 一般事故

二、判断正误（正确的在括号里打√，错误的打×）

1. 容器破裂时，气体膨胀所释放的能量与气体压力、容器容积、介质的物态有关。（　　）

2. 介质为液化气体或高温饱和水的容器，破裂时除了气体迅速膨胀以外，还包括介质急剧蒸发汽化的过程。（　　）

3. 同体积、同压力的饱和水的爆炸能量为蒸汽的5倍。

（　　）

4. 爆炸气体产生的冲击波是立体的，它以爆炸点为中心，以扇形形状向外扩展。（　　）

5. 盛装液化气体的容器过量充装，易引起压力容器的塑性破裂。（　　）

复习思考题答案

第一章

1. C　2. D　3. D　4. D
5. C，C　6. B　7. D　8. C
9. A，B，D，C　10. C，D，A，C
11. A，C　12. B，C　13. D　14. D
15. D　16. D　17. F　18. C
19. A　20. A，D　21. D　22. D
23. D　24. C　25. B，D　26. C
27. A，D，B，C　28. A，C
29. C，B，A，E　30. D　31. B，D
32. C　33. C　34. A　35. A，A
36. B，C　37. D　38. D，C　39. B

第二章

1. √　2. √　3. ×　4. √　5. √　6. √
7. ×　8. ×　9. ×　10. √　11. √　12. ×
13. √　14. ×　15. ×　16. ×　17. ×　18. √
19. √　20. √　21. √　22. √　23. √　24. √
25. √

第三章

1. ×　2. ×　3. √　4. ×　5. ×　6. √　7. √　8. ×
9. ×　10. √　11. ×　12. √　13. √　14. √　15. ×

第四章

1. AB　2. ABCD　3. BCD　4. ABCD

5. ABC	6. ABCD	7. A	8. B
9. B	10. C	11. B	12. A
13. C	14. B	15. ABD	16. A
17. ABCD	18. ABCD	19. ABCD	20. C
21. C	22. A	23. B	24. C
25. BCDEF	26. C	27. C	28. B
29. D	30. A	31. B	32. C
33. C			

第五章

一、选择题

1. A 2. B 3. C 4. D 5. D 6. C

二、判断题

1. × 2. √ 3. √ 4. √ 5. × 6. × 7. ×

8. √ 9. √ 10. √ 11. ×

三、计算题

1. 293.15 K

2. 10 mol

3. 1.83%

第六章

1. 金属腐蚀的形态有两大类。一类是均匀腐蚀，另一类是局部腐蚀。均匀腐蚀比较直观，容易发现。局部腐蚀往往不易发现，有些则需要利用特殊手段才能检测出来。由此可见局部腐蚀往往更具危害性。

2. 腐蚀速率用来描述特定环境下某种金属均匀腐蚀得快慢。腐蚀速率常用在单位时间内材料损失的平均厚度（mm/年）表示。这种单位在压力容器的设计、管理、使用上较为方便，根据这种腐蚀速率可直接估算出容器的使用寿命。可根据这种腐蚀速率和设计使用年限确定压力容器壁厚附加量中的腐蚀余量。

3．压力容器上常见的局部腐蚀有：孔蚀、缝隙腐蚀、晶间腐蚀、应力腐蚀破裂、氢腐蚀、磨损腐蚀及冲蚀7种局部腐蚀。

4．杂质虽然在金属或介质中含量很少，但往往对腐蚀的影响却很大。以氯离子为例，有资料介绍，在99%的醋酸中若氯离子浓度为0.000 2时，腐蚀速率为0.001 mm/年。同样是99%的醋酸，当氯离子浓度为0.002时，腐蚀速率为1.8 mm/年。常见的有害杂质有氯离子、硫及硫化物、氟化物等。

5．对容器腐蚀的控制和预防主要采用如下方法：选用适当的材料，在压力容器设计、制造过程中采取相应措施，采用相应防护手段以及使用运行环节的精心操作和维护。

第七章

1．ABC　2．ABC　3．AB　4．A/B　5．B
6．B　7．C/B　8．A　9．B　10．C
11．A　12．B　13．A　14．C　15．A

第八章

1．B　2．C　3．ABC　4．A　5．A
6．ABCDEF　7．ABCD　8．A
9．B　10．C　11．ACD　12．C　13．B
14．BC　15．A　16．ABC　17．A　18．AB
19．ABC

第九章

一、选择题

1．ABCDEF　2．B　3．B/D　4．B
5．C　6．A/C　7．ABC　8．C/A/B
9．ACB　10．B　11．ABC　12．ABCDE

13．ABC　　14．ABCD

二、判断题

1．√　2．√　3．√　4．×　5．√

6．×　7．√　8．√　9．√　10．√

第十章

1．A/B　2．B　3．A　4．B　5．A/B/C

6．A　7．C　8．A　9．C　10．A

11．C　12．B　13．C　14．B　15．A

第十一章

一、选择题

1．AB　2．ABCD　3．A　4．B　5．D

二、判断正误

1．√　2．√　3．×　4．×　5．√